KUHMINSA

한 발 앞서나가는 출판사, 구민사
독자분들도 구민사와 함께 한 발 앞서나가길 바랍니다.

구민사 출간도서 中 수험서 분야

- 용접
- 자동차
- 조경/산림
- 품질경영
- 산업안전
- 전기
- 건축토목
- 실내건축

- 기술사
- 기계
- 금속
- 환경
- 보일러
- 가스
- 공조냉동
- 위험물

전문가를 위한 첫걸음, 구민사는 그 이상을 봅니다!

전국 도서판매처

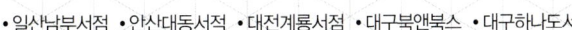

자격증 시험 접수부터 자격증 수령까지!

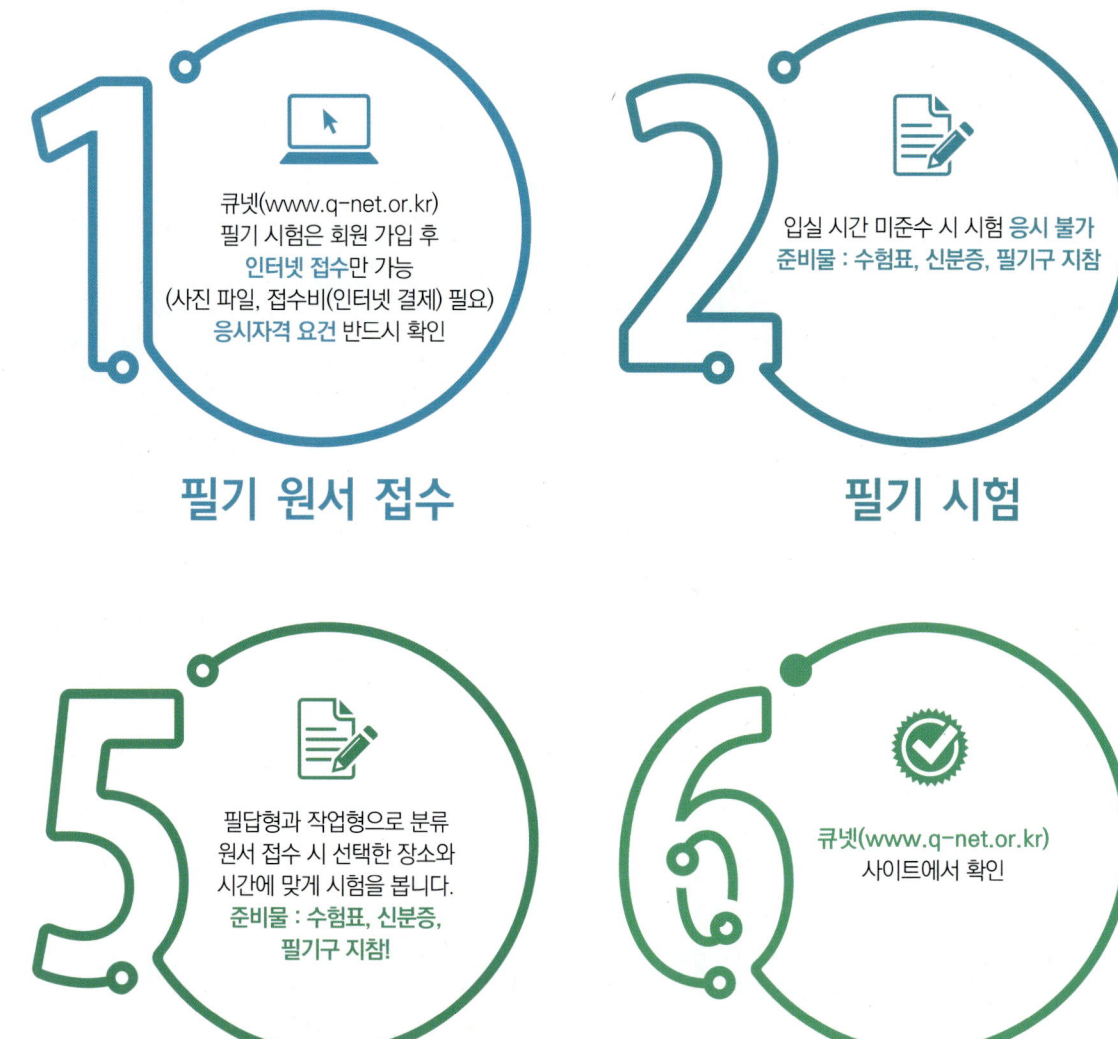

전문가를 위한 첫걸음, 구민사는 그 이상을 봅니다!

상시시험 12종목
굴삭기운전기능사, 지게차운전기능사, 미용사(일반), 미용사(피부), 미용사(네일) 미용사(메이크업), 조리기능사(양식, 일식, 중식, 한식), 제과·제빵기능사

3 큐넷(www.q-net.or.kr) 사이트에서 확인
필기 합격 확인

4 큐넷(www.q-net.or.kr) 응시 자격 서류는 **실기시험 접수기간(4일 내)에** 제출해야만 접수 가능
실기 원서 접수

7 인터넷으로 신청 (상장형 자격증 발급을 원칙으로 하며, 희망 시 수첩형 자격증 발급 신청 / 발급 수수료 부과)
자격증 신청

8 인터넷으로 발급(출력) (수첩형 자격증 등기 수령 시 등기 비용 발생)
자격증 수령

CONTENTS 목차

PART 01 핵심이론

SECTION 01 | 용접 일반
- 01. 용접 개요 — 003
- 02. 피복 아크용접 — 006
- 03. 가스용접 — 025
- 04. 가스 절단 및 가공 — 040
- 05. 특수 용접 및 기타 용접 — 047
- 06. 전기 저항 용접 — 069
- 07. 각종 금속의 용접 — 074

SECTION 02 | 용접 설계 및 시공과 검사
- 01. 용접 설계 — 082
- 02. 용접 시공 — 085
- 03. 용접 검사와 시험 — 094

SECTION 03 | 용접 작업 안전
- 01. 일반 안전 — 104
- 02. 산업 안전 — 108
- 03. 용접 안전 — 114

SECTION 04 | 용접 재료
- 01. 금속재료 총론 — 118
- 02. 철강 재료 — 126
- 03. 열처리 및 표면 경화 — 145
- 04. 비철 금속재료 — 153

SECTION 05 | 기계제도(비절삭 부분)
- 01. 제도의 기본 — 166
- 02. 투상도법 및 도형 표시 방법 — 172
- 03. 치수 및 재료 기호 표시 방법 — 182
- 04. 용접 제도 — 188
- 05. 배관 제도 — 195

PART 02 기출문제

2014년
제1회 (1월 26일 시행)   200
제2회 (4월 6일 시행)   210
제4회 (7월 20일 시행)   220
제5회 (10월 11일 시행)   230

2015년
제1회 (1월 25일 시행)   240
제2회 (4월 4일 시행)   251
제4회 (7월 19일 시행)   261
제5회 (10월 10일 시행)   271

2016년
제1회 (1월 24일 시행)   281
제2회 (4월 2일 시행)   292
제4회 (7월 10일 시행)   302

PART 03 모의고사

모의고사 제1회   320
모의고사 제2회   328
모의고사 제3회   337

◆ 모의고사 제1회 정답 및 해설   345
◆ 모의고사 제2회 정답 및 해설   349
◆ 모의고사 제3회 정답 및 해설   353

STRUCTURE 이 책의 구성

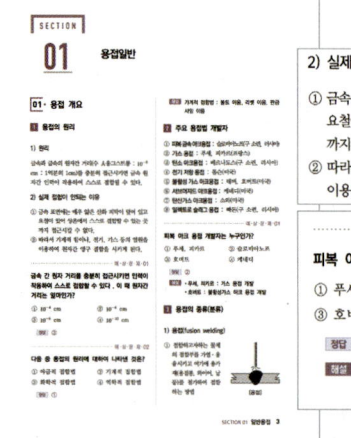

❶ 핵심이론

핵심이론만을 수록하였습니다. 또한 이론 중간 중간의 예상문제로 앞서 배운 내용을 한 번 더 체크하고 넘어갈 수 있습니다.

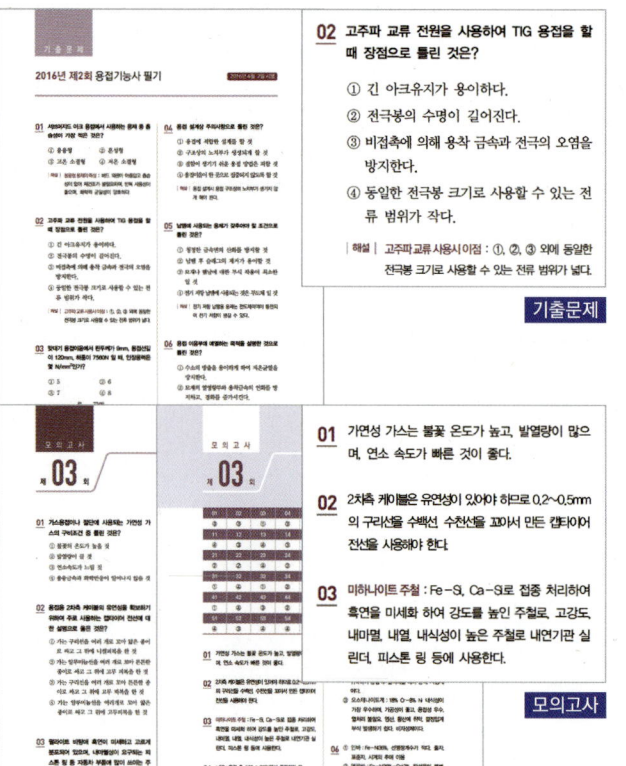

❷ 기출문제 및 모의고사

PART 2. 기출문제는 문제 아래의 상세한 해설로 바로 바로 정답 확인이 가능하도록 하였습니다.

PART 3. 모의고사는 정답 및 해설 페이지를 따로 두어 실전 시험과 같이 구성하였습니다.

K INFORMATION 출제 기준 정보

직무분야	재료	중직무분야	금속재료	자격종목		용접기능사
직무내용	\multicolumn{6}{l	}{용접 도면을 해독하여 용접절차 사양서를 이해하고 용접재료를 준비하여 작업환경 확인, 안전보호구 준비, 용접장치와 특성 이해, 용접기 설치 및 점검관리하기, 용접 준비 및 본 용접하기, 용접부 검사 및 결함부 수정하기, 작업장 정리하기 등의 용접시공 계획 수립 및 관련 직무 수행}
필기검정방법	객관식		문제수	60	시험시간	1시간

필기과목명	문제수	주요항목	세부항목
용접일반, 용접재료, 기계제도(비절삭 부분)	60	1. 용접일반	1. 용접개요
			2. 피복아크 용접
			3. 가스용접
			4. 절단 및 가공
			5. 특수용접 및 기타 용접
		2. 용접 시공 및 검사	1. 용접시공
			2. 용접의 자동화
			3. 파괴, 비파괴 및 기타검사(시험)
		3. 작업안전	1. 작업 및 용접안전
		4. 용접재료	1. 용접재료 및 각종 금속 용접
			2. 용접재료 열처리 등
		5. 기계 제도(비절삭 부분)	1. 제도통칙 등
			2. 도면해독

※ 세세항목은 한국산업인력공단 홈페이지(http://www.q-net.or.kr/) 참조

SECTION 01 | 용접 일반
SECTION 02 | 용접 설계 및 시공과 검사
SECTION 03 | 용접 작업 안전
SECTION 04 | 용접 재료
SECTION 05 | 기계제도(비절삭 부분)

PART
01
핵심이론

SECTION 01 용접일반

01. 용접 개요

1 용접의 원리

1) 원리

금속과 금속의 원자간 거리(수 Å옹그스트롱 : 10^{-8} cm : 1억분의 1cm)를 충분히 접근시키면 금속 원자간 인력이 작용하여 스스로 접합될 수 있다.

2) 실제 접합이 안되는 이유

① 금속 표면에는 매우 얇은 산화 피막이 덮여 있고 요철이 있어 상온에서 스스로 결합할 수 있는 곳까지 접근시킬 수 없다.
② 따라서 기계적 힘이나, 전기, 가스 등의 열원을 이용하여 원자간 영구 결합을 시키게 된다.

································· 예·상·문·제·01

금속 간 원자 거리를 충분히 접근시키면 인력이 작용하여 스스로 접합할 수 있다. 이 때 원자간 거리는 얼마인가?

① 10^{-4} cm ② 10^{-6} cm
③ 10^{-8} cm ④ 10^{-10} cm

정답 ③

································· 예·상·문·제·02

다음 중 용접의 원리에 대하여 나타낸 것은?

① 야금적 접합법 ② 기계적 접합법
③ 화학적 접합법 ④ 역학적 접합법

정답 ①

해설 기계적 접합법 : 볼트 이음, 리벳 이음, 판금 시임 이음

2 주요 용접법 개발자

① 피복 금속 아크용접 : 슬로비아노프(구 소련, 러시아)
② 가스 용접 : 푸세, 피카르(프랑스)
③ 탄소 아크용접 : 베르나도스(구 소련, 러시아)
④ 전기 저항 용접 : 톰슨(미국)
⑤ 불활성 가스 아크용접 : 데버, 호버트(미국)
⑥ 서브머지드 아크용접 : 케네디(미국)
⑦ 탄산가스 아크용접 : 소와(미국)
⑧ 일렉트로 슬래그 용접 : 빠돈(구 소련, 러시아)

································· 예·상·문·제·01

피복 아크 용접 개발자는 누구인가?

① 푸세, 피카르 ② 슬로비아노프
③ 호버트 ④ 케네디

정답 ②

해설 • 푸세, 피카르 : 가스 용접 개발
• 호버트 : 불활성가스 아크 용접 개발

3 용접의 종류(분류)

1) 융접(fusion welding)

① 접합하고자하는 물체의 접합부를 가열·용융시키고 여기에 용가재(용접봉, 와이어, 납 등)를 첨가하여 접합하는 방법

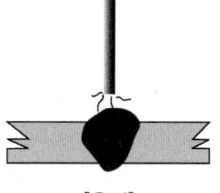

[융접]

② 종류 : 피복 아크용접, 가스 용접, 탄산가스 아크 용접, 불활성가스 아크용접, 서브머지드 아크용접 등

2) 압접

접합부를 냉간 또는 적당한 온도로 가열 후 기계적 압력을 가하여 접합하는 방법

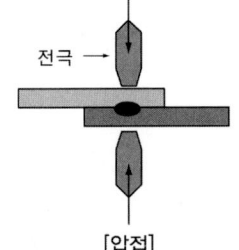

[압접]

① **겹치기 저항용접** : 점 용접, 심 용접, 프로젝션 용접
② **맞대기 저항 용접** : 플래시 용접, 업셋 용접
③ **기타 종류** : 초음파 용접, 마찰 용접, 단접, 냉간 압접

3) 납땜(접)(brazing and soldering)

모재를 용융시키지 않고 용가재(납)를 첨가하여 확산과 표면 장력에 의해 접합하는 방법

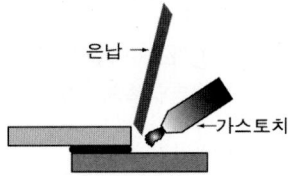

[납접(납땜)]

① **연납땜** : 융점 450℃ 이하에서 녹는 납땜
② **경납땜** : 융점 450℃ 이상에서 녹는 납땜
  ㉠ 종류 : 가스 납땜, 로내 납땜, 담금 납땜, 저항 납땜, 유도가열 납땜 등

········· 예·상·문·제·01

다음 중 용접의 대분류에 속하지 않는 것은?

① 단접   ② 융접
③ 납접(땜) ④ 압접

정답 ①

4 용접의 특징

1) 일반적인 장점

① 재료(자재)가 절약되며, 공수가 감소된다.
  ㉠ 리벳 이음 공수(5공정) : 재료에 금긋기-절단-드릴링-리벳 체결-코킹-완성
  ㉡ 용접 이음 공수(3공정) : 재료에 금긋기-절단-용접-완성
② 기밀, 수밀, 유밀성이 우수하며, 이음의 효율, 제품의 성능과 수명이 향상된다.
③ 용접 준비 및 용접 작업이 비교적 간단하며, 작업의 자동화가 용이하다.

2) 주조품, 단조와 비교한 장점

① 용접부 강도가 크며, 중량이 감소된다.
② 목형이나 주형이 필요 없어 제작비가 적게 든다.
③ 이종 재질을 조합할 수 있으며, 복잡한 구조물의 제작이 쉽다.

3) 용접의 단점

① 품질 검사가 곤란하며, 용접 모재의 재질이 변질되기 쉽고 응력 집중에 극히 민감하다.
② 용접공의 기술에 의해서 이음부의 성능이 좌우된다.
③ 저온 취성(메짐)에 의해 파괴가 발생하기 쉽다.

········· 예·상·문·제·01

다음 중 용접의 장점에 대한 설명으로 옳은 것은?

① 기밀, 수밀, 유밀성이 좋지 않다.
② 두께의 제한이 없다.
③ 작업이 비교적 복잡하다.
④ 보수와 수리가 곤란하다.

정답 ②

········· 예·상·문·제·02

용접이음을 리벳이음과 비교하였을 때, 용접이음의 장점으로 틀린 것은?

① 자재가 절약되며, 중량이 감소한다.
② 작업이 비교적 복잡하고 이음효율이 낮다.
③ 기밀, 수밀성이 우수하다.
④ 합리적, 창조적인 구조로 제작 가능하다.

정답 ②

해설 용접의 장점
① 이음효율(100%)이 높다.
② 작업공정을 줄일 수 있다.
③ 이종재료를 접합할 수 있다.

5 용접 열원

① **가스 에너지** : 가연성 가스와 지연성 가스가 적당히 혼합하여 연소할 때 발생하는 열을 이용하는 용접법(얇은 판이나 비철 금속 용접에 주로 이용)
② **전기 에너지** : 모재와 전극 사이에 아크열 또는 전기 저항열을 이용하는 용접법(대부분의 용접법에 이용)
③ **기계적 에너지** : 압력, 마찰, 진동에 의한 열을 이용하는 용접법(마찰 용접, 초음파 용접, 냉간 압접 등)
④ **전자파 에너지** : 고주파 및 저주파, 레이저 열을 이용하는 용접법(고주파 용접, 레이저 용접 등)
⑤ **화학적 에너지** : 테르밋제(산화철과 알루미늄의 미세한 분말)의 화학 반응열을 이용한 용접법이며, 테르밋 반응열의 온도는 약 2800~3000℃ 정도 된다.

·· 예·상·문·제·01

알루미늄 분말과 산화철 분말을 중량비로 혼합, 과산화바륨과 알루미늄 등 혼합분말을 점화제로 점화하면 일어나는 화학 반응은?

① 테르밋 반응   ② 용융 반응
③ 포정 반응   ④ 공석 반응

정답 ①

해설 테르밋 용접은 레일 및 선박의 프레임 등 비교적 큰 단면을 가진 주조나 단조품의 맞대기 용접과 보수용접에 이용된다.

6 용접 자세

① **아래보기 자세**(F, Flat position) : 용접하려는 재료를 수평으로 놓고 용접봉을 아래로 향하여 용접하는 자세이다.(1G)
② **수평 자세**(H, Horizontal position) : 모재가 수평면과 90° 또는 45° 이상의 경사를 가지며, 용접선이 수평이 되게 하는 용접 자세이다.(2G)
③ **수직 자세**(V, Vertical position) : 모재가 수평면과 90° 또는 45° 이상의 경사를 가지며, 용접선이 수직이 되게 하는 용접 자세이다.(3G)
④ **위보기 자세**(O, Overhead position) : 모재가 눈 위로 들려 있는 수평면의 아래쪽에서 용접봉을 위로 향하여 용접하는 자세이다.(4G)
⑤ **전자세**(A, All position) : 위 자세의 2가지 이상을 조합하여 용접하거나 4가지 전부를 응용하는 자세이다.(5G)
⑥ **기타** : 파이프 수평 고정 용접의 전자세(5G), 파이프 45° 경사 전자세(6G) 파이프 45° 경사 장애물 전자세(6GR) 등이 있다.

   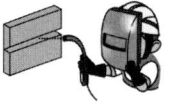
(a) 아래보기 자세   (b) 수평 자세

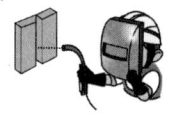   
(c) 수직 자세   (d) 위보기 자세
[용접 자세]

·· 예·상·문·제·01

용접 자세를 나타내는 기호가 틀리게 짝지어진 것은?

① 위보기자세 : O   ② 수직자세 : V
③ 아래보기자세 : U   ④ 수평자세 : H

정답 ③

·· 예·상·문·제·02

모재가 수평면과 90° 또는 45° 이상의 경사를 가지며 용접선이 수평인 용접 자세는?

① 아래보기 자세   ② 수직 자세
③ 수평 자세   ④ 위보기 자세

정답 ③

02. 피복 아크용접

1 피복 아크용접의 개요

(1) 피복 아크용접의 원리

1) 피복 아크용접

모재(피용접물)와 피복제를 바른 용접봉 사이에 전류를 통하면 아크가 발생되며, 이 아크열로서 용접하는 방법

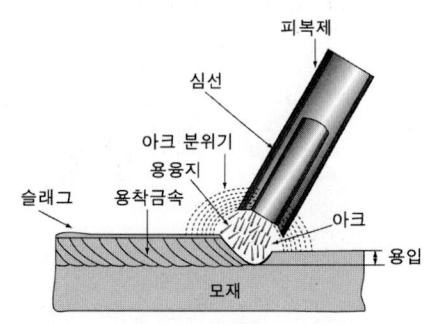

[피복아크용접의 원리]

2) 아크 최고 온도

약 6000℃ 정도, 실제 용접열은 3500~5000℃ 정도이다.

3) 용접 용어

① **아크** : 모재와 용접봉 사이에 전원을 걸고 용접봉 끝을 모재와 살짝 접촉시켰다가 적당한 간격으로 유지하면 두 전극 사이에서 일어나는 강력한 불꽃 방전의 일종
② **용적** : 용접봉이 녹아 모재로 이행되는 쇳물 방울
③ **용입** : 모재가 녹은 깊이
④ **용융지** : 아크열에 의해 모재가 녹아 있는 쇳물 자리
⑤ **슬래그** : 피복제가 녹아서 용접부를 덮고 있는 비금속 물질
⑥ **용착금속** : 모재와 용접봉이 녹아서 혼합된 금속

4) 용접 회로(welding cycle)

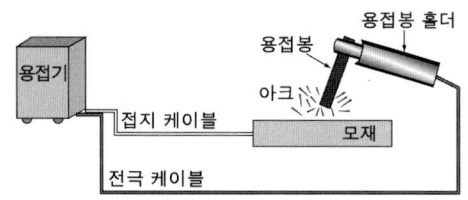

[용접회로]

용접기(전원) → 전극 케이블 → 용접봉 홀더 → 피복 아크용접봉 → 아크 → 모재 → 접지 케이블 → 용접기(전원)(그림 참조)

···예·상·문·제·01

다음 중 아크용접의 불꽃 온도는 몇 ℃인가?

① 1500~3000℃   ② 3500~5000℃
③ 5000~7000℃   ④ 7500~9000℃

정답 ②

···예·상·문·제·02

아크용접할 때 아크열에 의해 모재가 녹은 깊이를 무엇이라고 하는가?

① 용적   ② 스패터
③ 용융지   ④ 용입

정답 ④

해설 · 용융지 : 아크열에 의하여 용융된 쇳물 부분
· 스패터 : 용접 중에 용융금속이 용융지에 옮겨지지 않고 비드나 모재 주위에 작은 용적

···예·상·문·제·03

피복 아크 용접에 관한 설명 틀린 것은?

① 피복 아크 용접은 가스 용접보다 두꺼운 판의 용접에 사용한다.
② 피복 아크 용접에서 교류보다 직류의 아크가 안정되어 있다.
③ 직류 전류에서 60 ~ 75%가 음극에서 열이 발생한다.
④ 피복 아크 용접이 가스 용접보다 온도가 높다.

정답 ③

해설 직류 전류에서 60~75%가 양극에서 열이 발생한다.

──────────── 예·상·문·제·04

피복 아크 용접회로의 순서가 올바르게 연결된 것은?

① 용접기 - 전극케이블 - 용접봉 홀더 - 피복 아크 용접봉 - 아크 - 모재 - 접지케이블
② 용접기 - 용접봉 홀더 - 전극케이블 - 모재 - 아크 - 피복 아크 용접봉 - 접지케이블
③ 용접기 - 피복 아크 용접봉 - 아크 - 모재 - 접지케이블 - 전극케이블 - 용접봉 홀더
④ 용접기 - 전극케이블 - 접지케이블 - 용접봉 홀더 - 피복 아크 용접봉 - 아크 - 모재

정답 ①

(2) 피복 아크용접의 장점

① 직접 용접에 이용되는 열효율이 높고, 열의 집중성이 좋아 효율적인 용접을 할 수 있다.
② 가스용접에 비해 용접 변형이 적고, 기계적 강도가 양호하다.

(3) 피복 아크용접의 단점

전격(감전)의 위험성이 있으며, 가스용접에 비해 유해 광선의 발생이 많다.

──────────── 예·상·문·제·01

피복 아크 용접이 가스 용접에 비해 우수한 점이 아닌 것은?

① 직접 용접에 이용되는 열효율이 높다.
② 열의 집중성이 좋아 효율적인 용접을 할 수 있다.
③ 가스용접에 비해 용접 변형이 적다.
④ 가스 용접에 비해 유해 광선이 적다.

정답 ④

(4) 아크(arc)와 극성

1) 아크 현상

아크(arc)를 통해 10~500A의 전류가 흐르며 양이온은 음극(-)으로, 음이온은 양극(+)으로 이동하기 때문에 아크 전류가 흐르게 된다.

2) 아크 전압 분포

양극과 음극에서의 급격한 전압 강하와 아크 기둥에서도 완만하게 전압 강하가 일어나게 되므로, 전체 아크 전압 V_a은 다음과 같다.

$$V_a = V_K + V_P + V_A$$

여기서, V_K : 음극 전압 강하
V_P : 아크 기둥 전압 강하
V_A : 양극 전압 강하

3) 부저항 특성(부특성)

전기는 옴의 법칙에 따라 동일 저항에 흐르는 전류는 그 전압에 비례하지만, 아크의 경우는 전류가 커지면 저항이 작아져서 전압도 낮아지는 현상

4) 절연 회복 특성

교류 아크는 1사이클에 두 번 전류 및 전압의 순간값이 0이 되므로 아크 발생이 중단되고 용접봉과 모재 사이가 절연되며, 이때 아크 기둥을 둘러싼 보호 가스가 절연을 꺾고 전류를 통하게 하여 꺼졌던 아크가 다시 일어나는 특성

5) 극성

직류 용접기를 사용할 경우에 열의 분배는 일반적으로 (+)극 쪽에서 약 70%, (-)극 쪽에서 약 30%의 열이 발생한다.

① **직류 정극성(DCEN, DCSP)** : 직류 용접에서 모재를 (+), 용접봉을 (-)에 연결한 극성
② **직류 역극성(DCEP, DCRP)** : 직류 용접에서 모재를 (-), 용접봉을 (+)에 연결한 극성
③ **교류(AC)** : 우리나라는 60Hz의 교번 전류가 흐

르고 있으므로 1초에 120회의 전원이 끊어지는 현상이 생기며, 용접할 때 아크가 불안정한 원인이 된다.

[정극성과 역극성의 비교]

극성	정극성(DCSP)	역극성(DCRP)
극성 그림	직류용접기 (-)용접봉 (+)모재	직류용접기 (+)용접봉 (-)모재
용접부 형상	열 분배 (-)에서 30% (+)에서 70%	열 분배 (+)에서 70% (-)에서 30%
특성	• 모재의 용입이 깊다. • 봉의 녹음이 느리다. • 비드 폭이 좁다. • 일반적으로 많이 쓰인다.	• 용입이 얕다. • 봉의 녹음이 빠르다. • 비드 폭이 넓다. • 박판 주철, 고탄소강, 합금강, 비철 금속의 용접에 쓰임

·····················예·상·문·제·01

직류 아크 전압 분포에서 음극 전압 강하를 V_K, 양극 전압 강하를 V_A, 아크 기둥의 전압 강하를 V_P라 할 때 전체의 전압 V_a은?

① $V_a = V_K + V_P + V_A$
② $V_a = V_K + V_P - V_A$
③ $V_a = V_K - V_P + V_A$
④ $V_a = V_K - V_P - V_A$

정답 ①

·····················예·상·문·제·02

아크의 경우는 전류가 커지면 저항이 작아져서 전압도 낮아지는 현상을 무엇이라 하는가?

① 정전류 특성   ② 절연 회복 특성
③ 정전압 특성   ④ 부저항 특성

정답 ④

·····················예·상·문·제·02

직류 아크 용접의 역극성에 대한 결선상태가 맞는 것은?

① 용접봉(-), 모재(+)
② 용접봉(+), 모재(-)
③ 용접봉(-), 모재(-)
③ 용접봉(+), 모재(+)

정답 ②

·····················예·상·문·제·03

직류 아크용접시 정극성으로 용접할 때의 특징이 아닌 것은?

① 박판, 주철, 합금강, 비철금속의 용접에 이용된다.
② 용접봉의 녹음이 느리다.
③ 비드 폭이 좁다.
④ 모재의 용입이 깊다.

정답 ①

(5) 용접 입열(weld heat input)

1) 용접 입열

용접부에 외부에서 주어지는 열량, 용접 입열이 부족하면 용입 불량, 용착 불량 등의 결함이 너무 많으면 언더컷, 용락 등이 발생한다.

2) 입열 계산식

아크용접에서 단위 길이 1cm당 발생하는 전기적 에너지 H 계산식

$$H = \frac{60EI}{V} \text{ (joule/cm)}$$

······················· 예·상·문·제·01

피복 아크 용접에서 일반적으로 용접모재에 흡수되는 열량은 용접 입열의 몇 % 인가?

① 40 ~ 50 % ② 50 ~ 60 %
③ 75 ~ 85 % ④ 90 ~ 100 %

정답 ③

······················· 예·상·문·제·02

피복아크용접에서 용접의 단위길이 1cm당 발생하는 전기적 열에너지 H (J/cm)를 구하는 식은? (단, E : 아크전압[V], I : 아크전류[A], V : 용접속도[cm/ min]이다.)

① $H = \dfrac{V}{60EI}$ ② $H = \dfrac{60\,V}{EI}$

③ $H = \dfrac{60E}{VI}$ ④ $H = \dfrac{60EI}{V}$

정답 ④

······················· 예·상·문·제·03

아크 전류가 200A, 아크 전압이 25V, 용접 속도가 15cm/min인 경우 단위 길이 1cm당 발생하는 입열(전기적 에너지)은 얼마인가?

① 15000J/cm ② 20000J/cm
③ 25000J/cm ④ 30000J/cm

정답 ②

해설 $H = \dfrac{60EI}{V} = \dfrac{60 \times 25 \times 200}{15} = 20000$

(6) 용융 속도와 이행

1) 용접봉의 용융 속도

단위 시간당 소비되는 용접봉의 길이 또는 무게로 표시, 아크 전압과는 관계없다.

> 용융 속도 = 아크 전류 × 용접봉쪽 전압 강하

2) 용적 이행

① 단락 이행
   ㉠ 용적이 용융지에 접촉되어 단락되고, 표면 장력의 작용으로 모재에 옮겨가서 용착되는 현상
   ㉡ 비피복봉을 사용할 때 주로 일어난다.

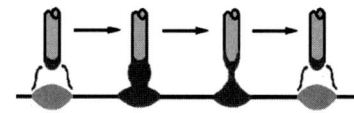

(a) 단락 이행

② 분무 이행
   ㉠ 피복제의 일부가 가스화하여 가스를 뿜어내면서 미세한 용적이 모재에 옮겨가서 용착되는 현상
   ㉡ 일미나이트계, 고산화티탄늄계 등에서 일어난다.

(b) 분무 이행

③ 입상 이행
   ㉠ 비교적 큰 용적이 단락되지 않고 모재에 옮겨가는 현상
   ㉡ 일명 핀치 효과형이라고도 하며, 서브머지드 용접 등과 같이 대전류 사용시 일어난다.

(c) 입상 이행

······················· 예·상·문·제·01

피복 아크 용접봉의 용융속도를 결정하는 식은?

① 용융속도 = 아크 전류 × 용접봉 쪽 전압강하
② 용융속도 = 아크 전류 × 모재 쪽 전압강하
③ 용융속도 = 아크 전압 × 용접봉 쪽 전압강하
④ 용융속도 = 아크 전압 × 모재 쪽 전압강하

정답 ①

해설 용융속도 : 단위시간당 소비되는 용접봉의 길이, 무게로 나타내며, 아크 전압, 용접봉의 지름과는 관계가 없으며, 용접 전류와 비례관계가 있다.

········· 예·상·문·제·02

용접봉에서 모재로 용융금속이 옮겨가는 용적이행 상태가 아닌 것은?

① 글로뷸러형 ② 스프레이형
③ 단락형 ④ 탭전환형

정답 ④

해설 용적 이행 형태는 크게 글로뷸러형, 스프레이형, 단락형이 있다.

2 피복 아크용접용 설비 및 기구

(1) 용접기의 특성

① **수하특성** : 부하 전류가 증가하면 단자 전압이 낮아져 그 기계의 출력은 같게 하는 특성

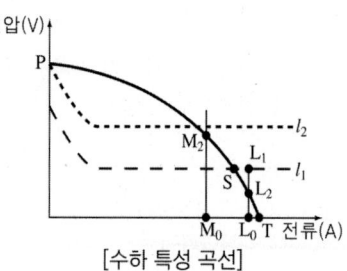

[수하 특성 곡선]

② **정전류 특성**
  ㉠ 아크 길이와 전압이 변하여도 전류는 거의 변하고 않고 아크가 지속되는 특성
  ㉡ 수동 용접기는 수하특성인 동시에 정전류 특성을 갖는다.
③ **상승 특성** : 부하 전류가 증가하면 단자 전압도 다소 높아지는 특성
④ **정전압 특성**
  ㉠ 부하 전류가 변하여도 단자 전압은 거의 변하지 않는 특성, CP 특성이라고도 한다.
  ㉡ MIG 용접, CO_2 용접, 서브머지드 아크용접 등에 적용
⑤ **아크 길이 자기 제어 특성**
  ㉠ 어떤 원인으로 아크 길이가 짧아지면 부하 전압은 일정하지만 전류는 커지게 되므로 용접 와이어는 정상보다 빨리 녹게 되어 정상적인 동

작점으로 되돌아가고, 길어질 경우 반대 현상
  ㉡ 아크의 적정 길이를 스스로 맞추는 특성

········· 예·상·문·제·01

용접기의 특성 중에서 부하전류(아크전류)가 증가하면 단자 전압이 저하하는 특성은?

① 수하 특성 ② 정전압 특성
③ 상승 특성 ④ 자기제어 특성

정답 ①

········· 예·상·문·제·02

전류가 증가하여도 전압이 일정하게 되는 특성으로 이산화탄소 아크 용접장치 등의 아크 발생에 필요한 용접기의 외부 특성은?

① 상승 특성 ② 정전류 특성
③ 정전압 특성 ④ 부저항 특성

정답 ③

········· 예·상·문·제·03

아크 전류가 일정할 때 아크전압이 높아지면 용접봉의 용융속도가 늦어지고, 아크전압이 낮아지면 용융속도는 빨라지는 특성은?

① 절연회복 특성
② 정전압 특성
③ 정전류 특성
④ 아크길이 자기제어 특성

정답 ④

(2) 직류 아크용접기의 종류와 특성

종류	특징
발전기형 (전동 발전, 엔진 구동형)	• 완전한 직류를 얻으나, 보수와 점검이 어렵다. • 옥외나 교류 전원이 없는 장소에서 사용한다.(엔진형) • 회전하므로 고장나기 쉽고 소음이 난다.(엔진형) • 구동부, 발전기부로 되어 고가이다.

종류	특징
발전기형 (전동 발전, 엔진 구동형)	
정류기형	• 소음이 없고, 취급이 간단하며, 가격이 싸고 보수가 간단하다. • 교류를 직류로 정류하므로 완전한 직류를 얻지 못한다. • 정류기의 파손에 주의한다. (셀렌 80℃, 실리콘 150℃ 이상에서 파손 우려가 있음)

······ 예·상·문·제·01

직류 아크용접기의 종류가 아닌 것은?

① 엔진 구동형 ② 전동 발전형
③ 정류기형   ④ 가동 철심형

정답 ④

해설 가동 철심형은 교류아크 용접기에 속한다.

······ 예·상·문·제·02

정류기형 직류 아크 용접기의 특성에 관한 설명으로 틀린 것은?

① 보수와 점검이 어렵다.
② 취급이 간단하고, 가격이 싸다.
③ 고장이 적고, 소음이 나지 않는다.
④ 교류를 정류하므로 완전한 직류를 얻지 못한다.

정답 ①

정류기형 용접기는 비해 보수와 점검이 쉽다.

(3) 교류 아크용접기(AC)

AC : arc welding machine

① 교류 아크용접기의 특성

㉠ 전원 주파수의 1/2마다 극이 바뀌므로 전압의 순간 값이 0이 될 때마다 아크 발생이 중단된다.
㉡ 무부하 전압이 아크 전압보다 높아야 한다.

② 교류 변압기의 원리

㉠ 변압기는 어떤 전압의 값을 다른 전압의 값으로 변화시키는 전기 기계이다.
㉡ 1차 코일과 2차 코일에 전류를 통하면 철심 내의 전류의 자기 작용에 의해 자속이 생겨 2차 전압이 생긴다.

$$E_1 I_1 = E_2 I_2, \quad n_1 I_1 = n_2 I_2$$

• E_1 : 1차 전압   • E_2 : 2차 전압
• I_1 : 1차 전류   • I_2 : 2차 전류
• n_1 : 1차 전류   • n_2 : 2차 코일의 권선수

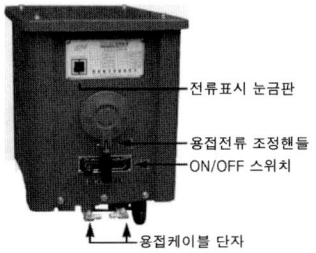

③ 교류 아크용접기의 종류와 특성

종류	특징
가동 철심형	• 가동 철심으로 누설 자속을 가감하여 전류를 조정한다. • 광범위한 전류 조절은 어려우나, 미세한 전류 조정이 가능하다. • 현재 가장 많이 사용한다.(일종의 변압기의 원리를 이용한 것)
가동 코일형	• 1차, 2차 코일 중의 하나를 이동하여 누설 자속을 변화하여 전류를 조정하며, 아크 안정도가 높고 소음이 없다. • 가격이 비싸며 현재는 거의 사용하지 않는다.

탭 전환형	• 코일의 감긴 수에 따라 전류를 조정하며, 탭 전환부 소손이 심하다. • 적은 전류 조정시 무부하 전압이 높아 전격 위험이 크다. • 넓은 범위의 전류 조정이 어렵고 주로 소형에 많다.
가포화 리엑터형	• 가변 저항의 변화로 용접 전류를 조정한다. • 전기적 전류 조정으로 소음이 없고 기계 수명이 길다. • 원격 조정이 간단하며, 원격 제어를 할 수 있다.

④ **용접기의 구비 조건**
　㉠ 구조 및 취급이 간단해야 하며, 아크 발생이 쉽고, 능률이 좋을 것
　㉡ 전류 조정이 용이하고 일정한 전류가 흐르며, 사용 중에 온도 상승이 작을 것
　㉢ 가격이 저렴하고 사용 경비가 적게 들며, 유지 보수가 쉬울 것
　㉣ 절연이 완전하고, 전격 위험이 없을 것(무부하 전압을 높게 하지 않을 것)
　㉤ 습기가 많거나 고온에서도 충분히 견딜 수 있을 것
　㉥ 단락되었을 때 흐르는 전류가 너무 크지 않으며, 역률 및 효율이 좋을 것

⑤ **사용률(duty cycle)**
　㉠ 용접기가 용접하는 아크 시간과 발생하지 않는 휴식 시간의 비
　㉡ 이 때 아크 시간과 휴식 시간의 합은 10분을 기준으로 한다.

$$사용률(\%) = \frac{아크 \ 시간}{아크 \ 시간 + 휴식 \ 시간} \times 100$$

※ 사용률 40% : 정격 전류로 4분 용접하고, 6분은 휴식해야 용접기 소손 위험이 없다.

⑥ **허용 사용률** : 실제 용접 작업에서는 정격 전류보다 낮은 전류로 용접하는 경우가 많은데 그때의 허용하는 사용률을 말한다.

$$허용사용률(\%) = \frac{정격 \ 전류^2}{실제 \ 용접 \ 전류^2} \times 정격 \ 사용률(\%)$$

⑦ **역률** : 전원 입력(2차 무부하 전압×아크 전류)에 대한 아크 입력(아크 전압×아크 전류)과 2차측의 내부 손실의 합인 소비 전력의 비율

$$역률(\%) = \frac{소비 \ 전력(kW)}{전원 \ 입력(kVA)} \times 100$$

$$= \frac{아크 \ 출력 + 내부 \ 손실}{2차 \ 무부하 \ 전압 \times 정격 \ 전류} \times 100$$

⑧ **효율** : 소비 전력에 대하여 순수 아크 출력의 비율

$$효율(\%) = \frac{아크 \ 출력(kW)}{소비 \ 전력(kW)} \times 100$$

$$= \frac{아크 \ 전압 \times 아크 \ 전류}{아크 \ 전압 \times 아크 \ 전류 + 내부 \ 손실} \times 100$$

⑨ **용접기의 취급시 주의 사항**
　㉠ 전환 탭 및 전환 나이프 끝 등 전기적 접속부는 자주 샌드페이퍼 등으로 청소한다.
　㉡ 용접 케이블 등의 파손된 부분은 즉시 절연 테이프로 감아 절연한다.
　㉢ 조정 핸들, 미끄럼 부분, 냉각팬 등은 때때로 주유를 한다.

⑩ **용접기 설치를 해서는 안되는 장소**
　㉠ 수증기, 습기, 먼지가 많은 곳이나, 옥외의 비바람이 치는 곳
　㉡ 휘발성 기름이나 가스가 있는 곳이나, 유해한 부식성 가스가 존재하는 장소
　㉢ 진동이나 충격을 받는 곳이나, 폭발성 가스가 존재하는 곳
　㉣ 주위 온도가 -10℃ 이하인 곳

················ 예·상·문·제·01

다음 중 교류 아크 용접기에 포함되지 않는 것은?
① 가동 철심형　　② 가동 코일형
③ 정류기형　　　④ 가포화 리액터형

[정답] ③

················ 예·상·문·제·02

피복 아크 용접기로서 구비해야 할 조건 중 잘못된 것은?
① 구조 및 취급이 간편해야 한다.
② 전류 조정이 용이하고 일정하게 전류가 흘러야 한다.
③ 아크 발생과 유지가 용이하고 아크가 안정되어야 한다.

④ 용접기가 빨리 가열되어 아크 안정을 유지해야 한다.

정답 ④

해설 용접기 구비조건 : 용접기가 가열이 안되고 아크가 안정해야 한다.

─────────────── 예·상·문·제·03

용접기의 아크발생을 8분간 하고 2분간 쉬었다면, 사용률은 몇 % 인가?

① 25 ② 40
③ 65 ④ 80

정답 ④

해설 용접기 사용률
$$= \frac{\text{아크 발생시간}}{\text{아크발생시간} + \text{아크정지시간}} \times 100$$
$$= \frac{8}{10} \times 100 = 80\%$$

─────────────── 예·상·문·제·04

정격전류 200A, 전격 사용률 45%인 아크 용접기로써 실제 아크 전압 30V, 아크 전류 150A로 용접을 수행한다고 가정하면 허용 사용률은 약 얼마인가?

① 70% ② 80%
③ 90% ④ 65%

정답 ②

해설 허용 사용률 $= \frac{(200)^2}{(150)^2} \times 45 = 80$

─────────────── 예·상·문·제·05

AW-300, 무부하전압 80V, 아크전압 30V인 교류 용접기를 사용할 때 역률과 효율은 약 얼마인가? (단, 내부손실은 4kW이다.)

① 역률 : 54%, 효율 : 69%
② 역률 : 69%, 효율 : 72%
③ 역률 : 80%, 효율 : 72%
④ 역률 : 54%, 효율 : 80%

정답 ①

해설 역률 $= \frac{\text{소비전력}}{\text{전원입력}} \times 100(\%)$
$$= \left(\frac{30 \times 300 + 4000}{80 \times 300}\right) \times 100 = 54\%$$

효율 $= \frac{\text{아크출력}}{\text{소비전력}} \times 100(\%)$
$$= \left(\frac{30 \times 300}{30 \times 300 + 4000}\right) \times 100 = 69\%$$

─────────────── 예·상·문·제·06

피복 아크 용접기를 설치해도 되는 장소는?

① 먼지가 매우 많고 옥외의 비바람이 치는 곳
② 수증기 또는 습도가 높은 곳
③ 폭발성 가스가 존재하지 않는 곳
④ 진동이나 충격을 받는 곳

정답 ③

해설 용접기 설치 장소 : 먼지가 적고 비바람이 없는 곳, 수증기 또는 습도가 낮은 곳, 진동이나 충격이 없는 곳, 가연성 물질이 없고, 화재 위험이 없는 곳

(4) 직류 아크용접기와 교류 아크용접기의 비교

비교 항목	직류 아크용접기	교류 아크용접기
아크 안정성	우수	약간 불안함
역률	매우 양호	불량
극성 변화나 비피복봉 사용	가능	불가능
무부하 전압	약간 낮음 (40~60V)	높음 (70~80V)
전격의 위험	적음	많음
고장	회전기에 많음	적음
구조 및 유지	복잡, 약간 어려움	간단, 쉬움
자기쏠림 방지	불가능	가능 (거의 없음)
가격	고가임	저렴함
소음	회전기는 크고, 정류형은 조용	조용함

········· 예·상·문·제·01

직류 용접기와 비교하여 교류 용접기의 특징을 틀리게 설명한 것은?

① 유지가 쉽다.
② 아크가 불안정하다.
③ 감전의 위험이 적다.
④ 고장이 적고 값이 싸다.

정답 ③

해설 교류 아크 용접기는 직류에 비해 무부하 전압이 높으므로 감전의 위험이 높다.

(5) 용접기의 부속 장치

① **고주파 발생 장치**
  ㉠ 교류 아크용접기에서 안정한 아크를 얻기 위하여 상용 주파의 아크 전류에 고전압 (2000~3000V)의 고주파(300~1000kc, 약전류)를 중첩하는 방식
  ㉡ 장치 사용시 이점 : 아크 손실이 적어 용접 작업이 쉽고, 용접봉을 접촉하지 않고 아크 발생을 할 수 있으며, 무부하 전압을 낮출 수 있다. 전격의 위험이 적으며, 전원 입력을 적게 할 수 있으므로 용접기의 역률이 개선된다.

② **전격 방지 장치**
  교류 아크용접기는 무부하 전압(85~95V)이 높아 감전의 위험이 있기 때문에, 용접을 하지 않을 때는 전압을 20~30V 이하로 유지하고, 용접봉을 모재에 접촉하는 순간 전압이 상승하여 아크 발생이 가능하도록 하여 용접사를 보호하기 위한 장치

········· 예·상·문·제·01

교류 아크 용접기에서 안정한 아크를 얻기 위하여 상용주파의 아크전류에 고전압의 고주파를 중첩시키는 방법으로 아크 발생과 용접을 쉽게 할 수 있도록 하는 장치는?

① 전격 방지장치   ② 고주파 발생장치
③ 원격 제어장치   ④ 핫 스타트장치

정답 ②

해설 원격 제어장치 : 용접기와 멀리 떨어진 곳에서 용접 전류나 전압 등을 제어할 수 있는 장치

········· 예·상·문·제·02

감전의 위험으로부터 용접작업자를 보호하기 위해 교류 용접기에 설치하는 것은?

① 고주파 발생장치   ② 전격 방지장치
③ 원격 제어장치   ④ 시간 제어장치

정답 ②

해설 전격 방지기 : 아크 발생 전에는 무부하 전압을 30V 이하로 유지하다가 아크 발생 순간 전압이 상승하여 아크 발생을 시키는 장치

(6) 아크용접용 기구

1) 용접 안전 보호구

가죽 장갑, 가죽 앞치마, 팔커버, 발커버, 가죽으로 된 윗 조끼와 바지, 유해 가스나 먼지 등을 차단하는 방독 방진 마스크 등이 필요하다.

① **헬멧, 핸드 실드** : 용접 작업할 때 아크에서 나오는 유해 광선인 자외선 및 적외선, 스패터로부터 작업자의 눈이나 얼굴, 머리 등을 보호하기 위하여 사용하는 기구로, 머리에 쓰는 헬멧, 손으로 들고 작업하는 핸드 실드가 있다.

[용접 헬멧]

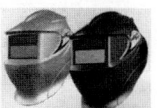

[핸드 실드]   [자동 용접 헬멧]

② **용접 홀더**
  ㉠ 용접봉을 물고 전류를 통하여 아크를 발생하게 하는 기구(KSC 9607에 규정)이다.

ⓒ 완전 절연형(안전 홀더, A형)과 손잡이 부분만 절연된 B형이 있다.
ⓒ 해당 번호는 정격 전류 A를 나타낸다. (예) 300호 : 정격 전류 300A 사용 가능)

[완전 절연형
(안전 홀더, A형)]

[손잡이 부분만
절연형 B형]

③ **용접 케이블** : 용접기에 사용하는 전선에는 전원에서 용접기까지 연결하는 1차측 케이블과 용접기에서 모재와 홀더로 연결하는 2차측 케이블이 있다.

[케이블의 적정 크기]

용접기의 용량	200 A	300 A	400 A
1차측 케이블(지름)	5.5mm	8mm	14mm
2차측 케이블(단면적)	38mm^2	50mm^2	60mm^2

④ **퓨즈(fuse)**
ⓐ 규정값보다 크거나 구리선 등을 사용해서는 안되며,
ⓑ 1차 입력(정격 전류×무부하 전압)(kVA)을 전원 전압(220V)으로 나누면 1차 전류값을 구할 수 있다.

⑤ **차광 유리(filter glass)**
ⓐ 용접할 때 발생하는 유해 광선을 차단하기 위하여 사용하는 유리, 차광 번호가 높으면 빛의 차단량이 많게 된다.
ⓑ 납땜에는 2~4번, 가스용접에는 4~6번,
ⓒ 피복 아크용접시 100~300A에는 10~12번, 300~400A 이상에는 13~14번 사용

[용접 전류와 차광도]

용접 전류(A)	차광도	용접전류(A)	차광도
30 이하	6	30~45	7
45~75	8	75~100	9
100~200	10	150~250	11
200~300	12	300~400	13
400 이상	14		

············· 예·상·문·제·01

용접작업시 사용하는 보호기구의 종류로만 나열된 것은?

① 앞치마, 핸드실드, 차광유리, 팔덮개
② 용접 헬멧, 핸드 그라인더, 용접 케이블, 앞치마
③ 치핑해머, 용접집게, 전류계, 앞치마
④ 용접기, 용접 케이블, 퓨즈, 팔덮개

정답 ①

해설 핸드 그라인더, 용접 케이블, 치핑해머, 용접집게, 전류계, 용접기, 퓨즈는 보호기구가 아니다.

············· 예·상·문·제·02

용접홀더 종류 중 용접봉을 집는 부분을 제외하고는 모두 절연되어 있어 안전 홀더라고도 하는 것은?

① A형   ② B형
③ C형   ④ D형

정답 ①

해설
• A형 용접 홀더 : 안전형 홀더, 전체가 절연된 홀더
• B형 용접 홀더 : 비안전형 홀더, 손잡이 부분만 절연된 홀더. 현재 사용하지 않음

············· 예·상·문·제·03

피복 아크 용접에서 사용하는 아크 용접용 기구가 아닌 것은?

① 용접 케이블   ② 접지 클램프
③ 용접 홀더   ④ 팁 클리너

정답 ④

해설 팁 클리너 : 용접 팁의 구멍 청소하는 도구

예·상·문·제·04

용접기 설치시 1차 입력이 10kVA 이고 전원전압이 200V 이면 퓨즈 용량은?

① 50A   ② 100A
③ 150A ④ 200A

정답 ①

해설 퓨즈의 용량 = $\dfrac{1차입력}{전원전압}$

$= \dfrac{10 \times 1000}{200} = 50$

예·상·문·제·05

헬멧이나 핸드실드의 차광유리 앞에 보호유리를 끼우는 가장 타당한 이유는?

① 시력을 보호하기 위하여
② 가시광선을 차단하기 위하여
③ 적외선을 차단하기 위하여
④ 차광유리를 보호하기 위하여

정답 ④

해설 차광유리를 보호하기 위해서 헬멧, 핸드실드의 차광유리 앞에 보호유리를 끼운다.

3 피복 아크용접봉

(1) 피복 아크용접봉

1) 피복 아크용접봉

① 용가재 또는 전극봉이라고도 하며, 용접할 모재 사이의 틈을 메워 주며, 용접부의 품질을 좌우하는 중요한 소재
② **종류** : 피복 여부에 따라 피복 용접봉과 비피복 용접봉, 용접할 재질에 따라 연강용, 저합금강용, 스테인리스강용, 주철용 등이 있다.
③ **피복 아크용접봉 심선** : 지름은 1~10mm, 길이는 350~900mm까지가 있으며, 한쪽 끝 25mm 정도는 홀더에 물려 전류를 통할 수 있도록 피복을 입히지 않았다.

2) 피복제의 역할

① 아크를 안정시키며, 중성 또는 환원성 분위기로 대기 중으로부터 산화, 질화 등의 해를 방지하여 용착금속을 보호한다.
② 용융금속의 용적(globule)을 미세화하여 용착 효율을 높인다.
③ 용착금속의 냉각 속도를 느리게 하여 급랭을 방지하며, 전기 절연 작용을 한다.
④ 용착금속의 탈산 정련작용을 하며, 융점이 낮은 적당한 점성의 가벼운 슬래그를 만든다.
⑤ 슬래그를 제거하기 쉽게 하고, 파형이 고운 비드를 만든다.
⑥ 모재 표면의 산화물을 제거하고, 양호한 용접부를 만든다.
⑦ 스패터(spatter)의 발생을 적게 하며, 용착금속에 필요한 합금 원소를 첨가한다.

3) 피복 배합제의 성분

① **아크 안정제** : 산화티타늄(TiO_2), 석회석($CaCO_3$), 규산나트륨(Na_2SiO_3), 규산칼륨(K_2SiO_3) 등
② **슬래그 생성제** : 산화티타늄, 석회석, 산화철, 이산화망간(MnO_2), 일미나이트($TiO_2 \cdot FeO$), 규사(SiO_2), 장석($K_2O \cdot Al_2O_3 \cdot 6SiO$), 형석($CaF_2$) 등
③ **가스 발생제** : 석회석, 녹말, 톱밥, 탄산바륨($BaCO_3$), 셀룰로오스 등
④ **탈산제** : 규소철($Fe-Si$), 망간철($Fe-Mn$), 망간, 알루미늄 등
⑤ **고착제** : 물유리(규산나트륨 : Na_2SiO_3), 규산칼륨(K_2SiO_3) 등
⑥ **합금 첨가제** : 망간, 실리콘, 니켈, 몰리브덴, 크롬, 구리, 바나듐 등

4) 연강용 피복 아크용접봉의 표시(KSD 7004 규정)

① 우리나라는 E, 일본은 D를 사용하며 사용 단위가 같다.
② 미국은 lb s/in^2로 표시하므로, $43kg_f/mm^2$는 60000lb s/in^2가 된다. 따라서 E4313은 E6013으로 표시한다.

E 4 3 1 6
- 피복제 계통
- 용착금속의 최소인장강도 수준(kgf/mm²)
- 피복 아크용접봉(Electrode)

─────────────── 예·상·문·제·01

피복 아크 용접봉에서 피복제의 주된 역할이 아닌 것은?

① 전기 절연작용을 한다.
② 아크를 안정시킨다.
③ 용착금속에 필요한 합금원소를 첨가한다.
④ 잔류 응력을 제거한다.

정답 ④

─────────────── 예·상·문·제·02

피복 아크 용접봉에서 피복제의 가장 중요한 역할은?

① 변형 방지
② 인장력 증대
③ 모재강도 증가
④ 아크 안정

정답 ④

해설 피복제 역할 : 아크 안정, 탈산 정련, 합금제 첨가, 냉각속도 감소

─────────────── 예·상·문·제·03

피복아크 용접봉을 용접부의 보호방식에 따라 분류할 때 속하지 않는 것은?

① 가스 발생식
② 합금 첨가식
③ 슬래그 생성식
④ 반가스 발생식

정답 ③

해설 피복 아크 용접봉의 보호 방식
① 슬래그 생성식 : 슬래그로 산화, 질화 방지, 탈산작용
② 가스 발생식 : 셀룰로오스 이용
③ 반가스 발생식 : 슬래그 생성식 + 가스발생식 혼합

─────────────── 예·상·문·제·04

강용 피복 아크 용접봉의 피복 배합제 중 아크 안정제 역할을 하는 종류로 묶어 놓은 것 중 옳은 것은?

① 적철강, 알루미나, 붕산
② 붕산, 구리, 마그네슘
③ 알루미나, 마그네슘, 탄산나트륨
④ 산화티탄, 규산나트륨, 석회석, 탄산나트륨

정답 ④

해설 알루미나, 붕산 : 슬래그 생성제, 마그네슘 : 탈산제, 구리 : 합금제, 탄산나트륨 : 아크 안정, 슬래그 생성제

─────────────── 예·상·문·제·05

피복 아크 용접봉의 피복제에 들어가는 탈산제에 모두 해당되는 것은?

① 페로실리콘, 산화니켈, 소맥분
② 페로티탄, 크롬, 규사
③ 페로실리콘, 소맥분, 목재 톱밥
④ 알루미늄, 구리, 물유리

정답 ③

해설 탈산제 : ③ 외에 페로티탄, 페로바나듐, 망간, 페로망간, 크롬 등이 있다.

─────────────── 예·상·문·제·06

피복 아크 용접봉의 피복 배합제 성분 중 고착제에 해당하는 것은?

① 산화티탄
② 규소철
③ 망간
④ 규산나트륨

정답 ④

해설 고착제 : 규산나트륨, 규산칼륨, 아교, 소맥분, 해초풀, 젤라틴 등

예·상·문·제·07

피복 아크 용접봉의 피복제에 합금제로 첨가되는 것은?

① 규산칼륨   ② 페로망간
③ 이산화망간   ④ 붕사

정답 ②

해설 합금제 : 페로망간, 페로 실리콘, 페로티탄, 페로바나듐, 산화몰리브덴, 산화니켈, 망간, 크롬, 페로크롬, 니켈 등

예·상·문·제·08

다음은 연강용 피복 아크 용접봉을 표시하였다. 설명으로 틀린 것은?

> E4316

① E : 전기 용접봉
② 43 : 용착금속의 최저 인장강도
③ 16 : 피복제의 계통 표시
④ E4316 : 일미나이트계

정답 ④

해설 E4316 : 저수소계

(2) 연강용 피복 아크용접봉의 특성

1) 일미나이트계(E4301)

① 30% 이상의 일미나이트($TiO_2 \cdot FeO$)와 사철 등을 30% 이상 포함한 슬래그 생성계
② 가격이 저렴하고, 작업성과 용접성이 우수하며, 전자세 용접봉으로 용입 및 기계적 성질이 양호하다.
③ 내부 결함이 적고, 슬래그의 유동성이 좋다.
④ 우리나라, 일본에서 많이 생산하며, 일반 구조물의 중요 강도의 부재, 각종 압력 용기, 조선, 건축, 철도 차량 등에 사용한다.

2) 라임티타니아계(E4303)

① 산화티타늄을 30% 이상, 석회석을 포함한 슬래그 생성계
② 슬래그의 유동성이 좋고, 비드 외관이 깨끗하고 언더컷이 적다.
③ 슬래그 제거가 쉽고 용입이 얕다(피복제는 두껍다).
④ 기계, 차량, 일반 강재의 박판 용접에 적합하다.

3) 고셀룰로오스계(E4311)

① 유기물(셀룰로오스)을 30% 정도 함유한 가스 발생식
② 가스에 의한 산화, 질화를 막고 피복제가 얇아 슬래그 생성이 적고 스패터가 심하며, 비드 파형이 거칠고 용입이 깊다.
③ 위보기 자세와 좁은 홈 용접이 가능하다. 보관 중 습기를 흡수하기 쉽다.
④ 아연 도금 강판, 저장 탱크, 배관 용접에 많이 사용한다.

4) 고산화티타늄계(E4313, E6013)

① 산화Ti을 30% 이상 포함한 슬래그 생성계
② 아크가 안정되고, 스패터가 적으며, 슬래그 제거성이 우수하다.
③ 비드가 고우며 언더컷이 발생하지 않는다.
④ 전자세와 수직 하진 자세 및 접촉 용접이 가능하며, 작업성이 좋고, 용입이 얕다.
⑤ 고온 균열 발생이 크고, 기계적 성질이 나빠 일반 경구조물 용접, 박판 용접에 적합하다.

5) 저수소계(E4316, E7016)

① 주성분
  ㉠ 석회석($CaCO_3$)이나 형석(CaF_2)을 주성분으로 한 것
  ㉡ 용착금속 중의 수소 함유량이 다른 봉에 비해 1/10 정도로 현저히 적다.
② 특성
  ㉠ 인성과 연성, 기계적 성질이 우수하나, 아크가 다소 불안정하며, 작업성이 나쁘다.

ⓒ 시점에서 기공이 생기기 쉬우므로 후진법을 선택하여 문제를 해결하는 방법도 있다.
③ 용도 : 중요 부재의 용접, 고압 용기 후판 중구조물, 탄소 당량이 높은 기계 구조용강, 구속이 큰 용접, 유황 함유량이 많은 강 용접에 이용된다.
④ 건조 : 피복제의 흡습이 쉬우므로 300~350℃에서 1~2시간 건조 후 보온통에 넣어 70℃ 정도로 유지하며 사용한다.

6) 철분 산화티타늄계(E4324)

① 고산화티타늄계에 철분을 약 50% 정도 첨가시킨 용접봉이다(E4313과 비슷).
② 우수한 작업성과 고능률성을 갖춘 것으로 스패터가 적고 용입이 얕다.
③ 아래보기 자세와 수평 필릿 자세 전용 용접봉으로 저탄소강, 저합금강, 고탄소강 등에 사용된다.

7) 철분 저수소계(E4326, E7018)

① 저수소계 용접봉 피복제에 철분을 30~50% 정도 첨가한 용접봉이다.
② 용착 효율이 좋고 능률적이며, 스패터가 적고, E4316, E7016보다 기계적 성질이 우수하며, 슬래그 박리성이 좋고, 작업성도 좋다.
③ 아래보기 자세와 수평 필릿 자세 전용 용접봉이며, 용도는 E4316과 비슷하다.

8) 철분 산화철계(E4327)

① 산화철에 규산염을 첨가하여 산성 슬래그를 생성시킨 것, 용착 효율이 좋고 능률적이다.
② 스패터가 적은 스프레이형이며, 용입이 양호하고, 슬래그 제거성이 양호하다.

·············· 예·상·문·제·01

연강용 피복아크 용접봉의 종류와 피복제 계통이 잘못 연결된 것은?

① E4301 - 일미나이트계
② E4303 - 라임티타니아계
③ E4316 - 저수소계
④ E4340 - 철분산화철계

정답 ④

해설 E4340 : 특수계

·············· 예·상·문·제·02

연강용 피복 금속 아크용접봉의 종류 중에서 E4313의 피복제 계통은?

① 일미나이트계
② 라임티타니아계
③ 철분산화티탄계
④ 고산화티탄계

정답 ④

·············· 예·상·문·제·03

수소함유량이 타 용접봉에 비해서 1/10 정도 현저하게 적고 특히 균열의 감수성이나 탄소, 황의 함유량이 많은 강의 용접에 적합한 용접봉은?

① E4301
② E4313
③ E4316
④ E4324

정답 ③

해설 E4316 : 저수소계 용접봉, 내균열성이 좋음

(3) 기타 피복 아크용접봉

1) 고장력강 피복 아크용접봉

KSD 7006에 490N/mm²(50kgf/mm²), 519N/mm²(53kgf/mm²), 568N/mm²(58kgf/mm²)급이 규정됨

2) 스테인리스강 피복 아크용접봉

① 티타늄계
  ㉠ 루틸을 주성분으로 하며, 아크가 안정되고 스패터가 적다.
  ㉡ 슬래그 제거성도 양호하다.
  ㉢ 수직자세, 위보기자세 용접시 용적이 낙하하기 쉽다.
  ㉣ 용입이 얕아 얇은 판 용접에 적합하다.
  ㉤ 우리나라의 스테인리스강 용접봉은 거의 티타늄계이다.
② 라임계
  ㉠ 형석, 석회석이 주성분이다.
  ㉡ 비드가 볼록형으로 아래보기 및 수평 필릿 용

접시 비드 외관이 나쁘고, 슬래그가 용융지를 거의 덮지 못하며, 아크가 불안정하다.

3) 주철 피복 아크용접봉

① 보수 용접에 주로 사용되며, 연강 및 탄소강에 비해 용접이 어려워 전후 처리와 선택이 중요하다.
② 니켈계, 모넬 메탈봉, 연강용 용접봉 등이 있다.

4) 동 및 동합금용 피복 아크용접봉

① 주로 탈산 구리 용접봉 또는 구리 합금 용접봉이 사용되고 있다.
② 연강에 비해 열전도도와 열팽창 계수가 크기 때문에 용접에 어려움이 있으나, 계속 우수한 용접봉 개발이 진행되고 있다.

──────────── 예·상·문·제·01

스테인리스강용 용접봉의 피복제는 루틸을 주성분으로 한 (　)와 형석, 석회석 등을 주성분으로 한 (　)가 있는데, 전자는 아크가 안정되고 스패터도 적으며, 후자는 아크가 불안정하며 스패터도 큰 입자인 것이 비산된다. 본문에서 (　)에 알맞은 말은?

① 티탄계, 라임계
② 일미나이트계, 저수소계
③ 라임계, 티탄계
④ 저수소계, 일미나이트계

정답 ①

해설 스테인리스강용 피복아크 용접봉에는 티탄계와 라임계가 있다.

(4) 용접봉 선택과 취급

1) 용접봉 선택

① 피용접물의 재질, 사용 목적에 맞으며, 작업성과 용접성을 고려해야 된다.
② **작업성** : 아크 발생과 상태, 용접봉 용융 및 슬래그 상태, 스패터 발생 상태 등의 직접적인 것과, 슬래그 박리성, 스패터 제거 난이도, 작업의 난이도 등 간접 작업성으로 구분한다.
③ **내균열성이 제일 좋은 순서** : 저수소계 〉 일미나이트계 〉 티탄계

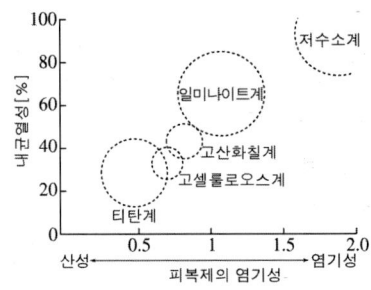

[용접봉의 내균열성 비교]

④ 피복제의 염기도가 높을수록 내균열성이 우수하나, 작업성은 떨어지며, 산성도가 높을수록 내균열성은 작아지나, 작업성은 좋아진다.
⑤ 용접봉의 허용 편심율 : 3% 이내이며, 이보다 크면 아크 쏠림 등 아크가 불안정하다.

$$편심율(\%) = \frac{D' - D}{D} \times 100$$

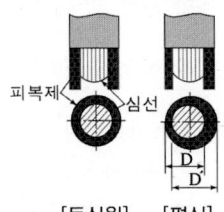

[동심원]　[편심]

2) 용접봉 보관 및 취급시 주의 사항

① 건조한 장소를 택하며, 진동이 없고 하중을 받지 않아야 한다.
② 사용 중에 피복제가 떨어지는 일이 없도록 통에 넣어서 사용한다.
③ 용접봉 건조
　㉠ 일반 용접봉 : 70~100℃에서 30분~1시간 정도
　㉡ 저수소계 용접봉의 경우는 300~350℃에서 1~2시간 건조해야 한다.(용접봉에 습기는 기공이나 균열의 원인)

──────────── 예·상·문·제·01

용접봉을 선택할 때 모재의 재질, 제품의 형상, 사용 용접기기, 용접자세 등 사용목적에 따른 고려사항으로 가장 먼 것은?

① 용접성　　　　② 작업성
③ 경제성　　　　④ 환경성

정답 ④

해설 용접봉 선택 조건 : 용접성과 작업성이 중요하며, 경제적인 것도 요구된다. 환경성은 거의 고려되지 않는다.

──────────── 예·상·문·제·02

피복 아크 용접봉은 염기도(basicity)가 높을수록 내균열성은 좋으나 작업성이 저하되는데 다음 중 염기도 크기를 순서대로 올바르게 나열한 것은?

① E4311 < E4301 < E4316
② E4316 < E4301 < E4311
③ E4301 < E4316 < E4311
④ E4316 < E4311 < E4301

정답 ①

해설 저수소계(E4316) > 일미나이트계(E4301) 고셀룰로스계(E4311)

──────────── 예·상·문·제·03

피복금속 아크 용접봉은 습기의 영향으로 기공(blow hole)과 균열의 원인이 된다. 보통 용접봉(1)과 저수소계 용접봉(2)의 온도와 건조시간은? (단, 보통 용접봉은 (1)로, 저수소계 용접봉은 (2)로 나타냈다.)

① (1) 70~100℃ 30~60분, (2) 100~150℃ 1~2시간
② (1) 70~100℃ 2~3시간, (2) 100~150℃ 20~30분
③ (1) 70~100℃ 30~60분, (2) 300~350℃ 1~2시간
④ (1) 70~100℃ 2~3시간, (2) 300~350℃ 20~30분

정답 ③

(5) 피복 아크용접 작업

① **아크 발생법** : 점찍기법과 긁기법이 있으며, 작업자의 편의에 따라 선택한다.
② **진행각과 작업각**
   ㉠ 진행각 : 용접봉과 용접선이 이루는 각도로서 용접봉과 수직선 사이의 각도
   ㉡ 작업각 : 용접봉과 이음 방향에 나란히 세워진 수직 평면(또는 수평 평면)과의 각도로 표시하며, 우수한 용접 품질을 얻기 위해서 중요하다.
③ **아크(용접) 전류**
   ㉠ 피용접물의 재질, 모양, 크기, 이음의 형상, 예열, 용접봉 크기와 종류, 용접 속도, 용접사의 숙련도 등에 따라 결정된다.
   ㉡ 아크 표준 전류 밀도 : 용접봉 단면적 $1mm^2$에 대해 10~11A 정도이다.
④ **용접(운봉) 속도**
   ㉠ 모재에 대한 용접선 방향의 아크 속도
   ㉡ 모재의 재질, 이음 모양, 용접봉의 종류와 지름 및 전류값에 따라 다르다.
   ㉢ 아크 전류와 전압을 일정하게 유지하고 용접 속도를 증가시키면 비드 폭이 좁아지고 용입도 얕아진다.
   ㉣ 용입의 정도는 용접 전류값을 용접 속도로 나눈 값에 따라 결정된다.
⑤ **아크 길이**
   ㉠ 모재 표면에서 용접봉 끝까지의 거리
   ㉡ 적정 아크 길이 : 보통 용접봉 심선 지름의 1배 정도(3mm 정도)이며, 아크길이를 짧게 하는 것이 좋다.
   ㉢ 아크 전압은 아크 길이에 비례하여 증가하고, 용접 전류는 반대로 감소한다.
   ㉣ 아크 길이가 너무 길면 아크가 불안정하고 용융금속이 산화 및 질화되기 쉬우며, 용입 불량 및 스패터도 심하게 된다.
⑥ **아크 소멸과 크레이터**
   ㉠ 아크 소멸 : 용접을 정지하려는 곳에서 아크 길이를 짧게 하여 운봉을 정지시켜서 크레이터를 채운 다음 용접봉을 빠른 속도로 들어 올린다.
   ㉡ 크레이터 : 아크 중단 부분이 오목하거나 납작하게 파진 부분을 말하며, 이곳은 불순물과 편석이 남게 되고 균열이 발생할 수 있으므로 이곳을 채워야 된다.
⑦ **아크 쏠림(자기 쏠림, 불림)**
   ㉠ 용접봉에 아크가 한쪽으로 쏠리는 현상
   ㉡ 직류 용접에서 비피복봉 사용시 심하다.
   ㉢ 발생 원인 : 용접 전류에 의해 아크 주위에 발

생하는 자장이 용접에 대하여 비대칭으로 나타나는 경우와 피복제의 심한 편심시에 발생한다.

⑧ **아크 쏠림 방지 대책**
㉠ 직류 용접을 하지 말고 교류 용접으로 하며, 용접봉 끝을 쏠림 반대방향으로 기울인다.
㉡ 큰 가접부 또는 이미 용접이 끝난 용착부를 향하여 용접한다.
㉢ 이음의 처음과 끝에 앤드탭을 사용하며, 용접부가 긴 경우 후퇴 용접법으로 한다.
㉣ 접지점을 가능한 용접부에서 멀리하며, 접지점 2개를 연결한다.
㉤ 짧은 아크를 사용한다.(피복제가 모재에 접촉할 정도)

⑨ **여러 가지 운봉법**
㉠ 직선(straight) 비드 : 용접봉을 일정한 각도를 유지하며 용접선에 따라 직선으로 움직이며 놓은 비드로, 박판 용접 및 홈 용접의 이면 비드를 형성할 때 사용한다.
㉡ 위빙(weaving) 비드 : 운봉각을 일정하게 유지하며 용접봉을 좌우로 움직여 운봉하는 방법으로, 위빙 폭은 심선 지름의 2~3배로 한다. 언더컷이 생길 염려가 있으므로 주의한다.

[자세별 운봉법의 종류]

운봉법(위빙)		그림
아래 보기 자세(V형)	직선	→
	원형	⊙⊙⊙⊙
	부채꼴모양	⋀⋀⋀
아래 보기 자세(필릿)	직선	→
	타원형	ℓℓℓℓ
	삼각형	⋙
수평 자세	직선	→
	타원형	⊙⊙⊙⊙
수직 자세	하진	직선	↓
		부채꼴모양	⋀⋀
	상진	직선	↑
		삼각형/백스텝	△△

운봉법(위빙)		그림
위보기 자세	직선	→
	부채꼴모양	⋀⋀⋀
	백스텝	⋘

──────────── 예·상·문·제·01

아크의 길이가 너무 길 때 발생하는 현상이 아닌 것은?

① 용융금속이 산화 및 질화되기 쉽다.
② 용입이 나빠진다.
③ 아크가 불안정하다.
④ 열량이 대단히 작아진다.

정답 ④

해설 아크길이가 길어지면 전압은 상승한다. 즉, 열량이 커진다.

──────────── 예·상·문·제·02

다음 중 아크 용접에서 아크를 중단시켰을 때, 중단된 부분이 납작하게 파여진 모습으로 남는 부분을 무엇이라 하는가?

① 스패터
② 오버랩
③ 슬래그 섞임
④ 크레이터

정답 ④

해설 크레이터 : 용접 중에 아크를 중단 시키면 중단된 부분이 오목하거나 납작하게 파진 모습으로 남는 것

──────────── 예·상·문·제·03

피복아크 용접에서 아크쏠림 현상에 대한 설명으로 틀린 것은?

① 직류를 사용할 경우 발생한다.
② 교류를 사용할 경우 발생한다.
③ 용접봉에 아크가 한쪽으로 쏠리는 현상이다.
④ 짧은 아크를 사용하면 아크쏠림 현상을 방지할 수 있다.

정답 ②

해설 아크쏠림 : 아크 블로우, 자기불림, 마그네틱 블로우 등으로 불리어진다.
① 아크 쏠림 발생시 아크 불안전, 용착금속의 재질이 변화, 슬래그 섞임, 기공이 발생
② 직류 대신 교류 용접기를 사용하면 아크쏠림을 방지할 수 있다.

··············· 예·상·문·제·04

다음 중 아크 용접에서 아크 쏠림의 방지 대책으로 틀린 것은?

① 접지점 두 개를 연결할 것
② 접지점을 용접부에서 멀리 할 것
③ 용접봉 끝을 아크 쏠림 방향으로 기울일 것
④ 직류 아크 용접을 하지 말고 교류용접을 할 것

정답 ③

해설 아크(자기) 쏠림 방지책
㉠ 아크 길이를 짧게 유지하고, 긴 용접부는 후퇴법을 사용한다.
㉡ 용접봉 끝을 아크 쏠림 반대 방향으로 기울인다.
㉢ 용접이 끝난 부분이나 가접이 큰 부분 방향으로 용접하거나, 앤드탭을 사용한다.

(6) 용접부의 결함과 그 방지 대책

1) 용접 결함의 종류

① **치수상 결함** : 변형, 치수 불량(덧붙이 과부족, 목 길이 및 목두께 과부족 등), 형상 불량
② **구조상 결함** : 기공, 피트, 은점, 슬래그 섞임, 용입 불량(부족), 융합 불량, 언더컷, 오버랩, 균열, 선상 조직
③ **성질상 결함** : 기계적 불량(인장 강도, 피로 강도, 경도, 연성 등), 화학적 불량(성분 부적당, 내식성 등)

2) 용접부의 결함 종류와 방지 대책

① 용입 불량

결함의 종류	용입 불량
결함 발생 원인	결함 방지 대책
이음 설계의 결함	홈각도를 크게 또는 루트 간격을 넓게 한다.
용접 속도가 너무 빠를 때	용접 속도를 조금 느리게 한다.
용접 전류가 낮을 때	적정 전류로 조정한다.

② 언더컷

결함의 종류	언더컷
결함 발생 원인	결함 방지 대책
전류가 너무 높을 때	낮은 전류를 사용한다.
아크 길이가 너무 길 때	적정 아크 길이를 유지한다.
부적당한 봉을 사용했을 때	적정 봉을 사용한다.
용접 속도가 너무 빠를 때	용접 속도를 조금 늦춘다.

③ 오버랩

결함의 종류	오버랩
결함 발생 원인	결함 방지 대책
용접 전류가 너무 낮을 때	적정 전류를 사용한다.
운봉 및 유지 각도가 불량할 때	적정 운봉과 각도를 유지한다.
부적당한 봉을 사용했을 때	적정 봉을 사용한다.
용접 속도가 너무 느릴 때	용접 속도를 조금 빠르게 한다.

④ 선상 조직

결함의 종류	선상조직
결함 발생 원인	결함 방지 대책
용착금속의 냉각 속도가 빠를 때	급랭을 피한다.
모재의 재질 불량	모재의 재질에 맞는 봉을 사용

⑤ 균열

결함의 종류	균열
결함 발생 원인	**결함 방지 대책**
이음 강성이 큰 경우	예열, 피닝, 비드 배치법 변경
부적당한 용접봉 사용 시	적정 봉 사용
모재에 합금 원소가 많을 때	예열, 후열을 한다.
과대 전류 및 과대 속도일 때	적정 전류, 적정 속도를 유지한다.
모재에 유황 함량이 많을 때	저수소계 봉을 사용한다.

⑥ 기공, 피트

결함의 종류	기공 / 피트
결함 발생 원인	**결함 방지 대책**
용접 분위기 중 각종 가스가 많을 때	예열, 봉 건조, 봉 교환
용접부의 급속한 응고	예열하거나 후열한다.
모재 중 유황의 함량이 많을 때	저수소계 봉을 사용한다.
강재에 페인트, 습기, 녹, 기름 등 불순물이 많을 때	모재를 깨끗이 청소한다.
아크 길이, 과대 전류 사용시	적정 아크 길이, 적정 전류 사용
용접 속도가 빠를 때	용접 속도를 조금 늦춘다.

⑦ 슬래그 섞임

결함의 종류	슬래그 섞임
결함 발생 원인	**결함 방지 대책**
이전 층의 슬래그 제거 불충분시	슬래그를 깨끗이 제거한다.
전류 과소, 운봉 불완전시	적정 전류, 운봉을 잘한다.
용접 이음부의 부적당	이음부 설계를 잘한다.

결함 발생 원인	결함 방지 대책
냉각 속도가 빠를 때	예열, 후열을 한다.
봉의 각도가 부적당할 때	봉의 적정 각도를 유지한다.
운봉 속도가 느릴 때	운봉 속도를 조절한다.

⑧ 스패터

결함의 종류	스패터
결함 발생 원인	**결함 방지 대책**
전류가 높을 때	적정 전류로 조절한다.
봉에 습기가 많을 때	건조된 봉을 사용한다.
아크 길이가 길 때	적정 아크 길이를 유지한다.

---------- 예·상·문·제·01

용접결함의 종류 중 치수상의 결함에 속하는 것은?

① 변형 ② 융합불량
③ 슬래그 섞임 ④ 기공

정답 ①

해설 치수상 결함 : 변형, 치수불량, 형상불량

---------- 예·상·문·제·02

용접결함 중 구조상 결함이 아닌 것은?

① 슬래그 섞임
② 용입불량과 융합불량
③ 언더 컷
④ 피로강도 부족

정답 ④

해설 피로강도 부족, 강도, 경도 부족은 성질상 결함이다.

---------- 예·상·문·제·03

용접결함의 종류 중 성질상 결함에 해당되지 않는 것은?

① 인장강도 부족 ② 표면 결함
③ 항복강도 부족 ④ 내식성의 불량

정답 ②

해설 성질상 결함

- 기계적 불량 : 인장강도, 항복강도, 경도, 피로 부족 등
- 화학적 불량 : 부식(내식성불량)

··· 예·상·문·제·04

용접봉의 습기가 원인이 되어 발생하는 결함으로 가장 적합한 것은?

① 선상조직 ② 기공
③ 용입 불량 ④ 슬래그 섞임

정답 ②

해설 기공을 줄이기 위해서는 용접봉 건조로를 이용하여 건조된 용접봉을 사용하면 기공을 줄일 수 있다.

··· 예·상·문·제·05

용접결함과 그 원인을 서로 짝지어 놓은 것 중 잘못된 것은?

① 언더컷 - 용접전류가 너무 높을 때
② 용입 불량 - 용접속도가 너무 느릴 때
③ 오버랩 - 용접전류가 너무 낮을 때
④ 기공 - 용접분위기 중 수소, 일산화탄소가 많을 때

정답 ②

해설 용입 불량 : 전류가 너무 낮을 때, 용접 속도가 너무 빠를 때

··· 예·상·문·제·06

피복 아크 용접에서 슬래그 혼입으로 용접결함이 발생하였다. 방지대책으로 틀린 것은?

① 전류를 약간 높게 한다.
② 루트 간격 및 치수를 적게 한다.
③ 용접부 예열을 한다.
④ 슬래그를 깨끗이 제거한다.

정답 ②

해설 루트 간격을 크게 하면 슬래그 혼입을 방지할 수 있다.

03. 가스용접

1 가스용접의 개요

(1) 원리와 역사

① 원리
  ㉠ 융접법의 일종, 산소 용접이라고 부른다.
  ㉡ 아세틸렌 가스, 수소, LP(프로판) 가스 등의 가연성 가스와 산소의 혼합 가스의 연소열을 이용하여 금속을 용접하는 방법
② **가스용접의 종류** : 사용 가스에 따라 산소-아세틸렌 용접(가장 많이 사용), 산소-수소 용접, 산소-프로판 용접, 공기-아세틸렌 용접 등이 있다.
③ **발명** : 산소-아세틸렌 불꽃은 3000℃ 이상의 고열을 내며 탄다고 발표한 후 1900~1901년경 프랑스의 푸세와 피카르가 토치를 처음 고안하였다.

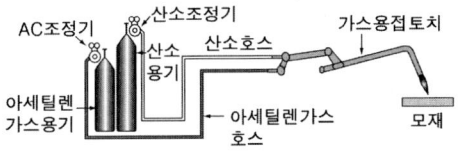

[가스용접 장치의 구성]

··· 예·상·문·제·01

혼합가스 연소에서 불꽃온도가 가장 높은 것은?

① 산소-수소불꽃 ② 산소-프로판불꽃
③ 산소-아세틸렌불꽃 ④ 산소-부탄불꽃

정답 ③

해설 ① : 2900℃, ② : 2820℃, ③ : 3420℃

(2) 특징

1) 장점

① 전기가 필요 없으며, 용접 장치의 설치가 쉽고, 운반이 자유롭다.

② 가열할 때 열량 조절이 비교적 자유롭고, 응용 범위가 넓으며, 유해광선 발생이 적다.
③ 박판용접에 적당하다.

2) 단점

① 고압가스 사용 때문에 폭발, 화재 위험이 크며, 금속이 탄화 및 산화될 우려가 많다.
② 열효율과 집중력이 낮아서 용접 속도가 느리다.
③ 용접부의 기계적 강도가 떨어지며, 일반적으로 아크용접에 비해 신뢰도가 적다.
④ 가열 범위와 열을 받는 범위가 넓어서 용접 응력이 크고, 용접 후에 변형이 심하다.

·················· 예·상·문·제·01

산소 - 아세틸렌 가스 용접의 장점 설명으로 틀린 것은?

① 용접기의 운반이 비교적 자유롭다.
② 아크용접에 비해서 유해광선의 발생이 적다.
③ 열의 집중성이 좋아서 용접이 효율적이다.
④ 가열을 할 때 열량조절이 비교적 자유롭다.

정답 ③

·················· 예·상·문·제·02

다음 중 산소 - 아세틸렌 가스 용접의 단점이 아닌 것은?

① 열효율이 낮다.
② 폭발할 위험이 있다.
③ 가열시간이 오래 걸린다.
④ 가열할 때 열량의 조절이 제한적이다.

정답 ④

해설 가스용접의 특징
㉠ 전기가 필요 없으며 응용범위가 넓다.
㉡ 용접장치 설비비가 저렴, 가열시 열량 조절이 비교적 자유롭다.
㉢ 유해광선 발생률이 적으며, 용접속도가 느리다.

2 가스 및 불꽃

(1) 산소(oxygen, O_2)

1) 성질

① 무색, 무미, 무취의 기체(비중 1.105)로 공기(비중1)보다 약간 무거우며, 비등점 -182℃, 용융점 -219℃이다.
② 액체 산소(액산)는 연한 청색을 띠며, 1ℓ 가 기화하면 약 900ℓ 의 기체가 된다.
③ 자신은 연소하지 않고 다른 물질의 연소를 돕는 조(지)연성 가스이다.
④ 금, 백금, 수은 등을 제외한 모든 물질과 화합할 때 산화물을 만든다.
⑤ 1ℓ 의 중량은 0℃, 1기압에서 1.429g이다.
⑥ 공기 중에 약 21% 존재하며, 공업용 산소의 순도는 99.5% 이상이다.

2) 제조 방법

① 물을 전기 분해하는 방법

$$2H_2O \xrightarrow{전기분해} 2H_2\uparrow + O_2\uparrow$$
$$\text{물} \qquad\qquad\quad (\text{음극}) \quad (\text{양극})$$

② 공기에서 산소를 채취하는 방법
③ 화학 약품에 의한 방법

$$2KClO_3 \xrightarrow{가열} 2KCl + 3O_2$$

3) 기체 산소와 액체 산소

① **기체산소** : 액체 산소를 기화시켜 용기에 압축하여 충전한 산소
② **액체산소** : 용기에 액체로 저장한 산소이며, 운반, 저장이 쉽고, 99.8% 이상 고순도를 유지할 수 있으므로, 대량의 산소를 사용하는 곳에서 편리하며 경제적이다.

························· 예·상·문·제·01

다음 중 가스용접에 사용되는 가연성 가스가 아닌 것은?

① 산소 ② 도시 가스
③ 아세틸렌 ④ 프로판 가스

정답 ①

해설 산소는 가연성 가스가 아니라 조연성 가스이다.

························· 예·상·문·제·02

다음은 산소의 성질을 설명한 것이다. 틀린 것은?

① 액체 산소는 보통 연한 청색을 띤다.
② 기체의 비중은 0.906으로 공기보다 가볍다.
③ 자체는 연소하지 않는 조연성 가스이다.
④ 무미, 무색, 무취의 기체이다.

정답 ②

해설 산소의 비중은 1.105로 공기보다 무겁다.

(2) 아세틸렌(acetylene, C_2H_2)

카바이드로부터 제조되며, 가스용접용으로 많이 사용되는 불포화 탄화수소의 일종으로 불완전한 상태의 가스이며, 영국의 데이비 경(Sir, H Davy)에 의해 최초로 발견되었다.

1) 카바이드 제조법

석회석을 코크스와 56 : 36의 중량비로 혼합하여 전기로에서 약 3000℃의 고온으로 용융, 화합시켜 대량 제조한 것

2) 카바이드의 성질

① 순수한 것은 무색, 무취하고 투명하나, 판매되는 것은 불순물 때문에 회갈색 또는 회흑색을 띤다.
② 경도가 매우 크고, 비중은 2.2~2.3이며, 이론상 순수한 카바이드 1kg당 348L의 아세틸렌을 발생하지만, 실제로는 불순물 때문에 230~290L 정도 발생한다.
③ 물과 접촉하면 쉽게 아세틸렌 가스가 발생되고 백색의 소석회로 남는다.

3) 아세틸렌 가스의 성질

① 순수한 것은 무색, 무취의 기체이나, 인화수소(PH_3), 유화수소(H_2S), 암모니아(NH_3) 등이 함유되어 있어 악취가 난다.
② 비중은 0.906으로 공기보다 가벼우며, 15℃, 1기압에서 1L의 무게는 1.176g이다.
③ 보통 물에는 같은 양, 석유에는 2배, 벤젠에는 4배, 알코올에는 6배, 아세톤에는 25배가 용해되는 등 각종 액체에 잘 용해된다.
④ 아세틸렌을 800℃에서 분해시키면 탄소와 수소로 나누어지고 아세틸렌 카본 블랙(잉크 원료)이 된다.

4) 아세틸렌 가스의 폭발성

① **온도** : 406~408℃에서 자연 발화, 505~515℃에서 폭발하고, 780℃가 되면 산소가 없어도 자연 폭발한다.
② **압력** : 15℃에서 1.5기압 이상 압축하면 충격이나 가열에 의해 분해 폭발할 위험이 있으며, 2.0기압 이상 압축하면 폭발할 수 있다.
③ **혼합 가스** : 아세틸렌 15%, 산소 85% 부근이 되면 폭발 위험이 크며, 인화수소가 0.02% 이상이면 폭발 위험성이 크고, 0.06% 이상이면 자연 발화하여 폭발한다.
④ **외력** : 가압된 상태에서 마찰, 진동, 충격이 가해지면 폭발할 위험이 있다.
⑤ **화합물 생성** : Cu, Cu 합금(62% Cu 이상), 은(Ag), 수은(Hg) 등과 접촉하면 화합하여 120℃ 부근에서 폭발성 화합물을 생성한다.

5) 용해 아세틸렌

강철제 용기 내부에 규조토, 목탄 분말, 석면 등과 같은 다공질 물질로 채우고, 여기에 아세톤을 흡수시킨 다음 아세틸렌 가스를 15℃에서 15.5기압으로 충전 용해시킨 가스

······· 예·상·문·제·01

아세틸렌의 성질로 맞지 않는 것은?

① 매우 불안전한 기체이므로 공기 중에서 폭발 위험성이 매우 크다.
② 비중이 1.906으로 공기보다 무겁다.
③ 순수한 것은 무색, 무취의 기체이다.
④ 구리, 은, 수은과 접촉하면 폭발성 화합물을 만든다.

정답 ②

해설 비중은 0.906으로 공기보다 가볍다.

······· 예·상·문·제·02

아세틸렌은 각종 액체에 잘 융해되는데 벤젠에서는 몇 배의 아세틸렌 가스를 용해하는가?

① 4   ② 10
③ 15   ④ 25

정답 ④

해설 아세틸렌 가스는 물과 같은 양(1배), 석유에는 2배, 벤젠에는 4배, 알코올에는 6배, 아세톤에는 25배 용해된다.

······· 예·상·문·제·03

아세틸렌 가스와 접촉하여도 폭발성 화합물을 생성하지 않는 것은?

① Fe   ② Cu
③ Ag   ④ Hg

정답 ①

해설 아세틸렌 가스와 구리, 은, 수은 등이 접촉하면 폭발성 화합물이 생성될 수 있다.

······· 예·상·문·제·04

폭발 위험성이 가장 큰 산소와 아세틸렌의 혼합비(%)는? (단, 산소 : 아세틸렌)

① 40 : 60   ② 15 : 85
③ 60 : 40   ④ 85 : 15

정답 ④

해설 아세틸렌의 폭발성
① 온도 : 406~408℃ : 자연발화
② 압력 : 1.3(kgf/cm²) 이하에서 사용
③ 혼합가스 : 아세틸렌 15%, 산소 85%에서 가장 위험

(3) 기타 가스

① **도시가스** : 석탄을 가스화시킨 것으로 주성분은 수소와 메탄이며, 일산화탄소, 질소 등도 함유되어 있다.
② **수소 가스** : 아세틸렌보다 일찍 실용화되었으며, 물을 전기 분해하여 만들어 고압 용기에 충전(35℃에서 150kgf/cm²)시켜 공급한다. 산소-수소 불꽃은 백심 구분이 어려워 불꽃 조절이 어렵고, 연소시 탄소가 나오지 않으며, 수중 절단, 납땜 등에 이용된다.
③ **천연가스(LNG), 메탄가스** : 유전지대에서 분출되며, 주성분은 메탄(80~90%)이며 황 성분이 거의 없고, 폭발범위가 좁아 위험성이 적어 도시가스용으로 쓰인다.

(4) 산소-아세틸렌 불꽃

1) 불꽃의 구성

① **불꽃심(백심)** : 팁에서 나오는 혼합 가스가 연소하여 형성된 환원성의 백색 불꽃
② **속불꽃(내염)** : 백심 부분에서 생성된 일산화탄소와 수소가 공기 중의 산소와 결합 연소하여 3200~3500℃의 높은 열을 발생하는 환원성 불꽃. 이 부분에서 용접하면 산화를 방지할 수 있다.
③ **겉불꽃(외염)** : 연소 가스가 다시 공기 중의 산소와 결합하여 완전 연소되는 불꽃, 약 2000℃의 열을 내게 된다.

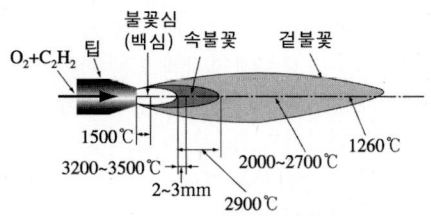

[산소-아세틸렌 불꽃 구성]

2) 불꽃의 종류

① 탄화 불꽃(아세틸렌 과잉 불꽃)
  ㉠ 속불꽃과 겉불꽃 사이에 백색의 제3불꽃 즉, 아세틸렌 페더가 있는 불꽃
  ㉡ 산화가 일어나지 않으므로 산화를 방지할 스테인리스강, 스텔라이트, 모넬메탈 등의 용접에 사용된다. 금속 표면에 침탄 작용이 일어나기 쉽다.

② 중성 불꽃(표준 불꽃)
  ㉠ 산소와 아세틸렌 가스의 혼합비가 1 : 1 (실제는 1.1~1.2) 정도의 불꽃
  ㉡ 백심 불꽃 끝에서 2~3mm 앞쪽에서 용접하며, 금속에 화학적 영향 적다.

③ 산화 불꽃(산소 과잉 불꽃)
  ㉠ 중성 불꽃에 비해 산소가 많아 백심 부근에서 완전 연소하여 산화성 분위기가 되는 불꽃
  ㉡ 철강에는 사용하지 않고, 구리, 황동 등의 가스용접에 주로 이용된다.

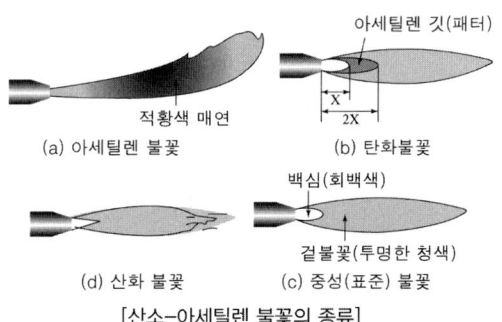

[산소-아세틸렌 불꽃의 종류]

[산소-아세틸렌 불꽃과 용접 재료]

용접 재료	불꽃 종류
강판 / 연강판	중성 불꽃
고탄소강, 주강, 주철	중성 불꽃
니켈크롬강	중성 불꽃
구리 / Al	중성, 산화
황동 / 청동	산화 불꽃
니켈 / 모넬메탈	약한 탄화 불꽃
망간강	약한 탄화 불꽃
가단 주철	약한 탄화 불꽃

[예열 가스의 발열량 및 불꽃 온도]

가스의 종류	발열량 (kcal/m³)	혼합비 (연료 : 산소)		최고 불꽃 온도(℃)
		저	고	
아세틸렌	12690	1 : 1.1	1 : 1.8	3,430
수소	2420	1 : 0.5	1 : 0.5	2,900
프로판	20780	1 : 3.75	1 : 4.75	2,820
메탄	8080	1 : 1.8	1 : 2.25	2,700
일산화탄소	2865	1 : 0.5	1 : 0.5	2,820

········· 예·상·문·제·01

다음 중 산소-아세틸렌 불꽃의 3대 구성이 아닌 것은?

① 불꽃심   ② 속불꽃
③ 겉불꽃   ④ 중성 불꽃

정답 ④

해설 중성 불꽃은 산소의 양에 따라 분류한 것이다.

········· 예·상·문·제·02

산소-아세틸렌을 대기 중에서 연소시킬 때 산소량에 따라 분류한 불꽃의 종류가 아닌 것은?

① 산화 불꽃   ② 중성 불꽃
③ 탄화 불꽃   ④ 질화 불꽃

정답 ④

········· 예·상·문·제·02

백심과 겉불꽃 사이에 연한 청색의 제3의 불꽃으로 아세틸렌 깃이 존재하는 불꽃은?

① 탄화 불꽃   ② 중성 불꽃
③ 산화 불꽃   ④ 백심 불꽃

정답 ①

········· 예·상·문·제·03

산소와 아세틸렌의 혼합비가 1:1~1.2:1의 비율로 연소한 불꽃의 종류는?

① 탄화 불꽃   ② 중성 불꽃

③ 산화 불꽃　　　④ 질화 불꽃

정답 ②

해설 중성 불꽃으로 일명 표준 불꽃이라고도 한다.

··· 예·상·문·제·04

산소-아세틸렌 가스 불꽃 중 일반적인 가스용접에는 사용하지 않고 구리, 황동 등의 용접에 주로 이용되는 불꽃은?

① 탄화 불꽃　　　② 중성 불꽃
③ 산화 불꽃　　　④ 아세틸렌 불꽃

정답 ③

해설 구리 합금의 용접에는 산화 불꽃을 사용한다.

3 가스용접 장치 및 기구

(1) 산소 용기

1) 산소(oxygen) 용기

① **제조** : 만네스만법으로 이음매 없이 제조함, 인장강도 57kgf/mm²(559Mpa)이상, 연신율 18% 이상의 강재가 사용된다.
② **크기** : 내용적(대기 중에서 환산량)에 따라 33.7L(5000L), 40.7L(6000L), 46.7L(7000L)가 주로 사용된다.

$$L = V \times P$$

2) 산소 용기 취급상 주의 사항

① 병 밸브, 조정기, 도관, 취부구는 기름 묻은 천으로 닦아서는 안 된다.
② 병을 운반할 때에는 반드시 캡을 씌워 이동하며, 충격을 주어서는 안 된다.
③ 병은 40℃ 이하 온도에서 보관하고 직사 광선을 피해야 한다.
④ 병 내에 다른 가스를 혼합하면 안되며, 수시로 비눗물로 누설 검사를 한다.
⑤ 각종 불씨로부터 멀리하며, 화기로부터 5m 이상 거리를 둔다.
⑥ 용기 내의 압력이 상승되지 않도록(170kgf/cm² 이상) 한다.
⑦ 사용 후의 용기는 '빈병'이라고 표시하여 실병과 구분하여 보관한다.

(2) 아세틸렌 용기

1) 용해 아세틸렌 용기

① 용접 용기(계목 용기)를 사용하며, 여기에 다공물질(석회석, 목탄, 석면 등)을 넣고 건조, 아세톤을 주입 후 아세틸렌을 충전한다.

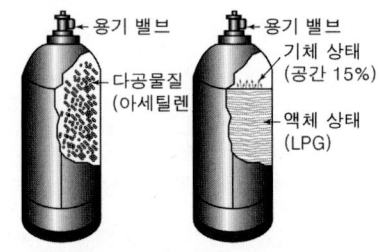

[아세틸렌 용기와 LPG 용기]

2) 용해 아세틸렌의 이점

① 아세틸렌을 발생시키는 발생기와 부속 기구가 필요하지 않으므로, 폭발할 위험성이 적다.
② 운반이 용이하며, 어떠한 장소에서도 간단히 작업할 수 있다.

3) 용해 아세틸렌의 취급시 주의사항

① 비눗물을 사용하여 누설 검사하며, 동결 부분은 35℃ 이하의 온수로 녹일 것
② 저장소에는 화기를 엄금하고 휴대용 전등 외는 사용하지 말 것
③ 저장실의 전기 스위치, 전등은 방폭 구조로 하며, 저장소는 통풍이 양호할 것
④ 용기는 저장 중이나 사용 중 반드시 세워 두어야 하며, 운반시 반드시 캡을 씌울 것
⑤ 용기 저장 온도는 40℃ 이하로 유지하며, 직사 광선을 피할 것
⑥ 용기는 전락, 전도를 방지하고 충격을 가하지 말 것

⑦ 사용 후 용기 내 약간의 잔압(0.1kgf/cm²)을 남겨둘 것
⑧ 용기의 가용 전 안전밸브는 105±5℃에서 녹게 되므로 끓는 물을 붓거나 증기를 쐬거나 난로 가까이에 두지 말 것

······················· 예·상·문·제·01

35℃에서 150 기압으로 압축하여 내부용적 40.7리터의 산소용기에 충전하였을 때, 용기속의 산소량은 몇 리터인가?

① 4105　　　　　② 5210
③ 6105　　　　　④ 7210

정답 ③

해설 산소량 = 내용적 × 기압
　　　　 = 40.7 × 150 = 6105

······················· 예·상·문·제·02

다음 중 산소 용기의 취급시 주의사항으로 틀린 것은?

① 기름이 묻은 손이나 장갑을 착용하고는 취급하지 않아야 한다.
② 통풍이 잘되는 야외에서 직사광선에 노출시켜야 한다.
③ 용기의 밸브가 얼었을 경우에는 따뜻한 물로 녹여야 한다.
④ 사용 전에는 비눗물 등을 이용하여 누설 여부를 확인한다.

정답 ②

해설 산소 용기 취급시 주의사항
　㉠ 화기가 있는 곳이나 직사광선의 장소를 피한다.
　㉡ 용기 내의 압력이 170기압이 되지 않게 하며, 누설검사는 비눗물을 이용한다.

······················· 예·상·문·제·03

15℃, 1kgf/cm² 하에서 사용전 용해아세틸렌병의 무게가 50kgf 이고, 사용 후 무게가 47kgf 일 때 사용한 아세틸렌의 양은 몇 L인가?

① 2915　　　　　② 2815
③ 3815　　　　　④ 2715

정답 ④

해설 용해아세틸렌 양 계산식
　　C = 905(A − B) = 905(50 − 47)
　　　 = 2715리터
　　(C : 아세틸렌 양, A : 사용 전 무게, B : 사용 후 무게)

······················· 예·상·문·제·04

용해 아세틸렌 취급 시 주의사항으로 틀린 것은?

① 저장장소는 통풍이 잘 되어야 된다.
② 저장장소에는 화기를 가까이 하지 말아야 한다.
③ 용기는 진동이나 충격을 가하지 말고 신중히 취급해야 한다.
④ 용기는 아세톤의 유출을 방지하기 위해 눕혀서 보관한다.

정답 ④

해설 용해 아세틸렌 용기는 눕혀두면 아세톤이 유출될 수 있으므로 우출 방지를 위해 세워서 보관해야 한다.

(3) 용기의 검사 및 각인, 도색

① V : 내용적
② FP : 최고 충전 압력
③ TP : 내압 시험 압력
④ W : 용기 중량(kgf)
⑤ 3. 08. 2015 : 내압 시험 연월일

[용기의 충전 압력 및 내압 시험 압력]

구분	최고충전 압력	내압시험 압력	기밀시험 압력
산소 용기	35℃에서 150kgf/cm² 로 압축충전	최고 충전 압력×5/3배	-
LPG 용기	20kg, 50kg	30kgf/cm² 이상	-
아세틸 렌용기	15℃에서 15.5kgf/cm² (5kg)	최고 충전 압력×3배	최고 충전 압력 ×1.8배

[충전 용기의 도색]

가스의 종류	용기 색상	가스의 종류	용기 색상
산소	녹색	탄산가스	청색
아세틸렌	황색	암모니아	백색
LPG	회색	수소	주황색
아르곤	회색		

············· 예·상·문·제·01

다음 중 가스 용기의 각인 사항에 포함되지 않는 것은?

① 내용적
② 내압시험압력
③ 가스충전일시
④ 용기의 번호

정답 ③

해설 산소용기의 각인은 충전가스의 명칭, 용기 제조번호 용기중량, 내압시험압력, 최고 충전압력 등이 표시되어 있다.

············· 예·상·문·제·02

산소 용기에 각인되어 있는 TP와 FP는 무엇을 의미하는가?

① TP : 내압 시험압력, FP : 최고 충전압력
② TP : 최고 충전압력, FP : 내압 시험압력
③ TP : 내용적(실측), FP : 용기 중량
④ TP : 용기 중량, FP : 내용적(실측)

정답 ①

해설 V : 내용적, W : 용기의 무게

············· 예·상·문·제·03

가스용접에서 충전 가스의 용기 도색으로 틀린 것은?

① 산소 – 녹색
② 프로판 – 회색
③ 탄산가스 – 백색
④ 아세틸렌 – 황색

정답 ③

해설 탄산가스는 청색이다.

(4) 가스용접 토치

1) 가스용접 토치

① **토치** : 아세틸렌 가스와 산소를 일정한 혼합 가스로 만들고 이 가스를 연소시켜 불꽃을 형성하여 용접 작업에 사용하는 기구, 구성은 손잡이, 혼합실, 팁으로 되어 있다.
② **토치종류** : 사용되는 아세틸렌 압력에 따라, 저압식, 중압식, 고압식으로 분류하며, 구조에 따라 불변압식, 가변압식으로 분류한다.

2) 저압식(인젝터식) 토치

고압의 산소로 저압(발생기식은 0.007MPa(0.07mm²), 용해식은 0.2 기압)의 아세틸렌을 빨아내는 인젝터 장치가 있다.

① **불변압식(독일식, A형)** : 1개 팁에 1개의 인젝터가 있으나 니들 밸브가 없는 토치, 가스 흐름의 길이가 짧아 역화가 적다.
② **가변압식(프랑스식, B형)** : 인젝터 부분에 니들 밸브로 유량, 압력을 조절한다.

3) 중압(등압)식 토치

아세틸렌 가스 압력이 0.007~0.13MPa(0.07~1.3 kgf/mm²)에서 사용되는 토치, 산소와 아세틸렌 압력이 같거나 약간 높아 역류가 없고 안정된 불꽃을 얻을 수 있다.

4) 고압식 토치

아세틸렌 압력이 0.13MPa(1.3kgf/mm²) 이상에서 사용되는 토치, 거의 사용 안한다.

5) 토치의 취급상 주의 사항

① 작업장 바닥 등에 방치하지 않으며, 망치 등 다른 용도로 사용하지 않는다.
② 팁이 과열시 아세틸렌 밸브는 닫고 산소 밸브만 약간 열고 물 속에 냉각시킨다.
③ 작업 중 역류, 역화, 인화에 항상 주의해야 한다.

6) 팁의 능력

① **프랑스식** : 1시간에 표준불꽃으로 용접시 소비하는 아세틸렌 양(l)
② **독일식** : 연강판 용접을 기준으로 팁이 용접할 수 있는 판 두께(mm)

―――――――――――― 예·상·문·제·01

가스용접 토치의 구성이 아닌 것은?

① 손잡이　　② 혼합실
③ 팁　　　　④ 압력실

정답 ④

―――――――――――― 예·상·문·제·02

다음 중 저압식 토치의 아세틸렌 사용압력은 발생기식의 경우 얼마 이하의 압력으로 사용하여야 하는가?

① 0.007MPa　　② 0.07MPa
③ 0.7MPa　　　④ 1.3MPa

정답 ①

해설 토치 압력에 따른 분류
　㉠ 중압식 : 아세틸렌 가스의 압력이 0.007~
　　0.13MPa(0.07~1.3kgf/mm²)
　㉡ 고압식 : 아세틸렌 가스의 압력이 0.13MPa
　　(1.3kgf/mm²) 이상

―――――――――――― 예·상·문·제·03

가스용접 토치의 취급상 주의사항으로 틀린 것은?

① 토치를 작업장 바닥이나 흙속에 방치하지 않는다.
② 팁을 바꿔 끼울 때는 반드시 양쪽 밸브를 모두 열고 난 다음 행한다.
③ 토치를 망치 등 다른 용도로 사용해서는 안된다.
④ 작업 중 발생하기 쉬운 역류, 역화, 인화에 항상 주의 하여야 한다.

정답 ②

해설 가스 용접에서 팁을 바꿔 끼울 때에는 반드시 양쪽 밸브를 모두 닫고 난 다음 해야 한다.

―――――――――――― 예·상·문·제·04

표준 불꽃에서 프랑스식 가스용접 토치의 용량은?

① 1시간에 소비하는 아세틸렌 가스의 양
② 1분에 소비하는 아세틸렌 가스의 양
③ 1시간에 소비하는 산소가스의 양
④ 1분에 소비하는 산소가스의 양

정답 ①

해설 가변압식(프랑스식, B형) 100번은 1시간 동안 표준불꽃으로 용접 했을 때 소비되는 아세틸렌 가스의 양이 100리터이다.

(5) 가스용접용 호스

① **가스호스** : 천이 섞인 양질의 고무관으로, 산소용은 흑색 또는 녹색, 아세틸렌이나 LPG는 적색을 사용한다.
② **호스의크기** : 6.3, 7.9, 9.5의 3종류가 있으며, 7.9mm가 많이 쓰이며, 길이는 보통 5m가 적당하다.

―――――――――――― 예·상·문·제·01

다음 중 가스용접에 사용되는 아세틸렌용 용기와 고무호스의 색깔이 올바르게 연결된 것은?

① 용기 : 녹색, 호스 : 흑색
② 용기 : 회색, 호스 : 적색
③ 용기 : 황색, 호스 : 적색
④ 용기 : 백색, 호스 : 청색

정답 ③

해설 아세틸렌 용기는 황색(노란색)이며, 호스는 적색(빨간색)을 사용한다.

(6) 압력(감압) 조정기

용기 내의 고압을 사용 압력으로 감압하는 역할을 한다.

[산소용 압력 게이지]

① **산소 압력 조정기**
압력 조정 부분, 고압, 저압 게이지로 구성, 프랑스식, 독일식이 있으며, 일반적으로 사용 압력은 3~4 기압(kgf/mm^2) 이하로 한다.
② **아세틸렌 압력 조정기** : 산소 압력 조정기와 모양은 같으나 압력 조정 스프링의 압력이 훨씬 낮으며, 접속 나사는 왼나사로 되어 있다.
③ **압력 조정기의 구비조건**
  ㉠ 조정기의 동작이 예민하며, 가스 방출량이 많아도 유량이 안정되어 있을 것
  ㉡ 조정 압력은 용기 내의 가스량이 줄어들어도 항상 일정할 것
  ㉢ 게이지 압력과 토치 방출 압력과의 차이가 작으며, 사용 중 얼지 않을 것

·· 예·상·문·제·01

가스용접에서 압력조정기의 압력 전달순서가 올바르게 된 것은?

① 부르동관 → 링크 → 섹터기어 → 피니언
② 부르동관 → 피니언 → 링크 → 섹터기어
③ 부르동관 → 링크 → 피니언 → 섹터기어
④ 부르동관 → 피니언 → 섹터기어 → 링크

정답 ①

해설 압력조정기 압력 전달순서
부르동관 → 링크 → 섹터기어 → 피니언 → 눈금판

(7) 가스용접용 공구 및 보호구

① **가스용접용 보안경 및 차광 렌즈**
  ㉠ 불티, 스패터, 유해 광선으로부터 눈을 보호하기 위해 사용한다.
  ㉡ 차광 렌즈 : 납땜 : 2~4번, 가스 용접 : 5~6번, t25 이하 가스 절단 : 3~4번
② **점화(스파크) 라이터** : 토치에 점화하는 도구
③ **팁 클리너** : 팁이 불결할 때 팁을 청소하는 일종의 둥근 줄

4 가스용접 재료

(1) 가스용접봉

1) 용접봉 선택 조건

① 가능한 모재와 같은 재질이어야 하며, 모재에 충분한 강도를 줄 수 있을 것
② 기계적 성질에 나쁜 영향을 주지 않으며, 용융 온도가 모재와 같을 것
③ 인, 유황 등이 적은 저탄소강을 사용하며, 불순물이 포함하고 있지 않을 것

2) 용접봉 종류와 표시

① **가스용접봉 종류** : GA 46, GA 43, GA 35, GB 46, GB 43, GB 35 등이 있다.
② **시험편의 처리**
  ㉠ SR : 625 ±25℃에서 1시간 동안 응력을 제거함을 의미한다.
  ㉡ NSR : 용접한 그대로 응력을 제거하지 않음을 뜻한다.
③ **봉 지름** : 1.0, 1.6, 2.0, 2.6, 3.2, 4.0, 5.0, 6.0
④ **봉 굵기 선택**

모재 두께가 1mm 이상일 때 공식
$$D = \frac{T}{2} + 1$$

예) 모재 두께 4.0 $D = \frac{4}{2} + 1 = 3mm$

········· 예·상·문·제·01

가스 용접봉 선택의 조건에 들지 않는 것은?

① 모재와 같은 재질 일 것
② 불순물이 포함되어 있지 않을 것
③ 용융 온도가 모재보다 낮을 것
④ 기계적 성질에 나쁜 영향을 주지 않을 것

정답 ③

해설 가스 용접봉은 용융 온도가 동일해야 하며, 용융 온도가 모재보다 낮을 것은 납땜 용가재의 구비조건이다.

········· 예·상·문·제·02

연강용 가스 용접봉에서 "625 ± 25℃에서 1시간 동안 응력을 제거했다"는 영문자 표시에 해당되는 것은?

① NSR   ② GB
③ SR   ④ GA

정답 ③

해설 SR(용접 후 625 ± 25℃에서 풀림), NSR(용접 후 그대로)이 있다.

········· 예·상·문·제·03

일반적으로 가스용접봉의 지름이 2.6 mm일 때 강판의 두께는 몇 mm 정도가 가장 적당한가?

① 1.6mm   ② 3.2mm
③ 4.5mm   ④ 6.0mm

정답 ②

해설 가스 용접봉의 선택
$D = \frac{T}{2} + 1$ (D: 지름, T: 판두께)
$2.6 = \frac{T}{2} + 1$, $T = (2.6-1) \times 2 = 3.2$

(2) 가스용접 용제

① **용제(flux)**: 용접 중에 생기는 산화물, 비금속 개재물을 용해하여 용융하여 온도가 낮은 슬래그로 만들고 표면에 떠올라 용착금속을 양호하게 한다.

② **형상**: 분말, 페이스트, 봉에 도포된 것 등이며, 모재 용융점보다 낮을 것

[각종 금속에 적당한 용제]

용접금속	용제
연강	사용하지 않음
반경강	중탄산소다 + 탄산소다
주철	탄산나트륨 15[%], 붕사 15[%], 중탄산나트륨 70[%]
동합금	붕사 75[%], 염화리튬 25[%]
알루미늄	염화 나트륨 30[%], 염화 칼륨 45[%], 염화 리튬 15[%], 플루오르화 칼륨 7[%], 황산 칼륨 3[%]

········· 예·상·문·제·01

가스 용접에서 용제를 사용하는 주된 이유로 적합하지 않은 것은?

① 재료표면의 산화물을 제거한다.
② 용융금속의 산화, 질화를 감소하게 한다.
③ 청정작용으로 용착을 돕는다.
④ 용접봉 심선의 유해성분을 제거한다.

정답 ④

해설 가스 용접 용제
① 산화물의 용융온도를 낮게 하고 표면의 산화물을 제거한다.
② 재료와의 친화력을 증가시킨다.

········· 예·상·문·제·02

가스용접에서 일반적으로 용제를 사용하지 않는 용접 금속은?

① 구리합금   ② 주철
③ 알루미늄   ④ 연강

정답 ④

해설 알루미늄 용접 용제: 염화칼륨, 염화리튬, 염화나트륨, 염산칼리

5 가스용접 작업

(1) 전진법과 후진법

① **전진법(좌진법)**
비드와 용접봉 사이에 팁이 있으며, 용융풀의 앞쪽을 가열하며 앞으로 진행하는 방법, 박판의 용접에 주로 쓰인다.

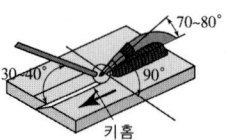

② **후진법(우진법)**
용접봉을 팁과 비드 사이에서 녹이면서 토치가 후진하는 방법

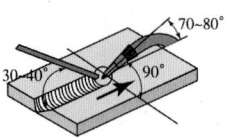

[전진법과 후진법의 비교]

항목	전진법	후진법
열 이용률	나쁘다.	좋다.
산화 정도	심하다.	약하다.
용접 변형	변형 크다.	변형 작다.
용착금속의 냉각	급랭된다.	서랭된다.
홈 각도	각도(80°) 크다.	각도(60°) 작다.
용접가능 판 두께	얇다(5mm 까지).	두껍다.
용접 속도	속도 느리다.	속도 빠르다.
비드 모양	보기 좋다.	매끈하지 못하다.
용착금속의 조직	거칠어진다.	미세하다.

·······예·상·문·제·01

가스 용접법에서 후진법과 비교한 전진법의 설명에 해당하는 것은?

① 용접속도가 빠르다.
② 열 이용률이 나쁘다.
③ 용접변형이 작다.
④ 용접가능한 판 두께가 두껍다.

정답 ②

해설 전진법 : 후진법에 비해 용접 속도가 느리고, 변형이 크며, 용접 가능한 판두께가 얇다.

·······예·상·문·제·02

가스 용접에서 전진법과 후진법을 비교하여 설명한 것으로 맞는 것은?

① 용착금속의 냉각속도는 후진법이 서냉된다.
② 용접변형은 후진법이 크다.
③ 산화의 정도가 심한 것은 후진법이다.
④ 용접 속도는 후진법보다 전진법이 더 빠르다.

정답 ①

해설 전진법은 후진법에 비해 용접 변형이 크고, 산화가 심하다.
②, ③, ④ : 전진법의 특징

(2) 역류, 역화, 인화

① **역류**
㉠ 토치 내부의 청소가 불량할 때 토치 내부가 막혀서 고압의 산소가 아세틸렌 호스로 흐르는 현상(폭발의 위험이 있다).
㉡ 방지법 : 제일 먼저 산소를 차단한 후 아세틸렌을 차단한다. 팁 청소를 한다.

② **역화**
㉠ 팁 끝이 막히거나 과열, 사용 가스의 압력이 낮을 때, 팁의 죔이 완전치 않을 때 팁 속에서 폭발음과 함께 불꽃이 꺼졌다가 다시 나타나는 현상

③ **인화**
㉠ 팁 끝이 순간적으로 막히면 가스의 분출이 나빠져 가스 혼합실까지 불꽃이 도달되어 토치가 빨갛게 달구어지는 현상
㉡ 방지법 : 토치의 아세틸렌 밸브를 차단한 후 산소 밸브를 차단한다.

·······예·상·문·제·01

가스 용접 시 팁 끝이 순간적으로 막혀 가스분출이 나빠지고 혼합실까지 불꽃이 들어가는 현상을 무엇이라고 하는가?

① 인화   ② 역류
③ 점화   ④ 역화

정답 ①

해설 역화 : 팁 끝이 모재에 닿는 순간 순간적으로 팁 끝이 막혀 팁 속에서 폭발음이 나면서 불꽃이 꺼졌다가 다시 나타나는 현상

········· 예·상·문·제·02

가스 용접에 의한 역화가 일어날 경우 대처방법으로 잘못된 것은?

① 아세틸렌을 차단한다.
② 산소 밸브를 열어 산소량을 증가시킨다.
③ 팁을 물로 식힌다.
④ 토치의 기능을 점검한다.

정답 ②

해설 역화 방지 산소 밸브를 닫아 산소량을 줄인다.

6 납땜

(1) 납땜의 개요

1) 납땜의 원리

접합할 금속은 용융시키지 않고 모재를 가열한 다음 모재보다 용융점이 낮은 땜납을 녹여 두 모재간의 모세관 현상을 이용하여 접합하는 용접법

2) 납땜의 종류

① 연납땜
 ㉠ 융점이 450℃ 이하인 주석, 납의 합금 등의 용가재를 사용하는 납땜으로 융점이 낮으며, 작업하기 쉽다.
 ㉡ 용제는 수지, 염화아연 등을 사용한다.
② 경납땜
 ㉠ 융점이 450℃ 이상인 은납, 동납, 황동납 등의 용가재를 사용하는 납땜으로, 용융점이 높고, 강도나 내식성이 크다.
 ㉡ 용제는 붕사, 붕산 등이 쓰인다.

········· 예·상·문·제·01

납땜을 연납땜과 경납땜으로 구분할 때 구분 온도는?

① 350℃   ② 450℃
③ 550℃   ④ 650℃

정답 ②

해설 경납 연납 구분은 납의 용융점이 450℃를 기준으로 한다.

(2) 연납재와 경납재

1) 땜납의 구비 조건

① 모재보다 용융점이 낮으며, 표면 장력이 적어 모재 표면에 잘 퍼질 것
② 유동성이 좋아서 틈이 잘 메워지며, 모재와 친화력이 있을 것
③ 접합이 튼튼하고, 사용 목적에 적합할 것(강인성, 내식성, 내마멸성, 전기 전도도 등)

2) 연납재

① 주석(Sn)-납(Pb) : 대표적인 연납으로, Sn 40%, Pb 60%의 합금, 흡착 작용은 주석의 함유량에 따라 좌우된다.
② 납(Pb)-카드뮴(Cd) 납 : Cd 사용으로 인장 강도를 높인 납, 아연판, 구리, 황동 등에 이용된다.
③ 납-은납 : 구리, 황동용 땜납, 은(Ag)의 함유량이 2.5%일 때 공정점이 304℃이다.

3) 경납재

① 은납(Cu-Ag-Zn)
 ㉠ 융점이 낮고, 유동성이 좋으며, 인장 강도, 전연성 등이 우수하다.
 ㉡ 구리와 그 합금, 철강, 스테인리스강 등의 고주파 경납 등 모든 경납땜에 사용된다.
② 황동 납(Cu-Zn)
 ㉠ 아연 60% 이하까지가 적합하며, 융점은 820~935℃ 정도이다.
 ㉡ 은납에 비해 값이 저렴하여 공업용으로 널리 사용된다.

③ 인동 납(Cu-P)
  ㉠ 구리가 주성분이며 소량의 은, 인을 포함한 합금
  ㉡ 전기 전도와 기계적 성질이 좋으며, 황산에 대한 내식성이 우수하다.
④ 양은 납 : 구리-아연-니켈 합금의 납이다.
⑤ 알루미늄 납 : Al-Si-Cu 합금, 융점 600℃ 정도이다.

························· 예·상·문·제·01

다음 중 연납땜의 종류에 해당되지 않는 것은?

① 주석 – 납   ② 납 – 카드뮴납
③ 납 – 은납   ④ 인 – 망간납

정답 ④

해설 연납 : 용융접이 450℃이하인 납으로 주석납(Sn+Pb). 혹은 주석계(연납의 대표), 저용접납땜, 납-은납, 카드뮴-아연납 등

························· 예·상·문·제·02

융점 450℃ 이상의 땜납재인 경납에 속하지 않는 것은?

① 주석 – 납   ② 황동납
③ 인동납   ④ 은납

정답 ①

해설 경납의 종류 : 은납, 황동납, 인동납, 알루미늄납, 망간납 등

(3) 납땜용 용제

1) 용제의 구비 조건

① 모재의 산화 피막과 같은 불순물을 제거하고 유동성이 좋을 것
② 깨끗한 금속면의 산화를 방지하며, 납땜 후 슬래그 제거가 용이할 것
③ 땜납의 표면 장력을 맞추어서 모재와의 친화도를 높일 것
④ 용제의 유효 온도 범위와 납땜 온도가 일치하며, 전기저항 납땜용은 전도체일 것
⑤ 모재나 땜납에 대한 부식작용이 최소한이며, 인체에 해가 없을 것

2) 연납용 용제의 종류

① 송진
  ㉠ 부식 작용이 없다.
  ㉡ 납땜의 슬래그 제거에 문제가 있는 전자기기와 같이 전기 절연이 요구되는 곳에 사용된다.
② 염화 아연($ZnCl_2$)
  ㉠ 연납땜에 가장 보편적으로 사용되는 용제로서 283℃에서 용융한다.
  ㉡ 보통 염화암모늄에 섞어서 사용한다.
③ 염화암모니아(NH_4Cl)
  ㉠ 가열해도 용융하지 않으므로 단독으로 사용할 수 없으며, 염화 아연에 혼합하여 사용한다.
  ㉡ 가열하면 금속 산화물을 염화물로 변화시키는 작용을 한다.
④ 인산(H_3PO_4)
  ㉠ 인산 알코올 용액은 구리 및 구리 합금의 납땜용 용제로 쓸 경우도 있으며 인산소다.
  ㉡ 인산암모늄과 혼합하여 쓰는 경우도 있다.
⑤ 염산(HCl) : 염산을 물과 1 : 1 정도로 섞어서 아연철판, 아연판 등의 납땜에 쓰인다.

3) 경납용 용제의 종류

① 붕사($Na_2B_4O_7 \cdot 10H_2O$)
  ㉠ 금속 산화물의 용해 능력이 있지만 바륨, Al, 크롬, Mg 등의 산화물은 용해 못한다.
  ㉡ 은납이나 황동땜에서는 붕사만을 쓰나, 보통 붕산이나 기타의 알칼리 금속의 불화물, 염화물 등과 혼합하여 사용한다.
② 붕산(H_3BO_3) : 붕산 70%, 붕사 30%의 것이 많이 사용되며, 용해도가 875℃이다.
③ 붕산염 : 붕산소다를 사용하며 작용은 붕사와 비슷하다.
④ 불화물, 염화물
  ㉠ 리듐, 칼륨, 나트륨과 같은 알칼리 금속의 염화물이나 불화물은 가열하면 거의 금속 또는 금속 산화물과 반응하여 용해 또는 변형하는 작용이 있다.
  ㉡ 크롬 알루미늄 같은 합금의 납땜에 없어서는 안 될 용제이다.

⑤ 알칼리 : 몰리브덴 합금강의 땜에 유용하며 가성소다, 가성가리 등의 알칼리는 공기 중의 수분을 흡수 용해하는 성질이 강하다.

·············· 예·상·문·제·01

납땜의 용제가 갖추어야 할 조건을 잘못 표현한 것은?

① 청정한 금속면의 산화를 촉진시킬 것
② 모재나 땜납에 대한 부식작용이 최소한 일 것
③ 용제의 유효온도 범위와 납땜 온도가 일치할 것
④ 땜납의 표면장력을 맞추어서 모재와의 친화도를 높일 것

정답 ①

해설 용가재의 구비조건
① 모재보다 용융온도가 낮고 유동성이 있어야함.
② 모재와 야금적 접합이 우수하고, 기계적, 물리적, 화학적 성질이 우수해야함.

·············· 예·상·문·제·02

납땜에서 경납용 용제가 아닌 것은?

① 붕사　　② 붕산
③ 염산　　④ 알칼리

정답 ③

해설 염산은 연납용 용제이다.

(4) 납땜법

1) 연납땜

인두 납땜 등 주로 연납땜에 쓰이며, 구리 제품의 인두가 사용된다.

2) 경납땜

① **가스 납땜** : 가스 토치나 버너로 연소시켜 그 불꽃을 이용하여 납땜하는 방법
② **담금 납땜**
　㉠ 용해된 땜납 중에 접합할 금속을 담가 납땜하는 방법
　㉡ 이음 부분에 납재를 고정시켜 가열 용융시켜 화학 약품에 담가 침투시키는 방법이 있다.
③ **저항 납땜**
　㉠ 이음부에 납땜재와 용제를 발라 저항열로 가열하는 방법
　㉡ 저항용접이 곤란한 금속의 납땜이나 작은 이종 금속의 납땜에 적당하다.
④ **로내 납땜**
　㉠ 가스불꽃이나 전열 등으로 가열시켜 로내에서 납땜하는 방법
　㉡ 온도 조정이 정확해야 하고 비교적 작은 부품의 대량 생산에 적당하다.
⑤ **유도가열 납땜**
　㉠ 고주파 유도 전류를 이용하여 가열하는 납땜법
　㉡ 가열 시간이 짧고 작업이 용이하여 능률적이다.

·············· 예·상·문·제·01

다음 중 납땜 인두의 머리 부분을 구리로 만드는 이유는?

① 가열해도 부식되지 않으므로
② 가열이 쉬우므로
③ 땜납과 친화력이 매우 크므로
④ 비중이 크므로

정답 ③

·············· 예·상·문·제·02

용해된 땜납 또는 화학 약품이 녹아 있는 용기 속에서 납땜하는 방법은?

① 가스 경납땜　　② 로내 경납땜
③ 담금 경납땜　　④ 저항 경납땜

정답 ③

04. 가스 절단 및 가공

1 가스 절단

(1) 가스 절단의 개요

1) 가스 절단의 원리

절단할 부분을 예열 불꽃으로 가열(800~900℃)한 후 고압 산소를 분출시키면 철과 산소가 화학 반응을 일으켜 산화철이 되면서 고압 산소의 기류에 밀려 절단된다.

2) 산화 반응

① $Fe + \frac{1}{2}O_2 \rightarrow FeO + 63.8(kcal)$

② $2Fe + 1\frac{1}{2}O_2 \rightarrow Fe_2O_3 + 196.8(kcal)$

③ $3Fe + 2O_2 \rightarrow Fe_3O_4 + 267.8(kcal)$

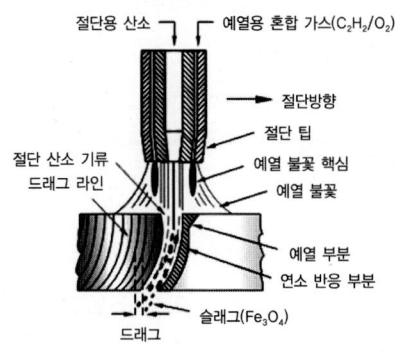

[가스 절단의 원리]

3) 가스 절단이 곤란한 금속

주철, 비철 금속, 10% 이상 Cr 함유 스테인리스강, 고합금강 등은 산화물의 용융 온도가 슬래그의 용융점보다 낮아 가스 절단은 불가능하다.

예·상·문·제·01

가스 절단으로는 절단이 잘 되지 않는 금속은 어느 것인가?

① 순철 ② 연강 ③ 스테인리스강 ④ 주강

정답 ③

해설 스테인리스강, 주철, 구리, 알루미늄 등은 가스 절단이 곤란하므로 분말 절단이나 플라스마 아크 절단 등을 이용하고 있다.

(2) 가스 절단에 영향을 미치는 인자

1) 절단의 조건

① 드래그(drag)가 가능한 한 작고, 경제적인 절단이 이루어질 것
② 절단면이 평활하며 드래그의 홈이 낮고 노치(notch) 등이 없을 것
③ 절단면 표면의 각이 예리하며, 슬래그 이탈이 양호할 것

2) 절단용 산소의 역할과 영향

① 절단부를 연소시켜 그 산화물을 깨끗이 밀어내는 역할을 한다.
② 산소의 압력과 순도가 절단 속도에 큰 영향을 미치며, 산소의 압력과 소비량에 거의 비례한다.
③ 산소의 순도가 99.5% 이상 높으면 절단 속도가 빠르며, 절단면이 양호하다.

3) 산소에 불순물이 많을 경우

① 절단면이 거칠어지고, 절단 속도가 늦어지며, 산소의 소비량이 많아진다.
② 절단 개시 시간이 길어지고, 슬래그 이탈성이 나빠지며, 절단 홈의 폭이 넓어진다.

4) 예열 불꽃(화염)

절단 개시점의 급속한 가열을 하며, 절단 진행 중에는 항상 절단부를 연소 온도로 유지, 강재 표면의 스케일 박리로 철과 산소의 접촉을 좋게 해준다.
① **예열용 가스** : 아세틸렌, 프로판, 수소, 천연가스 등이 있다.
② **프로판 가스** : 발열량이 높고 가격이 싸므로 절단에 많이 사용된다.

③ H_2 : 고압에서도 액화하지 않고 완전 연소하므로 수중 절단 예열 가스로 사용된다.
④ 예열 불꽃이 너무 세면
  ㉠ 절단면 위의 기슭이 잘 녹으며, 모재 뒤쪽에 슬래그가 많이 달라 붙는다.
  ㉡ 필요 이상으로 불꽃이 세면 팁에서 불꽃이 떨어진다.
⑤ 예열 불꽃이 너무 약하면
  ㉠ 절단 속도가 느리고 절단이 중단되기 쉬우며, 역화를 일으키기 쉽다.
  ㉡ 드래그가 커지고 뒷면까지 통과하기 어렵다.
⑥ 완전 연소시 이론적인 가스의 혼합 비율
  ㉠ 프로판 1에 대하여 산소 약 4.5로(1 : 4.5)
  ㉡ 아세틸렌 1 : 1에 비해 4.5배의 많은 산소가 필요하다.

5) 절단 속도

① 모재의 온도가 높을수록, 절단 산소의 압력이 높을수록, 산소 소비량이 많을수록 비례하여 증가한다.
② 산소의 순도나 팁의 모양에 따라 다르다.
③ 다이버젼트 노즐
  ㉠ 고속 분출을 얻는데 적합하다.
  ㉡ 보통 팁에 비해 산소 소비량이 같을 때 절단 속도를 20~25% 증가시킬 수 있다.

6) 절단 팁(tip)과 모재간 거리

① 예열 불꽃의 백심 끝이 모재 표면에서 1.5~2.0mm 떨어진 정도가 적당하다.
② 팁 거리가 너무 가까우면 절단면 윗 모서리가 용융되며, 심하게 타는 현상이 발생될 우려가 있다.

7) 드래그(drag)

① 드래그 라인 : 절단면에 일정 간격의 곡선이 진행 방향으로 나타나는 드래그 라인의 시작점에서 끝점까지의 수평 거리를 드래그 길이라 한다.

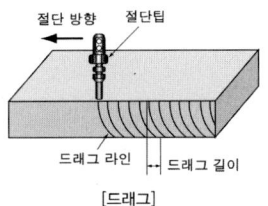

[드래그]

② 표준 드래그 길이
  ㉠ 절단 속도, 산소 소비량에 따라 변화한다.
  ㉡ 표준 드래그 길이 : 절단면 말단부가 남지 않을 정도, 판 두께의 20% 정도

$$드래그(\%) = \frac{드래그\ 길이(mm)}{판\ 두께(mm)} \times 100$$

[표준 드래그 길이]

판 두께(mm)	12.7	25.4	51	51~152
드래그 길이(mm)	2.4	5.2	5.6	6.4

8) 합금 원소의 가스 절단에 미치는 영향

① 탄소(C) : 0.25% 이상의 강은 경화나 균열을 방지하기 위해 예열해야 한다. 4% 정도의 탄소를 함유한 주철은 분말 절단을 해야 한다.
② 규소(Si) : 고규소 강판의 절단은 곤란하다.
③ 망간(Mn) : 약 14% 망간과 탄소 1.5% 정도를 함유한 고망간강은 절단이 곤란하나, 예열을 하면 가능하다.
④ 니켈(Ni) : 탄소량이 적은 니켈강 절단은 용이하다.
⑤ 크롬(Cr) : 크롬 5% 이하의 강은 재료 표면이 깨끗하면 절단이 비교적 용이하다. 크롬 10% 이상의 고크롬강은 분말 절단을 해야 한다.
⑥ 텅스텐(W) : 12~14%까지는 절단이 가능하지만, 20% 이상이 되면 절단이 곤란하다.
⑦ 알루미늄(Al) : 10% 이상은 절단이 곤란하다.

········· 예·상·문·제·01

다음 중 가스 절단에 있어 양호한 절단면을 얻기 위한 조건으로 옳은 것은?

① 드래그가 가능한 한 클 것
② 절단면 표면의 각이 예리할 것
③ 슬래그 이탈이 이루어지지 않을 것
④ 절단면이 평활하여 드래그의 홈이 깊을 것

정답 ②

해설 양호한 가스절단 조건
  ㉠ 절단면이 깨끗하며, 드래그가 가능한 작고, 절단면 표면의 각이 예리할 것
  ㉡ 슬래그 이탈성(박리성)이 좋을 것

예·상·문·제·02

가스절단에서 절단용 산소 중에 불순물이 증가하면 나타나는 결과가 아닌 것은?

① 절단면이 거칠어진다.
② 절단속도가 늦어진다.
③ 슬래그의 이탈성이 나빠진다.
④ 산소의 소비량이 적어진다.

정답 ④

해설 가스절단에서 절단용 산소에 불순물이 증가하면 산소의 소비량이 증가한다.

예·상·문·제·03

산소절단시 예열불꽃이 너무 강한 경우 나타나는 현상으로 틀린 것은?

① 드래그가 증가한다.
② 절단면이 거칠게 된다.
③ 슬래그 중의 철 성분의 박리가 어렵게 된다.
④ 절단모서리가 둥글게 된다.

정답 ①

해설 가스 절단시 예열불꽃이 강하면 절단면이 거칠어지고, 예열불꽃이 약하면 드래그의 길이가 증가하고, 절단속도가 늦어진다.

예·상·문·제·04

가스절단에서 절단속도에 대한 설명으로 틀린 것은?

① 절단속도는 모재의 온도가 높을수록 고속절단이 가능하다.
② 절단속도는 절단산소의 압력이 낮고 산소 소비량이 적을수록 정비례하여 증가한다.
③ 산소 절단할 때의 절단속도는 절단산소의 분출상태와 속도에 따라 좌우된다.
④ 산소의 순도(99% 이상)가 높으면 절단속도가 빠르다.

정답 ②

해설 절단속도를 높이기 위해서는 절단산소의 압력과 산소 소비량을 증가시킨다.

예·상·문·제·05

다음 중 연강판의 두께가 25.4mm일 때 표준 드래그 길이로 가장 적합한 것은?

① 2.4mm   ② 5.2mm
③ 10.2mm ④ 25.4mm

정답 ②

해설 일반적인 표준 드래그의 길이는 판두께의 ($\frac{1}{5}$) 20% 정도이다.

예·상·문·제·06

가스 절단에 영향을 주는 요소로서 가장 적합하지 않은 것은?

① 절단재 및 산소의 예열 온도
② 아세틸렌의 압력과 온도
③ 팁의 형상과 크기
④ 절단 주행 속도와 산소의 순도

정답 ②

(3) 가스 절단 장치

1) 수동 가스 절단기 종류

① 토치 형식에 따라 프랑스식과 독일식이 있다.
② 사용 압력에 따라 저압식 토치(0.07kg/cm² 이하의 아세틸렌 압력을 사용)와 중압식 토치(0.07~0.4 kg/cm²의 아세틸렌 압력 사용)가 있다.

2) 팁의 형식에 따라

① **동심형(프랑스식)** : 곡선 절단이 자유롭고 직선 절단도 잘되며, 절단면이 좋다.
② **이심형(독일식)** : 곡선 절단은 곤란하나 직선 절단은 능률적이며, 면이 아주 곱다.

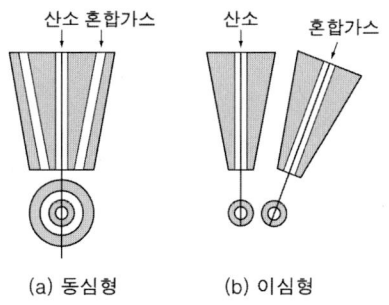

[팁의 형상]

3) 가스 절단 방법

토치의 백심을 판 위에서 1.5~2.0mm 정도 떨어지게 하여 절단 시작부 끝을 900℃ 정도로 예열한 후 고압 산소 밸브를 열어 절단을 시작한다.

──────────── 예·상·문·제·01

가스절단 토치 형식 중 절단 팁이 동심형에 해당하는 형식은?

① 영국식   ② 미국식
③ 독일식   ④ 프랑스식

정답 ④

해설 가스 절단 팁의 종류
동심형(프랑스식)은 전후 및 곡선절단이 가능하며, 이심형(독일식)은 곡선의 절단이 불가능하나, 절단면이 깨끗하며 자동절단에 사용

2 산소-LP 가스 절단

(1) 액화 석유 가스

1) 액화 석유 가스(LPG)

프로판(C_3H_8), 부탄(C_4H_{10}), 프로필렌(C_3H_6), 부틸렌(C_4H_8) 등이 있으며, 석유나 천연 가스를 적당히 분류하여 제조한 것이다.

2) LP 가스의 성질

① 액화하기 쉽고, 용기에 넣어 수송(운반)이 편리하다.(체적을 1/250 정도 압축)
② 온도 변화에 따른 팽창율이 크고 물에 잘 녹지 않는다.
③ 쉽게 기화하며, 발열량이 높으나, 증발 잠열이 크다.
④ 폭발 한계가 좁아 안전도가 높고 관리가 쉽다.
⑤ 연소할 때 필요한 산소의 양은 1 : 4.5이다.

3) 아세틸렌 가스와 프로판 가스의 비교

아세틸렌 가스	1. 점화하기 쉽고, 중성 불꽃을 만들기 쉽다. 2. 절단 개시까지 시간이 빠르다. 3. 표면 영향이 적고, 박판 절단시는 빠르다.
프로판 가스	1. 절단 상부 기슭이 녹는 것이 적다. 2. 절단면이 미세하며 깨끗하다. 3. 슬래그 제거가 쉽다. 4. 포갬 절단 속도와 후판 절단속도가 빠르다.

──────────── 예·상·문·제·01

프로판(C_3H_8)의 성질을 설명한 것으로 틀린 것은?

① 상온에서는 기체 상태이다.
② 쉽게 기화하며 발열량이 높다.
③ 액화하기 쉽고 용기에 넣어 수송이 편리하다.
④ 온도에 따른 팽창율이 작다.

정답 ④

해설 프로판가스(LPG, 액화석유가스)
① 비중은 1.522 공기보다 무겁고 주로 절단용가스로 사용된다.
② 상온에서 기체상태 이며, 온도변화에 따른 팽창율이 크다.

──────────── 예·상·문·제·02

다음 중 산소-프로판가스 절단에서 혼합비의 비율로 가장 적절한 것은? (단, 표시는 산소 : 프로판으로 나타낸다.)

① 2 : 1   ② 3 : 1
③ 4.5 : 1   ④ 9 : 1

정답 ③

해설 산소 : 프로판 가스 절단의 혼합비 = 4.5 : 1

(2) 프로판 가스용 절단 토치

1) 절단 토치

LP용 절단 토치는 아세틸렌보다 연소 속도가 느리므로 가스의 분출 속도를 느리게 하며, 비중의 차이가 있으므로 토치의 혼합실을 크게 하여 팁에서도 충분히 혼합할 수 있게 되어 있다.

2) 프로판 가스용 절단 팁

팁 끝은 아세틸렌 팁 끝과 같이 평평하게 하지 않고 슬리브가 가공면보다 약 1.5mm 정도 깊게 되어 있다.

3 특수 절단 및 가스 가공

(1) 특수 절단

1) 분말 절단

① 철분 또는 용재를 고압 산소 기류 중에 공급하면서 발생되는 산화열 또는 용제의 화학 작용을 이용하여 절단하는 방법.
② 주철, 스테인리스강, 구리, 알루미늄, 청동 등 비철 금속의 절단에 이용된다.

2) 산소창 절단

① 내경 3.2~6mm, 길이 1.5~3m의 강관 속으로 산소를 공급하여 강관 자체를 연소시키면서 절단하는 방법
② 슬래그 제거, 천공, 후판 절단 등에 이용된다.

3) 수중 절단

① 원리 : 팁에서 나오는 불꽃을 보호하기 위하여 팁 둘레에 압축 공기를 보내 불꽃쪽으로 물이 들어오지 못하도록 장치된 팁을 사용하여 절단을 한다.(건식법)

② 연료 가스
  ㉠ 수소 : 높은 수압에서 사용이 가능하며, 수중 절단 중 기포 발생이 적어 많이 사용한다.
  ㉡ 아세틸렌 : 높은 수압에서 폭발 위험이 있으며, 잘 기화되지 않는다.
③ 예열 가스 : 절단부의 냉각으로 공기 중보다 4~8배가 더 필요하다.
④ 절단 산소 압력 : 공기 중보다 1.5~2배, 절단 속도는 12~50mm/min 정도로 한다.
⑤ 적용 : 수중 절단 범위는 수심 45 m 정도이며, 침몰 선박 해체, 교량의 교각 개조, 해저 공사 등에 이용된다.

4) 포갬(겹치기) 절단

① 박판(6mm 이하)을 여러 장 포개어 0.08mm 이하의 틈이 되도록 밀착한 후 산소-프로판 불꽃으로 한꺼번에 절단하는 방법
② 절단 판 사이가 깨끗하다.

5) 워터 제트 절단

① 원리 : 연질재료는 물을, 경질재에는 연마재와 물을 3500~4000bar 이상 초고압으로 압축한 후 0.75mm의 노즐로 음속 이상으로 분사시켜 절단한다.
② 특징 : 모든 재료의 절단이 가능하며, 로봇 등과 조합시켜 자동화 가능하고, 열변형이 없고 정밀도가 높아 후속 처리가 거의 불필요하다.

···················· 예·상·문·제·01

절단부위에 철분이나 용제의 미세한 입자를 압축 공기나 압축질소로 연속적으로 팁을 통하여 분출시켜 그 산화열 또는 용제의 화학작용을 이용하여 절단하는 것은?

① 분말 절단   ② 수중 절단
③ 산소창 절단 ④ 포갬 절단

정답 ①

해설 분말 절단의 종류 : 사용하는 분말에 따라 철분 절단, 용제 절단이 있다.

····· 예·상·문·제·02

산소창 절단법으로 절단할 수 없는 것은?

① 알루미늄 판
② 암석의 천공
③ 두꺼운 강판의 절단
④ 강괴의 절단

정답 ①

해설 산소창 절단 : 1.5~3m 정도의 가늘고 긴 강관을 사용하며, 용광로의 팁 구멍, 후판의 절단, 주강 슬래그 덩어리 제거에 사용된다.

····· 예·상·문·제·03

다음 중 수중 절단에 가장 적합한 가스로 짝지어진 것은?

① 산소 - 수소 가스
② 산소 - 이산화탄소 가스
③ 산소 - 암모니아 가스
④ 산소 - 헬륨 가스

정답 ①

해설 수중 절단에는 산소-수소가스가 가장 많이 사용된다.

(2) 가스 가공

1) 가스 가우징(gas gouging)

① 토치를 사용해서 강재의 표면에 둥근 홈을 파내는 것으로 홈 파내기 작업이라고도 한다.
② 가우징 팁의 예열 작업각은 30~45°, 작업시 각도는 10~20°가 보통이다.
③ 홈의 깊이와 폭의 비율은 1:1~1:3 정도가 가장 많이 쓰인다.
④ 가스 압력은 팁의 크기에 따라 다르나 보통 3~7 kgf/cm^2(294~686kPa), 아세틸렌의 경우 0.2~0.3 kgf/cm^2(19.6~29.4kpa)이 널리 쓰인다.

2) 스카핑(scarfing)

① 강재 표면의 홈이나 개재물, 탈탄층, 주름이나 균열, 주조 결함 등을 제거하기 위하여 표면을 얇게 깎아내는 가공법
② 가공 속도는 냉간재의 경우 5~7m/min, 열간재의 경우에는 20m/min로 가공한다.

····· 예·상·문·제·01

U형, H형의 용접 홈을 가공하기 위하여 슬로우 다이버젠트로 설계된 팁을 사용 하여 깊은 홈을 파내는 가공법은?

① 치핑
② 슬래그 절단
③ 가스 가우징
④ 아크에어 가우징

정답 ③

해설 가스 가우징 : 용접부분의 뒷면을 따내거나, U형, H형 등의 둥근 홈을 파내는 작업, 홈의 깊이와 폭의 비는 1:1~1:3 정도이다.

····· 예·상·문·제·02

강재 표면의 홈이나 개재물, 탈탄층 등을 제거하기 위하여 될 수 있는 대로 얇게 그리고 타원형 모양으로 표면을 깎아내는 가공법은?

① 가스 가우징
② 코킹
③ 아크에어 가우징
④ 스카핑

정답 ④

4 아크 절단

(1) 탄소 아크 절단(carbon arc cutting)

① 원리
  ㉠ 전도성 향상을 위해 표면에 구리 도금한 탄소 또는 흑연 전극과 모재 사이에 아크를 일으켜 절단하는 방법
  ㉡ 전원은 직류, 교류 모두 사용되나, 주로 직류 정극성이 사용한다.
② 특징 및 용도
  ㉠ 고탄소강의 경우 절단 영향부가 경화되기 쉽다.
  ㉡ 주철, 고탄소강 등 가스 절단이 곤란한 재료에 사용된다.

(2) 금속 아크 절단(metal arc cutting)

① 원리
  ㉠ 교류 및 직류 용접기를 사용하여 절단 전용 피복 용접봉으로 절단하는 방법
  ㉡ 피복 금속 아크 절단이라고도 한다.
② 피복제
  ㉠ 발열량이 많고 산화성이 풍부해야 한다.
  ㉡ 용융물은 유동성이 좋아야 한다.

(3) 불활성 가스 아크 절단

① TIG 절단
  ㉠ 텅스텐 전극과 모재에 아크를 발생시켜 모재를 용융하여 절단한다.
  ㉡ 비철 금속, 스테인리스강의 절단에 이용된다.
② MIG 절단
  ㉠ 금속 전극에 큰 전류를 흐르게 하여 절단한다.
  ㉡ 10~15% 산소를 혼합한 아르곤 가스를 사용하고, 직류 역극성을 사용하며, 모든 금속의 절단에 이용된다.

(4) 플라스마 아크 절단

① 원리 : 플라스마 아크의 바깥 둘레를 강제로 냉각하여 생성된 고온, 고속의 플라스마를 이용한 절단법
② 사용 가스와 전원
  ㉠ Al, 경금속에는 Ar과 H_2의 혼합 가스 사용하며, 스테인리스강에는 N_2와 H_2 혼합 가스를 사용한다.
  ㉡ 전원은 직류가 사용되며, 비철 금속 절단에 이용된다.

(5) 산소 아크 절단

① 원리
  ㉠ 중공(속이 빈)의 피복 용접봉과 모재 사이에 아크를 발생시켜 용융시키고, 속이 빈 전극 봉에 고압 산소를 분출하여 절단하는 방법
  ㉡ 전원은 직류 정극성이 사용되나 교류도 가능하다.
② 용도 : 철구조물 및 수중 해체, 고크롬강, 스테인리스강, 고합금강, 비철 금속 등에 이용

(6) 아크 에어 가우징(arc air gouging)

① 원리
  ㉠ 탄소 아크 절단에 압축 공기를 병용하여 홈을 파는 방법
  ㉡ 직류 용접기를 사용하며, 직류 역극성을 적용한다.
② 장점
  ㉠ 가스 가우징에 비해 작업 능률이 2~3배 높다.
  ㉡ 용융금속을 순간적으로 불어내므로 모재에 악영향을 주지 않는다.
  ㉢ 용접 결함부의 발견이 쉬우며, 소음이 적고 조작이 간단하다.
  ㉣ 경비가 저렴하고 응용 범위가 넓어 철, 비철 금속에도 사용된다.
③ 가우징 토치 : 피복 아크용접봉 홀더와 비슷하나 압축 공기 통로가 있다.
④ 압축공기 : 압력은 $5~7kg_f/cm^2$ 정도가 적당하며, 질소나 Ar도 가능하다.

·· 예·상·문·제·01

아크 절단법의 종류가 아닌 것은?

① 플라스마 제트 절단
② 탄소 아크 절단
③ 스카핑
④ 티그 절단

정답 ③

해설 스카핑 : 소재의 돌기 등을 제거하는 가스 가공법

·· 예·상·문·제·02

탄소 아크절단에 주로 사용되는 용접 전원은?

① 직류 정극성   ② 직류 역극성
③ 용극성   ④ 교류 역극성

정답 ①

해설 탄소 아크절단 : 탄소 또는 흑연 전극봉과 금속 사이에 아크를 일으켜 절단하는 방법이며, 사용 전원은 직류, 교류 사용 가능하지만, 일반적으로 직류 정극성이 사용한다.

․예․상․문․제․03

다음 중 속이 빈 피복봉을 사용하며, 절단속도가 빨라 철강구조물 해체, 특히 수중 해체 작업에 이용되는 절단 방법은?

① 산소 아크절단
② 금속 아크절단
③ 탄소 아크절단
④ 플라즈마 아크절단

정답 ①

해설 산소 아크 절단 : 전원으로는 직류정극성이 사용되나, 교류도 사용가능하다.

․예․상․문․제․04

아크에어 가우징은 가스 가우징이나 치핑에 비하여 여러 가지 특징이 있다. 그 설명으로 틀린 것은?

① 작업능률이 높다.
② 모재에 악영향을 주지 않는다.
③ 작업방법이 비교적 용이하다.
④ 소음이 크고 응용범위가 좁다.

정답 ④

해설 아크에어 가우징은 응용 범위가 넓어서 스테인리스강, 알루미늄, 구리합금 등에도 사용할 수 있다.

․예․상․문․제․05

아크 에어 가우징의 작업 능률은 치핑이나, 그라인딩 또는 가스 가우징보다 몇 배 정도 높은가?

① 10 ~ 12배   ② 8 ~ 9배
③ 5 ~ 6배   ④ 2 ~ 3배

정답 ④

해설 아크 에어 가우징은 작업능률이 가스 가우징보다 2~3배 높고, 비용이 저렴하고, 모재에 나쁜 영향을 미치지 않아, 철, 비철금속 모두 사용가능하다.

05. 특수 용접 및 기타 용접

1 서브머지드 아크용접

(1) 원리 및 특징

1) 원리

① 모재 표면에 미리 입상의 용제(flux)를 살포한 후 용제 속에서 비피복 와이어와 모재 사이에 아크를 발생시켜 용접부를 대기로부터 보호하면서 용접하는 방법
② 잠호 용접, 유니언 멜트 용접, 링컨 용접, 불가시 용접이라고도 한다.

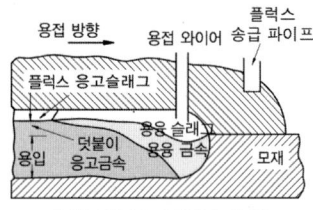

[서브머지드 용접의 원리]

2) 장점

① 대전류 사용으로 전류 밀도가 높아 용접 속도와 용착 속도가 빠르며 용입이 깊다.
② 작업 능률이 수동 용접에 비해 매우 높다. (수동 용접에 비해 판 두께 12mm에서 2~3배, 25mm에서 5~6배, 50mm에서 8~12배 빠르다.)
③ 개선각을 적게 하여 용접의 패스 수를 줄일 수 있다.
④ 인장 강도, 연신율, 충격치 등 기계적 성질이 우수하며, 비드의 외관이 곱다.
⑤ 유해 광선이나 흄(fume) 등의 발생이 적어 작업 환경이 양호한 편이다.

3) 단점

① 개선 가공 및 루트 간격에 정밀을 요한다.
② 아래 보기, 수평 필릿 자세의 용접에 한정된다.
③ 용접 길이가 짧은 곳이나 좁은 공간에서 용접이

곤란하거나 비능률적이다.
④ 용접부가 보이지 않으므로 용접 상태를 확인할 수 없다.(결함이 발생하면 대량 발생)
⑤ 용접 입열이 커 변형 및 열영향부가 넓으며, 장비의 가격이 비싸다(고가이다).
⑥ 탄소강, 저합금강, 스테인리스강 등 한정된 재료의 용접에 사용된다.

────────── 예·상·문·제·01

다음 중 서브머지드 아크 용접을 다른 명칭으로 불리우는 것에 속하지 않는 것은?

① 잠호 용접
② 유니언 멜트 용접
③ 불가시(不可視) 아크 용접
④ 헬리 아크 용접

정답 ④

해설 헬리 아크 용접은 불활성가스 텅스텐 아크 용접(TIG용접)이다.

────────── 예·상·문·제·02

서브머지드 아크 용접의 일반적인 특징으로 틀린 것은?

① 고전류 사용이 가능하다.
② 용융속도가 빨라 고능률 용접이 가능하다.
③ 기계적 성질(강도, 연신율, 충격치 등)이 우수하다.
④ 개선각을 크게 하여 용접 패스 수를 줄일 수 있다.

정답 ④

해설 개선각을 작게 하여 용접 패스 수를 줄일 수 있다.

────────── 예·상·문·제·03

서브머지드 아크 용접법의 단점으로 틀린 것은?

① 와이어에 소전류를 사용할 수 있어 용입이 얕다.
② 용접선이 짧거나 복잡한 경우 비능률적이다.
③ 루트 간격이 너무 크면 용락될 위험이 있다.
④ 용접 진행상태를 육안으로 확인할 수 없다.

정답 ①

해설 SAW : 와이어에 대전류를 사용할 수 있어 용입이 깊다.

(2) 용접 장치

1) 용접기 구조

직류나 교류가 사용되며, 수하 특성, 정전압 특성의 용접기가 사용된다. 용접 장치는 용접기, 송급 장치, 전압 제어 장치, 접촉팁, 이동 대차 등으로 구성되어 있다.

2) 전류 용량에 의한 용접기 분류

① **반자동형** : 최대 900A(UMW, FAW형)
② **경량형** : 최대 1200A(DS, SW형)
③ **표준 만능형** : 최대 2000A(UE, USW형)
④ **대형** : 최대 4000A(75mm 후판을 1회로 용접 가능)

3) 다전극 방식에 의한 분류

[전극에 따른 특성 비교]

종류		특성
텐덤식	전극 배치	2개의 전극을 독립 전원에 접속
	특징	비드 폭이 좁고 용입이 깊다. 용접 속도가 빠르다.
	용도	파이프 라인의 용접에 사용
횡병렬식	전극 배치	2개 이상의 와이어를 나란히 옆으로 배치한다.
	특징	용입은 중간, 비드 폭이 넓어진다.

종류	특성	
횡직렬식	전극 배치	2개의 와이어 중심이 한 곳에 만나도록 배치한다.
	특징	아크 복사열에 의해 용접, 용입이 매우 얕고, 자기 불림이 생길 수 있다.
	용도	육성 용접에 주로 사용한다.

・・・・・・・・・・・・・・・・・・・・・・・・・・・・・・ 예·상·문·제·01

서브머지드 아크 용접장치에서 용접기의 전류 용량에 따른 분류 중 최대 전류가 2,000A일 경우에 해당하는 용접기는?

① 대형(M형)
② 경량형(DS형)
③ 표준 만능형(UZ형)
④ 반자동형(SMW형)

정답 ③

해설 ① : 최대 4000A, ② : 최대 1200A, ④ : 최대 900A

・・・・・・・・・・・・・・・・・・・・・・・・・・・・・・ 예·상·문·제·02

서브머지드 아크 용접에서 다전극 방식에 의한 분류가 아닌 것은?

① 텐덤식
② 횡병렬식
③ 횡직렬식
④ 이행형식

정답 ④

해설 이행형식 : 용접봉이나 와이어가 용융지로 이동하는 형식

(3) 용접 재료

1) 용접용 와이어

① 와이어
  ㉠ 표면은 접촉팁과의 전기적 접촉을 원활하게 하고, 녹슴을 방지하기 위해 구리 도금한 것이 보통이다.
  ㉡ 지름은 2.0, 2.4, 3.2, 4.0, 4.8, 6.4, 7.92.4~7.9, 12.7mm 등이 있다.

② 코일의 무게
  ㉠ 작은 코일(약칭 S) : $12.5kg_f$
  ㉡ 중간 코일(M) : $25kg_f$
  ㉢ 큰 코일(L) : $75kg_f$
  ㉣ 초대형 코일(XL) : $100kg_f$

③ 망간 함유량에 따라
  ㉠ 저망간강(0.6% 이하)
  ㉡ 중망간강(1.25% 이하)
  ㉢ 고망간강(2.25% 이하)

2) 용접용 용제

분말상의 입자로서 역할은 아크의 안정, 용접부 보호, 탈산 정련 작용 및 합금 원소 첨가 등이다.

① 용융형 용제
  ㉠ 광물성 원료를 고온(1300℃ 이상)으로 용융한 후 분쇄하여 적당한 입자로 만든 것으로, 고속 용접성이 양호하며, 흡습성이 없고 반복 사용성이 좋다.
  ㉡ 고장력강, 저온 용기, 건축, 교량 구조재, 극후판 용기류의 다층 용접에 사용된다.

② 소결형 용제
  ㉠ 원료 광석 분말, 합금 분말 등을 규산 나트륨 등의 점결제와 함께 용융되지 않을 정도의 저온으로 소결해 입도를 조정한 것
  ㉡ 큰 입열로 용접성이 양호하며, 수소, 산소의 흡수가 적고, 합금 원소 첨가가 쉽다.
  ㉢ 고장력강, 저온용기, 조선의 후판, 스테인리스강, 덧살 용접 등에 이용된다.

③ 혼성형 용제
  ㉠ 분말상 원료에 고착제(물유리 등)를 가하여 비교적 저온(300~400℃)에서 건조하여 제조한 것

3) 용제의 구비 조건

① 적당한 점성 온도 특성을 가지며, 아크 발생이 잘 되고 안정한 용접 과정이 얻어질 것
② 합금 성분의 첨가, 탈산, 탈유 등 야금 반응의 결과로 양질의 용접금속이 얻어질 것
③ 용접 후 슬래그 박리성이 양호하며, 양호한 비드를 형성할 것

예·상·문·제·01

서브머지드 아크 용접용 와이어의 코일의 무게가 아닌 것은?

① 작은 코일(약칭 S) : $12.5kg_f$
② 중간 코일(M) : $25kg_f$
③ 큰 코일(L) : $55kg_f$
④ 초대형 코일(XL) : $100kg_f$

정답 ③

해설 큰 코일(L) : $75kg_f$

예·상·문·제·02

서브머지드 아크 용접의 용제에서 광물성 원료를 고온(1,300℃ 이상)으로 용융한 후 분쇄하여 적합한 입도로 만드는 용제는?

① 용융형 용제   ② 소결형 용제
③ 첨가형 용제   ④ 혼성형 용제

정답 ①

해설 소결형 용제 : 페로망간, 페로실리콘 등에 의해 강력한 탈산작용을 한다.

예·상·문·제·03

서브머지드 아크 용접에서 용제의 구비조건에 대한 설명으로 틀린 것은?

① 용접 후 슬래그(Slag)의 박리가 어려울 것
② 적당한 입도를 갖고 아크 보호성이 우수할 것
③ 아크 발생을 안정시켜 안정된 용접을 할 수 있을 것
④ 적당한 합금성분을 첨가하여 탈황, 탈산 등의 정련작용을 할 것

정답 ①

해설 모든 용접은 슬래그 박리(제거)가 쉬워야 된다.

(4) 용접 작업

1) 이음 홈의 가공

① 용접 품질에 많은 영향을 미치므로 정밀 가공이 필요하다.
② 홈 각도는 ±5°, 루트 간격은 0.8mm 이하(뒷받침이 없는 경우), 루트 면은 ±1mm를 허용

2) 뒷받침(backing)

① 뒷면까지 완전 용입이 필요한 단층 용접, 홈의 가공이 불량한 경우나, 용락 방지를 위해 사용한다.
② 이면에 동판이나 컴퍼지션 백킹법, 세라믹 등이 사용된다.

3) 앤드탭(end tap)

① 용접 시작 부분이나 끝 부분에 결함이 많이 발생 방지를 위해 사용한다.
② 모재와 홈의 형상이나 두께, 재질 등이 동일한 규격의 엔드탭 부착이 필요하다.

4) 용접에 영향을 주는 요소

① **전류와 아크 길이** : 전류가 증가하면 용입이 증가, 아크 길이가 길어지면 비드 폭이 증가
② 와이어 돌출 길이는 와이어 지름의 8배 정도가 적당하다.
③ **와이어 지름 증가** : 전류 밀도가 감소하므로 용입이 낮아진다.
④ **용접 속도 증가** : 비드 폭과 용입이 감소한다.
⑤ **진행방향** : 전진법은 용입이 감소하며 비드 폭이 증가하고, 비드 면이 평평해지며, 후진법은 반대 현상이 일어난다.

예·상·문·제·01

서브머지드 아크 용접 시, 받침쇠를 사용하지 않을 경우 루트 간격을 몇 mm 이하로 하여야 하는가?

① 0.2   ② 0.4
③ 0.6   ④ 0.8

정답 ④

해설 받침쇠 없는 루트 간격은 0.8mm 이하로 한다.

···································· 예·상·문·제·02

서브머지드 아크 용접에서 와이어 돌출길이는 보통 와이어 지름을 기준으로 정한다. 적당한 와이어 돌출길이는 와이어 지름의 몇 배가 가장 적합한가?

① 2배   ② 4배
③ 6배   ④ 8배

정답 ④

해설 와이어 돌출 길이 : 와이어 지름의 8배 정도가 적당

2 불활성 가스 아크용접

(1) 원리 및 특징

1) 원리

① 아르곤(Ar) 또는 헬륨(He) 가스 등 불활성 가스 분위기 속에서 텅스텐 전극봉 또는 와이어와 모재 사이에서 아크를 발생하여 그 열로 용접하는 방법
② 불활성 가스 텅스텐 아크용접(TIG 용접)과 불활성 가스 금속 아크용접(MIG 용접)법이 있다.

2) 장점

① 피복제, 용제가 불필요하며, 아크가 안정되어 스패터가 적다.
② 청정 작용이 있어 산화막이 강한 금속(알루미늄 등)의 용접이 가능하다.
③ 전자세 용접이 용이하고, 열 집중성이 좋아 고능률적이다.
④ 직류 전원을 이용하면 모재의 용입이나 비드 폭 조절이 가능하다.
⑤ 낮은 전압에서 용입이 깊고 용접 속도가 빠르며, 용접 변형이 비교적 적다.

3) 단점

① 장비비가 고가이고, 풍속 2m/sec 이상의 옥외 작업이 힘들다.
② 토치가 접근하기 힘든 경우(곡선, 짧은 용접부)에는 용접하기 어렵다.
③ 슬래그가 얇고 냉각 속도가 빨라 용착금속의 조직과 기계적 성질을 변화시킬 수 있다.

···································· 예·상·문·제·01

불활성 가스 아크 용접에 주로 사용되는 가스는?

① CO_2 ② CH_4
③ Ar   ④ C_2H_2

정답 ③

해설 불활성 가스 : ③(아르곤), 헬륨(He)

···································· 예·상·문·제·02

다음 중 불활성 가스 아크 용접의 장점이 아닌 것은?

① 아크가 안정되고 스패터가 적다.
② 열 집중성이 좋아 고능률적이다.
③ 피복제나 용제가 필요 없다.
④ 청정작용이 없어 산화막이 약한 금속의 용접이 가능하다.

정답 ④

해설 불활성 가스 아크 용접의 장점
㉠ 접합이 강하고 전연성과 내식성이 풍부하다.
㉡ 용제를 사용하지 않으므로 용접 후 청정작업이 필요치 않다.
㉢ 유해 가스의 발생이 없다.

(2) 불활성 가스 텅스텐 아크(TIG) 용접

1) 원리

① 텅스텐 전극봉과 모재 사이에 아크를 발생시켜 용접봉을 녹이면서 용접하는 방법
② 전극이 녹거나, 소모되지 않으므로, 비용극식(비소모식) 용접법의 하나이다.

③ 주로 3mm 이하의 박판에 이용되며, 헬리 아크, 헬리 웰드, 아르곤 아크라고도 부른다.

························· 예·상·문·제·01

불활성 가스 텅스텐 아크 용접을 설명한 것 중 틀린 것은?

① 직류 역극성에서는 청정작용이 있다.
② 알루미늄과 마그네슘의 용접에 적합하다.
③ 텅스텐을 소모하지 않아 비용극식이라고 한다.
④ 잠호 용접법이라고도 한다.

정답 ④

해설 잠호 용접은 서브머지드 아크 용접의 별칭이다.

2) 특성

① 피복제, 용제가 불필요하며, 전자세 용접이 용이하고 열 집중성이 좋아 고능률적이다.
② 산화하기 쉬운 금속의 용접이 용이하고 용착부의 제성질이 우수하다.
③ 낮은 전압에서 용입이 깊고, 용접 속도가 빠르며, 변형이 적다.

························· 예·상·문·제·01

불활성 가스 텅스텐 아크 용접의 특성으로 틀린 것은?

① 피복제, 용제가 불필요하다.
② 전자세 용접이 용이하고 열 집중성이 좋다.
③ 산화하기 쉬운 금속의 용접이 용이하다.
④ 높은 전압에서 용입이 깊고, 변형이 크다.

정답 ④

해설 낮은 전압에서 용입이 깊고 변형이 적다.

3) 극성 효과와 청정 작용

① **직류 정극성(DCSP)**
  ㉠ 용접기의 양(+)극에 모재를, 음(-)극에 토치를 연결하는 방식
  ㉡ 직경이 적은 전극에서 큰 전류를 흐르게 할 수 있으며, 전극은 그다지 과열되지 않는다.

② **직류 역극성(DCRP)**
  ㉠ 용접기의 양(+)극에 토치를, 음(-)극에 모재를 연결하는 방식
  ㉡ 정극성 경우보다 4배의 큰 전극이 필요하며, 텅스텐 전극 소모가 많다.

③ **고주파 교류(ACHF)**
  ㉠ 용접 중에 고주파를 중첩시켜 아크를 안정시킨 교류
  ㉡ 전류의 부분적 정류로 불평형으로 인해 용접기가 탈 염려가 있어 정류 작용을 막기 위해 콘덴서, 축전지, 리액터 등을 삽입한다.

[극성에 따른 특성 비교]

직류 정극성 (DCSP)	전자 및 이온의 흐름 용입 현상	
	발생열	모재에 2/3, 전극에 1/3
	용입	깊고 좁다.
	전극 용량	우수(3.2mm, 400A)
	청정 작용	없다.
	용도	철강, STS강, 후판 용접
직류 역극성 (DCRP)	전자 및 이온의 흐름 용입 현상	
	발생열	모재에 1/3, 전극에 2/3
	용입	얇고 폭이 넓다.
	전극 용량	불량(5.4mm, 120A)
	청정 작용	Ar 사용시 있다.
	용도	주철, 박판, 비철 용접
고주파 교류 (ACHF)	전자 및 이온의 흐름 용입 현상	
	발생열	모재와 전극에 각각 1/2
	용입	정극성과 역극성의 중간
	전극 용량	양호(3.2mm, 225A)
	청정 작용	있다(1/2 사이클 마다 반복)
	용도	경금속 용접

········· 예·상·문·제·01

다음 중 TIG 용접에 있어 직류 정극성에 관한 설명으로 틀린 것은?

① 용입이 깊고, 비드 폭은 좁다.
② 극성의 기호를 DCSP로 나타낸다.
③ 산화피막을 제거하는 청정 작용이 있다.
④ 모재에는 양(+)극을, 홀더(토치)에는 음(−)극을 연결한다.

정답 ③

해설 TIG용접에서 청정작용은 직류역극성, 아르곤가스를 사용할 때 나타난다. 특히, 알루미늄 용접시 많이 발생하지만 알루미늄의 경우는 고주파 교류를 사용한다.

········· 예·상·문·제·02

TIG 용접에서 모재가 (−)이고 전극이 (+)인 극성은?

① 정극성   ② 역극성
③ 반극성   ④ 양극성

정답 ②

········· 예·상·문·제·03

TIG 용접에서 교류(AC), 직류 정극성(DCSP), 직류 역극성(DCRP)의 용입 깊이를 비교한 것 중 옳은 것은?

① DCSP 〈 AC 〈 DCRP
② AC 〈 DCSP 〈 DCRP
③ AC 〈 DCRP 〈 DCSP
④ DCRP 〈 AC 〈 DCSP

정답 ④

4) 용접 장치

① 용접 토치
  ㉠ 냉각 방식에 따라 수냉식과 공랭식으로 구분한다.
  ㉡ 200A 이하의 낮은 전류를 사용할 때는 공랭식 토치를 사용하며, 200A 이상에서는 수냉식 토치를 사용한다.
② 가스 노즐 : 세라믹이나 동으로 만들어지며, 크기는 가스 분출 구멍의 크기로 정해지며, 보통 4~13mm가 주로 사용된다.

········· 예·상·문·제·01

TIG 용접토치는 공랭식과 수냉식으로 분류되는데 가볍고 취급이 용이한 공랭식 토치의 경우 일반적으로 몇 A 정도까지 사용하는가?

① 200   ② 380
③ 450   ④ 650

정답 ①

해설 수냉식 : 200A 이상 사용하는 경우 수냉식 토치를 사용해야 된다.

5) 텅스텐 전극봉 종류

① 순텅스텐 전극(YWP, 녹색)
  ㉠ 토륨 함유봉에 비해 전자 방사능력은 떨어진다.
  ㉡ 교류에서는 불평형 전류가 감소된다.
② 토륨 텅스텐 전극
  ㉠ 토륨을 1~2% 함유한 것으로 전자 방사 능력이 매우 뛰어나며, 아크가 안정하여 아크 발생이 쉽고 전극 소모도 적다.
  ㉡ 1% 토륨 : YWTh-1, 황색,
     2% 토륨 : YWTh-2, 적색
  ㉢ 교류에서는 좋지 않다.
③ 지르코늄 텅스텐 전극(EWZr, 갈색)
  ㉠ 지르코늄 0.15~0.5% 함유한 것
  ㉡ Al, Mg 용접에서 순텅스텐의 단점을 보완한 것이다.
④ 산화 란탄 텅스텐 전극 : 흑색, 황록색
⑤ 산화 셀륨 텅스텐 전극 : 분홍색, 회색

············· 예·상·문·제·01

다음 중 TIG용접에 사용하는 토륨 텅스텐 전극봉에는 몇 % 정도의 토륨이 함유되어 있는가?

① 0.3~0.5% ② 1~2%
③ 4~5%   ④ 6~7%

정답 ②

해설 TIG용접에서 전자방사 능력을 높이기 위하여 토륨 1~2%함유한 토륨 텅스텐봉을 사용하기도 한다.

6) 전극봉 가공

① 전극봉 선단 각도는 30~50° 정도이면 아크열의 집중성이 좋아 용입이 깊어진다.
② 불순물이 적게 붙어 전자 방사 능력이 높아진다.
③ 강이나 스테인리스강 용접에는 뾰쪽하게 가공한다.
④ 알루미늄 용접 등에는 둥글게 가공한다.

(a) 양호하게 가공함   (b) 경사 방향 불량
(c) 가공 방향 반대임   (d) 방향, 끝단 떨어짐
[텅스텐 전극봉 가공]

[텅스텐 전극봉 종류별 특성 비교]

AWS 기호	KS 기호	전극 재질
EWP	YWP	순텅스텐
EWZr	–	지르코늄텅스텐
EWTh1	YWTh-1	1%토륨 텅스텐
EWTh2	YWTh-2	2%토륨 텅스텐
		란탄 텅스텐 1.8~2.2%, 청색 스트립 전극봉

| AWS 기호 | 식별용 색 | | 사용 전원 |
	AWS	KS	
EWP	녹색	백색	ACHF
EWZr	갈색	–	ACHF
EWTh1	황색	황색	DCSP
EWTh2	적색	적색	DCSP
	흑색 0.8~1.2%	골드 1.3~1.7%	ACHF

AWS 기호	특징 및 용도
EWP	가격 저렴, 저전류용, Al, Mg합금
EWZr	수명김, 고전류용, Al, Mg 합금
EWTh1	가격 비쌈, 수명김, 강, 스테인리스
EWTh2	• EWTh1보다 수명김 • 전류전도성 좋아 아크 안정 • 항공기 부품 등 박판 정밀용접, 강, 스테인리스강
	• 강, 스테인리스, 각종금형 용접, Al용접에 탁월함 • 순텅스텐+토륨 전극 장점 결합

············· 예·상·문·제·01

TIG 용접에서 전극봉은 어느 한쪽의 끝부분에 식별용 색을 칠하여야 한다. 순 텅스텐 전극봉의 색은?

① 황색 ② 적색
③ 녹색 ④ 회색

정답 ③

해설 전극봉의 식별용 색은 순텅스텐(녹색), 1%토륨(노란색), 2%토륨(적색), 지르코니아(갈색) 등이다.

············· 예·상·문·제·02

TIG 용접에서 전극봉 선단의 각도로 적합한 것은?

① 10~20° ② 20~30°
③ 30~50° ④ 50~70°

정답 ③

7) 보호 가스

① 아르곤(Ar)
  ㉠ 헬륨보다 무거워 보호 능력은 우수하다.
  ㉡ 아크 전압은 낮기 때문에 경합금 후판 용접에는 적합하지 않다.
② 헬륨(He)
  ㉠ Ar보다 가벼워 Ar와 보호 효과가 같으려면 2배 정도의 유량을 더 분출해야 된다.
  ㉡ 아크 전압이 Ar보다 높아 용접 입열이 크므로 경합금 후판 용접에 적합하다.

③ 혼합 가스
  ㉠ Ar과 He의 혼합 비율은 25 : 75가 많이 쓰인다.
  ㉡ Al과 동합금 용접에서 용입이 깊고 기공이 적게 발생한다.
  ㉢ 스테인리스강의 용접에서는 Ar에 산소를 1~5% 혼합하면 깊은 용입과 양호한 외관을 얻을 수 있다.

··· 예·상·문·제·01

TIG 용접에서 보호가스로 주로 사용하는 가스는?

① Ar, He
② CO, Ar
③ He, CO_2
④ CO, He

정답 ①

해설 헬륨은 Ar보다 가벼워 Ar와 보호 효과가 같으려면 2배 정도의 유량을 더 분출해야 되며, 가볍기 때문에 아래보기 자세의 경우 특별한 경우가 아니면 사용하지 않는다.

··· 예·상·문·제·02

불활성 가스 텅스텐 아크 용접으로 스테인리스강을 용접시 아르곤에 산소를 몇% 정도 혼합하면 용입이 깊고 양호한 외관을 얻을 수 있는가?

① 1~5%
② 5~10%
③ 10~15%
④ 15~20%

정답 ①

해설 Ar과 He의 혼합 비율은 25 : 75가 많이 쓰이며, Al과 동합금 용접에서 용입이 깊고 기공이 적게 발생한다.

[아르곤과 헬륨의 특성 비교]

종류 항목	아르곤 가스	헬륨 가스
아크 전압	낮다.	높다.
아크 발생	쉽다.	어렵다.
아크 길이	길다.	짧다.(민감)
아크 안정성	좋다.	나쁘다.
가스 소모량	적다.	많다.(1.5~3배)
열영향부	넓다.	좁다.

종류 항목	아르곤 가스	헬륨 가스
용입상태	얕다.	깊다.
청정 작용	있다.	없다.
가격	싸다.	비싸다.
모재 두께	박판	후판
용접 자세	아래보기 자세에 적합	위보기, 수직자세
용도	알루미늄, 탄소강 등	동 및 동합금
이종금속 접합	좋다.	나쁘다.

··· 예·상·문·제·01

아르곤 가스와 헬륨의 특성 설명으로 옳지 않은 것은?

① 아크 발생은 헬륨이 쉽다.
② 용입은 헬륨이 깊다.
③ 청정 작용은 아르곤이 좋다.
④ 후판 용접에는 헬륨이 적합하다.

정답 ①

해설 아르곤 가스가 헬륨보다 아크 발생이 쉽다.

(3) 불활성 가스 금속 아크(MIG) 용접

1) 원리

① 불활성 가스 분위기 속에서 연속적으로 공급되는 용가재(와이어)와 모재 사이에서 아크열을 발생하여 용융 접합하는 용극식 또는 소모식 아크용접법의 일종
② 에어 코메틱 용접법, 시그마 용접법, 필러 아크 용접법, 아르고노트 용접법 등의 상품명이 있다.

2) 특징

① 직류 역극성에 의한 청정 작용이 있어 알루미늄, 마그네슘 등의 용접이 쉽다.
② 전류 밀도가 피복 아크용접의 5~8배, TIG 용접보다 약 2배 정도 크다.

③ 주 용적 이행은 스프레이(분무)형이며, 3mm 이상의 후판에 사용된다.
④ 용접기는 정전압이나 상승 특성을 이용한다.
⑤ 비교적 아름답고 깨끗한 비드를 얻으며, CO_2 용접에 비해 스패터 발생이 적다.
⑥ 바람의 영향을 받기 쉬우므로 방풍대책이 필요하다.

·············· 예·상·문·제·01

불활성가스 금속 아크용접(MIG용접)의 전류 밀도는 피복아크용접에 비해 약 몇 배 정도인가?

① 2배　　　　② 6배
③ 10배　　　 ④ 12배

정답 ②

해설 MIG용접은 전류밀도가 아크용접의 6배, TIG용접의 2배, SAW와 동일한 높은 전류밀도를 사용하므로 후판용접에 적합하다.

·············· 예·상·문·제·02

불활성 가스 금속 아크용접에 관한 설명으로 틀린 것은?

① 박판용접(3mm 이하)에 적당하다.
② 피복아크용접에 비해 용착효율이 높아지고 능률적이다.
③ TIG 용접에 비해 전류밀도가 높아 용융속도가 빠르다.
④ CO_2 용접에 비해 스패터 발생이 적어 비교적 아름답고 깨끗한 비드를 얻을 수 있다.

정답 ①

해설 불활성 가스 금속 아크용접(MIG)은 후판용접에, 불활성 가스 텅스텐 아크용접(TIG)은 박판용접에 적당하다.

3) 와이어 송급 장치

중요한 장치로서 와이어를 밀어 송급하는 미는 식(push type), 당기는 식(pull type), 밀고 당기는 식(push-pull type)이 있다.(아래 그림 참조)

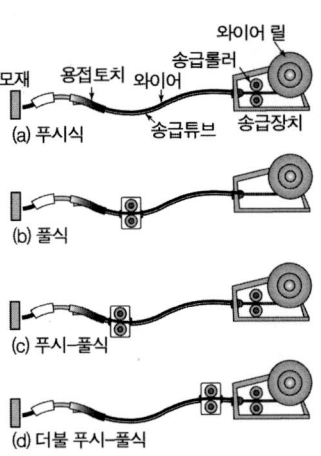

[와이어 송급 장치의 종류]

·············· 예·상·문·제·01

MIG 용접에서 사용되는 와이어 송급 장치의 종류가 아닌 것은?

① 푸시 방식　　　② 풀 방식
③ 펄스 방식　　　④ 푸시풀 방식

정답 ③

해설 와이어 송급 방식 : 푸시방식, 풀 방식, 푸시-풀 방식, 더블 푸시 방식이 있다.

4) 용접 토치

① 구성 : 전원 케이블, 가스 송급 호스, 스위치 케이블로 구성되어 있다.
② 200A 이하는 공랭식, 200A 이상은 수냉식

·············· 예·상·문·제·01

불활성 가스 금속 아크 용접기는 몇 A 이상 사용 시 수냉식을 사용하는가?

① 100A　　　② 200A
③ 300A　　　④ 400A

정답 ②

5) 보호 가스

[보호 가스 종류별 특성]

가스 종류	특성 및 용도
아르곤	전류 밀도가 크고 청정 능력이 좋다.
헬륨	용입이 비교적 얕고 비드 폭이 넓어진다. Al, Mg 등 비철 금속 용접에 이용된다.
아르곤+헬륨(25%)	용입이 깊고, 아크 안정성이 우수하다. 후판에 사용하며, 모재 두께가 두꺼울수록 헬륨 함량을 증가시키면 된다.
아르곤+탄산가스	아크가 안정되고 용융금속의 이행을 빨리 촉진시켜 스패터를 줄일 수 있다. 연강, 저합금강, 스테인리스강 용접.
Ar+He(90%)+CO_2	단락형 이행형으로, 주로 오스테나이트계 스테인리스강 용접에 사용된다.
아르곤+산소(1~5%)	언더컷을 방지할 수 있다. 스테인리스강 용접에 주로 사용된다.

─────────────── 예·상·문·제·01

다음 중 불활성 가스 금속 아크(MIG) 용접에서 주로 사용되는 가스는?

① Ar ② CO
③ O_2 ④ H

정답 ①

─────────────── 예·상·문·제·02

MIG 용접에 사용되는 보호가스로 적합하지 않은 것은?

① 순수 아르곤 가스
② 아르곤 – 산소 가스
③ 아르곤 – 헬륨 가스
④ 아르곤 – 수소 가스

정답 ④

해설 ④ : MIG 용접시 수소는 용착금속에 악영향을 미치므로 적합하지 않다.

3 탄산가스(CO_2) 아크용접

(1) 원리 및 특징

1) 원리

MIG 용접의 불활성 가스 대신에 CO_2 가스를 사용하는 것으로 용접 장치의 기능과 취급은 MIG 용접과 거의 동일하다.

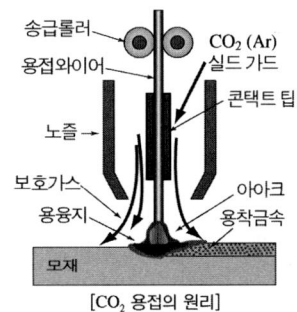

[CO_2 용접의 원리]

2) 장점

① 전류 밀도가 높아 용입이 깊고 용접 속도가 빠르며, 전자세 용접이 가능하다.
② 산화, 질화가 없고 수소 함유량이 적어 용착금속의 기계적 성질이 우수하다.
③ 솔리드 와이어 사용시 단락 이행으로 박판 용접이 가능하며, 용접 후처리가 간단하다.
④ 가시 아크이므로 시공이 편리하며, 용제 사용이 없어 슬래그 혼입이 없다.

3) 단점

① 바람의 영향을 받으므로 풍속 2m/sec 이상에서는 방풍 장치가 필요하다.
② 비드 외관이 타 용접보다 약간 거칠며, 적용 재질이 철계통에 한정된다.

·····예·상·문·제·01

다음 중 CO_2 가스 아크 용접의 장점으로 틀린 것은?

① 용착금속의 기계적 성질이 우수하다.
② 슬래그 혼입이 없고, 용접 후 처리가 간단하다.
③ 전류밀도가 높아 용입이 깊고, 용접속도가 빠르다.
④ 풍속 2m/s 이사의 바람에도 영향을 받지 않는다.

정답 ④

해설 CO_2 가스 아크 용접은 풍속 2m/s 이상이면 방풍막을 해야 된다.

·····예·상·문·제·02

다음 중 CO_2 가스 아크 용접에서 가장 적합한 금속은?

① 연강
② 알루미늄
③ 스테인리스강
④ 동과 그 합금

정답 ①

해설 탄산가스(이산화탄소, CO_2) 아크 용접은 철계통 용접, 특히 연강 용접에 가장 적합하다. ②, ③, ④는 불활성가스 아크용접법이 적합하다.

(2) 용접의 종류

1) 보호 가스와 용극 방식에 의한 분류

① 순 CO_2법
② 혼합 가스법 : $CO_2(75\%)-O_2(25\%)$법, CO_2-Ar법, CO_2-Ar-O_2법

2) 용제의 형상에 따른 분류

CO_2용제법 : 퓨즈 아크법, 유니언 아크법, 아코스 아크법, Y관상 와이어법, S관상 와이어법, NCG법

3) 토치 작동 형식에 의한 분류

① 수동식(토치, 와이어 공급 수동)
② 반자동식(토치 수동, 와이어 공급 자동)
③ 전자동식(토치, 와이어 공급 자동)

4) 와이어 종류에 의한 분류

솔리드 와이어법, 플럭스 코드 와이어법이 있다.

·····예·상·문·제·01

CO_2 가스 아크 용접에서 용제가 들어 있는 와이어 CO_2법의 종류에 속하지 않은 것은?

① 솔리드 아크법
② 유니언 아크법
③ 퓨즈 아크법
④ 아코스 아크법

정답 ①

해설 용제가 들어있는 와이어 CO_2 법에는 ②, ③, ④와 NCG법이 있다.

(3) 보호 가스 설비

1) 설비 구성

① 가스 용기, 압력 조정기 및 유량계, 호스 등으로 구성한다.
② 액체 탄산가스가 기화하면서 온도가 내려가므로 히터 장치와 유량계가 부착된 압력 조정기를 사용한다.

2) 유량 조절

① 200A 이하의 낮은 전류에는 10~15ℓ/min가 적당하다.
② 높은 전류에는 20~25ℓ/min 정도가 필요하다.

·····예·상·문·제·01

CO_2 가스 아크 용접 시 저전류 영역에서 가스 유량은 약 몇 L/min 정도가 가장 적당한가?

① 1~5
② 6~10
③ 10~15
④ 16~20

정답 ③

해설 CO_2 가스 아크 용접시 저전류 영역에서 가스 유량은 10~15L/min 정도가 적당하다.

(4) 용접 재료

1) 용접용 와이어

① 솔리드 와이어
  ㉠ 실체 와이어라고도 하며, 단면 전체가 균일한 강으로 되어 있는 와이어이다.
  ㉡ 녹슴 방지와 전기가 잘 통할 수 있도록 구리 도금하여 $20kg_f$ 정도의 릴이나 큰 통에 담겨져 시판되고 있다.

② 복합 와이어(flux cord wire)
  ㉠ 대상의 강판에 탈산제, 아크 안정제 등 용제를 넣어 둥글게 특수 가공한 와이어
  ㉡ 양호한 용착금속을 얻을 수 있고 아크도 안정되어 스패터도 적으며, 비드 외관이 아름답기 때문에 많이 이용되고 있다.
  ㉢ 종류 : 아코스 와이어, Y관상 와이어, S관상 와이어, NCG 와이어

(a) 아코스 와이어

 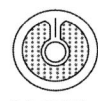
(b) Y관상 와이어   (c) S관상 와이어   (d) NCG 와이어

[복합 와이어의 구조]

2) 보호 가스와 뒷댐 재료

① 보호 가스
  ㉠ 주로 CO_2(이산화탄산가스)를 사용한다.
  ㉡ 중요 부분에는 CO_2 : 아르곤(Ar)을 20~25% : 75~80%의 혼합 가스를 사용한다.

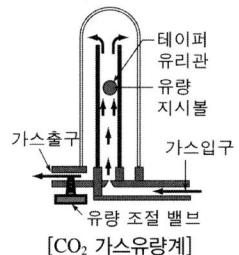
[CO_2 가스유량계]

② 뒷댐 재료
  ㉠ 맞대기 용접시 이면 가우징 및 이면 용접을 생략할 수 있어 뒷댐재를 사용한다.
  ㉡ 뒷댐재 재질 : 세라믹, 수냉 동판, 글라스 테이프 등이 있으나, 세라믹이 가장 많이 사용되고 있다.

예·상·문·제·01

CO_2 가스 아크 용접에서 복합 와이어의 구조에 해당하지 않는 것은?

① C관상 와이어   ② 아코스 와이어
③ S관상 와이어   ④ NCG 와이어

정답 ①

예·상·문·제·02

이산화탄소 아크용접에 사용되는 와이어에 대한 설명으로 틀린 것은?

① 용접용 와이어에는 솔리드 와이어와 복합와이어가 있다.
② 솔리드 와이어는 실체(나체)와이어라고도 한다.
③ 복합 와이어는 비드의 외관이 아름답다.
④ 복합 와이어는 용제에 탈산제, 아크안정제 등 합금원소가 포함되지 않는 것이다.

정답 ④

해설 복합 와이어는 용제에 탈산제, 아크 안정제 등 합금원소가 포함되는 것이다.

예·상·문·제·03

반자동 CO_2가스 아크 평면(one side)용접시 뒷댐 재료로 가장 많이 사용 되는 것은?

① 세라믹 제품   ② CO_2가스
③ 테프론 테이프   ④ 알루미늄 판재

정답 ①

해설 이산화탄소 아크 용접에서 가장 많이 사용하는 뒷댐재료는 세라믹 제품이다.

(5) 전진법과 후진법

[전진법과 후진법의 비교]

전진법	후진법
• 용접선이 잘 보이므로 운봉을 정확하게 할 수 있다. • 비드높이가 낮고 평탄한 비드가 형성된다. • 스패터가 비교적 많으며 진행 방향쪽으로 흩어진다. • 용착금속이 아크보다 앞서기 쉬워 용입이 얕아진다.	• 용접선이 노즐에 가려서 운봉을 정확하게 하기 어렵다. • 비드 높이가 약간 높고 폭이 좁은 비드를 얻을 수 있다. • 스패터의 발생이 전진법보다 적다. • 용융금속이 앞으로 나가지 않으므로 깊은 용입을 얻을 수가 있다. • 비드 형상이 잘 보이기 때문에 비드 폭 높이 등을 억제하기 쉽다.

·················· 예·상·문·제·01

CO_2 가스 아크 용접에서 후진법에 비교한 전진법의 특징 설명으로 맞는 것은?

① 용융금속이 앞으로 나가지 않으므로 깊은 용입을 얻을 수가 있다.
② 용접선을 잘 볼 수 있어 운봉을 정확하게 할 수 있다.
③ 스패터의 발생이 적다.
④ 비드 높이가 약간 높고, 폭이 좁은 비드를 얻는다.

정답 ②

해설 ①, ③, ④는 후진법의 특징이다.

4 플라스마 아크용접

(1) 원리 및 특징

1) 원리

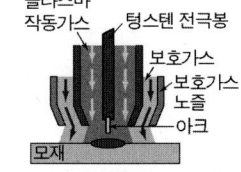

[플라스마 아크용접의 원리]

① 플라스마 : 초고온 기체이며, 고체, 액체, 기체와 더불어 제4의 상태라 한다.
② 플라스마 아크용접 : 10000~30000℃ 이상의 플라스마 열을 한쪽으로 분출시켜서 모재를 가열 용융하여 용접하는 것을 말한다.

2) 장점

① 열적, 자기적 핀치효과에 의해 전류 밀도가 커서 용입이 깊고 비드 폭 좁으며, 용접 속도가 빠르고, 변형이 적다.
② I형 맞대기 이음으로 단층으로 용접할 수 있어 능률적이며, 용접부의 금속학적, 기계적 성질이 좋다.
③ 각종 재료의 용접이 가능하며, 수동 용접도 쉽게 할 수 있고, 숙련을 요하지 않는다.

3) 단점

① 설비비가 많이 들고 무부하 전압이 높다.
② 용접 속도가 빨라 가스 보호가 불충분하며, 용접부에 경화 현상이 일어나기 쉽다.
③ 모재 표면이 오염되었을 때에는 플라스마 아크의 상태가 변화하여 비드가 불균일하고, 용접부의 품질 저하 등의 원인이 되므로, 화학용재로 깨끗이 청정해야 한다.

·················· 예·상·문·제·01

플라스마 아크 용접에 대한 설명으로 잘못된 것은?

① 아크 플라스마의 온도는 10,000~30,000℃ 온도에 달한다.
② 핀치 효과에 의해 전류밀도가 크므로 용입이

깊고 비드 폭이 좁다.
③ 무부하 전압이 일반 아크 용접기에 비하여 2~5배 정도 낮다.
④ 용접장치 중에 고주파 발생장치가 필요하다.

정답 ③

해설 플라스마 아크 용접은 무부하 전압이 일반 아크 용접기에 비하여 2~5배 정도 높다.

(2) 보호 가스

1) 가스 종류별 특징

① 아르곤(Ar)
  ㉠ 전극 보호 성능이 좋으며, 모든 금속 용접에 사용될 수 있다.
  ㉡ 열전도도가 낮아 불균일한 용접이 될 가능성이 있다.

② $Ar + H_2$ (혼입시 효과)
  ㉠ 수소(H_2)는 열전도율이 높고 가스 분출 속도의 증가 기능이 있어 수소 분자가 원자로 해리될 때 아크 기둥의 해리 에너지를 빼앗아 아크를 수축시키면서 열적 핀치효과가 생기며 용접 속도를 증진시킬 수 있다.
  ㉡ 수소는 Ti, Zr과 같은 반응 금속에 나쁜 영향을 미칠 수 있으므로 고려해야 한다.

③ 헬륨(He)
  ㉠ Ar에 비해 25% 이상 용접 입열이 높다.
  ㉡ 열전도도가 높은 Cu, Al 합금, 후판 Ti 용접에 적합하다.

④ 아르곤+헬륨
  ㉠ He 비율이 75% 이상 되면 노즐이 과열될 위험이 크므로 낮은 범위의 부하 상태에서만 가능하다.
  ㉡ 주로 반응 금속의 용접에 사용된다.

2) 용접 재료별 보호 가스

① **스테인리스강용** : Ar+5~10% H_2의 가스 사용시 집중성이 강한 아크를 얻을 수 있다.
② **티타늄, 구리용** : 매우 적은 양의 수소를 혼입하여도 용접부가 약화될 위험성이 크므로 보호 효과가 매우 큰 순수 아르곤이나 헬륨을 사용해야 된다.

헬륨 가스는 같은 보호 효과를 얻으려면 가스 유량을 1.5~2배 증가시켜야 한다.

······ 예·상·문·제·01

플라스마 아크 용접장치에서 아크 플라스마의 냉각가스로 쓰이는 것은?

① 아르곤과 수소의 혼합가스
② 아르곤과 산소의 혼합가스
③ 아르곤과 메탄의 혼합가스
④ 아르곤과 프로판의 혼합가스

정답 ①

해설 플라스마 아크용접의 냉각가스로 Ar과 수소의 혼합가스가 쓰인다.

(1) 이행 여부에 따른 종류

1) 이행형 아크(Transferred Arc)

① 텅스텐 전극봉을 (−극)으로, 전도체인 모재를 (+극)으로 연결한 직류 정극성 방식
② 가열 효율이 높으며, 전극이 비소모성이므로 피가열물의 오염이 적다.
③ 냉각에는 아르곤 또는 아르곤과 수소의 혼합가스를 사용하며 효율이 높고 큰 용량의 토치 제작이 가능하다.

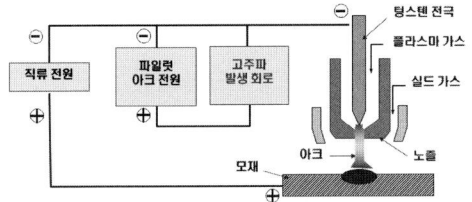

[이행형 아크]

2) 중간형 아크

① 이행형 아크와 비이행형 아크를 병용한 것으로 용접에는 이행형 아크 또는 중간형 아크가 사용된다.
② 아르곤 가스는 아크 기둥의 냉각작용과 동시에 텅스텐 전극을 보호한다.

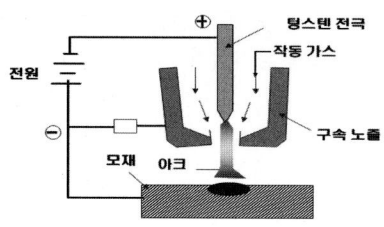

[중간형 아크]

3) 비이행형 아크(non transferred arc)

① 텅스텐 전극봉을 (-극)으로, 수냉합금 노즐을 (+극)으로 전원을 연결하여 전극과 노즐 사이에서 아크를 발생하며, 모재에는 전기 연결이 안되는 방식
② 에너지 손실이 크나, 토치를 모재에서 멀리하여도 아크에 영향이 없다.
③ 모재쪽에는 통전하지 않기 때문에 비전도체인 내화물, 암석, 콘크리트나 주철, 비철, 스테인레스강 등의 절단 및 용사(溶射)에 주로 사용한다.

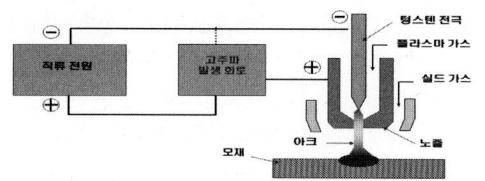

[비이행형 아크]

예·상·문·제·01

플라스마 아크 용접에서 아크의 종류가 아닌 것은?

① 관통형 아크 ② 반이행형 아크
③ 이행형 아크 ④ 비이행형 아크

정답 ①

해설 플라즈마 아크용접 아크의 종류에는 이행형, 반(중간) 이행형, 비이행형 등이 있다.

5 일렉트로 슬래그 용접

(1) 원리 및 특징

1) 원리

모재의 양측에 수랭식 동판으로 막아 용융 슬래그 속에서 전극 와이어를 연속적으로 공급하여 주로 용융 슬래그의 저항열에 의하여 모재를 용융시키면서 단층 수직 상진 용접을 하는 방법

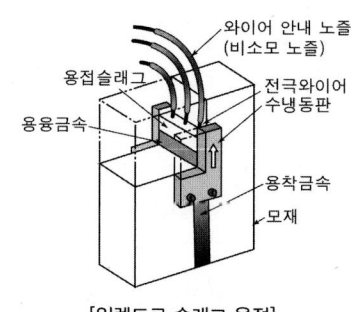

[일렉트로 슬래그 용접]

2) 장점

① 다른 용접에 비하여 후판을 단일층으로 한 번에 용접할 수 있다.
② I형 그대로 사용되므로 홈 가공 준비가 간단하며, 각(角)변형이 적고 용접 품질이 우수하다.
③ 송급 속도가 2배이면 전기 에너지값은 20% 이상 감소하며, 와이어 단위 무게당 소비 전력은 송급 속도가 크게 되면 저하하며, 용융금속의 용착량은 100%가 된다.
④ 대형 용접에서는 서브머지드 용접에 비하여 용접 시간, 홈 가공비, 용접봉비, 준비 시간 등을 1/3~1/5 정도로 감소시킬 수 있다.
⑤ 스패터 발생이 적으며, 조용하고, 용접 시간이 단축되므로 능률적이다.
⑥ 용제 소비량이 서브머지드 용접에 비하여 약 1/20 정도로 매우 적어 경제적이다.

3) 단점

① 박판 용접에는 적용할 수 없고, 용접부의 기계적 성질이 저하될 수 있다.
② 장비가 비싸고 설치가 복잡하며, 용접 준비 시간

이 길고, 냉각 장치가 요구된다.
③ 용접 중 용접부를 직접 관찰할 수 없으며, 대입열로 횡방향의 수축과 팽창이 크다.
④ 소모 노즐의 경우 자체의 저항 발열 때문에 길게 용접할 수 없다.(1m 이하에 적합)

――――――――――― 예·상·문·제·01

용융 슬래그 속에서 전극 와이어를 연속적으로 공급하여 주로 용융 슬래그의 저항열에 의하여 와이어와 모재를 용융시키는 용접은?

① 원자 수소 용접
② 일렉트로 슬래그 용접
③ 테르밋 용접
④ 플라스마 아크 용접

정답 ②

――――――――――― 예·상·문·제·02

일렉트로 슬래그 용접의 장점이 아닌 것은?

① 용접능률과 용접품질이 우수하므로 후판용접 등에 적당하다.
② 용접진행 중 용접부를 직접 관찰할 수 있다.
③ 최소한의 변형과 최단시간의 용접법이다.
④ 다전극을 이용하면 더욱 능률을 높일 수 있다.

정답 ②

해설 일렉트로 슬래그 용접의 특징
① 용융 슬래그 중의 저항발열을 이용한다.
② 냉각속도가 느려 기공이나 슬래그 섞임은 적다.
③ 노치 취성이 크다.

(2) 용접 작업

① **용접용 와이어** : 연강용은 $\phi 2.4 \sim 3.2$의 $0.35 \sim 1.10\%$ Mn의 저합금강을 사용한다.
② **용제** : 용접금속 1kg 대한 용제(flux) 소비량은 서브머지드 아크용접에 비하여 약 50g 정도로 매우 적다.
③ **용입에 영향을 주는 요소**
  ㉠ 일반적으로 전압이 높을수록 용입이 깊게 된다.
  ㉡ 모재의 용입 폭은 슬래그욕 깊이가 증가하면 감소하나, 지나치게 얕으면 안정된 용입 현상을 유지할 수 없다.
  ㉢ 슬래그 깊이는 일반적으로 40~50mm가 적당하다.

6 일렉트로 가스용접

(1) 원리 및 장·단점

1) 원리

① 수직 전용 용접이며, 일렉트로 슬래그 용접의 특징과 CO_2 용접을 조합한 아크용접의 일종이다.
② 수냉 동판으로 용접 모재의 양 측면을 둘러싸고 CO_2 가스 분위기 속에서 flux cord 와이어를 송급하여 아크열에 의해 와이어와 모재를 용융하여 용접을 진행한다.

2) 장점

① 수동 용접에 비해 용융금속의 낙하나 스패터 등의 손실이 없어 용융 속도는 수동 용접에 비하여 약 4~5배, 용착 금속량은 10배 이상(용착 효율이 95% 이상)된다.
② 판 두께에 관계없이 단층으로 상진 용접하며, 판 두께가 두꺼울수록 경제적이다.
③ 용접 홈의 기계 가공이 불필요하며 가스 절단 그대로 용접할 수 있다.
④ 용접 장치가 간단하며, 취급이 쉽고 고도의 숙련을 요하지 않는다.
⑤ 수직 상태에서 횡경사 60~90° 용접이 가능하며, 수평면에 대해서 45~90° 경사용접이 가능하다.

3) 단점

① 정확한 조립이 요구되며, 이동용 냉각 동판에 급수 장치가 필요하다.
② 스패터 및 가스 발생이 많으며, 풍속 3m/sec 이상시 방풍막이 필요하다.

③ 일반적으로 용접 시작부의 5~15mm는 용입 불량이, 끝부분의 10~20mm는 수축공이 생기므로 탭판을 써서 용접 후 절단 또는 교정해야 한다.

──────── 예·상·문·제·01

다음 중 일렉트로 가스 아크 용접에 주로 사용되는 가스는?

① Ar   ② CO_2
③ H_2 ④ He

정답 ②

해설 일렉트로 가스 용접의 특징 : 두께 40~50mm 용접에 적당하나, 용접 금속의 인성이 떨어진다.

──────── 예·상·문·제·02

일렉트로 가스 아크 용접의 특징 설명 중 틀린 것은?

① 판 두께에 관계없이 단층으로 상진 용접한다.
② 판 두께가 얇을수록 경제적이다.
③ 용접속도는 자동으로 조절된다.
④ 정확한 조립이 요구되며, 이동용 냉각 동판에 급수장치가 필요하다.

정답 ②

해설 일렉트로 가스 아크 용접 : 일렉트로 슬래그 용접과 같이 후판 용접에 적합하다.

(2) 용접 작업

① 용접 가능한 두께는 10~35mm이며, 다층 용접의 경우 60~80mm까지 가능하다.
② I형 홈의 루트 간격은 12~22mm, V형 홈의 루트 간격은 1~7mm가 적당하다.
③ 용접 전류는 ϕ1.6 사용시 250~400A, 전압 28~40V가 사용된다.
④ 용접 시단부는 수동 용접으로 20mm 정도 모재와 동일하게 층을 채워준다.
⑤ 보호 가스로는 Ar, He, CO_2 또는 이들을 혼합한 가스를 사용하나, 주로 CO_2 가스가 많이 사용된다.
⑥ 가스의 유출량은 25~30ℓ/min 정도가 적합하다.

7 레이저 용접

(1) 원리

① 레이저(LASER) : 유도 방사에 의한 빛(전자파, 광)의 증폭, 즉 외부 에너지를 이용하여 유도 방출에 의해 빛 증폭으로 생기는 특수한 형태의 광선, 또는 아주 짧은 파장의 전자기파를 증폭하거나 발진하는 장치
② 이 레이저에서 얻어진 강렬한 에너지를 가진 접속성이 강한 단색 광선을 이용하여 용접한다.
③ 레이저 빔이 모재에 조사되면 표면이 순간적으로 약 6000~6400℃ 온도로 되며, 키홀 내에서 용융 용착되어 용접이 이루어지게 된다.

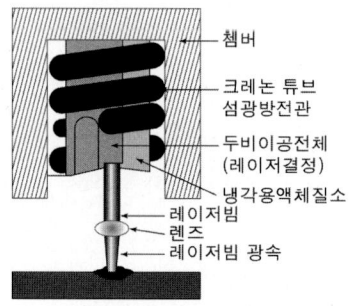

[레이저 용접의 원리]

──────── 예·상·문·제·01

다음 중 유도방사에 의한 광의 증폭을 이용하여 용융하는 용접법은?

① 스터드 용접
② 맥동 용접
③ 레이저 용접
④ 서브머지드 아크 용접

정답 ③

해설 레이저 용접은 레이저에서 얻어진 강렬한 에너지를 가진 단색광선을 이용하여 접합하는 용접법이다.

(2) 특징

1) 장점

① 레이저 빔은 에너지 밀도($10^6 W/cm^2$ 이상)가 높아 용접 속도가 빨라 고속 용접이 가능하며, 용접시 열영향부와 열변형이 작고, 자동화가 가능하다.
② 대기 중에서 용접할 수 있어 진공실이 필요없으며, X선 방출이 없어 안전하다.
③ 입력 에너지의 제어성이 좋아서 미세한 용접이 가능하며, 자장의 영향을 받지 않는다.

2) 단점

① 고가 장비와 정밀한 지그 장치가 필요하므로 초기 투자 비용이 크다.
② 용접 중 모재 표면의 반사도, 모재 사이의 갭에 따라 크게 영향을 받으며, 재질에 따라 고온 균열이 발생할 우려가 있다.
③ 열전도성이 좋은 재료(Cu, Al 등)는 반사율이 높아 용접이 어렵다.
④ 금속 증기 및 실드 가스의 플라스마화에 의해 용입 깊이가 저하할 수 있다.

──────────────── 예·상·문·제·01

레이저 용접의 특징으로 틀린 것은?

① 루비 레이저와 가스 레이저의 두 종류가 있다.
② 광선이 용접의 열원이다.
③ 열 영향 범위가 넓다.
④ 가스 레이저로는 주로 CO_2 가스 레이저가 사용된다.

정답 ③

해설 레이저 용접은 레이저 빔이 열원이며, 고밀도 용접으로 열 영향부가 좁다.

8 전자 빔 용접

(1) 원리 및 특징

1) 원리

① 전자빔 발생기의 음극(Cathode)에서 방출한 열전자가 고전압에 의해 양극(Anode)으로 가속되며, 접속된 전자 빔을 고진공($10^{-4} \sim 10^{-6}$mmHg) 분위기 속에서 용접물에 고속도로 조사시키면 전자는 용접물에 충돌하여 전자의 운동 에너지를 열 에너지로 변환시켜 국부적으로 고열을 발생하게 된다.
② 이 열을 이용하여 용접물을 용융시켜 접합시키는 방법이다.

2) 장점

① 매우 높은 에너지 밀도와 용접 효율이 높으며, 용접 속도도 빠르다.(같은 두께 용접시 입열량이 피복 금속 아크용접에 비해 1/50 정도, 용입 깊이와 폭의 비는 20 : 1)
② 용접 변형이 매우 적다.(두께 12mm를 용접시 수축량이 아크용접은 0.5mm, 전자빔 용접은 0.1mm로, 아크용접의 20%임)
③ 다층 투과 기능을 가지고 있어 다판 용접이 가능하며, 이종 금속 용접이 가능하다.
④ 고진공 분위기에서의 용접으로 제품의 진공 밀폐가 가능하다.

3) 단점

① 장비 가격이 매우 고가이며, 용접 단품과 치구의 가공 정밀도가 높이 요구된다.
② 진공 분위기를 형성하기 위해서 진공 배기 시간이 필요하므로 생산성이 저하된다.
③ 용접시 발생되는 X-Ray가 인체에 해를 끼치며, 주기적으로 점검되어야 한다.
④ 전자빔은 자장에 의해서 굴절되므로 일부 이종 금속 용접시 용접에 장애가 있다.
⑤ 강자성체 금속의 경우 탈자(脫磁)없이는 용접이 불가능하다.

·····예·상·문·제·01·····

전자렌즈에 의해 에너지를 집중시킬 수 있고, 고용융 재료의 용접이 가능한 용접법은?

① 레이저 용접   ② 그래비티 용접
③ 전자 빔 용접   ④ 초음파 용접

정답 ③

·····예·상·문·제·02·····

다음 중 전자 빔 용접의 장점과 거리가 먼 것은?

① 고진공 속에서 용접을 하므로 대기와 반응되기 쉬운 활성 재료도 쉽게 용접된다.
② 두꺼운 판의 용접이 불가능하다.
③ 용접을 정밀하고 정확하게 할 수 있다.
④ 에너지 집중이 가능하기 때문에 고속으로 용접이 된다.

정답 ②

해설 전자 빔 용접의 특징
　① 용접입열이 적고, 용접부가 좁다.
　② 용입이 깊어서 타 용접은 다층용접을 해야 하는 것도 단층용접이 가능하다.
　③ 용융부가 좁아 냉각속도가 커져 경화가 쉬우며, 용접균열의 원인이 된다.
　④ 박판에서 후판까지 광범위하게 용접가능하다.

(2) 용도

① W(텅스텐), 탄탈, Zr(지르코늄) 등 일반 용접이 어려운 금속의 용접
② 제작 비용의 현저한 저감을 요하거나, 타 용접으로는 어려움이 많을 때
③ 용접 변형의 방지와 용기 내부의 진공 봉합이나, 용접면의 청결화가 필요할 때
④ 내부에 물질을 충진시킨 상태에서 열영향없이 용접이 필요할 때

·····예·상·문·제·01·····

다음 중 텅스텐과 몰리브덴 재료 등을 용접하기에 가장 적합한 용접은?

① 전자 빔 용접
② 일렉트로 슬래그 용접
③ 탄산가스 아크 용접
④ 서브머지드 아크 용접

정답 ①

해설 전자 빔 용접 : 고융점 재료 용접에 적합함

9 기타 특수 용접

(1) 원자 수소 아크용접

1) 원리

수소 가스 중에서 2개의 텅스텐 전극에 아크를 발생시키면 수소 분자(H_2)가 아크열에 의해 원자 수소(H)로 해리되고 이 원자상의 수소가 용접물의 표면에서 냉각되어 분자상 수소로 재결합할 때 방출하는 열을 이용하는 용접법

2) 특징

① 강환원성 분위기에서 용접되므로 치밀하며, 연성이 풍부한 용착금속을 얻을 수 있다.
② 발열량이 높아 용접 속도가 빠르고 변형이 작다.
③ 토치 구조의 복잡성, 기술적인 난이도 등으로 비용이 과다하여 사용이 줄고 있다.

3) 용도

① 고도의 기밀, 유밀이 요구되는 내압 용기, 내식성이 요구되는 절삭 공구 등의 용접
② 용융점이 높은 금속 및 비금속재료, 1.25%C까지의 탄소강, Cr 40%까지 용접 가능

································· 예·상·문·제·01

원자수소 용접에 사용되는 전극은?

① 구리 전극 ② 알루미늄 전극
③ 텅스텐 전극 ④ 니켈 전극

정답 ③

해설 원자수소 용접 : 2개의 텅스텐 전극끼리 아크를 발생하여 그 복사열로 용접

(2) 아크 스터드 용접(arc stud welding)

1) 원리

심기 용접이라고도 하며, 직경이 10mm 정도까지의 강봉, 황동봉, 볼트 등을 직접 모재에 녹여서 접합하는 방법

2) 특징

① 대체로 급열, 급랭을 받기 때문에 저탄소강에 적합하다.
② 주로 철골, 건축, 자동차의 볼트 용접에 이용된다.

[아크 스터드 용접의 원리]

································· 예·상·문·제·01

볼트나 환봉을 피스톤형의 홀더에 끼우고 모재와 볼트 사이에 순간적으로 아크를 발생시켜 용접하는 방법은?

① 서브머지드 아크 용접
② 스터드 용접
③ 테르밋 용접
④ 불활성가스 아크 용접

정답 ②

(3) 테르밋 용접(thermit welding)

1) 원리

① 테르밋제(알루미늄과 산화철 분말을 1 : 3~4의 중량비)와 점화제(과산화바륨, 마그네슘 등)를 로 속에 넣고 점화하면 강렬한 테르밋 반응이 일어나 2800℃ 정도의 열이 나면서 슬래그와 용융금속으로 분리된다.
② 이 용융금속을 접합할 부분에 주입하여 용접하는 방법

2) 특징

① 전기가 불필요하고, 용접 기구가 간단하며, 설비비도 싸고, 용접 작업이 단순하다.
② 용접 시간이 짧고, 용접 후 변형이 적으며, 용접 결과의 재현성이 높다.
③ 차축, 레일, 배 뒤의 플레임 등 큰 단면을 가진 모재의 맞대기 용접에 이용된다.

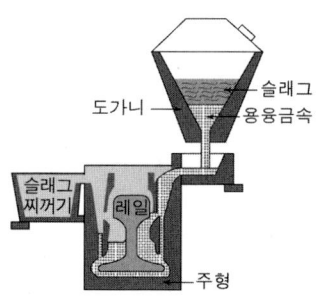

[테르밋 용접의 원리]

································· 예·상·문·제·01

테르밋 용접의 특징에 대한 설명 중 틀린 것은?

① 용접 작업이 단순하다.
② 용접 시간이 길고 용접 후 변형이 크다.
③ 용접기구가 간단하고 작업장소의 이동이 쉽다.
④ 전기가 필요 없다.

정답 ②

해설 테르밋 용접의 특징
① 테르밋제는 알루미늄 분말을 1, 산화철분말 3~4로 혼합한다.
② 화학반응 에너지를 이용한다.

························· 예·상·문·제·02

테르밋 용접에서 미세한 알루미늄분말과 산화철 분말의 중량비로 가장 올바른 것은?

① 1 : 1~2　　② 1 : 3~4
③ 1 : 5~6　　④ 1 : 7~8

  정답 ②

(4) 초음파 용접(ultrasonic welding)

1) 원리

용접물을 겹쳐서 용접 팁과 하부 앤빌(anvil) 사이에 끼워놓고 가압하면서 초음파(18kHz 이상) 주파수로 횡진동을 주어 진동 마찰열을 발생시켜 압접하는 방법

2) 특징

① 냉간 압접에 비해 주어지는 압력이 작으므로 용접 변형도 작다.
② 용접물의 표면 처리가 간단하며 압연한 그대로의 재료도 용접이 쉽다.
③ 극히 얇은 판(필름 등), 이종 금속의 용접도 가능하며, 판 두께에 따라 용접 강도가 현저하게 변화한다.
④ 금속은 0.01~2mm, 플라스틱류는 1~5mm 정도의 얇은 판의 접합에 적합하다.

························· 예·상·문·제·01

금속은 0.01~2mm, 플라스틱류는 1~5mm 정도의 얇은 판의 접합에 적합한 용접법은?

① 고주파 용접　　② 초음파 용접
③ 마찰 용접　　　④ 냉간 압접

  정답 ②

(5) 고주파 용접

1) 원리

도체의 표면에 집중적으로 흐르는 성질인 표피 효과와 전류의 방향이 반대인 경우 서로 접근해서 흐르는 성질인 근접 효과를 이용해 용접부를 가열하여 용접하는 방법

2) 종류

고주파 유도 용접법, 고주파 저항 용접법이 있다.

(6) 냉간 압접(cold pressure welding)

1) 원리

2개의 금속을 최대한 가까이 하면 결정격자 점의 금속 이온과 상호 작용으로 금속 원자가 결합되는 형식을 이용하여 상온에서 단순히 가압만의 조작으로 금속 상호간의 확산을 일으켜 압접하는 방법

2) 특징

① 접합부의 열 영향이 없으며, 숙련이 필요하지 않다.
② 압접 공구가 간단하며, 접합부의 전기 저항은 모재와 거의 같다.
③ 용접부가 가공 경화하며, 겹치기 압접은 눌린 흔적이 남으며, 철강 접합은 곤란하다.

3) 용도

Al, Cu 등의 접합, 반도체 소자의 기밀 봉착, 위험물 용기의 밀봉

(7) 폭발 압접

1) 원리

2장의 금속판을 화약의 폭발에 의해 생기는 순간적인 큰 압력을 이용하는 압접법

2) 특징

① 특수한 제작 설비가 필요 없으므로 경제적이며, 용접 작업이 비교적 간단하다.
② 이종 금속의 접합, 고용융점 재료의 접합이 가능하며, 접합이 견고하므로 성형이나 용접 등의 가공성이 양호하다.
③ 화약을 사용하므로 위험하며, 압접시 큰 폭발음을 낸다.

(8) 마찰 용접(friction welding)

1) 원리

① 접합물을 맞대어 상대 운동을 시키고 그 마찰열을 이용해 접합하는 방법
② 마찰 용접과 마찰 압접이 있으며, 공구류, 기계 부품, 항공기 자동차 부품 등에 이용된다.

2) 특징

① 자동화가 용이하며, 숙련을 요하지 않으며, 압접면은 끝 손질이 필요하지 않다.
② 경제성이 높으며, 국부 가열이므로 열 영향부의 너비가 좁고 이음 성능이 좋다.
③ 피압접 재료의 단면은 원형으로 제한되며, 상대 각도를 필요로 하는 것은 곤란하다.(마찰 압접의 경우)
④ 플래시 용접보다 용접 속도가 늦다.

·····예·상·문·제·01

2개의 모재에 압력을 가해 접촉시킨 다음 접촉면에 상대운동을 시켜 접촉면에서 발생하는 열을 이용하여 이음 압접하는 용접법을 무엇이라 하는가?

① 초음파 용접   ② 냉간압접
③ 마찰용접   ④ 아크용접

정답 ③

해설 마찰용접의 특징
① 접합재료의 단면을 원형으로 제한한다.
② 자동화가 가능하여 작업자의 숙련이 필요 없다.

06 · 전기 저항 용접

1 전기 저항 용접의 개요

(1) 전기 저항 용접의 원리

1) 원리

① 두 모재를 접촉시키고 전극을 통해 이음부에 대전류를 직접 흐르게 하여 이 때 생기는 주울열을 열원으로 접합부를 가열하고 동시에 큰 압력을 주어 금속을 접합하는 용접법
② 용도 : 세탁기, 냉장고, 자동차, 오토바이 등 각종 제품 제조에 사용되고 있다.

·····예·상·문·제·01

전기저항 용접의 발열량을 구하는 공식으로 옳은 것은? (단, H : 발열량(cal), I : 전류(A), R : 저항(Ω), t : 시간(sec)이다.)

① $H=0.24IRt$ ② $H=0.24IR^2t$
③ $H=0.24I^2Rt$ ④ $H=0.24IRt^2$

정답 ③

해설 전기 저항열 = $0.24I^2Rt$, 전류 자승에 비례하므로 전류가 매우 중요하다.

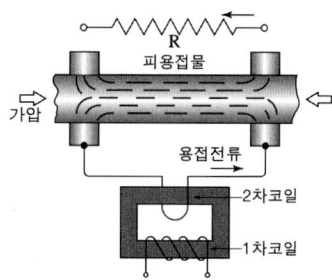

[전기 저항 용접의 원리]

발열량(주울열, 전기 저항열)
$$H=0.24I^2Rt$$

· H : 발열량(cal)   · I : 전류(A)
· R : 저항(Ω)   · t : 통전시간(sec)

(2) 전기 저항 용접의 특징

1) 장점

① 작업 속도가 빠르고, 대량 생산에 적합하며, 작업자의 숙련도나 기량을 요하지 않는다.
② 이음 강도에 대한 효율이 높고, 무게 감소, 자재 절약 등의 이점이 있다.
③ 용접봉, 용제 등이 불필요하며, 열손실이 적고, 용접 후 산화 및 변질, 변형이나 잔류 응력이 적다.

2) 단점

① 대전류를 필요로 하고, 설비가 복잡하고 비싸며, 급랭 경화로 후열처리가 필요하다.
② 재질, 판 두께 등 용접부의 위치, 형상에 대한 영향이 크며, 비파괴 검사가 어렵다.

·······예·상·문·제·01

전기저항 용접법의 특징 설명으로 틀린 것은?

① 작업속도가 빠르고 대량생산에 적합하다.
② 산화 및 변질부분이 적다.
③ 열손실이 많고, 용접부에 집중열을 가할 수 없다.
④ 용접봉, 용제 등이 불필요하다.

정답 ③

(3) 저항 용접의 3요소

① 용접 전류
  ㉠ 교류(AC)를 사용하며, 전류는 판 두께에 비례하여 조정한다.
  ㉡ Al, Cu 등 열전도가 큰 재료는 더 큰 전류가 필요하다.
  ㉢ 너깃은 용접 전류가 클수록 크다.
② 통전 시간
  ㉠ 같은 전류로 통전 시간을 배로 하면 발열량과 열 손실도 배가 된다.
  ㉡ 강판의 경우는 보통 전류로 통전 시간을 길게 해야 하며, Al, Cu 등은 대전류로 통전 시간을 짧게 해야 한다.

③ 가압력
  ㉠ 가압력이 클수록 유효 발열량은 떨어지고 전극과 모재, 모재와 모재 사이의 접촉 저항은 작아진다.
  ㉡ 전류값과 통전 시간은 클수록 유효 발열량이 증가한다.

·······예·상·문·제·01

전기 저항 용접 조건의 3대 요소가 아닌 것은?

① 고유저항　　② 가압력
③ 전류의 세기　④ 통전시간

정답 ①

해설 전기 저항 용접의 3대 요소 : 용접 (통전) 전류, 통전 시간, 가압력이다.

(4) 형상에 따른 전기 저항용접

① 겹치기 용접 : 점 용접(스폿용접), 심용접, 돌기용접(프로젝션 용접)
② 맞대기 용접 : 플래시용접, 업셋 용접, 퍼커션 용접

·······예·상·문·제·01

다음 전기 저항용접 중 맞대기 용접이 아닌 것은?

① 업셋 용접　　② 버트 심 용접
③ 프로젝션 용접　④ 퍼커션 용접

정답 ③

해설 겹치기 저항 용접 : 점 용접, 프로젝션 용접, 시임 용접

2 점 용접

(1) 원리와 특징, 종류

1) 원리

① 용접하려는 재료를 2개의 전극 사이에 끼워 놓고 가압 상태에서 전류를 통하면 접촉면은 전기 저항이 크므로 발열하는데 이 저항열을 이용하여

접합부를 가열 융합한다.
② 용접 중 접합면의 일부가 녹아 바둑알 모양의 용접 단면 부분을 너깃이라 한다.

2) 특징

① 재료가 절약되고 작업의 공정수가 감소하며, 작업에 숙련이 필요없다.
② 작업 속도가 빠르고 용접 변형이 비교적 적으며, 가압력에 의해 조직이 치밀해진다.
③ **점용접의 종류** : 직렬식, 다전극식, 인터랙식 등이 있다.

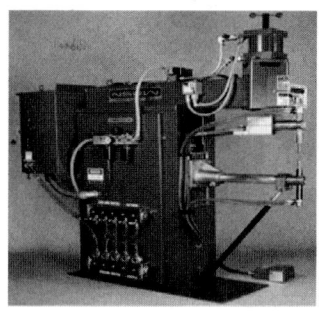

[점 용접기의 형상]

예·상·문·제·01

전기저항 점 용접법에 대한 설명으로 틀린 것은?

① 인터랙 점 용접이란 용접점의 부분에 직접 2개의 전극을 물리지 않고 용접전류가 피용접물의 일부를 통하여 다른 곳으로 전달하는 방식이다.
② 단극식 점 용접이란 전극이 1쌍으로 1개의 점 용접부를 만드는 것이다.
③ 맥동 점 용접은 사이클 단위를 몇 번이고 전류를 연속하여 통전하는 것으로 용접속도 향상 및 용접변형 방지에 좋다.
④ 직렬식 점 용접이란 1개의 전류회로에 2개 이상의 용접점을 만드는 방법으로 전류 손실이 많아 전류를 증가시켜야 한다.

정답 ③

해설 맥동 점용접 : 모재 두께가 다른 경우 전극의 과열을 피하기 위하여 사이클 몇 번이고 전류를 단속하여 용접하는 것이다.

(3) 각종 금속의 점 용접

① **저탄소강(연강)** : 용접부는 주상의 주조 조직이며 그 외측의 열영향부는 조대화된 과열 조직에서 점차로 열처리 조직으로 옮겨가는 조직이 된다.
② **고탄소강, 저합금강** : 전기 저항이 커서 용접 전류는 연강의 90%, 전류치와 통전 시간은 연강보다 정확해야 하며, 가압력은 연강보다 10% 증가시킨다. 용접부가 경화되기 쉽고 폭비나 불티가 연강보다 심하다.
③ **스테인리스강** : 고탄소강보다 용접이 쉽고, 자성이 없으며, 표면 처리가 필요없다.
④ **알루미늄과 알루미늄 합금** : 점 용접이 가능하며, 표면 처리는 필요 없으나 전류는 연강보다 30~50% 세게 한다.
⑤ **구리와 구리 합금** : 순 구리는 점 용접이 안되나, 구리 합금은 가능하다. 통전 전류를 크게하고 통전 시간은 연강보다 짧고 가압력도 연강보다 낮은 것이 좋다.

3 심 용접

(1) 원리와 특징

1) 원리

① 원형 전극 사이에 용접물을 끼워 전극에 압력을 주면서 전극을 회전시켜 모재를 이동하면서 점 용접을 반복하는 방법
② 기밀, 유밀이 요구되는 이음부에 이용된다.

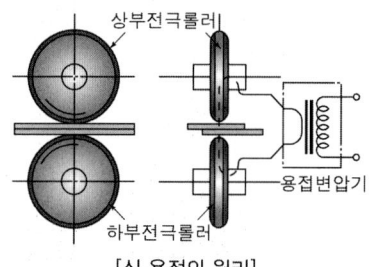

[심 용접의 원리]

2) 특징

① 기밀, 수밀, 유밀 유지가 용이하다.
② 점 용접에 비해 전류가 1.5~2배, 가압력은 1.2~1.6배가 요구된다.
③ 얇은 판(0.2~4mm) 용접에 사용한다.(속도는 아크용접의 3~5배 빠름)
④ 단속 통전법에서 통전시간과 휴지시간의 비를 연강은 1 : 1, 경합금은 1 : 3 정도로 한다.

········· 예·상·문·제·01

원판상의 롤러 전극 사이에 용접할 2장의 판을 두고 가압 통전해 전극을 회전시 키면서 연속적으로 용접하는 것은?

① 퍼커션 용접 ② 프로젝션 용접
③ 심 용접 ④ 업셋 용접

정답 ③

해설 심 용접(seam welding)
연속적으로 용접해야 하기 때문에 점 용접에 비해 전류 1.5 ~ 2배, 가압력 1.2 ~ 1.6배가 필요하다.

(2) 심 용접의 종류

① **겹치기심(seam)용접** : 가장 기본적인 형태로 두 장의 피용접재를 겹쳐놓고 원판형 전극으로 접합하는 방법
② **매시심용접** : 심 이음부의 겹침을 판 두께 정도로 하고 겹쳐진 폭 전체를 가압하여 접합하는 방법
③ **포일심용접** : 모재를 맞대고 이음부에 같은 종류의 얇은 판(포일)을 대고 가압하는 법
④ **맞대기심용접** : 주로 심 파이프를 만드는 방법이며, 판 끝을 맞대어 가압하고 2개의 전극 롤러로 맞댄 면을 통전하여 접합하는 방법

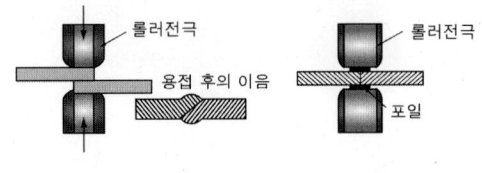

(a) 매시 심 용접   (b) 포일 심 용접

(c) 맞대기 심 용접

[심 용접의 종류]

········· 예·상·문·제·01

다음 중 전기저항 용접에서 모재를 맞대어 놓고 동일 재질의 박판을 대고 가압하여 심(seam) 하는 용접방법은?

① 맞대기 심 용접 ② 겹치기 심 용접
③ 포일 심 용접 ④ 매시 심 용접

정답 ③

4 프로젝션 용접

(1) 원리와 특징

1) 원리

모재의 한쪽 또는 양쪽에 작은 돌기(projection)를 만들어 이 부분에 대전류와 압력을 가해 압접하여 접합하는 방법

2) 특징

① 2개 이상의 돌기부를 1회의 작동으로 여러 개의 점 용접을 할 수 있다.
② 얇은 판과 두꺼운 판, 열전도나 열 용량이 다른 것을 쉽게 용접할 수 있다.
③ 용접 속도가 빠르고 용접 피치를 작게 할 수 있다.
④ 전극의 수명이 길고, 작업 능률이 높으며, 외관이 아름답다.
⑤ 응용 범위가 넓고, 신뢰도가 높은 용접을 할 수 있다.
⑥ 모재 용접부에 정밀도가 높은 돌기를 만들어야 되며, 용접 설비가 비싸다.(단점)

········· 예·상·문·제·01

접합할 모재의 한쪽 또는 양쪽에 작은 돌기를 만든 후 그 부분을 가압시켜 접합하는 용접법은?

① 스폿 용접 ② 심 용접
③ 업셋 용접 ④ 프로젝션 용접

정답 ④

해설 프로젝션 용접이란 돌기 용접이라고도 부른다.

(2) 용접 조건

1) 용접의 조건

판 두께보다도 돌기(projection)의 크기와 형상이 문제가 되며, 돌기의 수에 따라 전류를 증가시켜야 된다.

2) 돌기의 조건

① 통전하기 전 가압력에 견딜 수 있고, 상대 판이 충분히 가열될 때까지 녹지 않을 것
② 성형시 일부에 전단 부분이 생기지 않을 것
③ 성형에 의한 변형이 없으며 용접 후 양면의 밀착이 양호할 것

········· 예·상·문·제·01

다음 중 맞대기 저항용접의 종류가 아닌 것은?

① 업셋 용접 ② 프로젝션 용접
③ 퍼커션 용접 ④ 플래시 버트 용접

정답 ②

해설 프로젝션 용접은 겹치기 저항용접의 일종이다.

5 기타 전기 저항 용접

(1) 업셋 용접

1) 원리

용접재를 세게 맞대고 대전류를 통하여 이음부에서 발생하는 접촉 저항에 의해 발열되어 용접부가 적당한 온도에 도달했을 때 축방향으로 큰 압력을 주어 접합하는 방법

2) 특징

① 단접 온도는 1100~1200℃이며, 불꽃 비산이 없고, 업셋이 매끈하다.
② 용접기가 간단하고 가격이 싸다.
③ 단면이 큰 경우는 접합면이 산화하기 쉽고 (16mm 이내의 가는 봉재에 적합), 용접부의 기계적 성질이 낮다. 기공 발생이 쉬우므로 용접 전에 깨끗이 청소해야 한다.(단점)
④ 비대칭 형상, 얇은 판 등은 업셋 용접이 곤란하다.(단점)
⑤ 플래시 용접에 비해 열 영향부가 넓어지며 가열 시간이 길다.(단점)

(2) 플래시 용접

1) 원리

용접할 2개의 면을 가볍게 접촉시키고 통전하여 면을 가열함과 동시에 불꽃(플래시)를 발생시켜 그 열로 용접부의 일부분을 용융시키고 적당한 온도에 도달하였을 때 강한 압력을 주어 접합한다.

플래시 용접 과정 : 예열 ⇨ 플래시 ⇨ 업셋

2) 특징

① 가열 범위와 열 영향부가 좁고, 용접면에 산화물 개입이 적다.
② 용접면을 정확하게 가공할 필요가 없으며, 신뢰도가 높고 이음 강도가 양호하다
③ 동일한 용량에 큰 물건의 용접이나, 이종 재료의 용접도 가능하다.
④ 용접 시간이 짧으며, 업셋 용접보다 전력 소비가 적고, 능률이 높다.

······················· 예·상·문·제·01

전기저항 용접 중 플래시 용접과정의 3단계를 순서대로 바르게 나타낸 것은?

① 업셋 → 플래시 → 예열
② 예열 → 업셋 → 플래시
③ 예열 → 플래시 → 업셋
④ 플래시 → 업셋 → 예열

정답 ③

해설 플래시 업셋 과정은 소재를 가까이 한 후 예열하고, 통전하면 양끝이 가열되어 플래시가 생기며 용융된다. 이 때 업셋하여 접합한다.

(3) 퍼커션 용접

① 일명 충돌 용접이라고도 하며, 극히 짧은 지름의 용접물을 접합하는데 사용하고, 전원은 직류를 사용한다.
② 방법은 피용접물을 두 전극 사이에 끼운 후에 전류를 통전하면 고속도로 피용접물이 충돌하면서 접합이 이루어진다.

······················· 예·상·문·제·01

다음 중 극히 짧은 지름의 용접물을 접합 하는데 사용하고 축전된 직류를 전원으로 사용하며 일명 충돌 용접이라고도 하는 전기저항 용접법은?

① 업셋 용접
② 플래시 버트용접
③ 퍼커션 용접
④ 심 용접

정답 ③

07. 각종 금속의 용접

1 철강재료의 용접

(1) 순철 및 저탄소강의 용접

1) 순철의 용접

① 매우 연하고, 불순물이 적어 용접성이 좋아 피복 아크용접 등 연강과 같은 조건으로 용접한다.
② 용융점이 높기 때문에 용융 속도를 약간 낮추는 것이 좋다.

2) 저탄소강의 용접

① **피복 아크용접**
  ㉠ 일반적으로 일미나이트계나 고산화티타늄계 용접봉이 쓰이나, 구속이 큰 부분의 경우는 저수소계(E4316) 용접봉을 사용한다.
  ㉡ 판두께가 25mm 이상 두껍거나, 탄소량이 많아 급랭할 우려가 있는 경우 예열이나 용접봉 선택 등에 주의가 필요하다.
② **CO_2(이산화탄소가스) 아크용접**
  ㉠ 가스 가격이 저렴하므로 많이 이용되고 있다.
  ㉡ 서브머지드 아크용접의 결점을 보완할 목적으로 사용된다.
③ **서브머지드 아크용접**
  ㉠ 자동화에 의한 능률 향상을 위하여 많이 쓰이며, 용융 속도가 매우 빠르나, 용착금속의 충격치는 모재에 비하여 떨어진다.
  ㉡ 기계적 성질이나 비드 외관에 파열 감수성과 기공 생성에 심한 영향을 미치므로 주의가 필요하다.

······················· 예·상·문·제·01

탄산가스 아크 용접법으로 주로 용접하는 금속은?

① 연강
② 구리와 동합금
③ 스테인리스강
④ 알루미늄

정답 ①

해설 탄산가스(이산화탄소, CO_2) 아크 용접은 연강 용접에 가장 적합하다.

(2) 중, 고탄소강의 용접

1) 중탄소강의 용접

① 저탄소강과 거의 같으나, 예열이나 용접 후 열처리가 필요하다.
② 예열 온도는 탄소 함유량, 판 두께에 따라 다르나 보통 150~250℃ 정도가 적합하며, 용접봉은 가급적 저수소계를 사용하여 예열 온도를 낮추어야 한다.
③ 강도를 요하는 구조물에서는 고장력강 용접봉을 사용한다.

2) 고탄소강의 용접

① 탄소 함유량이 많아 급랭에 의해 용접부의 경화가 현저하여 균열 발생 위험이 높으며, 고탄소강 일수록, 용접 속도가 빠를수록 생기기 쉽다.
② 균열 방지 대책 : 저전류와 용접 속도를 느리게 하며, 280℃ 이상의 예열과 650℃ 이상의 후열처리가 필요하다. 저수소계, 오스테나이트계 스테인리스강봉을 사용하기도 한다.

························· 예·상·문·제·01

용접시 용접균열이 발생할 위험성이 가장 높은 재료는?

① 저탄소강　　② 중탄소강
③ 고탄소강　　④ 순철

정답 ③

(3) 고장력강의 용접

1) 일반 고장력강 용접

① 고장력강은 교량, 차량, 수압철관, 가스 저장 탱크, 압력 용기, 크레인 등의 제작에 널리 쓰이며, HT50, HT55, HT60, HT70, HT80 등이 있다.
② HT50~60급 : 연강과 거의 같이 용접하면 되나, 합금 성분의 영향으로 담금질 경화성이 크고 열영향부의 연성 저하로 용접 균열이 발생할 수 있어 주의가 필요하다.

2) 조질 고장력강 용접

① HT70 이상은 열 영향부의 취성과 균열을 방지하기 위해 용접 입열을 최대한 줄이고, 다층 용접시는 150~200℃로 예열 필요하다.
② 박판은 저항 용접도 가능하나 낮은 전류 사용과 후열 처리가 요구된다.

3) 고장력강 용접시 주의 사항

① 잘 건조된 저수소계 용접봉을 사용하여 아크 길이를 짧게 하여 용접한다.
② 앤드탭을 사용하거나 시작점 20~30mm 앞에서 아크를 발생하여 예열하며 시작점으로 후퇴하여 시작점부터 용접한다. 위빙 폭을 크게 하지 말 것(심선 지름의 3배 이하)

························· 예·상·문·제·01

고장력강(HT)의 용접성을 가급적 좋게 하기 위해 줄여야 할 합금원소는?

① C　　② Mn
③ Si　　④ Cr

정답 ②

해설 탄소량이 증가하면 용접부에 균열이 발생할 수 있다.

························· 예·상·문·제·02

각종 금속의 용접부 예열온도에 대한 설명으로 틀린 것은?

① 고장력강, 저합금강, 주철의 경우 용접 홈을 50~350℃로 예열한다.
② 연강을 0℃ 이하에서 용접할 경우 이음의 양쪽 폭 100mm 정도를 40~75℃로 예열한다.
③ 열전도가 좋은 구리 합금은 200~400℃의 예열이 필요하다.
④ 알루미늄 합금은 500~600℃ 정도의 예열온도가 적당하다.

정답 ④

해설 알루미늄의 예열온도 : 200~400℃, 이하로 예열 후 용접하는 것이 좋다.

2 주철의 용접

(1) 주철의 용접 개요

1) 개요

① 주철은 탄소 함유량이 2.5~4.5% C의 합금으로 용융점(1150℃)이 낮고 연성과 가단성이 거의 없어 주로 보수 용접에 사용된다.
② 열간 용접은 500~600℃로 가열한 후에, 냉간 용접은 상온 또는 저온(200~400℃)에서 행하는 용접이다.
③ 주철의 보수 용접법은 아래 그림과 같은 방법이 있다.

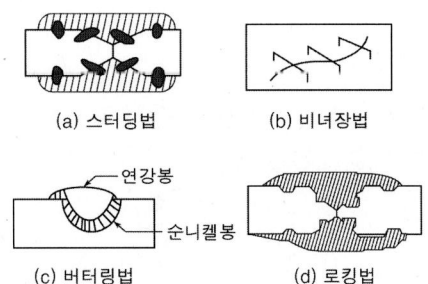

(a) 스터딩법   (b) 비녀장법
(c) 버터링법   (d) 로킹법

[주철의 보수 용접의 종류]

2) 주철 용접이 어려운 이유

① 연강에 비해 여리며 급랭에 의한 백선화로 수축이 커서 균열이 생기기 쉽다.
② 일산화 탄산가스가 발생하여 용착금속에 기공이 생기기 쉽다.
③ 장시간 가열로 흑연이 조대화된 경우, 주철 속에 기름, 흙, 모래 등이 있는 경우 용착 불량이나 모재와 친화력이 나쁘다.

3) 주철 용접시 유의 사항

① **균열 보수 용접** : 균열의 연장 방지를 위해 균열 끝에 작은 구멍(stop hole)을 뚫고, 모재의 본 바닥이 나타날 때까지 파낸 후 보수 용접한다.
② 용접 전류는 필요 이상 높이지 말고, 직선 비드를 배치하며, 용입이 지나치게 깊지 않게 하고, 용접봉은 가능한한 가는 지름의 것을 사용한다.
③ 비드 배치는 짧게, 여러 번 조작하며, 가열되어 있을 때 피닝 작업을 해 변형을 줄인다.
④ 큰 물건, 두께가 다른 것, 복잡한 형상의 용접에는 예열과 후열 후 서냉 작업한다.
⑤ 가스용접에 사용되는 불꽃은 중성 또는 약한 탄화 불꽃을 사용하며, 용제를 충분히 사용하고 용접부를 필요 이상 크게 하지 않는다.
⑥ 가스 납땜의 경우 과열을 피하기 위하여 토치와 모재 사이의 각도를 작게 하며, 모재 표면의 흑연을 제거하기 위하여 산화 불꽃으로 약 900℃로 가열한다.

───────────── 예·상·문·제·01

주철균열의 보수용접 중 가늘고 긴 용접을 할 때 용접선에 직각이 되게 꺾쇠 모양으로 직경 6mm 정도의 강봉을 박고 용접하는 방법은?

① 스터드법   ② 비녀장법
③ 버터링법   ④ 로킹법

정답 ②

해설 주철의 보수용접
① 버터링법 : 처음 모재에 사용한 용접봉으로 적당한 두께까지 용접한 후 다른 용접봉으로 다시 용접하는 방법
② 스터드법 : 용접부에 스터드볼트 사용
③ 로킹법 : 용접부 바닥면에 둥근홈을 파고 이 부분에 힘을 받도록 하는 용접 방법

───────────── 예·상·문·제·02

주철 용접이 곤란하고 어려운 이유가 아닌 것은?

① 예열과 후열을 필요로 한다.
② 용접 후 급랭에 의한 수축, 균열이 생기기 쉽다.
③ 단시간 가열로 흑연이 조대화되어 용착이 양호하다.
④ 일산화탄소 가스 발생으로 용착금속에 기공이 생기기 쉽다.

정답 ③

해설 주철은 탄소의 과다로 연신율이 매우 나빠 수축 균열이 생기기 쉬우며, 흑연 때문에 용착이 어렵다.

(2) 회주철의 용접

1) 가스용접

주철봉을 사용하며, 예열 및 후열은 대략 500~550℃가 적당하며, 가스 불꽃은 약간 환원성인 것이 좋다.

2) 피복 아크용접

① **용접봉 종류** : 순니켈봉, 니켈-철 합금봉, 모넬메탈봉, 연강봉, 주철봉 등이 있다.
② 니켈은 흑연화를 돕기 때문에 예열하지 않아도 균열이 발생하지 않으나, 연속적인 비드를 놓을 경우 용착금속에 균열이나, 융합부의 파열이 생길 수 있으므로 적당한 예열(약 150℃)을 하고 직선 비드로 용접하며, 용접 후 즉시 각 비드마다 피닝을 한다.

(3) 고급 주철, 기타 주철의 용접

① 회주철에 비해 탄소, 규소가 적어 용접 후 백주철이 되기 쉬우므로 서냉에 주의한다.
② 구상 흑연 주철 용접은 동일 재질의 용접봉을 사용해야 된다.
③ 가단 주철의 용접은 용접부가 백주철로 되어 파열이 발생하기 쉬우므로 용접 중에 가급적 모재를 녹이지 않는 방법, 즉 토빈 청동을 쓰는 브레이징 용접과 니켈봉을 사용하는 아크용접이 사용되고 있다.

3 스테인리스강의 용접

(1) 스테인리스강의 용접성

① 대부분의 용접이 가능하나, 용입량과 입열의 최소화가 요구된다.
② 용접시 산화크롬의 생성을 방지해야 하므로 불활성 가스나 비활성 가스로 용접부를 보호해야 한다.
③ 연강에 비해 팽창계수가 커서 변형이 심하며, 균열 발생할 수 있으므로 주의한다.

(2) 스테인리스강의 용접

1) 피복 아크용접

① 많이 사용되며, 직류 역극성이 사용된다.
② 용접 전류는 탄소강의 경우보다 10~20% 정도 낮게 사용하지만 용입 불량이 생기기 쉬우므로 용접 홈 가공, 치수, 가접 등에 주의해야 한다.
③ 판 두께 1mm 이하는 용락의 위험성이 크므로 주의해야 한다.

2) 불활성 가스 텅스텐(TIG) 아크용접

0.4~8mm 정도의 얇은 판의 용접에 사용되고, 용접 전류는 직류 정극성이 좋으며, 토륨(Th) 텅스텐 전극봉이 좋다.

3) 불활성 가스 금속(MIG) 아크용접

① TIG 용접법에 비하여 두꺼운 판 용접에 이용되며, 심선은 0.9~1.6mm 정도이다.
② 직류 역극성으로 시공하며, 아크 집중성이 좋다.
③ 순수 아르곤을 사용할 경우 스패터가 비교적 많이 발생하며 아크가 약간 불안정하므로 2~5%의 산소를 혼합하여 사용하고 있다.

4) 가스 용접

용접 작업시 불순물의 혼입, 탄소 함유량의 증대, 화학적 성질, 기계적 성질 등이 좋지 않으므로 거의 쓰이지 않는다.

5) 저항 용접

널리 사용되며 연강보다도 낮은 전류에 가압력을 높게 하여 용접한다.

.... 예·상·문·제·01

TIG 용접으로 스테인리스강을 용접하려 한다. 가장 적합한 전원 극성으로 맞는 것은?

① 교류 전원   ② 직류 역극성
③ 직류 정극성   ④ 고주파 교류 전원

정답 ③

해설 스테인리스강을 TIG 용접할 때에는 직류 정극성이 적합하다. 전극은 토륨 1~2% 함유된 것이 좋으며, 아크가 안정적이며 전극의 소모가 적다.

(3) 스테인리스강의 종류별 용접법

1) 페라이트계 스테인리스강 용접

① 자경성은 없으며, 오스테나이트계에 비해 내식성, 내열성이 약하며 용접성은 약간 있으나 담금질성은 없어 열처리가 안 된다.
② 용접 후에는 후열처리를 하면서 서랭해야 한다.
③ 열영향부의 조대화로 취성이 생길 우려가 있으므로 가는 봉의 사용과 저전류로 용접하며, 예열 온도는 200℃ 정도, 층간 온도는 80% 정도로 한다.

2) 마텐사이트계 스테인리스강 용접

① 철에 크롬을 12~13% 함유한 저탄소(0.08~0.15%) 합금으로 공랭 자경성과 자성을 띤다. 증기 및 가스 터빈 등에 사용되며, 성형성은 좋으나 용접성은 불량하다.
② 용접에 의해 급열, 급랭시 마텐사이트를 생성하고, 균열 발생의 우려가 있으며, 탄소량이 많을수록 잔류 응력이 커져 용접성이 나빠진다.
③ Al이 소량 첨가된 비자경성인 12Cr강을 사용하며, 200~400℃의 예열과 층간 온도를 유지한다.
④ 용접 직후 냉각 전에 700~800℃로 가열 유지 후 공랭하며, 후열처리가 불가능할 때는 18% Cr-12% Ni-Mo 함유봉을 사용한다.

3) 오스테나이트계 스테인리스강의 용접

① 내식성이 가장 좋고, 담금질성이 없으며, 천이 온도가 낮고 강인성, 가공성, 용접성이 우수하여 예열이 필요없다.
② 용접 중 층간 온도가 320℃ 이상 넘어서는 안 된다.
③ 용접봉은 모재의 재질과 같은 것, 될수록 가는 것을 사용하여 낮은 전류로 용접하여 용접 입열을 낮춘다.
④ 짧은 아크 길이를 유지하며 용접하고, 아크를 중단하기 전에 크레이터를 채운다.

[스테인리스강의 종류별 특성]

분류		마텐사이트계	페라이트계	오스테나이트계
개략 성분 (%)	Cr	11~15	16~27	16 이상
	Ni	–	–	7 이상
	C	1.20 이하	0.30 이하	0.25 이하
담금질성		자경화	없음	없음
내식성		가능	양호	우수
가공성		가능	약간 양호	우수
용접성		불가능	약간 양호	우수
자성		있음	있음	없음

················· 예·상·문·제·01

오스테나이트계 스테인리스강 용접시 유의해야 할 사항이 아닌 것은?

① 아크를 중단하기 전에 크레이터 처리를 한다.
② 아크 길이를 길게 유지한다.
③ 낮은 전류로 용접하여 용접 입열을 억제한다.
④ 용접봉은 가급적 모재의 재질과 동일한 것을 사용한다.

정답 ②

해설 스테인리스강 용접은 아크 길이를 짧게 유지하는 것이 좋다. 아크가 길어지면 카바이드가 석출할 수 있다.

(4) 18 - 8강 용접시 주의 사항

① 열팽창계수가 크고 용접성 변동이 심하며 변형도 연강보다 50% 이상 크므로, 연강보다 낮은 전류로 작업하는 것이 좋다.
② 용접 후 680~480℃ 범위로 서냉되면 크롬 탄화물이 결정입계에 석출되어 내식성을 떨어뜨리며, 용접 중에 고온 균열이 생기기 쉬우므로, 후판을 제외하고는 예열하지 않는다.

③ 산소 아세틸렌 용접은 기계적 성질을 나쁘게 하므로 좋지 않다.
④ 용접봉은 가능한 지름이 가는 것을 사용 짧은 아크로 용접한다. 아크 길이가 길면 탄화 크롬 석출로 부식 저항이 저하된다.
⑤ 크레이터 처리를 하며, 용접봉은 모재와 맞는 것, 또는 극저탄소 함유 용접봉을 쓴다.

······· 예·상·문·제·02

다음 중 오스테나이트계 스테인리스강 용접시 입계부식을 방지하기 위한 조치로 가장 적절한 것은?

① 예열과 후열을 한다.
② 탄소량을 증가 시켜 Cr_4C 탄화물의 생성을 방지한다.
③ Cr_4C의 생성을 돕기 위해 Ti이나 Nb를 첨가한다.
④ 1050~1100℃ 정도로 가열하여 Cr_4C 탄화물을 분해 후 급랭한다.

정답 ④

해설 오스테나이트계 스테인리스강의 입계부식 방지방법
  ㉠ 탄소량을 감소시켜 Cr_4C 탄화물의 발생을 저지시킨다.
  ㉡ Ti, Nb, Ta 등의 안정화 원소를 첨가한다.
  ㉢ 고온으로 가열한 후, Cr 탄화물을 오스테나이트 조직 중에 용체화하여 급랭시킨다.

4 구리와 그 합금의 용접

(1) 구리 및 그 합금의 용접성

① 용접성에 영향을 주는 요소 : 열전도도, 열팽창계수, 용융 온도, 재결정 온도 등이다.
② 순구리의 열전도도는 연강의 8배 이상으로 국부적 가열이 어렵기 때문에 충분한 용입을 얻으려면 예열을 해야 한다.
③ 열팽창 계수는 연강보다 50% 이상 커서 용접 후 응고 수축시 변형이 생기기 쉽다.
④ 순구리의 경우 납이 불순물로 혼입되면 균열 등이 발생하기 쉬우며, 구리 합금의 경우 과열에 의한 아연 증발로 용접사가 중독을 일으키기 쉽다.
⑤ 가스용접시 수소 분위기에서 가열을 하면 산화물이 환원되어 수분이 생기며, 구리에 다량 혼입되면 모재가 취화하여 스펀지 모양의 구리가 되므로 더욱 강도를 약화시킨다.

(2) 구리의 용접

1) 가스용접법

① 산소-아세틸렌 가스 용접이 가장 많이 사용되며, 용접 전에 예열 작업이 선행되어야 하고, 용접 중에 발생한 기공은 피닝 작업으로 없애야 된다.
② 황동 용접에는 산화 불꽃을, 순동의 경우는 중성 불꽃으로 용접하며, 용제는 붕사 또는 붕산, 플루오르화나트륨, 규산나트륨 등이 사용된다.

2) 피복 아크용접법

① 슬래그 섞임과 기공의 발생이 많아지며, 예열이 없이는 작업이 불가능하기 때문에 예열을 충분히 행할 수 있는 단순한 구조물의 경우에 쓰이고 있다.
② 직류, 교류가 모두 사용되며, 직류의 경우 직류 역극성이 좋으며, 예열 온도는 250℃, 층간 온도는 450~550℃ 정도가 필요하다.
③ 인청동의 아크용접
  ㉠ 인청동봉, 알루미늄 청동봉이 쓰이며, 용접봉은 모재 재질과 같은 재질을 쓰는 것이 좋다.
  ㉡ 인청동의 용접은 빠른 속도로 용접한 뒤 열간 피닝 작업을 하여 결정 조직을 미세화시켜 인장 강도와 연성을 증가시키는 것이 좋다.
④ 알루미늄 청동의 경우는 직류 역극성 또는 교류로 하며, 같은 재질의 용접봉을 사용한다.

3) TIG 용접

① 판 두께 6mm 이하에 많이 사용되며, 토륨 함유 텅스텐 전극봉을 사용한다.
② 아르곤 가스의 순도는 99.8% 이상의 것이 좋다.
③ 용접 전에 500℃ 정도 예열이 필요하며, 직류 정극성을 사용하고, 탈산 구리봉을 사용한다.

4) MIG 용접

① 판 두께 6mm 이상에 많이 사용하며, 용접 전 300~500℃로 예열하는 것이 좋다.
② 구리, 규소, 청동, 알루미늄 청동 등의 용접에 가장 적합하다.

(3) 구리 합금의 용접

① 구리에 비해 예열 온도가 낮아도 되며, 토치나 가열로 등을 사용한다.
② 비교적 루트 간격과 홈 각도를 크게 취하고, 용가재는 모재와 같은 재질을 사용한다.
③ 가접은 되도록 많이 하며, 용접봉은 토빈 청동봉, 규소 청동봉, 인청동봉, 에버듀르 등을 사용한다.
④ 용제 중 붕사는 황동, 알루미늄 청동, 규소 청동 용접에 많이 사용된다.

······················· 예·상·문·제·01

구리 합금, 알루미늄 합금에 우수한 용접결과를 얻을 수 있는 용접법은?

① 피복금속 아크용접
② 서브머지드 아크용접
③ 탄산가스 아크용접
④ 불활성가스 아크용접

정답 ④

······················· 예·상·문·제·02

다음 중 용접입열이 일정할 때 냉각속도가 가장 느린 재료는?

① 연강   ② 스테인리스강
③ 알루미늄   ④ 구리

정답 ④

해설 스테인리스강은 다른 금속보다 열전도도가 가장 적어 냉각속도가 가장 느리다.

5 알루미늄과 그 합금의 용접

(1) 알루미늄과 그 합금의 용접의 개요

알루미늄 합금의 용접은 불활성 가스를 이용하면 용접이 잘 되나 열 영향부의 연화, 용접 균열, 기공 발생 등 각종 결함이 생길 수 있어 용접 조건의 선택에 신중을 기해야 한다.

1) 알루미늄 용접이 곤란한 이유

① 비열 및 열전도도가 크므로, 단시간에 용접 온도를 높이는데 고온의 열원이 필요하다.
② 용융점이 비교적 낮고, 색채에 따른 온도의 판정이 곤란하여 지나친 융해가 되기 쉽다.
③ 산화Al은 순Al의 용융점보다 높아서(약 2050℃) 용융되지 않은 채로 유동성을 해치고, Al 표면을 덮어 금속 사이의 융합을 방해한다.
④ 산화 Al의 비중(4.0)은 보통 Al보다 크므로, 용융금속 표면에 떠오르기 어렵고, 용착금속 속에 남을 수 있으며, 용융 응고시 수소 가스를 흡수하여 기공이 발생되기 쉽다.
⑤ 강에 비해 팽창 계수가 약 2배, 응고 수축이 1.5배 크므로, 용접 변형이 클 뿐 아니라, 합금에 따라서는 응고 균열이 생기기 쉽다.

(2) 알루미늄과 그 합금의 용접법

1) 불활성가스 아크용접

① 용접시 청정 작용이 있으며, 용제를 사용하지 않으므로 슬래그 제거가 필요 없다.
② MIG 용접시는 Al 와이어를 사용하며, 직류 역극성으로 대전류를 사용하며, TIG 용접은 고주파 교류 전원을 사용한다.
③ 아크를 발생할 때 텅스텐과 모재의 접촉을 피하기 위해 고주파 전류를 쓴다.
④ 텅스텐 전극의 오염을 방지해야 하며 오염되면 용접부가 나빠지며 전극 소모가 크다.
⑤ 가스용접보다 열 집중성이 좋고 능률적이므로 예열은 필요치 않을 때가 많다.

2) 가스 용접

① 염화물의 용제와 탄화 불꽃을 사용하며, 200~400℃로 예열을 한다.
② 얇은 판의 용접에서는 변형 방지를 위해 스킵법과 같은 용접 순서로 용접한다.

3) 저항(점) 용접

산화 피막을 제거하고 청소를 깨끗이 한다. 저항 용접 중 알루미늄은 점 용접이 가장 많이 쓰이며, 짧은 시간에 대전류의 사용해야 한다.

······································· 예·상·문·제·01

알루미늄이나 그 합금은 대체로 용접성이 불량하다. 그 이유가 아닌 것은?

① 산화알루미늄의 용융온도가 알루미늄의 용융온도 보다 매우 높기 때문에 용접성이 나쁘다.
② 용융점이 660℃로서 낮은 편이고, 색체에 따라 가열 온도의 판정이 곤란하여 지나치게 용융이 되기 쉽다.
③ 용접 후의 변형이 적고 균열이 생기지 않는다.
④ 용융응고 시에 수소 가스를 흡수하여 기공이 발생되기 쉽다.

정답 ③

해설 알루미늄 용접
①,②, 열팽창계수가 크고, 용접 후 변형이나 잔류응력이 발생하기 쉽다.

······································· 예·상·문·제·02

알루미늄을 TIG 용접할 때 가장 적절한 전류는?

① AC   ② ACHF
③ DCRP   ④ DCSP

정답 ②

해설 ACHF : 고주파 중첩 교류

······································· 예·상·문·제·03

알루미늄 및 그 합금을 불활성 가스 아크 용접할 때의 특징으로 옳지 않은 것은?

① 용접시 청정 작용이 있으며, 슬래그 제거가 필요가 없다.
② MIG 용접시는 Al 와이어를 사용하며, 직류 역극성으로 대전류를 사용한다.
③ TIG 용접시 텅스텐과 모재의 접촉을 피하기 위해 고주파 전류를 쓴다.
④ 가스용접보다 열 집중성이 좋고 능률적이므로 반드시 예열해야 된다.

정답 ④

해설 불활성 가스 용접은 열 집중성이 좋으므로 예열이 필요하지 않을 수 있다.

SECTION 02 용접 설계 및 시공과 검사

01. 용접 설계

1 용접 설계의 개요

(1) 개요

1) 용접 설계란

① 사용 목적이나 사용 조건에 적합한 값싼 재료의 선택과 이음의 강도 및 형상을 선정하여 적당한 용접 방법과 용접 순서를 결정함과 동시에 용접 중과 용접 후의 검사 및 사후 처리의 방법을 정하는 것이다.
② 불합리한 설계는 용접 시공 곤란과, 용접 변형이나 잔류응력, 용접 결함의 발생 등이 일어나기 쉽고, 결함 보수 비용이 많이 든다.

2) 용접 설계상 주의 사항

① 용접 이음의 특성을 고려하고, 용접에 적합한 구조의 설계를 한다.
② 용접 길이는 될 수 있는대로 짧게, 용착 금속량도 강도상 필요한 최소한으로 한다.
③ 용접하기 쉽도록 설계(가능한 한 아래보기 자세가 되게)하고, 현장 용접보다 공장 용접이 될 수 있도록 한다.
④ 결함이 생기기 쉬운 용접, 강도가 약한 필릿 용접은 가급적 피하고 맞대기 용접을 한다.
⑤ 반복 하중을 받는 이음에서는 이음 표면을 편평하게 하며, 구조상 노치부를 피한다.
⑥ 충격이나 반복 하중이 가해지는 구조물에는 이음 형상 선택에 신중을 기한다.
⑦ 변형이 없도록 용접 순서를 결정하며, 용접에 지장을 주지 않도록 공간을 남긴다.(a)
⑧ 용접 이음을 1개소로 집중시키거나 접근하여 설계하지 않도록 한다.(b)
⑨ 판 두께가 다른 경우에 용접 이음은 단면의 변화를 주어서 하도록 한다.(c)
⑩ 용접선은 가능한 교차하지 않게, 만일 교차하는 경우에는 스켈럽을 이용한다.(d), (e)

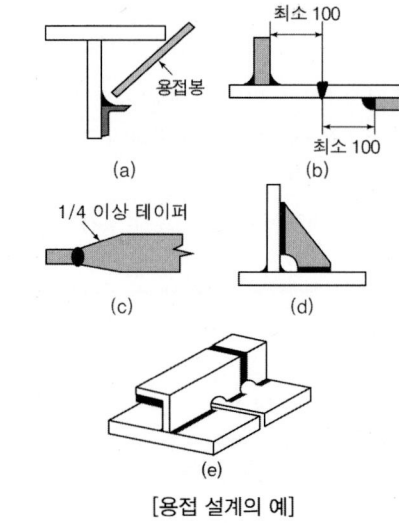

[용접 설계의 예]

······ 예·상·문·제·01

용접 이음을 설계할 때의 주의 사항으로서 틀린 것은?

① 용접 구조물의 제 특성 문제를 고려한다.
② 강도가 강한 필릿 용접을 많이 하도록 한다.
③ 용접성을 고려한 사용재료의 선정 및 열 영향 문제를 고려한다.
④ 구조상의 노치부를 피한다.

정답 ②

해설 용접 설계시 주의 사항
① 아래보기 용접을 많이 하도록 설계한다.
② 필릿 용접을 피하고 맞대기 용접을 하도록 설계한다.

·················· 예·상·문·제·02

다음 중 용접 설계상 주의해야 할 사항으로 틀린 것은?

① 국부적으로 열이 집중되도록 할 것
② 용접에 적합한 구조의 설계를 할 것
③ 결함이 생기기 쉬운 용접방법은 피할 것
④ 강도가 약한 필릿 용접은 가급적 피할 것

정답 ①

해설 용접 설계시 국부적으로 열이 집중되지 않도록 할 것

(2) 용접 이음

1) 용접 이음의 종류

① **맞대기 용접** : 기본 홈의 모양은 I형, V형, 일면 개선형, U형, J형이 있으며, 이것을 응용한 이음으로 X형, K형, H형이 있다.

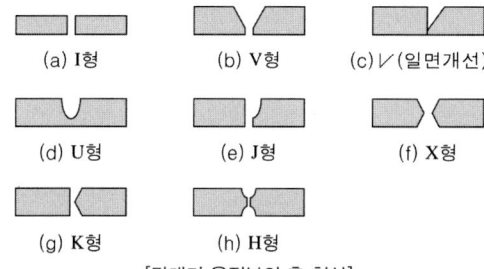

[맞대기 용접부의 홈 형상]

② **필릿 용접**
㉠ 비드의 연속성(형상) 여부에 따라 연속 필릿(a), 단속 필릿 용접(b, c)이 있다.
㉡ 하중의 방향에 따라 전면 필릿(ㄱ), 측면 필릿(ㄴ), 경사 필릿 용접(ㄷ)이 있다.

● 형상에 따른 필릿 용접

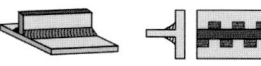 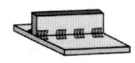

(a) 연속 필릿 (b) 단속 지그재그 필릿 (c) 단속 병렬 필릿

● 하중의 방향에 따른 필릿 용접

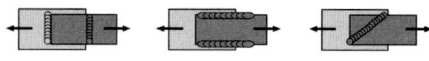

(ㄱ) 전면 필릿 (ㄴ) 측면 필릿 (ㄷ) 경사 필릿

[필릿 용접부의 종류]

③ **플러그 용접** : 접합하려는 두 부재를 겹쳐놓고 한쪽의 부재에 드릴 머신이나 밀링 머신으로 둥근 구멍을 뚫고 그 곳을 용접하는 이음

④ **슬롯 용접** : 접합하기 위하여 겹쳐놓은 2부재의 한쪽에 둥근 구멍 대신 좁고 긴 홈을 만들어 놓고 그 곳을 용접하는 이음

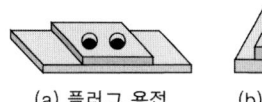 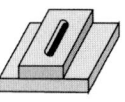

(a) 플러그 용접 (b) 슬롯 용접

[플러그 및 슬롯 용접]

⑤ **플레어 용접** : 얇은 판의 맞대기 용접의 경우 판 두께의 단면이 너무 없어 용접이 어렵거나 용접이 되었다 해도 충분한 강도를 유지할 수 없게 되므로 판의 한쪽을 J자형으로 구부려서 맞대어 용접하는 경우를 말한다.

·················· 예·상·문·제·01

다음 중 용접이음에 대한 설명으로 틀린 것은?

① 필릿 용접에서는 형상이 일정하고, 미용착부가 없어 응력 분포상태가 단순하다.
② 맞대기 용접이음에서 시점과 크레이터 부분에서는 비드가 급랭 하여 결함을 가져오기 쉽다.
③ 전면 필릿 용접이란 용접선의 방향이 하중의 방향과 거의 직각인 필릿 용접을 말한다.
④ 겹치기 필릿 용접에서는 루트부에 응력이 집중되기 때문에 보통 맞대기 이음에 비하여 피로강도가 낮다.

정답 ①

해설 필릿 용접부는 미용착부가 많아 응력 집중이 크다.

(3) 용접 홈의 종류와 특징, 선택

① I형 홈
  ㉠ 수동 용접에서는 판 두께가 대략 6mm 이하의 경우에 사용된다.
  ㉡ 가공이 쉽고, 용착금속의 양도 적어지나 판 두께가 두꺼워지면 완전하게 이음부를 녹일 수 없다.

② V형 홈
  ㉠ 20mm 이하의 판을 한쪽 용접으로 완전 용입을 얻으려고 할 때 사용한다.
  ㉡ 홈 가공은 비교적 쉽지만 판 두께가 두꺼우면 용접금속과 변형이 증대할 수 있다.

③ X형 홈
  ㉠ 판 두께 15~40mm 정도에 사용되며, 양면 용접에 의해 완전 용입을 얻는 방법이다.
  ㉡ 두꺼운 판에 매우 유리하나 이면 용접시 이면 따내기를 한 후 용접할 필요가 있다.

④ U형 홈
  ㉠ 두꺼운 판을 양면 용접을 할 수 없는 경우에 한쪽 용접에 의해 충분한 용입을 얻으려고 할 때 사용한다.
  ㉡ V형에 비하여 홈의 폭이 좁아도 되고 루트 간격을 "0"으로 해도 작업성과 용입이 좋으며 용착금속의 양도 적으나 홈 가공이 다소 어려운 것이 단점이다.

⑤ H형 홈
  ㉠ X형 홈처럼 양면 용접이 가능한 경우에 용착금속의 량과 패스 수를 줄일 목적으로 사용된다.
  ㉡ 모재가 두꺼울수록 유리하고, 충분한 용입을 얻으려고 할 때 사용한다.

⑦ ↙(일면개선)형 홈
  ㉠ 모서리 용접, T형 필릿 용접의 홈 가공에 쓰인다.
  ㉡ V형에 비하여 작업성이 나쁘므로 설계시 주의가 필요하다.

⑥ K형 홈
  ㉠ ↙형보다 두꺼운 판에 쓰이며 작업성과 설계상 주의할 점은 ↙과 동일하나 밑면 따내기가 매우 곤란하다.
  ㉡ 용접 변형이 적게 발생한다.

······ 예·상·문·제·01

피복 아크 용접봉으로 강판의 판두께에 따라 맞대기 용접에 적용하는 개선 홈 형식 중 가장 적합하지 않는 것은?

① I형 : 판두께 6.0mm 정도 까지 적용
② V형 : 판두께 6.0 ~ 20mm 정도 적용
③ ↙형 : 판두께 50mm 까지 적용
④ X형 : 판두께 10 ~ 40mm 정도 적용

정답 ③

해설 맞대기 홈의 형상
  V형, ↙형(베벨형) : 판두께 6 ~ 19mm
  U형 : 판두께 16 ~ 50mm
  H형 : 판두께 50mm 이상

(4) 용접 결함이 이음 강도에 미치는 영향

① 일반적으로 언더컷이나 기공은 용접부 강도에 미치는 영향은 작지만 그 양이 많아지면 강도를 크게 저하시키게 된다.

[용접부의 각종 용접 결함의 종류]

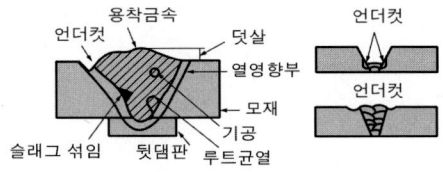

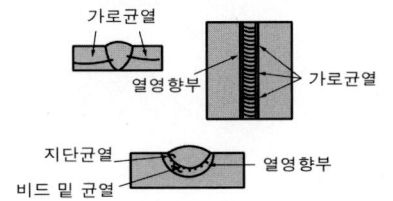

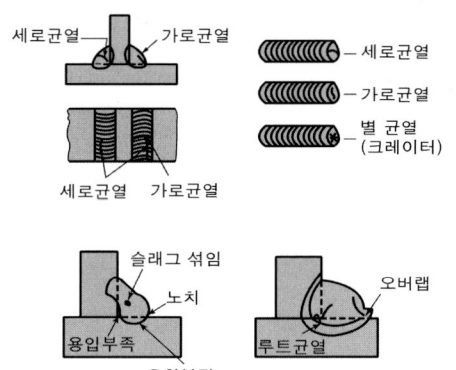

② 균열은 상당히 큰 영향을 미쳐 용접 이음 강도를 현저하게 저하시킨다.

③ 용접부의 결함은 피로 강도, 충격 강도, 인장 강도의 순으로 영향이 크다. 그 원인은 결함부는 다른 부분에 비해 단면 변화나 결함의 영향으로 응력 집중 현상이 크기 때문이며, 응력 집중율이 커지면 평균 응력(σn)이 낮아도 최대 공칭 응력(σmax)이 높아지기 때문이다. 응력 집중이란 용접부의 결함 부분에서 국부적으로 응력이 증가하는 현상이다.

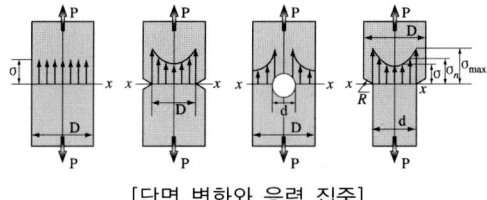

[단면 변화와 응력 집중]

02. 용접 시공

1 용접 준비

(1) 일반 준비

1) 용접 시공

① 용접 구조물을 제작하기 위한 모든 공정을 말하며, 용접 설계나 사양서가 부적당하면 시공이 매우 곤란하고 양질의 구조물을 만들기 어렵다.

② **용접시 일반적인 주의 사항** : 모재의 재질 확인, 용접 기기의 선택, 용접봉의 선택, 용접공의 기량, 용접 지그의 적절한 사용법, 홈 가공과 청소, 조립과 가용접 등이 있다.

2) 용접 전 일반적인 준비 사항

① 도면과 작업 내용을 충분히 검토하고, 용접기와 필요한 설비를 확인한다.

② 사용 재료를 확인하고 제성질, 용접성, 용접 후 처리 등을 파악한다.

③ 용착금속의 강도, 사용 목적 충족과 이음 홈의 선택을 결정한다.

④ 이음부의 페인트, 녹, 기름 등의 불순물을 제거한다.

⑤ 용접 조건, 용접 순서, 예열, 후열의 필요성을 결정한다.

(2) 이음 준비

1) 홈 가공 및 설계

① 홈 각도
  ㉠ 적당하게 하여 용착 금속량을 적게 하는 것이 좋다.
  ㉡ 홈 각도가 작으면 시간 절약, 용접봉 소비량 감소, 모재 열영향이 감소된다.
  ㉢ 홈 각도가 너무 작으면 용입 불량, 슬래그 섞임 등의 결함이 발생하므로 최소 10° 정도는 전후 좌우 용접봉이 움직일 수 있어야 한다.

② 루트 간격이 좁을수록 용접 균열이 적어진다.

③ 루트 반지름의 r 값을 크게 하여 용입 및 아크 발생을 양호하게 한다.

④ 루트 간격과 루트면을 만들어 용락을 방지하고 용입을 좋게 한다.
  ㉠ 자동 용접은 수동 용접보다 홈 정밀도가 좋아야 한다.
  ㉡ 서브머지드 아크용접의 시공 조건
    ⓐ 루트 간격: 0.8mm 이하
    ⓑ 루트면 : 7~16mm
  ㉢ 피복 아크용접 홈 각도 : 좌측 위치조정

2) 가접(가용접, tack weld)

① 가접은 본용접을 실시하기 전에 이음 부분을 잠정적으로 고정하기 위한 짧은 용접이다.
② 가접부는 슬래그 섞임, 용입 불량, 균열, 기공 등의 결함이 발생하기 쉬우므로, 이음의 시점과 종점, 모서리, 강도상 중요한 부분엔 피한다.
③ 가접부는 필요한 경우 본용접 전에 갈아내는 것이 좋다.
④ 가접할 때 본용접보다 지름이 가는 용접봉을 사용하는 것이 좋다.

·· 예·상·문·제·01

다음 중 용접 전 반드시 확인해야 할 사항으로 틀린 것은?

① 예열·후열의 필요성을 검토한다.
② 용접전류, 용접순서, 용접조건을 미리 선정한다.
③ 양호한 용접성을 얻기 위해서 용접부에 물로 분무한다.
④ 이음부에 페인트, 기름, 녹 등의 불순물이 없는지 확인 후 제거한다.

정답 ③

해설 용접부에 물을 뿌리면 급랭으로 경화하게 되므로 물을 분사해선 안된다.

·· 예·상·문·제·02

다음 중 용접작업에 있어 가용접시 주의해야 할 사항으로 옳은 것은?

① 본용접보다 높은 온도로 예열을 한다.
② 개선 홈 내의 가접부는 백치핑으로 완전히 제거한다.
③ 가접의 위치는 주로 부품의 끝 모서리에 한다.
④ 용접봉은 본용접작업 시에 사용하는 것 보다 두꺼운 것을 사용한다.

정답 ②

해설 가접시 부품의 끝 모서리에 해서는 안되며, 본 용접보다 가는 봉을 사용하는 것이 좋다.

(3) 용접 지그

1) 지그의 사용 목적

① 용접 작업을 쉽게 하고, 작업 능률을 높일 수 있으며, 동일 제품을 다량 생산할 수 있다.
② 제품의 정밀도와 용접부의 신뢰성을 높인다.
③ 용접 변형을 억제하고 적당한 역변형을 주어 정밀도를 높인다.

2) 지그의 사용시 유의 사항

① 제작비가 저렴하며, 변형을 방지할 수 있고, 구속력이 너무 크지 않아야 된다.
② 한번 부품을 고정하면 차후 수정없이 정확하게 고정되어야 한다.
③ 구조가 간단하고, 부품간의 거리 측정이 없으며, 부품의 고정과 이완이 신속해야 한다.
④ 용접 부위가 아래보기 자세로 용접이 가능하도록 회전할 수 있어야 한다.

3) 지그의 종류

① 포지셔너(위치 결정용 지그)
② 회전 롤러 및 회전 테이블
③ 메인 플레이트
④ 고정구(정반 등)

(a) 포지셔너   (b) 회전 롤러
[지그의 종류]

·· 예·상·문·제·01

용접 지그를 사용하여 용접했을 때 얻을 수 있는 장점이 아닌 것은?

① 구속력을 크게 하면 잔류 응력이나 균열을 막을 수 있다.
② 동일 제품을 대량 생산 할 수 있다.
③ 제품의 정밀도와 신뢰성을 높일 수 있다.
④ 작업을 쉽게 하고 용접 능률을 높인다.

정답 ①

해설 용접 지그
① 모재를 고정시켜 주는 장치로서 적당한 크기와 강도를 가지고 있어야한다.
② 작업을 효율적으로 하기 위한 장치이다.
③ 지그 사용시 작업시간이 단축된다.
④ 지그 제작비가 많이 들지 않도록 한다.
⑤ 구속력이 크면 잔류응력이나 균열이 발생할 수 있다.

(4) 루트 간격과 보수 방법

1) 맞대기 피복 아크용접

루트 간격	보수 방법	도면
6mm 이하	한쪽 또는 양쪽을 덧살올림 용접하여 깎아내고 규정 간격으로 수정 후 용접한다.	
6~16 mm	6mm 정도의 뒷판을 대서 용접	
16mm 이상	판의 전부 또는 일부(약 300mm)를 대체	

2) 필릿 이음 보수 방법

루트 간격	보수 방법	도면
1.5mm 이하	규정 각장으로 용접	
1.5~ 4.5mm	규정대로 용접하거나 넓혀진 만큼 각장을 증가시킨다.	
4.5mm 이상	라이너를 넣던지, 부족한 판을 300mm 이상 잘라내고 대체	

예·상·문·제·01

필릿 용접부의 보수방법에 대한 설명으로 옳지 않는 것은?

① 간격이 1.5mm 이하일 때에는 그대로 용접하여도 좋다.
② 간격이 1.5~4.5mm일 때에는 넓혀진 만큼 각장을 감소시킬 필요가 있다.
③ 간격이 4.5 mm일 때에는 라이너를 넣는다.
④ 간격이 4.5 mm 이상일 때에는 300mm 정도의 치수로 판을 잘라낸 후 새로운 판으로 용접한다.

정답 ②

해설 필릿 보수용접시 간격이 1.5~4.5mm일 때에는 넓혀진 만큼 각장을 증가시킬 필요가 있다.

3 용접 작업(본용접)

(1) 용접 순서와 용착법

1) 용접 우선 순위

① 동일 평면 내에 많은 이음 부분이 있을 때는 수축은 가능한 자유끝단에 여유를 둔다.
② 물품의 중심에 대하여 항상 대칭적으로 용접을 진행한다.
③ 수축이 큰 맞대기 이음을 먼저 용접하고, 수축이 적은 필릿 이음은 후에 용접한다.
④ 큰 구조물에서는 구조물의 중앙에서 끝으로 향하여 용접을 실시하며, 용접물의 중립축에 대한 용접 수축력의 모멘트의 합이 0이 되게 한다.(용접선 방향에 대한 굽힘이 없어짐)
⑤ 좌우는 가능한 한 동시에, 대칭으로 용접한다. (용접선의 횡수축이 종수축보다 크다)

····· 예·상·문·제·01

용접시공 시 발생하는 용접변형이나 잔류응력 발생을 최소화하기 위하여 용접순서를 정할 때 유의사항으로 틀린 것은?

① 동일평면 내에 많은 이음이 있을 때 수축은 가능한 자유단으로 보낸다.
② 중심선에 대하여 대칭으로 용접한다.
③ 수축이 적은 이음은 가능한 먼저 용접하고, 수축이 큰 이음은 나중에 한다.
④ 리벳작업과 용접을 같이 할 때에는 용접을 먼저 한다.

정답 ③

해설 용접 우선순위 : 수축이 큰 이음을 먼저 용접하고, 수축이 작은 이음은 나중에 한다.

(2) 용착법

① 비드 놓는 순서에 의한 용착법

용착법	정의 및 특징	용착 순서
전진법	한쪽 끝에서 다른 끝으로 연속 진행하는 용접	→
	변형이 크게 문제되지 않을 때 사용	
후진(퇴)법	용접 진행 방향과 용착 방향이 서로 반대	5 4 3 2 1
	잔류 응력은 다소 적으나 작업 능률이 떨어짐	
대칭법	이음의 중앙에서 대칭으로 용접하는 방법	4 2 1 3
	• 변형 및 잔류 응력이 대칭으로 발생 • 이음 끝 부분의 수축 및 잔류 응력 감소	
비석법 (스킵법)	이음 전 길이를 뛰어 넘어서 용접하는 방법	1 5 2 6 3 7 4
	• 얇은 판이나 용접 후 비틀림을 방지할 때 • 비드 시점과 종점에 결함이 많이 발생 • 잔류응력이 가장 적다.	

용착법	정의 및 특징	용착 순서
교호법 (스킵 블럭법)	모재의 가열되지 않는 부분을 골라 좌우 교대로 용접하는 방법	2 5 7 3 6 4 1

② 다층 용착법의 종류

용착법	정의 및 특징	용착 순서
빌드업법 (덧살올림법)	각 층마다 전체 길이를 용접하며 쌓는 방법	
	한랭시나 구속이 클 때, 판 두께가 두꺼울 때 첫 층에 균열 발생에 주의, 열영향을 많이 받으면 슬래그 혼입 발생	
캐스케이드법	한 부분의 몇 층을 용접하다가 이것을 다음 부분의 층으로 연속시켜 전체가 단계를 이루도록 용착시키는 방법	
	변형과 잔류 응력을 제거하는데 이용	
전진 블록법	일정한 길이의 비드를 층으로 덧댐하는 방법	
	첫층에 균열이 발생하기 쉬운 곳에 이용	

····· 예·상·문·제·01

일명 비석법이라고도 하며, 용접길이를 짧게 나누어 간격을 두면서 용접하는 용착법은?

① 전진법   ② 후진법
③ 대칭법   ④ 스킵법

정답 ④

해설 대칭법 : 길이가 길 때 중심을 기준으로 좌우로 용접하는 방법

····· 예·상·문·제·02

다음 중 다층용접 시 용착법의 종류에 해당하지 않는 것은?

① 빌드업법   ② 캐스케이드법
③ 스킵법   ④ 전진 블록법

정답 ③

해설 스킵법은 변형과 잔류 응력을 경감하기 위한 단층 용착법이다.

(3) 용접부의 예열

1) 용접시의 온도분포

① 온도 기울기의 크기는 용접 이음 모양과 금속의 종류에 따라 다르며, 기울기가 급할수록 용접부 부근은 급랭하며, 급랭하면 열 영향부가 경화되어 이음 효율이 저하한다.
② 같은 열량이라도 열이 확산하는 방향이 많을수록 냉각 속도는 커진다.
③ 용접 입열이 일정한 경우에는 열전도율이 큰 것일수록 냉각 속도가 크다.

2) 이음 종류에 대한 열의 확산

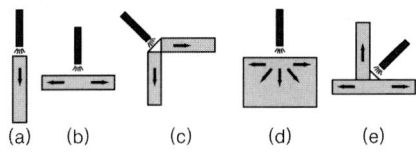

[이음 종류별 열의 확산 방향]

① (a)는 열의 확산이 한 방향이며, (b)는 확산이 두 방향이라서 (a)보다 냉각 속도가 빠르다.
② (c)는 모서리 이음의 경우 열의 확산이 두 방향이고 (b)와 같은 냉각 속도이며, (d)와 같이 후판일 경우 여러 방향으로 열이 확산되어 냉각 속도가 매우 빨라진다.
③ (e)는 T형 필릿 이음의 경우 열이 세 방향으로 확산되어 맞대기 이음보다 냉각 속도가 빠르다. 냉각 속도는 얇은 판보다 두꺼운 판, 맞대기 이음보다 T형 이음이 크다.

3) 예열(pre-heating)

① **예열의 목적** : 용접 작업성의 개선, 용접금속 및 열영향부 균열 방지, 수축 변형 감소, 용접금속 및 열영향부 연성 또는 노치 인성의 개선을 위함이다.
② **연강(25mm 이상)** : 0℃ 이하에서 용접하면 저온 취성 및 균열이 일으키기 쉬우므로 용접이음 양쪽 약 100mm 폭을 40~100℃로 가열한다.
③ **주철 및 고급 내열 합금**
  ㉠ 주철은 경도와 취성이 커서 균열이 생기기 쉬우므로 500~550℃로 예열 후 용접한다.
  ㉡ 주물의 두께 차가 클 경우 냉각 속도가 균일하도록 예열량을 조절한다.
  ㉢ 합금 원소가 많고 높은 탄소 당량, 두꺼운 합금강은 용접성이 나빠지므로 예열한다.
  ㉣ 저수소계 용접봉을 사용하면 예열 온도를 낮출 수 있다.
④ **알루미늄 합금 및 구리 합금의 예열**
  200~400℃의 예열이 필요하다.
⑤ **탄소 당량** : 강재에 들어 있는 각종 원소의 함유량을 탄소의 양으로 환산한 량

$$Cep = C + \frac{1}{6}Mn + \frac{1}{24}Si + \frac{1}{40}Ni + \frac{1}{5}Cr + \frac{1}{4}Mo + \frac{1}{14}V(\%)$$

⑥ **예열시 온도 측정** : 표면 온도를 열전대나 측온 크래용(chalk)을 사용한다.

──────── 예·상·문·제·01

다음 중 용접에서 예열하는 목적과 가장 거리가 먼 것은?

① 수소의 방출을 용이하게 하여 저온균열을 방지한다.
② 열영향부와 용착 금속의 연성을 방지하고, 경화를 증가시킨다.
③ 용접부의 기계적 성질을 향상시키고, 경화조직의 석출을 방지 시킨다.
④ 온도 분포가 완만하게 되어 열응력 감소로 변형과 잔류 응력의 발생을 적게 한다.

정답 ②

해설 예열의 목적 : 냉각속도를 느리게 하여 취성 및 균열을 방지한다.

(4) 용접부의 조직과 성질

① **용착 금속부** : 모재와 용접봉이 녹아서 응고한 부분으로 주조 조직과 같다. 용착 후의 조직은 최고 가열 온도와 냉각 속도에 의해서 결정된다.

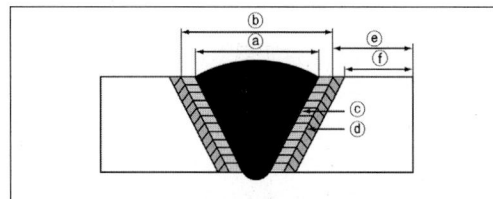

[용접부의 조직]

구 분	온도
ⓐ 용착금속부	1800℃
ⓑ 용접금속부	1500~1800℃
ⓒ 융합부	1400~1500℃
ⓓ 변질부	900~1200℃
ⓔ 모재부	500~1200℃
ⓕ 원질부	500℃ 이하

② **열 영향부(변질부)**
  ㉠ 용접부 부근의 모재가 용접할 때의 열에 의하여 급열, 급랭되어 변질된 부분
  ㉡ 기계적 성질과 조직의 변화는 모재의 화학 성분, 냉각 속도, 용접 속도, 예열 및 후열 등에 따라 달라진다.
③ **원질부** : 열영향을 크게 받지 않은 모재 부분, 조직과 성질이 변하지 않은 부분이다.

──────────── 예·상·문·제·01

다음 중 열영향부의 기계적 성질에 대한 설명으로 틀린 것은?

① 강의 열영향부는 본드로부터 원모재 쪽으로 멀어질수록 최고가열온도가 높게 되고, 냉각 속도는 빠르게 된다.
② 본드에 가까운 조립부는 담금질 경화 때문에 강도가 증가한다.
③ 최고경도가 높을수록 열영향부가 취약하게 된다.
④ 담금질 경화성이 없는 오스테나이트계 스테인리스강에서는 최고경도를 나타내지 않고, 오히려 조립부는 연약하게 된다.

정답 ①

해설 강의 열영향부는 본드로부터 원모재 쪽으로 멀어질수록 최고가열온도가 낮게 되고, 냉각속도는 느리게 된다.

(5) 가우징 및 뒷면 용접

1) 가우징 목적

① 용입 불량, 슬래그 섞임, 균열 등의 결함을 제거하기 위해서 실시하며, 가우징(파내기)은 전면 제2층 비드 이상 완료 후에 실시한다.

2) 가우징 방법

① **기계 가공** : 소음이 많고 깊이 팔 때에는 비능률적이며, 용입 불량의 결함이 정에 의하여 눌릴 염려가 있다.
② **아크 에어 가우징** : 탄소 전극과 모재와의 사이에 아크를 발생시켜 용융된 강을 압축공기로 불어내어 홈을 파는 방법으로, 소음이 적고 능률적이며 특수강에도 적용될 수 있다.
③ **가스 가우징** : 산소-아세틸렌(프로판)불꽃 등을 사용하여 홈을 파는 방법으로, 소음이 적고 능률도 좋으나 변형이 발생될 위험이 있어 얇은 판에는 사용할 수 없다.

4 용접 후 처리

(1) 용접에 의한 잔류 응력 발생

1) 응력(내력)

물체에 외력 즉, 하중이 가해질 경우에, 물체의 내부에 생기는 저항력

2) 응력의 종류

단면에 대하여 수직방향으로 하중이 가해지는 수직 응력과, 단면에 대하여 수평방향으로 하중이 가해지는 전단 응력이 있다.

3) 용접부의 응력 분포

① 박판은 변형이 크나 잔류 응력은 작으며, 후판은 모재의 변형은 작으나 잔류 응력은 크다.
② 용접 잔류 응력은 외력이 작용하면 이음이 파괴 또는 저항력에 견디지 못하면 균열이 발생할 수 있다.
③ 용접 이음의 형상, 용접 입열, 판 두께, 용착 순서, 외적 구속 등에 따라 영향을 받는다.

(2) 잔류 응력 경감법

1) 용착 금속량의 감소

① 용착 금속량을 적게 하면 수축에 따른 변형량이 적어지며, 잔류 응력의 크기도 적어진다.
② 용착 금속량을 줄이기 위해서는 용접 홈 각도의 최소화와 루트 간격을 좁힌다.

2) 응력 제거의 종류

① 로내 풀림법
 ㉠ 가장 널리 이용되며 제품 전체를 로에 넣고 알맞은 온도로 일정 시간 유지 후 노 내에서 서냉하는 방법이다.
 ㉡ 연강 제품을 노 내에서 출입시키는 온도는 300℃를 넘어서는 안되며, 300℃ 이상에서 가열 및 냉각 속도(R)는 다음 식에 만족해야 한다.
 ㉢ 가열 속도 : $\leq 200 \times 25/t(℃/h)$
   t : 용접부 가열 부분의 최대 두께(mm)
 ㉣ 냉각 속도 : $\leq 280 \times 25/t(℃/h)$
 ㉤ 구조용 압연재, 탄소강 : 625±25℃에서 1시간 풀림 후 10℃ 내려가는데 20분 정도 되게 냉각한다.

② 국부 풀림법
 ㉠ 제품이 커서 로내에 넣을 수 없는 대형 구조물에 적용하며, 가열 장치는 유도 가열 장치 및 가스 불꽃으로 한다.
 ㉡ 가열은 용접선 좌우 양측을 약 250mm의 범위 또는 판 두께의 12배 이상의 범위를 가열하여, 일정한 온도와 시간을 유지한 다음 서랭하며, 가열 및 냉각 속도는 노내 풀림의 경우와 동일(두께 25mm 당 200℃/h 이하)하게 적용한다.

③ 기계적 응력 완화법
 ㉠ 기계적인 하중을 가해 소성 변형으로 응력을 완화하는 방법
 ㉡ 큰 구조물에서는 한정된 조건하에서만 사용할 수 있다.

④ 피닝법
 ㉠ 용접 직후 용착금속이 냉각 전에 끝이 구면인 치핑 해머로 용접 표면을 연속 타격하는 방법
 ㉡ 잔류 응력 완화, 변형 교정 및 용착금속의 균열 방지 효과가 있다.

⑤ 저온 응력 완화법
 ㉠ 용접부 양측을 가스 불꽃으로 좌우 150mm의 범위를 150~200℃ 정도로 가열한 다음 수냉한다.

3) 응력 제거 풀림 효과

① 용접 잔류 응력이 제거되며, 치수 안정화가 실현되고, 용접 열영향부가 뜨임화 되어 연성을 갖는다.
② 응력 부식에 대한 저항력, 크리프 강도 및 충격 저항성이 증가하며, 용착금속 중의 수소 가스가 제거되어 연성이 증가한다.

········· 예·상·문·제·01

다음 중 용접부품에서 일어나기 쉬운 잔류응력을 감소시키기 위한 열처리법은?

① 완전풀림 (full annealing)
② 연화풀림 (softeing annealing)
③ 확산풀림 (diffusion annealing)
④ 응력제거풀림 (stress annealing)

정답 ④

해설 응력제거풀림 : 용접부품, 단조강, 주조강, 냉간 가공 부품, 담금질한 강의 잔류응력을 제거하기 위해 일반적으로 500~650℃ 정도에서 가열한 후 서냉하는 열처리.

예·상·문·제·02

다음 중 잔류응력 제거 방법에 있어 용접선 양측을 일정 속도로 이동하는 가스 불꽃에 의하여 너비 약 150mm를 150~200℃로 가열한 다음 곧 수냉하는 방법은?

① 피닝법
② 기계적 응력 완화법
③ 국부 풀림법
④ 저온 응력 완화법

정답 ④

(3) 변형의 종류와 방지

1) 변형

어떤 물체에 외력을 가하면 원래의 모양에 변화가 생기는 것을 말한다.

2) 변형의 종류

① **횡 수축** : 용접선과 직각 방향으로의 수축
② **종 수축** : 용접선과 같은 방향으로의 수축
③ **회전 변형** : 맞대기 용접에서 진행 방향에 따른 홈 간격이 벌어지거나 좁혀지는 변형으로, 용접 속도가 빠르고 용접 전류가 높을 경우에 일어난다.
  ㉠ 서브머지드 아크용접은 홈 간격이 벌어지고, 수동 용접은 홈 간격이 좁혀진다.
  ㉡ 회전 변형 방지 대책 : 일정한 거리마다 가접을 하고, 용접 속도를 크게 하며, 후퇴법이나 비석법으로 용접한다.
④ **횡굴곡(각 변형)** : 가로 굽힘 변형이라고도 하며, 용접시의 온도 분포가 후판의 경우 판 두께 방향으로 불균일하기 때문에 모재가 용접부를 중심으로 꺾여 굽혀지는 변형
  ㉠ 두꺼운 판의 용접에서는 용착금속의 표면과 뒷면이 비대칭이므로 온도 분포도 비대칭이 되어 판의 횡수축이 표면과 이면이 다르게 되어 발생한다.
  ㉡ 각 변형 방지 대책 : 용접 전에 역변형을 주고, 가능한 굵은 용접봉을 사용하여 층수를 줄이며,

X형 용접의 경우 1~2층에서는 각변화가 거의 없으나 3층째부터 급격하게 각변형이 일어나므로 홈의 형상을 상하 대칭보다는 6:4~7:3 정도로 한다.

⑤ **종굴곡** : 용접선과 같은 방향으로 완만한 곡선을 이루는 변형
⑥ **좌굴 변형** : 박판 용접시 용접선에 대한 압축 열응력으로 인하여 일어나는 비틀림 변형

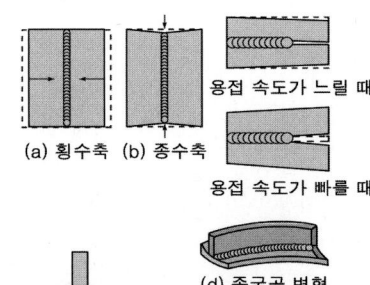

[용접 변형의 종류]

예·상·문·제·01

일반적으로 많이 사용되는 용접 변형 방지법이 아닌 것은?

① 비녀장법   ② 억제법
③ 도열법   ④ 역변형법

정답 ①

해설 용접 전 변형 방지법
① 역변형법 : 용접 전에 변형을 예측하여 미리 반대로 변형시킨 후 용접
② 억제법 : 구속 지그 및 가접을 실시하여 변형을 억제할 수 있도록 한 것
※ 비녀장법은 주철의 보수용접법의 일종이다.

(4) 변형의 교정법

① **박(얇은) 판에 대한 점 수축법** : 가열온도 500~600℃, 가열시간 약 30초, 가열지름 20~30mm, 피치 50~70mm 정도로 가열한 후 수냉한다.

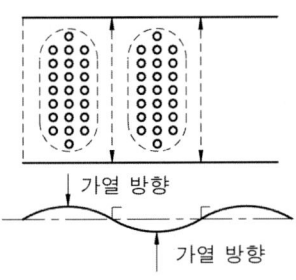

[박(얇은) 판에 대한 점 수축법]

② **형재(형강)에 대한 직선 수축법** : 판 두께 방향으로 수축량이 다른 것을 이용하여 교정하는 방법으로, 판의 표면과 이면의 온도차를 크게 하기 위하여 표면과 이면에서 동시에 가열과 수냉한다.

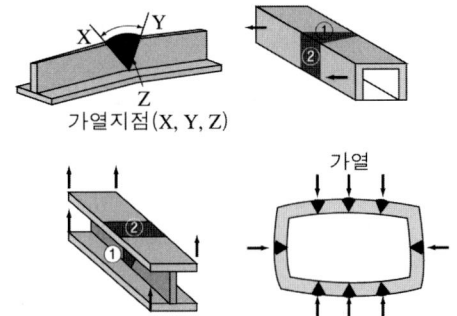

[형강에 대한 직선 수축법]

③ **기타** : 가열 후 햄머링법, 롤러를 이용하는 법 등이 있다.

───────────── 예·상·문·제·01

용접 후처리에서 변형을 교정하는 일반적인 방법으로 틀린 것은?

① 얇은 판에 대한 점 수축법
② 형재에 대하여 직선 수축법
③ 두꺼운 판을 수냉한 후 압력을 걸고 가열하는 법
④ 가열한 후 해머로 두드리는 법

　정답　③

　해설　변형 교정 : 두꺼운 판을 가열한 후 압력을 걸고 수냉하는 법

(5) 변형 경감법

① **역변형법** : 용접 후의 변형 각도만큼 용접 전에 반대 방향으로 굽혀주는 방법으로, 보통 150mm×9t에서 2~3°정도로 역변형을 준다.
② **비드 배치법** : 대칭법, 후퇴법, 비석법
③ **냉각법(도열법)** : 수냉 동판 사용법, 살수법, 석면포 사용법

(6) 수축량에 미치는 용접 시공의 영향

시공 조건	영향
루트 간격	루트간격이 클수록 수축이 크다
피복제 종류	영향 없음
봉 지름	봉 지름이 클수록 수축이 작다
홈 형상	V형 이음은 X형 이음보다 수축이 크다
구속도	구속도가 크면 수축이 작다
운봉법	운봉을 하면 수축이 작다
피닝	피닝을 하면 수축이 감소된다
뒷면 파기 (가우징)	수축은 변화 없고 재용접을 하면 뒷면 파기 이전과 거의 같은 경향으로 증가한다.

───────────── 예·상·문·제·01

용접에 의한 변형을 미리 예측하여 용접하기 전에 용접 반대 방향으로 변형을 주고 용접하는 방법은?

① 억제법　　　　② 역변형법
③ 후퇴법　　　　④ 비석법

　정답　②

　해설　억제법 : 용접 전에 지그 등으로 변형하지 못하도록 고정하는 법

(7) 결함의 보수

① **기공, 슬래그 섞임** : 연삭하여 재용접한다.
② **언더컷** : 가는 용접봉으로 언더컷 부분을 재용접한다.
③ **오버랩** : 깎아내고 재용접한다.
④ **균열** : 양단에 드릴 구멍(스톱 홀)을 뚫고 균열

부분을 연삭하여 정상 홈으로 한 후 용접한다.

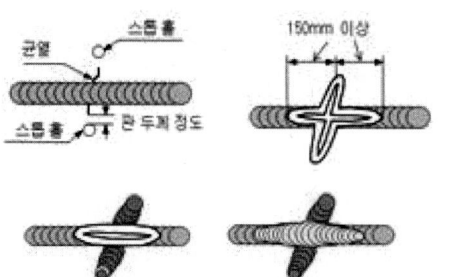

⑤ **보수용접**: 부품(기어 이빨, 축 등)의 마모된 부분을 육성 용접봉을 사용하여 육성한 후 가공하여 사용하는 방법

························· 예·상·문·제·01

다음 중 용접 결함의 보수 용접에 관한 사항으로 가장 적절하지 않은 것은?

① 재료의 표면에 있는 얕은 결함은 덧붙임 용접으로 보수한다.
② 언더컷이나 오버랩 등은 그대로 보수 용접을 하거나 정으로 따내기 작업을 한다.
③ 결함이 제거된 모재 두께가 필요한 치수보다 얇게 되었을 때에는 덧붙임 용접으로 보수한다.
④ 덧붙임 용접으로 보수할 수 있는 한도를 초과할 때에는 결함 부분을 잘라내어 맞대기 용접으로 보수한다.

정답 ①

해설 재료의 표면에 발생한 얕은 결함은 결함을 제거한 후 재용접을 실시한다.

(8) 용접 후 가공시 유의 사항

① 용접 후 기계 가공 또는 굽힘 가공시 잔류 응력에 의해 변형이 일어날 수 있으므로 응력 제거 처리 후에 가공을 해야 된다.
② 용접부 굽힘 가공시 용접 열영향부의 경화가 심하고 연성이 모재에 비해 낮기 때문에 균열 발생의 우려가 있다.
③ 연강 용접부의 천이 온도는 400~600℃이며, 이 부분은 연성 파괴에서 취성 파괴로 변화하는 온도이며, 조직의 변화는 없으나 기계적 성질은 나쁘므로, 용접 후 가공을 실시하는 것에 대하여는 노내 풀림을 하는 것이 바람직하다.

03. 용접 검사와 시험

1 용접 검사와 시험 방법의 종류

(1) 시험 및 검사의 의의

1) 용접 검사

① 작업 검사 : 양호한 용접을 하기 위하여 용접 전, 용접 중, 용접 후의 용접사의 기량, 용접 재료, 용접 설비, 용접 시공 상황, 용접 후의 열처리의 적정 여부 등을 조사하는 검사
② 완성 검사 : 용접 후에 제품이 요구대로 완성되었는지를 판별하는 검사가 있다.

(2) 작업 검사

1) 용접 전 검사

① **용접 설비** : 용접기기, 부속기구, 보호기구, 지그 및 고정구 적합성을 검사
② **용접봉** : 겉모양과 치수, 용착금속 성분과 성질, 이음부 성질, 작업성과 균열, 건조 상태 등을 검사
③ **모재** : 화학 성분, 기계적, 물리적, 화학적 성질 및 결함 유무와 표면 상태를 검사
④ **용접 준비** : 홈 각도, 루트 간격, 이음부 표면 상태, 가접 상태를 검사
⑤ **용접시공법** : 홈 모양, 용접 조건, 예열과 후열처리 적합 여부를 검사

2) 용접 중 검사

비드 형상, 융합 상태, 용입 부족, 슬래그 섞임, 균열, 크레이터 처리, 변형 상태 등을 외관 또는 비파괴 검사한다.

① 용접 전류, 용접 순서, 용접 속도, 운봉법, 용접 자세 등을 확인한다.
② 예열이 필요한 재료는 예열 온도와 층간 온도를 점검한다.

3) 용접 후 검사

후열 처리, 변형 교정, 가열과 냉각 속도, 작업 조건 확인, 균열, 변형 치수 등을 검사한다.

(3) 완성 검사

용접 검사를 의미하며, 용접부의 결함 여부, 용접부 성능, 용접 구조물 전체의 결함 유무를 검사한다. 검사법으로는 파괴검사와 비파괴 검사가 있다.

──────────────────── 예·상·문·제·01

다음 중 용접작업 전 준비를 위한 점검사항과 가장 거리가 먼 것은?

① 보호구의 착용 여부
② 용접봉의 건조 여부
③ 용접설비의 점검
④ 용접결함의 파악

정답 ④

해설 용접결함의 파악은 용접작업 후에 점검하는 사항이다.

(4) 용접부 검사법의 종류

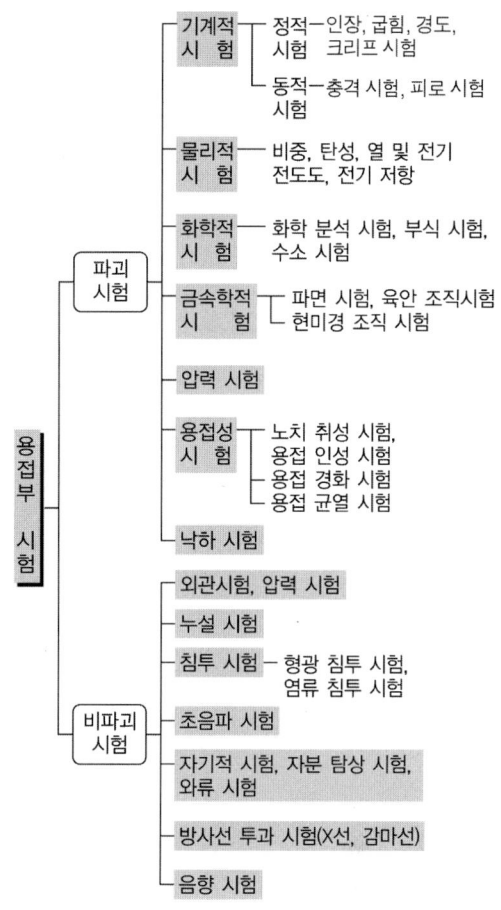

──────────────────── 예·상·문·제·01

다음 중 기계적 파괴 시험에 해당되는 것은?

① 피로시험　　② 부식시험
③ 누설시험　　④ 자기특성시험

정답 ①

해설 굽힘, 경도, 인장, 피로, 충격시험은 기계적 시험에 속한다.

──────────────────── 예·상·문·제·02

다음 중 비파괴 시험법이 아닌 것은?

① 침투탐상 시험　　② 방사선 탐상 시험
③ 굽힘 시험　　　　④ 자분 탐상 시험

정답 ③

해설 **굽힘 시험** : 기계적 파괴 시험법의 일종, 재료의 연성 유무 검사

[용접 결함 검사법]

용접 결함	결함 종류	대표적인 시험과 검사
치수상 결함	변형, 치수 불량, 형상 불량	게이지를 사용하여 외관 육안검사
구조상 결함	기공	RT, MT, 와류 검사(ET), UT, 파단 검사, 현미경 검사, 마이크로 조직검사
	슬래그 섞임	RT, MT, 와류 검사(ET), 초음파 검사, 파단 검사, 현미경 검사, 마이크로 조직검사
	융합 불량	RT, MT, 와류 검사(ET), 초음파 검사(UT), 파단 검사, 현미경 검사, 마이크로 조직검사
	용입 불량	외관, 육안 검사, 방사선 검사(RT), 굽힘 시험
	언더컷	외관, 육안 검사, 방사선 검사(RT), 초음파 검사(UT), 현미경 검사
	용접 균열 표면 결함	마이크로 조직 검사, 자기 검사(MT), 침투 검사(PT), 형광 검사, 굽힘 검사, 외관 검사
성질상 결함	기계적 성질 부족	기계적 시험
	화학적 성질 부족	화학 분석 시험
	물리적 성질 부족	물성 시험, 전자기 특성 시험

2 비파괴 검사와 파괴 검사

(1) 비파괴 검사(NDT)

시험부를 파괴시키지 않고 각종 결함 등을 파악하는 시험법

(2) 비파괴 시험(검사)법의 종류

1) 외관 검사(육안 검사, VT)

용접부의 표면에 대하여 육안 또는 확대경 등으로 언더컷, 용입 상태, 오버랩, 균열, 피트, 슬래그 섞임, 용접 시점과 크레이터, 변형 등을 검사한다.

2) 누설 검사(LT)

기밀, 수밀, 유밀을 필요로 하는 제품에 적용하며, 보통 수압 또는 공기압을 이용하지만 원자로 부분과 같이 특수한 경우에는 할로겐 가스, 헬륨 가스를 사용한다.

3) 침투 탐상 검사(PT)

용접부 표면에 침투액을 침투시킨 후 침투액을 씻어 내고 현상액을 바르면 결함 중에 남아 있는 침투액과 작용하여 미세한 균열이나 작은 구멍 등을 용이하게 검출할 수 있으며, 철, 비철 재료에 적용되며 비자성 재료에도 잘 이용된다.

① **형광 침투 검사**

미세한 균열이나 흠집에 잘 침투하는 형광 침투액을 침투시킨 후 현상액을 써서 형광 물질을 표면으로 노출시키는 방법으로 암실에 설치한 초고압 수은등(black right) 아래서만 관찰이 가능하다.

> **형광 침투 검사 방법**
> 세척→ 침투 → 잔여액 제거 → 현상 → 건조 → 검사

② **염료 침투 검사**

형광 염료 대신 적색 염료를 사용하며 일광, 전등불 밑에서 검사하는 방법으로, 형광 침투법에 비해 감도가 약간 부족하다.

4) 자분 탐상 검사(MT)

누설 자장에 자분이 부착되는 현상을 이용하여 결함을 검출하는 방법으로, 축통전법, 관통법, 직각 통전법, 코일법, 극간법 등이 있다.

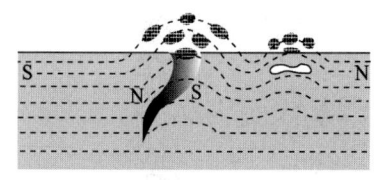

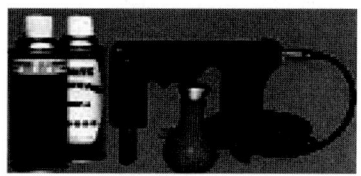

[자분 탐상 시험의 원리]

5) 초음파 탐상 검사(UT)

실제로 귀를 통해 들을 수 없는 음파(0.5~15 MHz)를 검사물의 내부에 침입시켜 내부의 결함 또는 불균일층의 존재를 탐지하는 방법

① **초음파의 속도** : 공기중(330m/s), 물속(1500m/s), 강(6000m/s)
② **장점** : 두께와 길이가 큰 물체의 탐상에 적합하며, 검사원에게 위험이 없고, 한쪽에서도 탐상할 수 있다.
③ **단점** : 표면의 오목 볼록이 심한 것, 얇은 것의 검출이 곤란하다.
④ **종류** : 투과법, 펄스 반사법(수직 탐상법, 사각 탐상법), 공진법

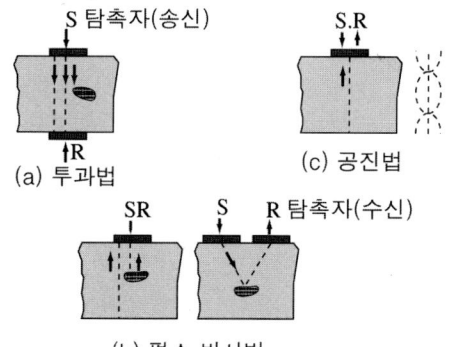

[초음파 검사법의 종류]

6) 와류(맴돌이 전류) 검사(ET)

금속 내에 유기되는 맴돌이(와류) 전류의 작용을 이용하여 결함을 검사하는 방법. 자기 탐상이 되지 않는 비자성 금속의 결함, 표면이나 표면에 가까운 내부의 균열, 기공, 언더컷, 오버랩, 용입 불량, 슬래그 혼입 등을 검출할 수 있다.

7) 방사선 투과 검사(RT)

X선 또는 γ선 단파를 이용하여 용접부의 결함을 조사하는 방법

① **특성** : 비파괴 검사법 중 가장 신뢰도가 높으나, 미세한 래미네이션 등의 검출이 곤란하다. 방사선 종사자는 전문의로부터 자주 백혈구 검사를 받고 X선량 검사가 필요하다.
② **X선 투과 검사**
　㉠ 용접 이음의 반대편에 필름을 놓고 X선을 투과시키면 모재부와 용접부의 두께 차이에 의해 X선의 투과량이 달라지고, 용접부는 모재부와 구별된다.
　㉡ 용도 : 균열, 융합 불량, 용입 불량, 기공, 슬래그 섞임, 비금속 개재물, 언더컷 등의 검사가 주목적이다.

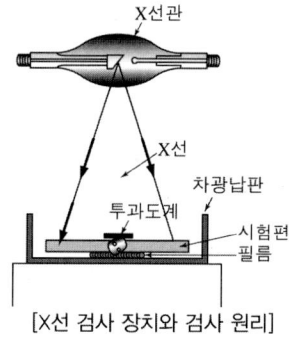

[X선 검사 장치와 검사 원리]

③ **γ선 투과 검사**
　㉠ X선으로 투과하기 힘든 두꺼운 판에 사용한다.
　㉡ γ선은 천연 방사선 동위 원소(라듐) 또는 인공 방사선 동위 원소(코발트 60, 세슘 134 등)에서 발생하는 α선, β선, γ선 중의 하나이며 전리 작용, 사진 작용, 형광 작용이 있다.
　㉢ X선보다 더 투과력이 크고 방사선을 끊임없이 내고 있어 주의해야 한다.
④ **음향 시험(AE)** : 하중을 받고 있는 물체의 균열 또는 국부적인 파단으로부터 방출되는 응력파를 분석하여 소성 변형, 균열의 생성 및 진전 감시

등 동적 거동을 파악하고 결함부의 유무 판정 및 재료의 특성 평가에 이용하는 기법

---------- 예·상·문·제·01

다음 중 비파괴 검사 기호와 명칭이 올바르게 표현된 것은?

① MT : 방사선 투과검사
② PT : 침투 탐상검사
③ RT : 초음파 탐상검사
④ UT : 와전류 탐상검사

정답 ②

해설 비파괴 시험과 기호
PT(침투 탐상시험), MT(자분 탐상시험), RT(방사선 투과시험), UT(초음파 탐상시험), ET(와류 탐상시험), LT(누설 시험), VI(육안 시험)

---------- 예·상·문·제·02

용접부의 결함 검사법에서 초음파 탐상법의 종류에 해당되지 않는 것은?

① 스테레오법   ② 투과법
③ 펄스반사법   ④ 공진법

정답 ①

해설 초음파 비파괴검사(UT)는 0.5~15MHz의 초음파를 이용, 탐촉자를 이용하여 결함의 위치나 크기를 검사하는 방법으로 투과법, 펄스반사법, 공진법 등이 사용된다.

---------- 예·상·문·제·03

X선이나 γ선을 재료에 투과시켜 투과된 빛의 강도에 따라 사진 필름에 감광시켜 결함을 검사하는 비파괴 시험법은?

① 자분 탐상검사   ② 침투 탐상검사
③ 초음파 탐상검사 ④ 방사선 투과검사

정답 ④

해설 자분 탐상검사 : 자성체를 자화시켜 표면 부근의 결함을 판별하는 검사

(3) 파괴(기계적) 시험

1) 인장 시험

여러가지 모양(판, 봉, 관, 원호, 선 등)의 고른 단면을 가진 시험편을 인장 파단시켜 항복점(또는 내력), 인장 강도, 연신율, 단면 수축률 등을 측정하는 방법

$$\text{인장 강도}(\sigma) = \frac{\text{인장 최대 하중}(P)}{\text{시험편의 최초 단면적}(A)}$$

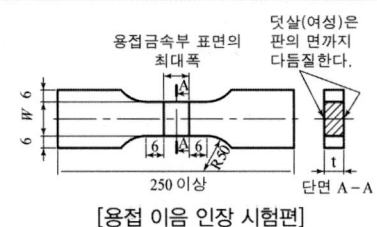

[용접 이음 인장 시험편]

2) 굽힘 시험

모재 및 용접부의 연성, 결함 등을 조사하기 위해 시험편을 절취하여 자유 굽힘이나 형 굽힘에 의하여 용접부를 구부려 용접부 표면에 나타나는 균열의 유무와 크기로 양부를 결정한다.

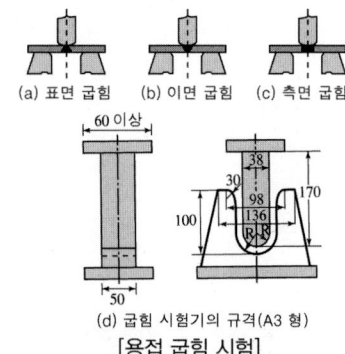

[용접 굽힘 시험]

3) 충격 시험

① 기계적 성질인 인성을 알기 위한 방법으로, 시험편에 V형 또는 U형 등의 노치를 만들고, 충격 하중을 주어서 파단시키는 시험법
② 종류
  ㉠ 사르피식 : V 또는 U형 노치를 가진 시험편을 단순보 상태로 고정하고 시험하는 방법

ⓒ 아이조드식 : V 노치를 가진 시험편을 내다지 보 상태로 고정하고 시험하는 방법

4) 피로 시험

① 피로 시험 : 피로 시험기를 이용하여 재료에 규정된 반복 횟수만큼 반복 하중을 가하여 피로한도를 구하는 시험법.
② 피로 파괴 : 안전한 하중 상태에서도 작은 힘이 계속적으로 반복하여 작용하면 파괴를 일으키는 파괴

5) 경도시험

① 브리넬 경도시험 : 일정한 지름(5, 10mm)의 강철 볼을 일정한 하중으로 시험편 표면에 압입한 후 이때 생긴 오목 자국의 표면적을 하중으로 나눈 값으로 측정한다.(얇은 판, 침탄강, 질화강에는 적당치 않다.)
② 로크웰 경도시험
  ㉠ 로크웰 B 경도(HRB) : 1.588mm의 강구 압입자(B스케일)를 시험편에 100kgf 하중으로 압입하여 압입자국의 크기로 경도를 측정
  ㉡ 로크웰 C 경도(HRC) : 꼭지각이 120°인 원뿔형(C스케일) 다이아몬드 압입자를 사용하여 150kgf의 하중을 가한 다음 제거하여 오목 자국의 깊이로 측정한다.

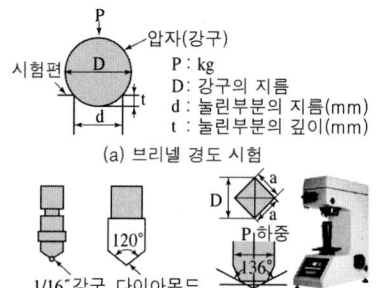

[경도 시험의 종류]

③ 비커어스 경도시험 : 꼭지각이 136°인 다이아몬드 4각 추의 압입자를 시험편 표면에 압입한 후에 생긴 오목 자국으로 측정한다.
④ 쇼어 경도시험 : 일정한 높이에서 특수한 추를 낙하시켜 튀어 오르는 높이로 측정한다.

··· 예·상·문·제·01

다음 중 용접재료의 인장시험에서 구할 수 없는 것은?

① 항복점   ② 단면수축률
③ 비틀림강도   ④ 연신율

정답 ③

해설 인장시험으로 알 수 있는 것
인장강도, 비례한도, 탄성한도, 항복점, 연신율, 단면수축률 등

··· 예·상·문·제·02

다음 중 용접부의 검사방법에 있어 기계적 시험법에 해당하는 것은?

① 피로시험   ② 부식시험
③ 누설시험   ④ 자기특성시험

정답 ①

해설 굽힘, 경도, 인장, 피로, 충격시험은 기계적 시험에 속한다.

··· 예·상·문·제·03

금속재료 시험법과 시험 목적을 설명한 것으로 틀린 것은?

① 인장시험 : 인장강도, 항복점, 연신율 계산
② 경도시험 : 외력에 대한 저항의 크기 측정
③ 굽힘시험 : 피로한도 값 측정
④ 충격시험 : 인성과 취성의 정도 조사

정답 ③

해설 굽힘 시험 : 재료의 연성 유무 검사

(4) 화학적 시험

1) 화학분석 시험

모재, 용착금속 또는 합금 중에 포함되는 각 성분, 금속 중에 포함된 불순물, 가스 조성의 종류와 양, 슬래그 성분 등을 분석하는 시험

2) 부식 시험

① **습부식 시험** : 용접물이 청수나 해수, 유기산, 무기산, 알칼리 등에 접촉되어 받는 부식상태에 대한 시험
② **건부식 시험(고온 부식 시험)** : 고온의 증기, 가스 등과 반응하여 부식하는 상태를 시험
③ **응력 부식 시험** : 어떤 응력하에서 부식 분위기에 쌓일 경우에 받는 부식 상태를 시험하는 시험법으로, 스테인리스강, 구리합금, 모넬메탈 등 내식성 금속 등의 용접부 시험에 적용함

3) 수소시험

① 용접부에 용해한 수소는 기공, 비드 균열, 은점, 선상 조직 등 결함의 큰 요인이 된다.
② 용접봉에 의해 용접금속 중에 용해되는 수소량의 측정은 주요한 시험법의 하나이다.
③ 측정법의 종류에는 45℃글리세린 치환법, 진공 가열법이 있다.

············· 예·상·문·제·01

용접부의 시험과 검사에서 부식시험은 어느 시험법에 속하는가?

① 방사선 시험법　② 기계적 시험법
③ 물리적 시험법　④ 화학적 시험법

정답 ④

해설 부식시험 : 화학적 시험이고, 방사선 시험은 비파괴검사 시험에 속한다.

(5) 금속(야금)학적 시험

1) 파면 시험(육안 검사)(KSB 0843)

① 필릿 용접부의 모서리 용접부를 프레스 등으로 굽힘 파단하여 그 파단면의 용입 부족, 균열, 슬래그 섞임, 기공, 결정의 조밀성, 선상 조직, 은점 등을 육안으로 검사하는 방법
② 일반적인 결정의 파면에서 은백색으로 빛나는 파면은 취성 파면, 쥐색의 치밀한 파면은 연성 파면이다.

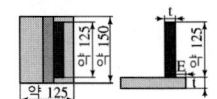 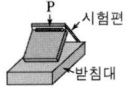

(a) 파면 시험편 규격　(b) 파면 시험 방법
[필릿 용접부의 파면 시험편 규격과 시험 방법]

2) 마크로 조직 시험(육안 조직 시험)

용접부의 단면을 연마 후 부식을 시켜서 육안 또는 확대경으로 관찰하여 용입이 좋고 나쁨이나 모양, 다층 용접에 있어서 각 층의 양상, 열 영향부 범위, 결함 유무 등을 조사하는 시험

3) 현미경 시험

재료의 조직이나 결함 등을 수십 또는 수백배로 확대 관찰하는 시험, 시험 순서는 시료 채취 → 연마 → 세척 → 부식 → 현미경 관찰 순으로 한다.

4) 설퍼 프린터법

① 철강 재료에서 황(S)의 분포 상태를 알기 위한 시험
② 방법 : 잘 연마한 단면에다 9%의 희석 황산액에 적신 사진용 브로마이드 인화지를 붙여 적당한 시간이 지난 다음 떼어 내면 편석부에 해당하는 부분이 갈색으로 변하여 설퍼 프린트가 얻어진다.

············· 예·상·문·제·01

현미경 조직 시험순서 중 가장 알맞은 것은?

① 시험편 채취 – 마운팅 – 샌드 페이퍼 연마 – 폴리싱 – 부식 – 현미경 검사
② 시험편 채취 – 폴리싱 – 마운팅 – 샌드 페이퍼 연마 – 부식 – 현미경 검사
③ 시험편 채취 – 마운팅 – 폴리싱 – 샌드 페이퍼 연마 – 부식 – 현미경 검사
④ 시험편 채취 – 마운팅 – 부식 – 샌드 페이퍼 연마 – 폴리싱 – 현미경 검사

정답 ①

3 용접성 시험

(1) 용접 균열 시험

1) T형 필릿 균열 시험

① 수직판의 양끝을 밑판에 가용접한 후 한쪽에 필릿 용접을 하고, 계속해서 반대편을 용접하면서 균열 상태를 관찰하는 시험법
② 연강 및 고장력강, 스테인리스강 용접봉의 고온 균열 시험에 쓰인다.

2) 리하이 구속 균열 시험

① 주변에 가공하는 슬리트 길이를 변경시킴으로써 시험 비드에 미치는 열적 조건(냉각 속도)을 같게 하면서 역학적 구속을 바꾸어 균열 시험을 한다.
② 엄격한 시험으로 루트부에서 비드의 중앙을 통해 고온 균열 또는 저온 구속 균열이 검출된다.

3) 바텔 비드 밑 균열 시험

① 소형 시험편 표면에 소정의 조건으로 비드를 붙이고 24시간 방치한 다음 절단하여 비드의 길이에 대한 비(%)로 균열을 검사한다.
② 저합금강의 비드 밑 균열 시험에 쓰인다.

4) 휘스코 균열 시험

① 지그에 맞대기 용접 시험편을 볼트로 단단히 붙인 다음 비드를 놓아 균열 여부를 조사하는 고온 균열 시험
② 재현성이 좋고 시험재를 절약할 수 있다.

5) 분할형 원주 홈 균열 시험

① 한 변의 길이 50mm의 정사각형 시편 4개를 가접한 후 원주 홈을 파서 지름 4mm 용접봉으로 S점에서 F점까지 속도 150mm/min으로 시계 방향으로 비드를 붙인 후 냉각시켰다가 나머지 원주를 용접한 다음 분할편을 찢어서 비드 파면 내의 균열을 조사하는 시험이다.

예·상·문·제·01

다음 중 용접 균열 시험법이 아닌 것은?

① 리하이형 구속 균열 시험
② 피스코 균열 시험
③ CTS 균열 시험
④ 코메렐 균열 시험

정답 ④

해설 용접 균열 시험에는 '①, ②, ③' 외에 T형 필릿 균열 시험, 바텔 비드 밑 균열 시험 등이 있다.

(2) 용접부 연성 시험

용접부 연성 시험의 대표적인 시험법은 맞대기형 굽힘 시험법이다.

1) 코머렐 시험

① KS B 0861 규정, 중요한 세로 비드 굽힘 시험으로, 규정 시험편의 판 중앙 홈에 용접 비드를 붙인 후 매분 75mm 속도로 롤러 굽힘을 하여 시험
② 이 때 굽힘각에 비례하여 변형 발열하여 온도가 상승하며 용접금속 또는 열영향부에 균열이 발생하게 된다.

2) 킨젤 시험

① KS B 0862에 규정, 200×75×19mm의 표면에 세로 비드 놓기를 하여 이에 직각으로 V 노치를 붙인 시험편을 굽혀 용접부의 연성, 균열 등을 조사하는 세로 비드 노치 굽힘 시험법
② 용접하지 않은 모재도 시험할 수 있다.

3) 재현 열영향부 시험

① 직경 7mm의 저합금 고장력강 환봉 시편에 대전류를 흐르게 하여 그 온도 변화가 아크용접 열영향부 본드의 가열 냉각열 사이클과 동일하도록 재현 장치를 써서 열영향부의 재현 열영향부를 인장 시험한다.
② 연성을 조사하는 방법이다.

4) 연속 냉각 변태 시험(CCT 시험)

① 저합금 고장력강 열영향부의 연성을 조사하는 방법
② 급속 가열한 환봉 시험편을 여러 가지 속도로 냉각하여 변태의 생성과 종료 온도를 구하고 실온에서 경도와 조직 시험 및 굽힘 충격 시험을 하는 것이다.

5) IIW 최고 경도시험

① 강판 위에 용접 조건은 아크 전압 24V±4V, 아크 전류 170A±10A, 용접 속도 150±10mm/min으로 비드 용접을 하고, 그 직각 단면 내의 본드와 최고 경도를 측정하는 방법
② 국제용접학회와 KS B 0893으로도 규정되고 있다.

·······예·상·문·제·01·······

다음의 용접성 시험 중 용접부 연성 시험방법이 아닌 것은?

① 샤르피 충격시험
② IIW 최고 경도 시험
③ 킨젤 시험
④ 코머렐 시험

정답 ①

해설 샤르피 충격 시험은 노치 취성 시험에 해당된다.

·······예·상·문·제·02·······

KS B 0862에 규정에 의해 200×75×19mm의 표면에 세로 비드 놓기를 하여 이에 직각으로 V 노치를 붙인 시험편을 굽혀 용접부의 연성, 균열 등을 조사할 수 있으며, 용접하지 않은 모재도 시험할 수 있는 시험법은?

① 재현 열영향부 시험
② IIW 최고 경도 시험
③ 킨젤 시험
④ 코머렐 시험

정답 ③

(3) 노치 취성 시험

1) 샤르피 충격 시험

구조용강의 노치 취성 시험에 V 노치(아이죠드 노치)가 세계 각국에서 공통적으로 쓰이고 있다.

2) 슈나트 시험

① 샤르피 충격 시험편의 압축 측을 일부 제거하고 그 대신 경도가 높은 원주로 바꾼 것
② 노치 선단의 반경을 여러 가지로 바꾸어 예리한 것과 둔탁한 것이 쓰인다.

3) 2중 인장 시험

① 시험편 좌측을 잡아당겨서 취성 균열을 발생시키고 균열이 우측의 본체를 관통하는지를 조사하는 시험
② 균열 발생에 충격력을 쓰지 않아도 되며, 실제의 취성 파괴의 발생 조건에 가까운 방법의 하나이다.

4) 카안 인열 시험

① 시험편을 판 구멍에 삽입한 핀으로 잡아당겨 파괴시켜서 파면 상황을 조사하는 시험
② 티퍼 시험과 같이 파면 천이 온도가 높게 나타나며, 대형 광폭 노치 시험편의 천이 온도와 거의 일치하는 것이 인정되고 있다.

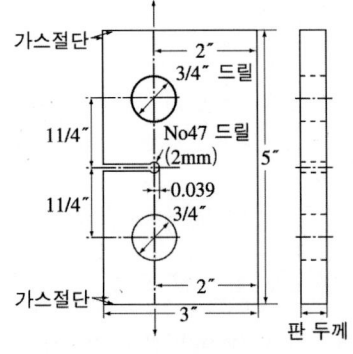

[카안 인열 시험]

5) 로버트슨 시험

① 시편 좌측 노치부를 액체 질소로 냉각하고 우측면을 가스열로 가열하여 거의 직선적으로 온도

구배를 주고 어떤 하중을 가한 상태에서 좌단 노치부에 충격을 가해서 취성 균열을 발생시켜서 우진히는 균열이 정지하는 위치를 조사하는 시험

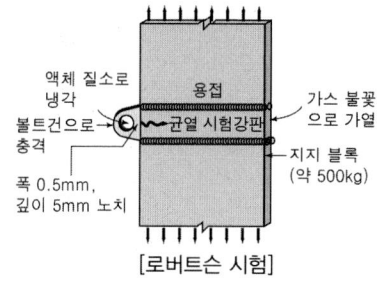

[로버트슨 시험]

6) 반데어 비인 시험

① 판의 측면에 프레스 노치를 붙여 굽힘 시험하고, 최대 하중시의 시험편 중앙의 처짐이 6mm가 되는 온도를 연성 천이 온도로 하고, 연성 파면의 깊이가 32mm(판폭의 중앙)가 되는 온도를 파면 천이 온도로 하는 노치 굽힘 시험이다.

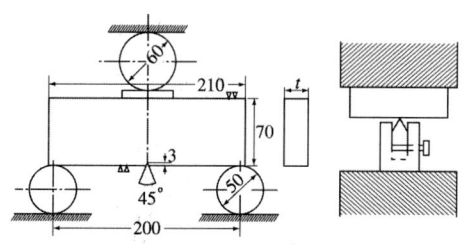

[반데어 비인 시험]

7) DWT(낙중) 시험

① 강판 표면에 덧붙이용의 딱딱하고 부서지기 쉬운 비드를 놓고 이것에 예리한 노치를 붙여 반대측에서 무게 27kg의 중추를 1.83m 높이에서 낙하시켜 파단한다.
② 이때 뒷면에 스토퍼를 두어 굽힘각이 2°를 넘지 않도록 하여 그 범위 내에서 취성 파단이 일어나게 되는 한계 온도를 연성 천이 온도라고 부른다.

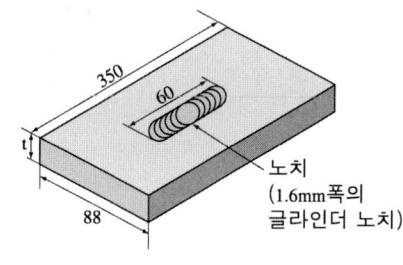

[DWT(낙중) 시험]

················· 예·상·문·제·01

용접성 시험 중 노치취성 시험방법이 아닌 것은?

① 샤르피 충격시험 ② 슈나트 시험
③ 카안인열 시험   ④ 코머렐 시험

정답 ④

해설 코머렐 시험 : 시험편의 표면에 반원형의 작은 홈을 만들고, 그 위에 일정한 조건으로 용접 비드를 만들어 정해진 지그(jig)를 사용하여 구부려서 용접부의 연성을 시험하는 방법

SECTION 03 용접 작업 안전

01. 일반 안전

1 작업 복장과 보호구

(1) 작업 복장

① **작업복** : 신체에 맞고 가벼운 것, 상의의 끝이나 바지 자락이 말려 들어가지 않도록 잡아 맬 수 있는 것, 기름이 묻지 않은 깨끗한 것이 좋다.
② **작업모** : 작업에 맞는 모자나 안전모를 쓰며, 머리카락을 완전히 감싸도록 한다.
③ **신발** : 작업 내용에 따라 가죽, 고무, 정전기 안전화, 절연화, 발등 안정화 등을 사용한다.

(2) 보호구

1) 보호구의 구비 조건

① 구조와 끝마무리가 양호하며, 손질하기 쉽고, 착용이 간편하며, 작업에 방해가 안될 것
② 사용 목적에 적합하며, 위험, 유해 요소에 대한 방호성이 충분하고, 품질이 좋으며, 사용자에게 잘 맞을 것

2) 보호구 종류

① **보안경** : 철분, 칩, 모래 등이 날리는 작업(연삭, 선삭, 목공 기계 가공)에 사용한다.
② **차광 보호 안경** : 용접 작업으로 불티나 유해 광선이 나오는 작업에 사용한다.
③ **방진 마스크**
　㉠ 먼지가 많은 장소, 해로운 가스(납, 비소 등)가 발생하는 작업을 할 경우 사용한다.
　㉡ 산소가 16% 이하로 결핍되었을 때는 산소 마스크를 사용한다.
④ **장갑** : 용접 작업에는 고열에 견딜 수 있는 가죽 장갑 등을 사용하며, 작업 내용에 따라 적당한 것을 사용한다. 그러나 선반, 드릴, 목공 기계, 연삭, 해머 작업, 정밀 기계 작업 등에는 착용을 금한다.
⑤ **안전모**
　㉠ 높은 곳의 물건 낙하, 추락, 충돌할 때 머리를 보호할 수 있는 안전모를 반드시 착용한다.
　㉡ 안전모의 상부와 머리 상부 사이의 간격은 25mm 이상 유지해야 된다.

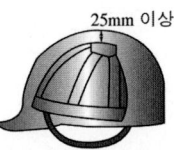
[안전모]

·······································예·상·문·제·01

용접용 안전 보호구에 해당 되지 않는 것은?

① 치핑해머　　② 용접헬멧
③ 핸드실드　　④ 용접장갑

정답 ①

해설 치핑해머는 안전 보호구가 아니고 용접공구이다.

·······································예·상·문·제·02

안전모의 일반구조에 대한 설명으로 틀린 것은?

① 안전모는 모체, 착장체 및 턱끈을 가질 것
② 착장체의 구조는 착용자의 머리부위에 균등한 힘이 분배되도록 할 것
③ 안전모의 내부수직거리는 25mm 이상 50mm 미만일 것
④ 착장체의 머리 고정대는 착용자의 머리부위에 고정하도록 조절할 수 없을 것

정답 ④

해설 착장체의 머리고정대는 착용자의 머리부위에 고정하도록 조절할 수 있어야 한다.

2 통행과 운반

(1) 통행시 안전

1) 통행시 안전 수칙

① 통행로 위의 높이 2m 이하에는 장애물이 없도록 하며, 작업장에서 뛰지 말 것
② 기계와 다른 시설물 사이의 통행로 폭은 80cm 이상으로 할 것
③ 한눈을 팔거나 주머니에 손을 넣고 걷지 말며, 통로가 아닌 곳은 다니지 말 것
④ 우측 통행 규칙을 지키고, 작업자나 운반자에게 통로를 양보할 것

2) 통행로에 계단 설치시 고려 사항

① 견고한 구조로 하며, 높이 3m를 초과할 때에는 높이 3m마다 계단 참을 설치할 것
② 각 계단의 간격과 나비는 동일하게 하며, 적어도 한쪽에는 손잡이를 설치할 것

(2) 운반 안전

1) 운반 안전 수칙

① 운반차는 규정 속도를 지키며, 승용석이 없는 운반차는 승차하지 말 것
② 운반시 시야를 가리지 않게 쌓으며, 긴 물건에는 끝에 표지를 단 후 운반할 것
③ 통행로와 운반차, 기타의 시설물에는 안전 표지색을 이용한 안전 표지를 할 것

2) 작업하기 전 점검 사항

기계, 공구의 기능 상태, 가스 누설이나 폭발 위험 여부, 전기 장치의 이상 유무, 작업장 조명 상태, 주변의 위험 요소, 정리 정돈 상태 등을 확인한다.

예·상·문·제·01

통행과 운반 관련 안전 조치로 가장 거리가 먼 것은?

① 뛰지 말 것이며, 한눈을 팔거나 주머니에 손을 넣고 걷지 말 것
② 기계와 다른 시설물과의 사이의 통로로 폭은 80cm 이상으로 할 것
③ 운반차를 제외한 다른 차량은 규정 속도를 지키고 운반시 시야를 가리지 않게 할 것
④ 통행로와 운반차, 기타 시설물에는 안전 표지색을 이용한 안전 표지를 할 것

정답 ③

해설 운반 차량도 규정 속도를 지켜야 된다.

3 기계 작업 안전

(1) 일반 및 수공구류 안전 수칙

① **일반안전** : 공구에 기름, 물 등이 묻지 않은 것을 사용하며, 공구, 기계는 사용 후 정리 정돈을 하고, 주변을 깨끗이 한다.

(2) 수공구류의 안전 수칙

1) 해머 작업

장갑을 끼지 말며, 대형 해머를 사용시 능력에 맞게 사용하며, 좁은 곳에서 사용하지 않는다.

2) 정 작업

① 기름이 묻은 것은 깨끗이 닦은 후에 사용하며, 머리가 벗겨진 것은 사용하지 말 것
② 따내기 작업을 할 때는 보안경을 착용하며, 절단시 조각의 비산에 주의할 것
③ 정을 잡은 손의 힘을 빼며, 날 끝이 결손된 것이나 둥글어진 것은 사용하지 말 것
④ 정 작업은 처음에는 가볍게 두들기고 목표가 정해진 후에는 차츰 세게 할 것

⑤ 담금질한 재료를 정으로 치지 말 것이며, 절단면을 손가락으로 만지거나 절삭 칩을 손으로 제거하지 말 것

3) 드라이버 작업

① 드라이버는 홈에 맞는 것을 쓰며, 작업 중 드라이버가 빠지지 않도록 할 것
② 드라이버의 이가 상한 것을 쓰지 말 것
③ 전기 작업에는 절연된 것, 전기의 통전을 점검할 때는 검전 드라이버를 사용할 것

4) 스패너, 렌치 작업

① 해머 대용으로 사용하지 말며, 너트에 꼭 맞게 사용하고, 작은 볼트에 너무 큰 것을 사용하지 말며, 스패너에 파이프를 끼우거나 해머로 두들겨서 돌리지 말 것
② 사용시 몸 앞으로 잡아당길 것이며, 스패너와 너트 사이에 물림쇠를 끼우지 말 것

4 다듬질 작업 안전

(1) 바이스 및 줄 작업 안전

1) 바이스 작업

① 조의 중심에 공작물이 오도록 하며, 체결한 후에는 핸들이 아래로 향하게 할 것
② 바이스에 재료, 공구 등을 올리지 말며, 조(jaw)의 기름을 잘 닦아낼 것
③ 바이스는 이가 꼭 맞게 하며, 작업 중 바이스를 자주 조일 것

2) 줄 작업 안전

① 줄 자루는 소정의 크기의 것을 선택하고, 자루를 확실하게 고정하여 사용할 것
② 줄을 레버나 잭 핸들 또는 해머 대신으로 사용하지 말 것
③ 칩을 입으로 불거나 맨손으로 털지 말고 반드시 브러시로 털 것

(2) 쇠톱 작업

① 쇠톱 자루와 태의 선단을 잘 붙들고 좌우로 흔들리지 않도록 작업할 것
② 작업 중 쇠톱이 부러져서 상처를 입지 않도록 하며, 절삭이 끝날 무렵에는 힘을 빼고 가볍게 사용할 것

5 주요 기계 작업 안전

(1) 공작 기계 및 선반, 밀링 작업 안전

1) 공작 기계 일반 안전 수칙

① 기계 위에 공구나 재료를 올려놓지 말며, 기계의 회전을 손이나 공구로 멈추지 말 것
② 이송 중에 기계를 정지시키지 말며, 가공물, 절삭 공구의 설치를 확실히 할 것
③ 칩을 제거할 때는 브러시나 칩 클리너를 사용하고, 맨손으로 하지 말 것
④ 칩이 비산할 때는 보안경을 쓰며, 절삭 중 절삭면에 손이 닿지 않도록 할 것
⑤ 절삭 중이나 회전 중에는 공작물을 측정하지 말 것

2) 선반 작업 안전 수칙

① 가공물은 전원 스위치를 끄고 설치하며, 바이트는 기계를 정지시킨 후 설치할 것
② 돌리개는 적당한 크기의 것을 선택하고 심압대 스핀들이 많이 나오지 않도록 할 것
③ 공작물의 설치가 끝나면 척, 렌치류는 곧 빼어 놓을 것
④ 편심된 가공물을 설치할 때는 균형 추를 부착할 것

3) 밀링 작업 안전 수칙

① 절삭 공구 설치시 시동 레버와 접촉하지 않도록 할 것
② 공작물 설치시 절삭 공구의 회전을 정지하며, 가공 중에 얼굴을 가까이 대지 말 것
③ 칩이 비산하는 재료는 커터 부분에 커버를 하거나 보안경을 착용할 것

(2) 연삭, 드릴 작업 안전

1) 연삭 작업 안전 수칙

① 숫돌차 안지름은 축지름보다 0.05~0.15mm 정도 크며, 플랜지는 좌우 같은 것을 사용하고 숫돌 바깥지름의 1/3 이상의 것을 사용할 것
② 플랜지와 숫돌 사이에는 플랜지와 같은 크기의 패킹을 양쪽에 끼우고 너트를 너무 강하게 조이지 말 것
③ 숫돌은 반드시 지정된 사람이 설치하며, 설치 전에 균열 유무를 확인할 것
④ 숫돌과 받침대의 간격은 항상 3mm(1.5mm 정도) 이하로 유지할 것
⑤ 공작물은 받침대로 확실하게 고정하며, 소형 숫돌은 측압이 약하므로 측면 사용을 피할 것(컵형 숫돌은 예외)
⑥ 시운전시 숫돌은 3분 이상, 작업 개시 전에는 1분 이상 공회전한 후 사용할 것
⑦ 공작물과 숫돌은 조용하게 접촉하고 무리한 압력으로 연삭하지 말 것

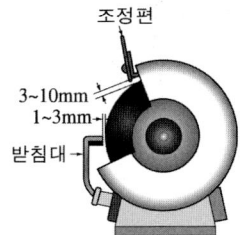

[연삭 숫돌 안전]

2) 드릴 작업 안전

① 드릴을 고정하거나 풀 때는 주축이 완전히 멈춘 후에 할 것
② 드릴은 양호한 것을 사용하고, 생크에 상처나 균열이 있는 것은 사용하지 말 것
③ 작은 물건은 바이스나 고정구로 고정하고 직접 손으로 잡지 말 것
④ 회전하고 있는 주축이나 드릴에 손이나 걸레를 대거나 머리를 가까이 하지 말 것
⑤ 얇은 물건을 드릴 작업할 때는 밑에 나무 등을 놓고 구멍을 뚫을 것
⑥ 가공 중 드릴이 가공물에 박히면 바로 기계를 정지시키고 손으로 돌려서 드릴을 뽑을 것
⑦ 구멍이 거의 뚫릴 무렵에는 가공물이 회전하기 쉬우므로 이송을 느리게 할 것

(3) 프레스(전단기) 작업 안전

1) 프레스 작업 안전 수칙

① 기계의 사용 방법을 완전히 익힐 때까지 함부로 기계에 손대지 말 것
② 손질, 수리, 조정 및 급유시에는 기계를 멈춘 후 실시할 것
③ 패달을 불필요하게 밟지 말며, 2명 이상이 작업할 때는 신호를 정확하게 할 것
④ 운전 중 램 밑에 손이 들어가지 않도록 하며, 작업이 끝난 후엔 반드시 스위치를 끌 것

2) 프레스 안전 장치의 종류

① 광전자식
  ㉠ 급정지 장치가 없는 구조의 프레스는 사용을 금하며, 프레스 정지 기능에 알맞은 안전거리가 확보되야 한다.
  ㉡ 안전울 또는 가이드를 병행하여 사용한다.
  ㉢ 스트로크 적정 길이에 따라 광축수가 알맞아야 한다.
② 양수 조작식
  ㉠ 1행정 1정지 기능이 있는 프레스에 사용한다.
  ㉡ 양수버튼의 거리는 300mm 이상이고, 양손으로 동시에 0.5초 이내 버튼을 눌렀을 때만 작동할 것
③ 기타 손 쳐내기식, 수인식 방호 장치가 있다.

───────── 예·상·문·제·01

다음 중 프레스의 안전 장치로 적당하지 않은 방식은?

① 광전자식 ② 양수 조작식
③ 손 쳐내기식 ④ 전격 방지기식

정답 ④

해설 프레스 안전 장치에는 '가, 나, 다' 외에 수인식 방호 장치 등이 있다.

02 산업 안전

1 산업 재해

(1) 재해와 안전

1) 재해
① 사고의 결과로 인해 인간이 입는 인명과 재산상의 손실을 말한다.
② 우리나라에서는 근로자가 업무 수행상 그 업무로 말미암아 부상 또는 질병에 걸리거나 사망하는 것을 말한다.

2) 국제노동기구(ILO)의 정의
근로자가 물체와 물질 또는 타인과 접촉하여 또는 물체나 작업 조건 속에 몸을 두었기 때문에, 근로자의 작업 동작 때문에 사람에게 상해를 주는 것

3) 안전(安全)
직·간접으로 인명 및 재산상의 손실을 가져오는 산업 재해를 사전에 막기 위한 여러 가지 활동

(2) 재해 원인과 상호 관계

1) 인적 원인
① **심리적 원인** : 무리, 과실, 난폭, 흥분, 소홀, 숙련도 부족, 고의 등
② **생리적 원인** : 체력의 부작용, 질병, 신체 결함, 음주, 수면 부족, 피로 등
③ **기타** : 복장 상태, 공동 작업 등

2) 물적 원인
① **건물 환경** : 환기 불량, 조명 불량, 좁은 작업장, 통로 불량
② **설비** : 안전 장치 불량, 고장난 기계, 불량한 공구, 부적당한 설비

(3) 산업 재해의 발생 원인
① **불안전한 행동** : 인간의 작업 행동의 결함(전체 재해의 54%), 무리한 행동(18%), 필요 이상 급한 행동(15%), 위험한 자세·위치 동작(8%), 작업 상태 미확인(6%)
② **불안전한 상태** : 기계 설비 및 장치 등의 결함(46%), 보전 불비(17%), 안전을 고려하지 않은 구조(15%), 안전 커버가 없는 설비(6%), 통로·작업장 협소(7%)

(4) 산업 재해의 경향
① **재해의 계절** : 재해가 가장 많은 계절은 여름(7~8월), 재해가 가장 많이 일어나는 날은 휴일 다음 날
② **작업시간** : 하루 중 가장 사고가 많이 발생하는 시간은 오후 3시경으로, 피로가 많이 오는 시간
③ **장치** : 재해가 가장 많은 작업은 운반 작업, 재해가 가장 많은 전동 장치는 벨트
④ **재해와 숙련도** : 경험이 1년 미만인 근로자의 사고가 많다.
⑤ **위험 작업** : 제조업 분야가 가장 많고, 다음이 건설업이다.
⑥ **나이별 재해 경향** : 50세 이상이 6.1%, 30~49세 사이가 49.5%(2.5%), 20~29세 사이가 33.3%(3.3%), 18~19세가 7.7%이다. 여기서 ( )안은 1년 단위로 환산한 %이다.

······················ 예·상·문·제·01

재해와 숙련도 관계에서 사고가 가장 많이 발생하는 근로자는?

① 경험이 1년 미만인 근로자
② 경험이 3년인 근로자
③ 경험이 5년인 근로자
④ 경험이 10년이 근로자

> **정답** ①
> **해설** 경험이 적은 작업자가 숙련자보다 안전사고가 많이 일어난다.

2 산업 재해율

(1) 재해 발생 빈도

1) 연천인율

① 근로자 1000명이 1년간 작업하는데 몇 사람의 비율로 산업 재해가 발생했는가를 알아보는 척도
② 출석률, 작업 시간은 고려하지 않은 상태이다.

$$연천인율 = \frac{재해\ 건수}{평균\ 근로자\ 수(재적\ 인원)} \times 1000$$

················ 예·상·문·제·01

평균 근로자 수가 200명인 직장에서 8명의 재해자가 발생했다면 연천인율은?

해설 연천인율 $= \frac{8}{200} \times 1000 = 40$

(근로자수 1000명당 40명의 재해자 발생한다는 뜻)

2) 도수율(F.R)

① 연 근로시간 100만(10^6) 시간당 산업 재해가 몇 건 일어났는가를 알아보는 척도
② ILO에서 국제간 또는 국내 타 기업 간의 산업 재해 빈도의 비교 척도로 채용한다.

$$도수율 = \frac{재해\ 발생\ 건수}{연\ 근로\ 시간\ 수} \times 10^6$$

················ 예·상·문·제·02

350명의 근로자가 있는 공장에서 연간 15건의 재해가 발생했다. 1일 8시간 연간 300일 근무한다면 도수율은 얼마인가?

해설 ① 연 근로 시간 수 = 350명×8시간×300일
   = 840,000시간
② 도수율 $= \frac{15}{840000} \times 1000000 = 17.86$

(연 근로시간 100만 시간 중에 18 발생)

3) 연천인율과 도수율과의 관계

$$연천인율 = 도수율 \times 2.4, \quad 도수율 = \frac{연천인율}{2.4}$$

(2) 재해 발생 손실 정도

1) 강도율

① 강도율 1.50이란 근로 시간 1000시간 중에 재해로 인해 1.5일의 손실이 있었다는 의미로, 재해의 경중을 나타낸다.
② 도수율과 더불어 ILO(국제노동기구) 회의에서 채택한 재해의 손실 정도를 나타낸 것이다.

$$강도율 = \frac{근로\ 손실일\ 수}{연\ 근로\ 시간\ 수} \times 1000$$

················ 예·상·문·제·01

다음 중 재해 발생에 의한 손실 정도를 나타내는 것은?

① 재해율   ② 강도율
③ 연천인율   ④ 도수율

정답 ②

해설 재해 발생의 빈도 : 연천인율, 도수율
재해 발생에 의한 손실 정도 : 강도율

3 안전 표지와 색채

(1) 녹십자 표지

① 녹십자 표지는 1964년 노동부 예규에 따라 산업 안전의 상징으로 쓰이게 되었다.
② 산업 안전 관리에 대한 기업주의 각성을 촉구하고 근로자의 주의를 환기시키기 위한 표지

(2) 안전 표시와 색채 사용도

① **안전 관리의 중요성(필요성)** : 안전 관리란 재해로부터 인명과 재산을 보호하여 작업에 대한 불안을 제거해 주어 작업에 대한 열의와 애착을 갖게

하는 것으로, 생산 감소에 따른 모든 손실 방지와, 재산의 피해를 제거해줌으로써 보다 안정된 이윤 보장이 보장된다.

② 안전·보건표지의 종류와 색채 (2011.3.3. 개정)

분류	표지의 종류	관련 색채
금지 표지	출입, 보행, 차량통행, 사용, 탑승금지, 금연, 화기, 물체이동 금지	1. 바탕 : 흰색, 기본모형 : 빨간색 2. 관련 부호 및 그림 : 검은색
경고 표지	1. 방사성, 고압전기, 낙하물체, 고온, 저온, 레이저광선, 위험장소, 몸균형 상실 2. 인화, 폭발, 부식, 급성·전신·생식독성, 발암·호흡과민성물질 경고	1. 바탕 : 노란색, 기본 모형, 관련 부호, 그림 : 검은색 2. 바탕 : 무색, 기본모형 : 빨간색(검은색도 가능)
지시 표지	보안경, 방독마스크, 방진마스크, 보안면, 안전모, 귀마개, 안전화, 안전장갑, 안전복 착용	1. 바탕 : 파란색, 2. 관련 그림 : 흰색
안내 표지	녹십자표지, 응급구호표지, 들것, 세안장치, 비상용기구, 비상구	1. 바탕 : 흰색, 기본모형, 부호 : 녹색, 3. 관련 부호 및 그림 : 흰색
출입 금지 표지	금지유해물질, 허가대상 유해물질 취급, 석면취급 및 해체·제거	1. 글자 : 흰색바탕에 흑색 2. 적색 : (○○제조/사용/보관 중, 석면 취급/해체중, 발암물질 취급중)

③ '안전제일' 표의 내용 : 미국 철강회사의 게리(Gary) 사장에 의해 시작했으며, 제창 초기에는 [품질 제1, 생산 제2, 안전 제3] 이었으나, 후에 [안전 제일(1), 품질 제2, 생산 제3]으로 개선되었다.

························· 예·상·문·제·01

안전, 보건표지의 색채, 색도기준 및 용도에서 비상구 및 피난소, 사람 또는 차량의 통행표지에 사용되는 색채는?

① 빨간색　　② 노란색
③ 녹색　　　④ 흰색

정답 ③

해설 녹색 : 안전지도, 위생표시, 대피소, 구호표시, 진행 등

4 작업 환경과 조건

(1) 작업 환경

1) 채광

① 자연 광선이 태양 광선(4500lx)에 의해서 조명을 얻는 경우를 말한다.
② 창의 크기는 바닥 면적의 1/5 이상, 천정 창은 벽창에 비하여 약 3배가 되어야 채광 효과를 갖는다.

2) 조도

① 빛을 받는 면의 밝기를 말하며, 단위는 lux(룩스) 이다.
② 조도의 기준은 적당한 밝기, 밝기의 고름, 눈부심이다. 옥내의 최저 조도는 30~50lx 정도 유지해야 한다.

[조도의 기준]

공장		사무실	
장소	조도(표준)(lx)	장소	조도(lx)
초정밀 작업	1500~3000 (2000)	계산, 표장, 진열대	600~1500 (1000)
정밀 작업	600~1500 (1000)	일반 사무, 강의실	300~600 (400)
보통 작업	300~600 (400)	용접, 회의, 상담실	150~300 (200)
거친 작업	60~150 (100)	로비, 휴게실	50~150 (100)

3) 환기, 환풍

① 작업장의 가장 바람직한 온도
　㉠ 여름 : 25~27℃
　㉡ 겨울 : 15~23℃
② 바람직한 상대 습도 : 50~60%

③ **온도와 재해 빈도** : 작업 환경에 있어서 온도가 17~23℃ 정도일 때 재해 발생 빈도가 적고, 그보다 낮아져도 증가하며, 그보다 온도가 높아지면 증가 빈도가 더욱 현저하다.
④ **감각 온도(ET)** : 기온, 습도, 기류 3가지로 분류하며, 쾌적한 감각 온도는 다음과 같다.
  ㉠ 정신적 작업 : 60~65ET
  ㉡ 가벼운 육체 작업 : 55~65ET
  ㉢ 육체적 작업 : 50~62ET
⑤ **불쾌지수**
  ㉠ 기온과 습도의 상승 작용에 의해 인체가 느끼는 감각 정도를 측정하는 척도이며, 감각 온도를 변형한 것으로 다음과 같이 계산한다.

$$\text{불쾌 지수(EMR)} = \frac{\text{작업 소비 에너지} - \text{안정한 때의 소비 에너지}}{\text{기초 대사}}$$

섭씨(℃)인 경우 불쾌지수
$= 0.72 \times (t_a + t_w) + 40.6$

t_a : 건구 온도 t_w : 습구 온도

  ㉡ 보통 불쾌지수가 70 이하인 때 쾌적함을, 70 이상이면 불쾌감을, 75 이상이면 과반수 이상의 사람들이 불쾌감을 호소하며, 80 이상은 모든 사람들이 불쾌감을 느낀다.

4) 소음

① 일반적으로 듣는 사람에게 불쾌감을 주는 소리가 소음이다.
② 높은 소음은 청력 손실(장애), 대화 방해, 기분 나쁜 자극, 괴로움, 스트레스 등 유발, 혈액 순환에도 영향을 준다.
③ 허용 한계값은 85~95dB 정도이며, 이 수준에서 하루에 5시간 이상 폭로가 지속되면 청력 장애를 초래할 위험이 있으며, 폭발음에 의해 청력 손실이 유발될 수 있다.

(2) 작업 조건에 의한 병(직업병)

① **소음에 의한 질병** : 난청(제관공, 조선공, 기관차 운전자 등), 위장 장애(제관공 등)
② **분진에 의한 질병** : 규폐증(주물공, 채석공, 연마공 등), 피부염 또는 발열(철선공 등), 납 중독(인쇄공, 도장공, 축전지 취급공 등)
③ **유해 가스에 의한 질병** : 금속 증기열에 의한 피부 손상(용접사, 주물공, 열처리공 등), 벤젠 중독(염료 제조공, 도장공 등), 일산화탄소 중독(자동차 정비사, 화부 및 제철공 등)
④ **방사선 및 광선에 의한 질병** : 생식 불능(X선 취급사), 안염(용접사)
⑤ **작업 불규칙에 의한 질병** : 불면증(야간 근로자), 위장병(야간 근로자, 무리한 작업),
⑥ **이상 온도에 의한 질병** : 신경통(냉동 작업자), 심장병(화부, 제철공, 단조공), 열사병(제철공, 조선공, 화부, 토목 인부, 농부 등)

······················· 예·상·문·제·01

일반 작업장의 소음의 허용 한계값은 얼마로 정하고 있는가?

① 65~75dB ② 75~85dB
③ 85~95dB ④ 95~105dB

정답 ③

해설 허용 한계값은 85~95dB로 정하고 있으며, 그 이상으로 연속적으로 발생하는 소음은 청력에 손상을 주게 된다.

5 화재 및 폭발 재해

(1) 화재 및 폭발

1) 화재

어떤 물질이 산소와 결합하면서 열을 방출하는 산화 반응

① **화재 발생 조건(구성 요소)** : 가연성 물질, 산소, 점화원이 필수이며, 어느 하나라도 제거해도 화재는 발생하지 않는다.

2) 화재의 분류

① **A급 화재(일반 화재)** : 연소 후 재를 남기는 화재 (종이, 목재, 석탄 등)

② **B급 화재(유류 화재)** : 액상 또는 기체상의 연료성 화재(휘발유, 벤젠 등)
③ **C급 화재(전기 화재)** : 전기 에너지가 발화원이 되는 화재, 전기 시설의 화재
④ **D급 화재(금속 화재)** : 금속 칼륨, 금속 나트륨, 유황, 탄산 알루미늄 등의 화재
⑤ **E급 화재(가스 화재)** : 가연성 가스에 의해 발화원이 되는 화재

3) 폭발

석유 화학, 정유, 가스 관련 공장 등에서 고온, 고압으로 폭발, 화재나 가스 중독의 위험이 크며, 대형 사고로 이어질 수 있다.

4) 폭발 한계

① **폭발 하한계** : 인화성 가스의 공기 중 농도가 폭발 한계 이상이면 점화원에 의해 폭발하게 되는데, 폭발이 일어날 수 있는 가장 낮은 공기 중 화학 물질의 농도
② **폭발 상한계** : 폭발이 일어날 수 있는 가장 높은 공기 중 농도

[중요 가스의 공기 중 폭발 한계]

가스 종류	폭발 하한계(V%)	폭발 상한계(V%)
수 소	4.0	74.5
프 로 판	2.1	9.5
아세틸렌	2.5	81.0
암모니아	15.0	28.0
부 탄	1.8	8.4

5) 방폭의 목적

① **1차 목적** : 산소와 혼합되어 화재나 폭발하게 하는 위험 물질의 생성과 확산을 방지, 억제, 제한하는 것
② **2차 목적** : 점화원이 되는 공장 설비 중에서 특별히 전기 설비에 의한 위험 정도의 활성화를 방지하는 것
③ **3차 목적** : 폭발이 일어난 후 그 폭발 규모가 산업 설비에 큰 위험을 주지 않을 정도의 조치를 취하는 것

(2) 화재 및 폭발 방지 대책

1) 화재 방지 대책

① 인화성 액체의 반응 또는 취급은 폭발 한계 범위 이외의 농도로 할 것
② 배관 또는 기기에서 가연성 증기의 누출 여부를 철저히 점검할 것
③ 필요한 곳에 화재를 진화하기 위한 방화 설비를 설치할 것
④ 대기 중에 가연성 가스를 누설 또는 방출시키지 말 것
⑤ 아세틸렌이나 LP 가스용접시에는 가연성 가스가 누설되지 않도록 할 것
⑥ 용접 작업 부근에 점화원을 두지 않도록 할 것

2) 가스 용기 취급상 주의 사항

① 가스 용기의 이동, 운반시 밸브를 확실히 잠그고 캡을 꼭 씌워 둘 것
② 가스 용기를 끌거나 전도, 충돌시키는 등의 난폭한 취급을 하지 말 것
③ 가연성 가스는 세워서 보관하며, 용기의 온도를 40℃ 이하로 유지할 것
④ 화기 사용 장소, 환기가 불충분한 장소, 위험물이나 다량의 가연성 물질의 제조나 취급하는 장소 등을 피하여 사용 및 저장할 것

(3) 소화기의 종류 및 용도

1) 소화 대책

소화기는 정기 점검하여 언제나 유효하도록 유지하며, 위험물이나 타기 쉬운 물질에 가까이 두지 말고, 발화 예상 장소에서 이용하기 쉬운 위치의 눈에 잘 띄는 장소에 배치하며, 실외에 설치할 때는 상자에 넣어 둔다.

[화재에 따른 소화기의 종류]

소화기 종류 화재	포말 소화기	분말 소화기	CO_2 소화기
A : 보통화재	적합	양호	양호
B : 기름화재	적합	적합	양호
C : 전기화재	부적합	양호	적합

·· 예·상·문·제·01

용접 작업과 관련한 화재예방 대책으로 가장 적합하지 않은 것은?

① 용접작업 중에는 반드시 소화기를 비치한다.
② 용접 작업은 가연성 물질이 있는 안전한 장소를 선택한다.
③ 인화성 액체가 들어 있는 용기나 탱크는 내부를 완전히 세척 후 통풍 구멍을 개방하고 작업한다.
④ 가스용접 장치는 화기로부터 5m 이상 떨어진 곳에 설치하여 작업한다.

정답 ②

해설 용접작업은 가연성 물질이 없는 안전한 장소를 선택한다.

·· 예·상·문·제·01

화재 및 폭발의 방지 조치사항으로 틀린 것은?

① 용접 작업 부근에 점화원을 두지 않는다.
② 인화성 액체의 반응 또는 취급은 폭발 한계범위 이내의 농도로 한다.
③ 아세틸렌이나 LP가스 용접시에는 가연성 가스가 누설되지 않도록 한다.
④ 대기 중에 가연성 가스를 누설 또는 방출시키지 않는다.

정답 ②

해설 인화성 액체의 반응 또는 취급은 폭발 한계범위 이상의 농도로 한다.

6 응급 및 구급 조치

(1) 응급 조치

1) 응급 조치의 3요소

① 응급 상황시 상처 보호, 쇼크 방지, 기도 유지를 말한다.
② 각종 안전 사고 발생시에 상해의 정도에 따른 적당한 응급 조치가 필요하다.

2) 현장에 비치할 구급 용품

① **기본 의료 기구** : 삼각 수건, 지혈봉, 부목, 붕대, 탈지면, 솜, 반창고, 가제, 가위, 핀셋 등
② **기본 의약품** : 알코올, 요드팅크, 암모니아수, 붕산수 등

(2) 구급 조치

1) 창상(절창, 열창, 찰과상)

① 상처 주위를 깨끗이 소독하고, 상처를 자극하지 말며 노출시킬 것
② 불결한 종이나 수건을 대지 말며, 먼지, 토사가 붙어 있을 때는 무리하게 떼어내지 말 것
③ 요드팅크 액을 바른 후 붕대로 감을 것

2) 타박과 염좌

요드팅크를 바르거나, 냉찜질을 할 것이며, 머리, 가슴, 배 부분은 의사의 치료를 받을 것

3) 출혈

혈액은 체중의 약 3.3%로서, 30% 이상 흘리면 위험, 50% 이상 흘리면 사망한다.

① **정맥 출혈(검붉은 색)** : 압박 붕대나 손에 거즈를 대고 누르면서 상처 부위를 높게 한다.
② **동맥 출혈(진분홍 색)** : 응급 조치로 지혈대나 압박 붕대, 지압법, 긴급 지혈법 등으로 지혈하며, 빨리 의사의 조치를 받아야 한다.

③ **피하 출혈** : 냉습포를 한 뒤에 온습포를 한다.

4) 화상

① 피하 조직의 생기력 상실시는 2도 화상의 응급 조치 후 즉시 의사의 진료를 받아야 한다.
② 화상 부위가 전신의 30%에 달하면 1도 화상이라도 생명이 위험하다.
③ **제1도 화상** : 피부가 붉고 쑥쑥 아픈 정도이며, 피부층 중의 가장 바깥 층인 표피의 손상만을 가져온 화상. 조치 방법은 냉찜질이나 붕산수에 찜질한다.
④ **제2도 화상** : 표피와 진피 둘 다 영향을 미친 화상으로, 피부가 빨갛게 되고 통증과 부어오름이 생기고, 물집이 생길 정도이며, 1도 화상과 비슷하다. 조치방법은 물집을 터트리지 말고, 응급 처치 후 일반 외과, 피부과, 또는 전문의의 치료를 받아야 한다.
⑤ **제3도 화상** : 표피, 진피, 하피까지 영향을 미쳐 피부가 검게 되거나 반투명 백색이 되어 위험하다.

―――――――――――― 예·상·문·제·01

다음 중 응급처치 구명 4대 요소에 속하지 않는 것은?

① 상처보호
② 지혈
③ 기도유지
④ 전문구조기관의 연락

정답 ④

해설 응급처치는 급한 상황에서 처리하는 처치로 기도유지, 지혈, 상처보호, 119에 연락

―――――――――――― 예·상·문·제·02

표피와 진피 둘 다 영향을 미친 화상으로, 피부가 빨갛게 되고 통증과 부어오름이 생기고, 물집이 생길 정도의 화상은 몇도 화상에 속하는가?

① 제1도 화상 ② 제2도 화상
③ 제3도 화상 ④ 제4도 화상

정답 ②

해설 제1도 화상 : 피부가 붉고 쑥쑥 아픈 정도이며, 피부층 중의 가장 바깥 층인 표피의 손상만을 가져온 화상

03. 용접 안전

1 아크용접 안전

(1) 아크 광선에 의한 재해

1) 전광성 안염

아크 광선에는 다량의 자외선과 소량의 적외선이 발생하며 직, 간접으로 눈에 들어오면 전광성 안염(전안염)이 생기고, 급성은 아크 빛을 받은 지 4~8시간 후 발병하며, 24~29시간만에 회복되나, 심하면 결막염을 일으키거나 실명할 수도 있다.

2) 피부 손상

아크는 강렬한 빛과 고온의 열 때문에 피부가 노출될 경우 피부가 붉게 되어 화상을 입게 되며, 벗겨지게 된다.

3) 안염, 피부 손상 방지 대책

반드시 용도에 맞는 작업복과 차광도가 적합한 차광렌즈가 부착된 헬멧이나 핸드 실드를 사용해야 한다.
① 교류 아크용접시 차광 렌즈는 10~11번, CO_2, MIG 용접은 12~13번을 사용한다.
② 눈이 가볍게 충혈된 경우 냉습포 등을 하며, 심한 경우 안과 전문의의 진료를 받는다.

(2) 전격에 의한 재해

1) 전격(감전)의 재해 주요 원인

① 1차측과 2차측의 노출된 케이블이나 홀더가 신체에 접촉될 때, 홀더에 용접봉을 물릴 때, 비가

오거나 젖은 장갑, 작업복을 입고 용접하는 경우
② 물이 묻은 상태에서 스위치 조작을 하거나, 전원 스위치를 켜두고 용접기를 수리할 때

2) 전격 방지 대책

① 교류 아크용접기는 검정 합격품인 자동 전격 방지를 설치한다.
② 전원 공급 장치는 규정대로 설치하며, 파손된 용접 홀더는 신품으로 교체한다.
③ 용접기 내부에 손을 넣지 않으며, 용접이 끝나거나 장시간 휴식시는 스위치를 차단한다.
④ 용접 작업 중 용접봉 끝부분 등이 충전부에 접촉되지 않도록 특히 유의한다.
⑤ 피복이 손상된 케이블은 절연 테이프로 감고, 손상이 심할 경우 신품으로 교체한다.
⑥ TIG 용접기 조작시 스위치를 누르면서 신체에 접촉 시키지 않는다.(고주파 발생 장치 회로에 고압 3000~5000V가 흐름)

(3) 가스 중독에 의한 재해

1) 가스 중독의 재해 원인

① **용접 흄(fume)** : 용접시 열에 의해 증발된 피복제(용제) 등의 물질이 냉각되어 생기는 미세한 소립자, 즉 오존, 질소 산화물, 일산화 탄소, 불화 수소, 산화철, 규산, 산화 망간, 불소 화합물, 산화 크롬, 납, 주석, 아연, 도료, 피막 성분의 열분해에 의한 생성물

2) 용접 흄, 유해 가스 제거를 위한 환기 대책

국소 배기 장치, 전체 환기 장치를 설치하며, 흄용 방진 마스크, 송기 마스크를 착용한다.

[국소 배기 장치]

―――――――――――――――――― 예·상·문·제·01

용접작업시 안전수칙에 관한 내용으로 틀린 것은?

① 용접헬멧, 용접보호구, 용접장갑은 반드시 착용해야 한다.
② 땀에 젖은 작업복을 착용하고 용접해도 무방하다.
③ 미리 소화기를 준비하여 작업 중에는 만일의 사고에 대비한다.
④ 환기가 잘되게 한다.

정답 ②

해설 땀에 젖은 작업복을 착용하고 용접하면 감전, 전기적충격 등의 안전사고가 발생할 수 있다.

―――――――――――――――――― 예·상·문·제·01

피복 아크 용접작업에 대한 안전사항으로 가장 적합하지 않은 것은?

① 저압 전기는 어느 작업이든 안심할 수 있다.
② 퓨즈는 규정된 대로 알맞은 것을 끼운다.
③ 전선이나 코드의 접속부는 절연물로서 완전히 피복하여 둔다.
④ 용접기 내부에 함부로 손을 대지 않는다.

정답 ①

―――――――――――――――――― 예·상·문·제·02

전기 용접작업의 안전사항 중 전격방지 대책이 아닌 것은?

① 용접기 내부는 수시로 분해 수리하고 청소를 하여야 한다.
② 절연 홀더의 절연부분이 노출되거나 파손되면 교체한다.
③ 장시간 작업을 하지 않을 시는 반드시 전기 스위치를 차단한다.
④ 젖은 작업복이나 장갑, 신발 등을 착용하지 않는다.

정답 ①

해설 용접기 내부는 정기적으로 점검하고 청소를 하여야 한다.

2 가스용접 및 절단의 안전

(1) 가스용접 및 절단의 안전

1) 가스 설비 취급 및 작업장 안전

① 산소 밸브, 호스는 기름이 묻지 않도록 하며, 가스 호스가 손상되지 않도록 하고, 호스 연결시 호스클립, 호스밴드 등 전용 접속구만 사용한다.
② 검사받은 압력 조정기를 사용하고, 가스 호스의 길이는 최소 3m 이상 되어야 한다.
③ 토치와 호스 연결부 사이에 역화 방지 장치가 실치된 것을 사용한나.
④ 가스 공급구의 밸브, 코크에는 사용자의 명찰을 부착 등 오조작 방지 조치를 한다.
⑤ 가스 집합 장치는 화기 설비로부터 5m 이상 떨어진 장소에 설치한다.
⑥ 도관에는 아세틸렌 관과 산소 관과의 혼동을 방지하기 위한 표시를 한다.

2) 가스용접 및 절단 작업 안전

① 작업 중 화상 방지를 위해 방화복, 가죽 앞치마, 가죽 장갑 등의 보호구를 착용한다.
② 시력 보호를 위한 적절한 보안경을 착용한다.
③ 작업을 중단하거나 작업장을 떠날 때에는 공급구의 밸브, 코크를 잠근다.
④ 작업을 하지 않을 때는 가스 호스를 해체하거나 환기가 충분한 장소로 이동시킨다.
⑤ 용접 작업시 화재가 발생하지 않도록 인화 물질과 충분한 이격 거리를 확보한다.
⑥ 탱크 내부 등에서 용접 작업을 할 때에는 탱크 내부의 산소 농도를 측정하여 산소 농도가 18% 이상이 되도록 유지하거나, 공기호흡기 등 호흡용 보호구를 착용한다.
⑦ 불꽃의 방향은 안전한 쪽을 향하고, 조심스럽게 취급하며, 절단 중에 시선은 절단면을 떠나지 않는다.
⑧ 가스 절단에 알맞은 보호구를 착용하며, 호스가 산화물에 손상되지 않도록 한다.

······ 예·상·문·제·01

가스용접 작업할 때 주의하여야 할 안전사항 중 틀린 것은?

① 가스용접을 할 때는 면장갑을 낀다.
② 작업자의 눈을 보호하기 위하여 차광유리가 부착된 보안경을 착용한다.
③ 납이나 아연합금 또는 도금재료를 가스 용접 시 중독될 우려가 있으므로 주의하여야 한다.
④ 가스용접 작업은 가연성 물질이 없는 안전한 장소를 선택한다.

정답 ①

해설 가스용접 작업을 할 때에는 가죽장갑을 착용한다.

(2) 가스용접 관계 안전 관리 법규

① 안전 관리자의 자격, 직무 기타 필요한 사항은 대통령령으로 정하며, 매시간당 200m³ 이하에서는 안전 관리자 1인을 둔다.
② 가연성 가스의 저장 용적 300m³ 이상은 고압가스 단속법에 적용하며, 수소, 산소 및 액화 석유가스 등을 사용시는 산업자원부령이 정하는 바에 따라 시장, 군수, 구청장에 신고해야 한다.
③ 아세틸렌 가스는 충전 후 24시간 저장한 뒤 15℃, $15.5kg_f/cm^2(1.52MPa)$가 되었을 때 운반 및 시판하며, 용기 보관 장소에는 충전 용기와 빈 용기를 구분하여 놓아야 된다.
④ 안전밸브는 그 성능이 용기 내압 시험 압력의 80% 이하의 압력에서 작동할 수 있는 것을 사용한다. 고압가스 충전 용기는 40℃ 이하의 온도에서 보관한다.
⑤ 아세틸렌의 내압 시험 압력은 최고 충전 압력 수치의 3배로 한다.
⑥ 아세틸렌 용기의 다공질 물질 충전은 다공도가 75~92% 미만의 경우 합격으로 한다.
⑦ 산소병의 시험 압력은 약 $250kg_f/cm^2(24.5MPa)$로 한다.

⑧ 압력 용기 성능 검사 유효 기간은 1년, 아세틸렌 장치의 성능 검사는 3년으로 한다.

··· 예·상·문·제·01

산소병의 내압 시험 압력은 얼마인가?

① 약 $100\text{kg}_f/\text{cm}^2$ ② 약 $150\text{kg}_f/\text{cm}^2$
③ 약 $200\text{kg}_f/\text{cm}^2$ ④ 약 $250\text{kg}_f/\text{cm}^2$

정답 ①

(3) 용접 중 화재, 폭발, 화상

1) 화재, 폭발 예방

용접 및 절단 작업은 화재 방지 설비가 되어 있고, 부근에 가연물이 없는 안전한 장소를 택하며, 작업 중에는 반드시 가까운 장소에 소화기를 비치해 둔다. 가연성 가스 또는 인화성 액체가 들어 있는 용기 등은 증기나, 열탕 물로 완전히 청소한 후 통풍 구멍을 개방하고 작업한다.

2) 용접 작업에 의한 화상

① **아크용접 중 화상의 원인** : 스패터 비산, 슬래그 제거 작업 중 뜨거운 슬래그 파편이 날아와 피부에 접촉한 경우, 용접부 및 그 부근의 모재에 직접 접촉 등이 있다.
② **가스용접 작업 중 화상의 원인** : 팁에 불을 붙이는 순간 화염에 의한 화상, 착화 취관의 조정 잘못으로 손이 흔들리거나 취관에서 새어 나오는 아세틸렌에 착화한 경우
③ **레이저 광선에 의한 피부의 장해** : 레이저 광선이 피부에 조사시 강한 에너지로 인한 피부 상해

··· 예·상·문·제·01

다음 중 가스용접 작업시 안전사항으로 틀린 것은?

① 주위에는 가연성 물질이 없어야 한다.
② 기름이 묻어 있는 작업복은 착용해서는 안된다.
③ 아세틸렌 용기는 세워서 사용하여야 한다.
④ 차광용 보안경은 착용하지 않도록 한다.

정답 ④
해설 가스용접은 광선의 강도는 낮지만, 적당한 차광도의 차광용 안경은 착용하여야 한다.

SECTION 04 용접 재료

01. 금속재료 총론

1 개요

(1) 금속

1) 금속의 공통적인 성질(구비 조건)

① 수은(Hg)을 제외하고 상온에서 고체이며 결정체이다.
② 비중이 크고 경도 및 용융점이 높고, 열과 전기의 양도체이다.
③ 빛을 반사하고 고유의 광택이 있다.(금속적 광택을 갖는다)
④ 이온화하면 양(+)이온이 되므로 산화 방지를 위해 표면 처리나 도금이 가능하다.
⑤ 가공이 용이하고 전연성이 크다.(소성 변형성이 있어 가공이 쉽다)

2) 경금속

① 비중이 4.5(5) 이하의 금속
② Li(리튬 0.53 : 가장 가벼운 금속), Al(2.7), Mg(4.5), Ti(4.5), Be(베릴륨 1.83) 등이 있다.

3) 중금속

① 비중이 4.5(5) 이상인 금속
② Fe(7.89), Ni(8.9), Cu(8.96), 크롬(7.19), W(텅스텐 19.3), Pt(백금 21.4), Ir(이리듐 22.5 : 가장 무거움) 등이 있다.

··· 예·상·문·제·01

금속의 공통적 특성으로 틀린 것은?

① 열과 전기의 양도체이다.
② 금속 고유의 광택을 갖는다.
③ 이온화하면 음(-) 이온이 된다.
④ 소성 변형성이 있어 가공하기 쉽다.

정답 ③

해설 금속의 공통적 특성 : ①, ②, ④ 외에 전연성이 풍부하다. 수은을 제외하고 상온에서 고체이다. 비중과 용융점이 높다.

··· 예·상·문·제·02

일반적으로 중금속과 경금속을 구분하는 비중은?

① 1.0   ② 3.0
③ 4.5   ④ 7.0

정답 ③

해설 경금속과 중금속의 구분은 비중 4.5(5.0)를 기준으로 이상은 중(무거운)금속이라 한다.

(2) 합금

① 합금이란 한 가지 금속에 한 가지 이상의 금속 또는 비금속을 첨가하여 기계적, 물리적, 화학적 성질을 개선시킨 금속을 말하나, 100% 순도의 금속은 실존하지 않는다.
② 합금이 되면 순금속에 비해 강도, 경도, 내마모성, 주조성, 내식성, 내열성, 내산성 등이 향상된다.
③ 용융점, 비중, 전기 및 열전도율, 연신율, 단면 수축율 등은 낮아진다.
④ 성분 원소의 수에 따라 2원 합금, 3원 합금, 다원 합금으로 분류한다.

예·상·문·제·01

순금속에 비해 합금이 되면 증가하는 성질로만 짝지어진 것은?

① 강도, 경도, 내마모성, 주조성, 내식성
② 용융점, 비중, 전기전도율, 연신율
③ 경도, 주조성, 용융점, 단면 수축율, 내식성
④ 내마모성, 주조성, 전기 전도, 단면 수축율

정답 ①

해설 ② : 합금이 되면 낮아지는 성질

2 금속재료의 특성

(1) 기계적 특성

① **강도** : 외력의 작용에 따라 인장 강도, 굽힘 강도, 전단 강도, 압축 강도, 충격 강도, 비틀림 강도, 피로 강도, 크리프 한도 등이 있다.
② **경도** : 재료의 국부 소성 변형에 대한 재료의 저항성을 나타내는 정도, 일반적으로 공석강 (0.85%C) 이하에서는 인장 강도와 비례한다.

$$경도(HB) = \frac{인장강도(kgf/mm^2)}{0.32 \sim 0.36}$$

③ **인성** : 충격에 대한 재료의 저항을 뜻하며, 연신율이 큰 재료가 일반적으로 충격 저항도 크다. 인성은 충격 시험에 의해 산출한다.
④ **피로 현상** : 작은 인장 또는 압축 응력에서도 오랜 시간에 걸쳐 연속적으로 되풀이하여 작용시키면 결국 파괴되는 현상 이때 파괴되지 않고 충분한 내구력을 가질 수 있는 최대 한계를 피로 한도라고 한다.
⑤ **크리프** : 금속을 탄성 한도 내의 하중을 걸어 장시간 경과하면 변형이 증가하는 현상, 변형이 증대 시 한계 응력을 크리프 한도라 한다.

(2) 물리적 특성

1) 비중

4℃의 순수한 물을 기준으로 몇 배 무거우냐 가벼우냐를 수치로 나타낸다.

$$비중 = \frac{제품의\ 무게}{제품과\ 같은\ 체적의\ 물\ 무게}$$

2) 비열

단위 물질 1g의 온도를 1℃ 올리는데 필요한 열량
예 물 1g을 1℃ 높이는데 필요한 열량은 1cal이다.
(단위 : cal/g℃, kcal/kg℃)

[주요 금속의 비중]

원소 기호	원소명	비중	원소 기호	원소명	비중
Li	리튬	0.53	Co	코발트	8.8
Mg	마그네슘	1.74	Cu	구리	8.9
Al	알루미늄	2.67	Bi	비스무트	9.8
Ti	티타늄	4.51	Mo	몰리브덴	10.2
V	바나듐	5.6	Ag	은	10.5
Sb	안티몬	6.67	Pb	납	11.34
Zn	아연	7.13	Hg	수은	13.5
Sn	주석	7.28	W	텅스텐	19.1
Mn	망간	7.3	Au	금	19.3
Fe	철	7.89	Pt	백금	21.4
Cd	카드뮴	8.64	Ir	이리듐	22.5
Ni	니켈	8.8			

3) 열전도율

길이 1cm에 대하여 1℃의 온도차가 있을 때 1cm²의 단면적을 통하여 1초간에 전해지는 열량을 뜻하며, 단위는 cal/cm·sec℃이다.

열전도율이 큰 금속의 순서

Ag(은) > Cu(구리) > Au(금) > Al > W(텅스텐) > Mg(마그네슘) > Mo > Zn(아연) > Ni(니켈) > Fe(철)

4) 전기전도율

일반적으로 열전도율이 좋은 금속이 전기전도율도 좋다.

> **전기전도율이 큰 금속의 순서**
> Ag(은) > Cu(구리) > Au(금) > V(바나듐) > Al(알루미늄) > Mg(마그네슘) > Mo > W > Co > Ni(니켈) > Fe(철)

5) 용융점(용융 및 응고점)

① 고체 금속재료를 가열하면 어떤 온도에서 액체로 변하는 용융 현상이 생기며 냉각하면 응고 현상이 생기는 온도점이다.
② 용융점이 가장 낮은 금속은 수은(Hg : -38.4℃)
③ 가장 높은 금속은 텅스텐(W : 3410℃)

[주요 금속의 용융점]

원소기호	원소명	용융점(℃)	원소기호	원소명	용융점(℃)
Hg	수은	-38.4	Cu	동(구리)	1083
Li	리튬	180	Mn	망간	1245
Sn	주석	232	Ni	니켈	1453
Bi	비스무트	271	Co	코발트	1495
Pb	납	327	Fe	철	1538
Zn	아연	420	V	바나듐	1725
Sb	안티몬	630.5	Pt	백금	1769
Mg	마그네슘	650	Cr	크롬	1875
Al	알루미늄	660	Ir	이리듐	2464
Ag	은	961	Mo	몰리브덴	2610
Au	금	1063	W	텅스텐	3410

6) 선(열)팽창계수

단위 길이의 봉을 1℃ 증가시킬 때 팽창한 길이와 원래 길이에 대한 비율

$$열팽창계수 = \frac{\ell' - \ell}{\ell(t' - t)}$$

ℓ' : 늘어난 길이 ℓ : 처음 길이
t' : 가열된 온도 t : 처음 온도

7) 자기적 특성(자성체)

① **상자성체** : 자장의 강도와 자화의 강도가 같은 방향으로 작용하는 것, Fe, Ni, Co, Sn, Pt, Mn, Al 등
② **강자성체** : 자화의 강도가 큰 것, Fe, Ni, Co
③ **반자성체** : 자화의 강도가 없는 것, Bi, Sb, Au, Hg, Cu 등

·············· 예·상·문·제·01

경금속 중에서 가장 가벼운 금속은?

① 리튬(Li)　　② 베릴륨(Be)
③ 마그네슘(Mg)　④ 티타늄(Ti)

정답 ①

해설 금속 중에 최소 비중은 Li(리듐, 0.53), 최대 비중은 Ir(이리듐, 22.5)이다.

·············· 예·상·문·제·02

다음 중 용융점이 가장 높은 금속은?

① 철(Fe)　　② 금(Au)
③ 텅스텐(W)　④ 몰리브덴(Mo)

정답 ③

해설 용융점이 가장 높은 금속 W(3410℃) 가장 낮은 금속 Hg(-38.8℃)

·············· 예·상·문·제·03

열과 전기의 전도율이 가장 좋은 금속은?

① Cu　　② Al
③ Ag　　④ Au

정답 ③

해설 전기전도율 순서 : Ag > Cu > Au > Al

·············· 예·상·문·제·04

상자성체 금속에 해당되는 것은?

① Al　　② Fe
③ Ni　　④ Co

정답 ①

해설 　강자성체 : 자성의 성질이 강한 도체, 철, 니켈, 코발트, Al은 비자성체

3 금속 조직

(1) 금속의 응고

1) 응고

금속을 용해 온도보다 높은 용융 상태로부터 상온까지 서서히 냉각하여 응고점에 도달하면 고체화되는 현상

2) 조직과 냉각 곡선

① 1차 조직(응고 조직) : 용융 상태로부터 응고가 끝난 그대로의 조직
② 2차 조직 : 응고 후 냉각하는 사이에 변태하거나 가공에 의한 소성 변형에 의해 1차 조직을 변화 파괴한 조직, 또는 열처리에 의해 새로운 결정 조직으로 변화시킨 조직
③ 냉각 곡선 : 금속을 용융상태에서 냉각시킬 때 그 온도와 시간의 관계를 나타낸 곡선

(2) 결정의 생성과 발달

1) 결정의 형성 순서

① 　핵 발생 → 성장 → 결정 경계 형성
② 단결정 : 결정의 핵이 1개로 크게 성장하면 수정과 같이 되는데 이것을 말한다.

 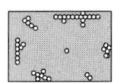 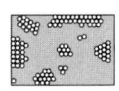
(a) 용융금속　　(b) 결정핵 생성　　(c) 결정 성장 초기

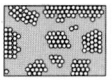 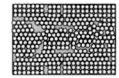
(d) 결정 성장　　(e) 결정 경계 형성
[결정의 성장 과정]

2) 결정립의 대소

① 용융금속의 단위 체적 중에 생성한 결정핵의 수, 즉 핵 발생 속도를 N, 결정 성장 속도를 G로 할 때 결정립의 크기 S와의 관계는 $S = f \cdot G/N$이다.
② 결정립의 대소
　㉠ 성장속도 G에 비례하고 핵 발생 속도 N에 반비례한다.
　㉡ 따라서, 급랭하면 결정립이 미세화하고, 서랭하면 조대화된다.
③ G와 N의 관계
　㉠ G가 N보다 빠를 때는 소수의 핵이 성장해서 응고가 끝나므로 결정립이 조대화된다.
　㉡ N이 G보다 현저히 증대할 때는 핵 수가 많기 때문에 미세한 결정이 된다.

·· 예·상·문·제·01

용접금속의 용융부에서 응고과정의 순서로 옳은 것은?

① 결정핵 생성 → 결정경계 → 수지상정
② 결정핵 생성 → 수지상정 → 결정경계
③ 수지상정 → 결정핵 생성 → 결정경계
④ 수지상정 → 결정경계 → 결정핵 생성

정답 　②

해설 　액체 응고순서 : 결정핵 생성 → 수지상정(결정 성장) → 결정경계

(3) 응고 조직

1) 주상 조직

① 주형에 주입된 용융금속이 급랭될 때 중심을 향한 가늘고 긴 서릿발(막대) 모양으로 생성되는 조직
② 모서리 부분이 취약하므로 주조시 라운딩 필요하다.

2) 수지상 조직

금속이 응고할 때 핵으로부터 성장해가는 결정은 구형에 가까운 다면체의 형상으로 성장하여 나뭇잎과 비슷한 모양으로 성장한 조직

3) 편석

① 큰 강괴 등에서 응고시 불순물 등이 최후에 응고하는 부분에 밀집되어 응고된 조직
② 편석 중에 P나 S 등이 띠를 형성하고 있는 모양을 고스트 라인이라 한다.

4) 수축공

용융 금속이 응고할 때 수축이 생기게 되는데 이 때 최후에 응고하는 부분의 수축 부분을 보충할 용액이 없으면 쑤욱 빨려 들어가는 구멍이 생기게 된다.

(4) 고용체와 상태도

1) 고용체

순금속 A(용매)와 그 중에 들어간 B(용질)가 일정하게 분포되어 고용된 결정체로, 용융 상태나 고체 상태에서도 기계적 방법으로는 각 성분 금속을 구분할 수 없는 용체

$$\text{고체 A + 고체 B} \rightleftarrows \text{고체 C}$$

2) 고용체의 종류

① **침입형 고용체** : 두 원자의 원자 반경이 현저하게 차이가 있을 때 녹아 들어가는 원자(용질)가 모체의 원자(용매)의 공간격자 사이에 들어가 형성된 고용체(예 Fe-C)
② **치환형 고용체** : 두 원자의 원자 반경이 비슷할 경우 용질 원자가 용매 원자와 불규칙적으로 치환된 고용체(예 Fe(반경 1.23Å)과 Ni(반경 1.22Å)의 고용체)
③ **규칙 격자형 고용체** : 치환시 원자 배열이 규칙적으로 일어나는 고용체(예 Cu_3Au)

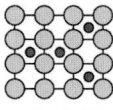 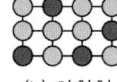 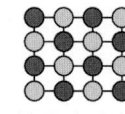

(a) 침입형　　(b) 치환형　　(c) 규칙 격자형

[고용체의 종류]

───────────── 예·상·문·제·01

침입형 고용체에 용해되는 원소가 아닌 것은?

① B(붕소)　　② C(탄소)
③ N(질소)　　④ F(불소)

정답 ④

(5) 공정, 공석, 금속간 화합물

① **공정**
　㉠ 2개의 성분 금속이 액체에서는 균일한 용액으로 되나 고체로 응고 후에는 각각 결정이 되어 분리 정출되어 기계적으로 혼합된 조직
　㉡ 공정점이 합금 용융점 중 가장 낮다.(반응 : 용액 E → 결정 A + 결정 B)

② **공석**
　㉠ 고체 상태에서 2개의 고상 조직이 석출하여 얻어진 조직
　㉡ 철강의 공석점은 0.8(0.85)%C, 723℃ 부분에서 일어나며, 공석 조직은 펄라이트이다.

③ **포정 반응** : 용융 상태에서 냉각하면 일정 온도에서 정출된 고용체와 이와 공존된 용액이 서로 반응을 일으켜 새로운 고용체를 만드는 반응을 말한다.

$$\text{반응 : E(용액)} + G(\alpha\text{고용체}) \rightleftarrows F(\beta\text{고용체})$$

④ **금속간 화합물**
　㉠ 성분 금속 간에 친화력이 클 때 화학적으로 결합되어 성분 금속과는 다른 성질을 가지는 독립된 화합물
　㉡ 비금속성 성질을 띠며 경취하다.

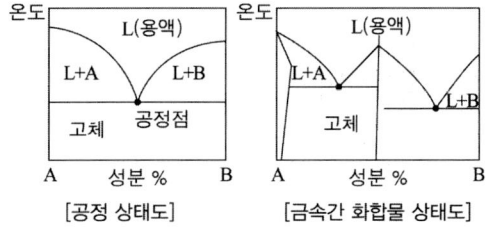

[공정 상태도]　　[금속간 화합물 상태도]

··· 예·상·문·제·01

탄소강의 Fe-C계 평형상태도에서 탄소량이 0.86% 정도이며, γ 고용체에서 α 고용체와 Fe_3C가 동시에 석출하여 펄라이트를 생성하는 점은?

① 공정점　　　　② 자기변태점
③ 포정점　　　　④ 공석점

정답 ④

해설 펄라이트 조직은 페라이트와 시멘타이트가 층상으로 나타나는 조직으로, 0.8C 공석강의 조직이며, 탄소강 조직 중에서 가장 강인한 조직이다.

··· 예·상·문·제·02

금속 간 화합물의 특징을 설명한 것 중 옳은 것은?

① 어느 성분 금속보다 용융점이 낮다.
② 어느 성분 금속보다 경도가 낮다.
③ 일반 화합물에 비하여 결합력이 약하다.
④ Fe_3C는 금속 간 화합물에 해당되지 않는다.

정답 ③

해설 금속간 화합물 : 비금속적 성질을 띠며, 비교적 경도, 용융점이 높다.

4 금속의 결정

(1) 금속의 결정체

① **결정**
　㉠ 금속 원자가 입체적으로 규칙적으로 배열된 원자의 집합체
　㉡ 결정 입자란 결정체를 이루고 있는 작은 입자이며, 이들 결정 입자와의 경계를 결정입계라 한다.

② **결정격자** : 공간격자라고도 하며, 결정립 내에 원자가 규칙적으로 배열된 격자

③ **단위포(단위격자)** : 결정격자 중 소수 원자를 택하여 간단한 기하학적 형태를 형성한 것

④ **격자 상수**
　㉠ 단위포의 한 모서리의 길이, 단위포의 3축 방향의 길이
　㉡ 크기 : 수 Å(옹그스트롬, $1Å = 10^{-8}$cm(1/1억 cm) 정도이다.(금속의 격자 상수 : 2.5~3.3 Å)

(2) 순금속의 결정 구조와 종류

① **브라베 격자** : 결정격자의 원자 배열은 금속의 종류와 온도 및 대칭선에 따라 다르며 성질도 다르게 되는데, 브라베에 의해 광물을 7결정계, 14 결정격자형으로 세분한 격자이다.

② **체심 입방 격자(BCC)**
　㉠ 배위수 : 8
　㉡ 격자 내의 총원자수 : 2개(격자점의 원자 $\frac{1}{8} \times 8$ + 체심에 있는 원자 1),
　㉢ 원자 충진율 : 68%
　㉣ 특성 : 전연성이 적고 용융점이 높으며, 강도가 크다.
　㉤ 체심 입방 격자 금속 : Mo, W, Cr, V, α 철, δ 철, Na, Li

③ **면심 입방 격자(FCC)**
　㉠ 배위수 : 12
　㉡ 격자 내의 총원자수 : 4개(격자점의 원자 $\frac{1}{8} \times 8$ + 면심에 있는 원자 $\frac{1}{2} \times 3$),
　㉢ 원자 충진율 : 74%이다.
　㉣ 특성 : 전연성과 전기 전도도가 크며 소성 가공성이 우수하다.
　㉤ 면심 입방 격자 금속 : Ni, Cu, Al, Ag, Au, Pb, γ 철, Pt

④ **조밀 육방 격자(CPH)**
　㉠ 배위수 : 12,
　㉡ 귀속 원자 수 : 2개

ⓒ 특성 : 전연성이 불량하여 소성 가공성이 좋지 않고, 접착성도 적다.
ⓓ 조밀 육방 격자 금속 : Mg, Zn, Ti, Cd, Be, Hg

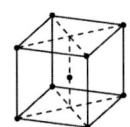 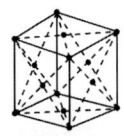 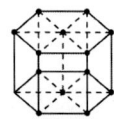

(a) 체심 입방 격자 (b) 면심 입방 격자 (c) 조밀 육방 격자
[결정격자의 종류]

―――――――――――――――― 예·상·문·제·01

금속의 결정구조에 대한 설명으로 틀린 것은?

① 결정입자의 경계를 결정입계라 한다.
② 결정체를 이루고 있는 각 결정을 결정입자라 한다.
③ 체심입방격자는 단위격자 속에 있는 원자수가 3개이다.
④ 물질을 구성하고 있는 원자가 입체적으로 규칙적인 배열을 이루고 있는 것을 결정이라 한다.

정답 ③

해설 체심입방격자 : 단위격자 속에 있는 원자수는 2개, 8개의 모서리의 원자는 인접 원자와 1/8×8+내부 원자 1=2개

―――――――――――――――― 예·상·문·제·02

금속의 결정구조에서 조밀육방격자(HCP)의 배위수는?

① 6   ② 8
③ 10   ④ 12

정답 ④

해설 체심입방격자 배위수 : 8, 면심입방격자 배위수 : 12

5 금속 가공

(1) 소성 변형

① 슬립(slip)
  ㉠ 금속의 규칙적인 결정과 결정이 탄성 한도 이상의 외력에 의해 미끄럼을 갖는 변형
  ㉡ 가장 미끄럼이 생기기 쉬운 면과 방향을 슬립면 및 슬립 방향이라 한다.
② 쌍정(twin)
  ㉠ 특정 결정면을 경계로 처음 결정과 경(거울)면적 대칭 형태의 원자 배열을 갖는 변형
  ㉡ Sn, Sb, γ 계 스테인리스강, 구리, 아연, Mg 등 비철 금속에 많이 형성된다.
③ 전위 : 원자나 원자면이 더 있거나 탈락되어 있는 불완전한 결정체 부분을 말한다.

―――――――――――――――― 예·상·문·제·01

금속의 소성변형을 일으키는 원인 중 원자 밀도가 가장 큰 격자면에서 잘 일어나는 것은?

① 슬립   ② 쌍정
③ 전위   ④ 편석

정답 ①

해설 슬립 : 격자면 사이에서 미끄럼 변형

(2) 회복, 재결정 및 결정 입자의 성장

① 풀림 : 상온 가공한 금속을 어떤 온도 이상으로 가열하면 가공 경화됐던 것이 연화되어 전연성이 증가되며 가공성을 회복하게 되는데, 이와 같이 가열에 의하여 정상적인 성질로 회복시키는 열적 조작
② 회복 : 상온 가공에 의하여 내부 응력(변형)을 일으킨 결정 입자가 가열에 의하여 그 모양은 변하지 않고 내부 응력이 감소되어 본래의 상태로 되는 현상
③ 재결정
  ㉠ 회복 구간 이상 가열하면 파괴된 결정에서 새로운 결정이 생성되는 것을 말한다.
  ㉡ 가공도가 클수록, 결정입자가 미세할수록, 가열시간이 길수록 재결정 온도는 낮아진다.

각종 금속 재결정 온도
- W : 1200℃
- Cu : 200~300℃
- Al : 150℃
- Sn : -7~25℃
- Fe : 450℃
- 은, 금 : 200℃
- Pb : -3℃

······················· 예·상·문·제·01

냉간가공을 받은 금속의 재결정에 대한 일반적인 설명으로 틀린 것은?

① 가공도가 낮을수록 재결정 온도는 낮아진다.
② 가공시간이 길수록 재결정 온도는 낮아진다.
③ 철의 재결정 온도는 330~450℃ 정도이다.
④ 재결정 입자의 크기는 가공도가 낮을수록 커진다.

정답 ①

해설 가공도가 높을수록 재결정 온도는 낮아진다.

(3) 소성 가공

1) 고온(열간) 가공

① 재결정 온도 이상에서의 가공(탄소량에 따라 1050~1200℃에서 시작하여 850~900℃에서 완성)
② 가공 온도가 너무 높으면 페라이트와 펄라이트 조직의 조대화, 너무 낮으면 표면 미려와 치수 정도는 좋아지나 가공 경화로 변형이 생길 수 있다.

2) 냉간(상온) 가공

① 재결정 온도 이하에서 실시하는 가공
② 특성 : 조직의 미세화, 강도, 경도가 증가되고, 치수 정도가 좋고 표면이 매끄러워진다.

3) 소성 가공의 종류

① **압연** : 재료를 회전하는 롤러 사이에 통과시켜 성형하는 가공법, 판, 봉, 형재, 레일 등을 제조한다.
② **인발** : 다이(die)의 구멍을 통하여 재료를 축방향으로 당기어 바깥 지름을 감소시키는 가공법, 봉, 관, 선 등의 제조에 적용된다.
③ **압출** : 금속을 실린더 모양의 컨테이너에 넣고 한쪽에 있는 램에 압력을 가하여 밀어내어 가공한다. 봉, 관, 형재 제조에 적용한다.
④ **프레스 가공** : 판재를 펀치와 다이 사이에서 압축하여 성형하는 방법, 전단 가공, 굽힘, 압축, deep drawing 등으로 분류한다.
⑤ **단조** : 잉고트의 소재를 단조기계나 해머로 두들겨서 성형하는 가공, 자유단조와 형단조로 구분한다.
⑥ **전조** : 압연과 비슷하며 전조 공구를 이용하여 나사나 기어 등을 성형하는 가공법

······················· 예·상·문·제·01

다음 가공법 중 소성가공이 아닌 것은?

① 선반가공　　② 압연가공
③ 단조가공　　④ 인발가공

정답 ①

해설 **소성변형** : 소성가공의 종류로는 인발, 압연, 압출, 단조, 프레스 가공 등이 있다.

······················· 예·상·문·제·02

냉간가공의 특징을 설명한 것으로 틀린 것은?

① 제품의 표면이 미려하다.
② 제품의 치수 정도가 좋다.
③ 가공경화에 의한 강도가 낮아진다.
④ 가공공수가 적어 가공비가 적게 든다.

정답 ③

해설 냉간가공은 가공경화에 의해 강도가 증가한다.

02. 철강 재료

1 철강의 제조법

(1) 제철법

1) 제철과 제강

① 제철
  ㉠ 철광석을 용광로에 녹여서 선철을 얻는 방법
  ㉡ 선철은 융점이 낮고 유동성이 좋아서 주조성은 양호하나 탄소 함유량이 많고 불순불도 많이 함유되어 있어 용도에 한계가 있다.
② 제강 : 선철을 다시 정련하여 불순물을 산화 제거하고 성분을 조정하여 가단성을 부여하는 방법

2) 제선 재료

① **철광석** : 철은 땅 표면에 약 4.5% 점유하며, Al, Si 다음으로 많이 있다. 제련용 철광석은 함유 철 성분이 40~60% 이상 되어야 경제성이 있다.
② **연료**
  ㉠ 고체 연료인 코크스(coke)가 가장 많이 사용된다.
  ㉡ 유황분과 회분이 적고 강도가 커야 된다.
  ㉢ 신공법인 파이넥스법에서는 유연탄을 그대로 성형하여 만든 성형탄이 사용되며, 비용 절감 및 환경 오염 물질 배출 감소 효과 매우 높다.
③ **용제** : 석회석(CaC), 형석 등이 쓰인다.

3) 선철의 제조

① **용광로**
  ㉠ 철광석을 녹여 선철을 얻는 로, 독일에서는 고로라고도 하며
  ㉡ 크기 : 1일(24시간) 동안에 산출된 선철의 무게를 Ton(톤)으로 표시(T/day)한다.
② **용광로 기법** : 용광로에 소결한 괴상 철광석과 코크스 연료, 석회석 등을 장입시킨 후 용해 환원시켜 선철을 제조하는 방법이다.
③ **선철의 종류** : 파단면에 따라 회선철, 반선철, 백선철로 구분한다.
④ **선철의 용도** : 90% 이상이 강 제조에 10%는 주철 제조에 쓰인다.

······················· 예·상·문·제·01

다음 중 용광로에 대한 설명으로 틀린 것은?

① 고로라도 불린다.
② 1일에 생산하는 선철의 무게를 톤으로 표시한다.
③ 종류로는 토마스법과 베서머법이 있다
④ 철광석을 용해하여 선철을 얻는 노이다.

정답 ③

해설 전로나 평로의 제강법에서 내화물의 종류가 염기성인 것을 사용하면 토마스(염기성)법, 산성 내화물을 사용하면 베서머(산성)법이라 한다.

(2) 제강법의 종류와 강괴

1) 전로 제강법

① 원료 용선 중에 공기(또는 산소)를 불어 넣어 불순물을 짧은 시간에 신속하게 산화시켜 산화열을 이용하여 외부의 열원 없이 정련하는 방법

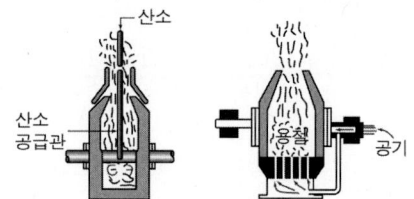

(a) 순산소 공급 전로 (b) 바닥에서 송풍하는 전로
[전로 제강법]

② **종류와 특성**
  산성 전로법(베서머법), 염기성 전로법(토마스법)이 있을 수 있으나 N, P, O 등이 많아서 강질이 나쁘고 고철을 이용할 수 없는 결점이 있어 특수한 경우에만 이용된다.
③ **전로, 평로, 전기로의 크기 표시**
  전로, 평로, 전기로 등은 1회에 용해할 수 있는 선철의 무게를 톤으로 표시(T/회)한다.

2) 평로(반사로) 제강법

① 축열식 반사로를 사용하여 가스나 중유로 용해, 정련하는 제강법으로 시멘스 마틴법이라고도 한다.

② 장시간이 소요되지만 성분을 조절할 수 있고 고철도 사용할 수 있어 다량 생산이 가능하므로 제강량 전체의 80%를 평로에서 용해된다.

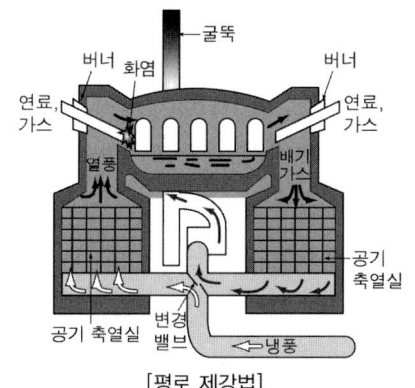

[평로 제강법]

3) 전기로 제강법

① **종류** : 저항식, 유도식, 아크식 등이 있으며 에루식 아크로가 많이 사용된다.
② **특성** : 고온을 얻을 수 있고, 용강의 산화가 적으며, 온도 조절이 용이하여 성분 조절을 정확히 할 수 있어 공구강, 특수강의 제조에 적합하나, 전기 소모와 탄소 전극 소모가 많은 것이 단점이다.

4) 도가니로

흑연 도가니, 주철 도가니가 있으며, 크기는 1회에 용해할 수 있는 구리의 무게(kg)를 번호로 표시한다.(예 : 500번로 : 1회에 500kg의 구리를 용해할 수 있는 로)

5) 주조로(용선로 : 큐폴라)

주철 용해에 사용되며, 크기는 1시간에 용해할 수 있는 선철의 무게를 Ton으로 표시(T/h)한다.

6) 강괴의 종류

① **킬드강(killed steel)**
  ㉠ 로 내에서 페로 실리콘, 알루미늄 등의 강한 탈산제로 충분히 탈산한 강
  ㉡ 기포, 편석은 없으나 상부에 수축관이 생기므로 10~20% 손실이 생긴다.
  ㉢ 고급강에 쓰인다.

② **세미 킬드강(semi killed steel)** : 킬드강과 림드강의 중간 정도 탈산한 강
③ **림드강(rimmed steel)** : 제강 중 Fe-Mn으로 탈산을 불충분하게 한 강, 0.3% 이하 탄소강, 일반 강재, 용접봉의 제조에 쓰인다.

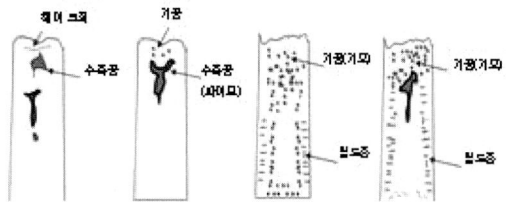

④ **캡드강(capped steel)**
  ㉠ Fe-Mn을 첨가하여 가볍게 탈산한 용강을 주형에 주입한 후 다시 탈산제를 투입하거나 주형의 덮개를 덮고 비등 교반 운동을 하여 조용히 응고시킨 강
  ㉡ 내부 결함은 적으나 표면 결함이 많아 박판, 스트립, 주석 철판 및 형강 등에 사용된다.

·················· 예·상·문·제·01

다음 중 제강법이 아닌 것은?

① 평로 제강법　　② 도가니 제강법
③ 전기로 제강법　④ 용광로 제강법

정답 ④

·················· 예·상·문·제·02

다음 중 림드강의 특징으로 옳지 않은 것은?

① 강괴 내부에 기포와 편석이 생긴다.
② 강의 재질이 균일하지 못하다.
③ 중앙부의 응고가 지연되며 먼저 응고한 바깥부터 주상정이 테두리에 생긴다.
④ 탈산제로 완전탈산 시킨 강이다.

정답 ④

해설 탈산제로 완전 탈산시킨 강은 킬드강이고, 림드강 거의 탈산처리를 하지 않은 강이다.

2 철강의 분류와 변태

(1) 순철(pure iron)

1) 순철의 성질

① **기계적 성질**
  ㉠ 0.02% C 이하의 철이며, 상온에서 전연성이 풍부하고 단접성, 용접성이 좋다.
  ㉡ 인장 강도 18~25kg/mm^2, 브리넬 경도(HB) 60~65, 연신율 40~50% 정도로 강도가 낮아서 기계 재료에는 부적당하나, 투자율이 높다. 열처리가 안된다.
  ㉢ 변압기, 발전기용 박철판, 전·자기 재료에 쓰인다.
② **물리적 성질** : 비중 7.89, 용융점 1538℃, 강자성체이나 768℃(A2 변태점)에서 자기 변태한다.
③ **화학적 성질** : 고온에서 산화 작용이 심하며, 해수, 산, 화학 약품에 약하나 알칼리에는 영향이 적다.

2) 순철의 종류

① 순철의 종류에는 카보닐철, 전해철, 암코철 등이 있다.
② 순철의 동소체는 α철(ferrite, 체심 입방 격자), γ철(austenite, 면심 입방 격자), δ철(ferrite, 체심 입방 격자)이 있다.

───────────── 예·상·문·제·01

순철의 물리적 성질 중 틀린 것은?

① 비중 : 7.89
② 용융점 : 1538℃
③ 자기 변태점 : 768℃7
④ 열 및 전기전도도 : 낮음

정답 ④

───────────── 예·상·문·제·02

다음 중 순철의 동소체가 아닌 것은?

① α철   ② β철
③ γ철   ④ δ철

정답 ②

해설 β철은 없다.

(2) 탄소강과 합금강, 주철

1) 강(탄소강)

① 철에 탄소가 0.02~2.01(1.7)% 함유된 것을 강(steel)이라 하며
② 탄소가 함유됨에 따라 경도가 상승하므로 다음과 같이 분류하고 있다.

2) 탄소 함유량에 따른 탄소강의 분류

① **저탄소강** : 0.3% C 이하 함유한 강. 용접성 양호, 열처리 불량. 용접 구조용에 주로 사용
② **중탄소강** : 0.3~0.5% C 의 강. 기계 구조용으로 사용함. 열처리 가능함
③ **고탄소강** : 0.5~0.8% C 의 강. 기계 구조용
④ **탄소 공구강** : 0.5~1.6% C

[탄소강의 분류]

C%에 따라	경연	탄소%	용도
저탄소강	극연강	0.12%C 이하	아연판, 함석판, 리벳, 강관
저탄소강	연강	0.20%C 이하	일반 구조용, 보통 강재, 리벳, 철골
저탄소강	반연강	0.30%C 이하	고력 축, 못, 강판, 보일러 배관재
중탄소강	반경강	0.40%C 이하	차축, 볼트, 스프링, 기계 재료
중탄소강	경강	0.50%C 이하	축류, 실린더, 철도 레일, 스프링
고탄소강	최경강	0.5~0.8%C	외륜, 침, 스프링, 나사
탄소 공구강	탄소 공구강	1.6%C 이하	공구재료, 스프링, 줄, 게이지, 칼

3) 합금(특수)강

① **구조용** : 강인강, 침탄강, 질화강, 스프링강 등
② **공구용** : 합금공구강, 고속도강, 소결 합금, 스텔라이트, 세라믹 등
③ **특수목적(용도)용** : 베어링강, 자석강, 스테인리스강, 내열강, 규소강, 쾌삭강 등

4) 주철(cast iron)

① 2.01~6.67%C의 철이며, 보통 4.5C까지의 것이 쓰이고 있다.
② 종류 : 보통 주철, 고급 주철, 합금 주철, 특수 주철 등이 있으며, 공정 여부에 따라 아공정 주철(4.3%C 이하), 공정 주철(4.3%C), 과공정 주철(4.3%C 이상)이 있다.

―――――――――――― 예·상·문·제·01

고탄소강의 탄소 함유량으로 가장 적당한 것은?

① 0.35 ~ 0.45% C
② 0.25 ~ 0.35% C
③ 0.45 ~ 1.7% C
④ 1.7 ~ 2.5% C

정답 ③

해설 탄소함유량에 따른 탄소강의 종류
① 저탄소강 : 탄소함유량 약 0.3% 이하
② 중탄소강 : 탄소함유량 약 0.3 ~ 0.5%

―――――――――――― 예·상·문·제·02

합금강이 탄소강에 비하여 좋은 성질이 아닌 것은?

① 기계적 성질 향상
② 결정입자의 조대화
③ 내식성, 내마멸성 향상
④ 고온에서 기계적 성질 저하 방지

정답 ②

해설 합금강은 결정입자가 탄소강보다 미세하다.

―――――――――――― 예·상·문·제·03

주철의 일반적인 특성 및 성질에 대한 설명으로 틀린 것은?

① 주조성이 우수하며, 크고 복잡한 것도 제작할 수 있다.
② 인장강도, 휨 강도 및 충격값은 크나, 압축강도는 작다.
③ 금속재료 중에서 단위 무게당의 값이 싸다.
④ 주물의 표면은 굳고 녹이 잘 슬지 않는다.

정답 ②

(3) 금속의 상율과 변태, 상태도

1) 상

① 기체, 액체, 고체는 하나의 상태이며, 기체는 몇 개의 물질이 존재해도 거의 균일하게 분산되어 있으므로 1상으로 취급한다.
② 용액도 균일하면 1상이다.

2) 상율(相律)

① 불균일계의 평형상태를 결정하는 상태량은 압력, 온도, 성분의 농도이며,
② 불균일계의 상태가 안정한 상태에 있을 때 서로 다른 상들이 평형 상태도에 있다고 한다.
③ 상률 : 계 중에 상이 평형을 유지하기 위한 자유도를 규정하는 법칙

3) 자유도

$$\text{자유도 } F = n + 2 - P$$

n : 성분수 P : 상의 수

4) 금속의 변태

물이 기체, 액체, 고체로 변하는 것과 같이 금속이 온도에 따라 결정격자의 모양이나, 조직, 성질이 변하는 상태

① **동소 변태(격자 변태)** : 같은 원소가 고체 상태에서의 원자 배열의 변화, 즉 고체 상태에서 서로 다른 공간격자 구조를 갖는 변태
② **자기변태** : 원자의 배열, 격자의 배열 변화는 없고 자성 변화만을 가져오는 변태

5) 순철의 동소(격자) 변태

① A_3 변태점 : 910℃를 말하며, 이 변태점을 경계로 α 철 ↔ γ 철로 변하는 변태
② A_4 변태점 : 1410℃를 말하며, 이 변태점을 경계로 γ 철 ↔ δ 철로 변하는 변태

6) 순철의 자기 변태(큐리 포인트)

순철이 A_2(768℃) 변태점을 기점으로 조직이나 상은 변하지 않고 768℃를 경계로 자기적 성질이 급격히 변하는 변태

7) 강자성체 금속의 자기 변태점

Fe(768℃), Ni(358℃), Co(1160℃)

8) 열전대의 종류와 최고 사용 온도

① 백금 – 백금로듐(1600℃)
② 크로멜 – 알루멜(1200℃)
③ 철 – 콘스탄탄(900℃)
④ 구리 – 콘스탄탄(600℃)

──────────────── 예·상·문·제·01

상률(phase rule)과 무관한 인자는?

① 자유도　　　② 원소 종류
③ 상의 수　　　④ 성분 수

정답 ②

해설 F=C-P+2, 자유도=성분수-상의 수+2

──────────────── 예·상·문·제·02

물과 얼음, 수증기가 평형을 이루는 3중점상태에서의 자유도는?

① 0　　　② 1
③ 2　　　④ 3

정답 ①

해설 F=C-P+2=1-3+2=0

──────────────── 예·상·문·제·01

금속의 변태에서 자기변태(magentic transformation)에 대한 설명으로 틀린 것은?

① 순철의 자기변태점은 910℃이다.
② 격자의 배열변화는 없고 자성 변화만을 가져오는 변태이다.
③ 자기변태가 일어나는 온도를 자기변태점이라 하고 이 온도를 퀴리점이라 한다.
④ 강자성 금속을 가열하면 어느 온도에서 자성의 성질이 급감한다.

정답 ①

해설 순철의 자기 변태에는 A_2(768℃)변태가 있으며 큐리 포인트라고도 한다.

──────────────── 예·상·문·제·02

순철이 910℃를 경계로 체심 입방 격자와 면심 입방 격자로 변태하게 되는데 이것을 무엇이라고 하는가?

① 자기 변태　　　② 동소 변태
③ 동일 변태　　　④ 원소 변태

정답 ②

해설 순철은 A_3 변태점(910℃)에서 α철과 γ철로 변태를 하게 되며 이것을 동소 변태라고 한다.

(4) 공석강

1) 공석강

상태도 상에서 탄소 함유량 0.8(0.85)%, 온도 723℃에서 고체 금속에서 α철(페라이트)과 시멘타이트(Fe_3C)로 석출(펄라이트 조직)된 강

2) 공석강의 종류

① **아공석강** : 철에 0.85%C 이하를 함유한 강, 페라

이트 조직이 펄라이트보다 많음
② 공석강 : 철에 0.85%C를 함유한 강, 펄라이트 조직, 강인한 조직의 강
③ 과공석강 : 철에 0.85%C 이상 함유한 강, 시멘타이트 조직이 펄라이트 조직보다 많음

·····예·상·문·제·01

Fe-C 상태도에서 아공석강의 탄소함량으로 옳은 것은?

① 0.025~0.8% C
② 0.80~2.0% C
③ 2.0~4.3% C
④ 4.3~6.67% C

정답 ①

(5) Fe-C계 평형 상태도

① 철과 탄소가 온도와 성분에 따라 일어나는 변화 관계를 그림으로 나타낸 상태도
② 철강의 종류와 특성을 이해하는데 매우 중요한 자료이다.

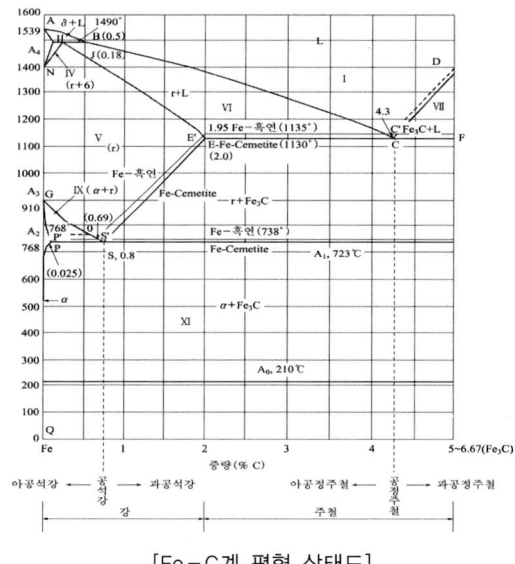

[Fe-C계 평형 상태도]

A	순철의 응고점(1539℃)
AB	δ고용체에 대한 액상선
AH	δ고용체에 대한 고상선
BC	r고용체에 대한 고상선
HJB	포정선(1490℃)
N	순철의 A_4변태점(1400℃)
P	a고용체의 탄소포화점(0.02%C)
C	Fe-C계의 공정점 탄소량(1130℃, 4.3%C)
ECF	공정선(C가%~6.67%)
ES~Fe_3C	Fe_3C의 초석선(Acm) r고용체에서 Fe_3C가 석출하는 온도
G	순철의 A_3변태점(910℃ [a] ⇋ [r])
GOS	a고용체의 초석선
GP	C0.025% 이하의 순철에서 a고용체로부터 석출하는 온도
M	순철의 A_2변태점
MO	강의 A_2변태선(768℃)
S	공석점(723℃ 약0.8%C) pearlite 공석점 ([a] ⇋ [r]+[Fe_3C])
E	r고용체의 C의 포화량(2.0%)
PSK	A_1변태선(공석선)
PQ	a고용체의 탄소용해도 곡선
Fe_3C	6.67%C을 함유하는 백색침상의 금속간화합물

·····예·상·문·제·01

탄소강의 Fe-C계 평형상태도에서 탄소량이 0.86% 정도이며, γ 고용체에서 α 고용체와 Fe_3C가 동시에 석출하여 펄라이트를 생성하는 점은?

① 공정점
② 자기변태점
③ 포정점
④ 공석점

정답 ④

해설 펄라이트 조직은 페라이트와 시멘타이트가 층상으로 나타나는 조직으로, 0.8C 공석강의 조직이며, 탄소강 조직 중에서 가장 강인한 조직이다.

3 탄소강

(1) 탄소강의 특성과 조직

1) 탄소강의 특성

① 대량 생산이 가능하고, 가격이 저렴하며, 기계적 성질이 우수하다.
② 상온 및 고온에서 가공성이 우수하여 소성가공이 용이하다.
③ 탄소 함유량에 의해 현저한 성질 변화가 있으며 열처리가 용이하다.

2) 탄소강의 기본 조직

① **오스테나이트** : r고용체 조직, 최대 2.01%C까지 고용, A_1 변태점(723℃) 이상에서 안정된 조직(비자성체임), 탄소강의 경우 상온에서는 거의 생성 안 된다.
② **펄라이트**(pearlite)
  ㉠ 723℃, 0.85%C에서 오스테나이트가 페라이트와 시멘타이트의 층상으로 변태한 조직
  ㉡ 강도, 경도가 페라이트보다 크며, 강인하고, 자성이 있다.
  ㉢ 펄라이트 생성 과정 : γ고용체 결정 경계에서 시멘타이트 핵 생성 → 시멘타이트 핵 성장 → 시멘타이트 핵 주위에 α고용체 생성 → α고용체가 생긴 입자에 시멘타이트 생성

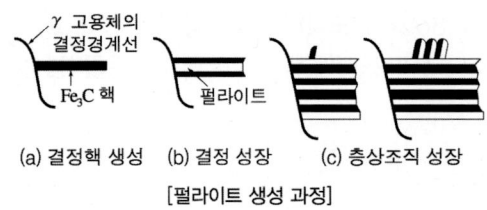

[펄라이트 생성 과정]

[강의 표준 조직의 기계적 성질]

조직종류	기계적 성질	
페라이트	인장 강도(kg_f/mm^2)	30~35
	연신율(%)	40
	브리넬 경도(HB)	80~90
	특성	순철의 α고용체(체심 입방 격자) 조직, 매우 연하며, 강자성체임
펄라이트	인장 강도(kg_f/mm^2)	90~100
	연신율(%)	10~15
	브리넬 경도(HB)	200
	특성	매우 강인한 조직, 공석강의 조직, 검게 보이나 펄라이트 결정 경계에 흰색의 침상 조직인 시멘타이트가 석출되어 있음
시멘타이트	인장 강도(kg_f/mm^2)	3.5 이하
	연신율(%)	0
	브리넬 경도(HB)	800
	특성	백색의 침상 조직이며, 매우 경취한 조직, 210℃ 이하에서 강자성체임. 금속간 화합물(Fe_3C)임

················· 예·상·문·제·01

탄소강의 표준 조직이 아닌 것은?

① 페라이트　　② 펄라이트
③ 시멘타이트　　④ 마르텐사이트

정답 ④

해설 마르텐사이트는 담금질 후에 얻어지는 열처리 조직이다.

(2) 탄소강의 성질

1) 물리적 성질

① 탄소량 증가에 따라 비중, 용융점, 열팽창 계수, 열전도도는 감소한다.
② 비열, 전기 저항, 항자력은 증가한다.

2) 화학적 성질

내식성은 탄소량이 증가할수록 감소하나, 소량의

Cu를 첨가하면 급증한다.

3) 상온에서의 기계적 성질

① 인장 강도, 경도, 항복점은 탄소량 증가에 따라 증가하며,
② 공석강에서 인장 강도가 최대이며, 연신율, 단면 수축율, 충격치는 감소한다.

4) 온도 변화에 따른 기계적 성질

① 저온 취성(메짐)
  ㉠ 강의 온도가 실온보다 낮아지면 인장 강도, 탄성 계수, 항복점 등은 증가하나 연신율, 단면 수축율, 충격치 등은 감소하고 취성이 많아진다.
  ㉡ 어떤 한계의 온도(천이온도)에서는 급격히 감소하여 −70℃ 부근에서 충격치가 0에 가깝게 된다.
② 청열 취성(메짐) : 철강이 200~300℃에서 푸른 색을 띠게 되는데 이때 상온보다 메짐성(강도, 경도 증가, 연신율, 충격치 저하)이 커지는 성질
③ 적열(고온) 취성(메짐) : 유황이 많은 강재 등 고온 (980℃)에서 메지게 되는 성질

5) 인장 강도 계산 (0.8%C 이하의 아공석강에 적용됨)

① $\sigma_B = 20 + 100 \times C(탄소량)[kg/mm^2]$
② 브리넬경도(HB) $= 2.8 \times \sigma_B$

예·상·문·제·01

0.2%C 탄소강의 인장 강도, 브리넬 경도는?

해설 $6_B = 20 + 100 \times 0.2 = 40[kg/mm^2]$
$H_B = 2.8 \times 40 = 112$

예·상·문·제·02

다음 중 강은 온도가 높아지면 전연성이 커지나 200~300℃ 부근에서 메짐(취성)이 나타나는데 이를 무엇이라고 하는가?

① 고온 메짐   ② 청열 메짐
③ 적열 메짐   ④ 뜨임 메짐

정답 ②

해설 탄소강의 취성
  ㉠ 적열(고온) 취성 : 강이 가열되어 온도가 900℃ 부근에서 붉은 색이 되면서 깨지는 성질. 원인은 S이다.
  ㉡ 상온 취성 : 상온에서 연신율, 충격치, 피로 등에 대하여 깨지는 성질. 원인은 P이다.

예·상·문·제·03

아공석강에서 탄소량이 0.4%인 탄소강의 브리넬 경도는 얼마인가?

① 128   ② 148
③ 168   ④ 188

정답 ③

해설 $6B = 20 + 100 \times C(탄소량)[Kg/mm^2]$
$= 20 + 100 \times 0.4 = 60$
$HB = 2.8 \times 6B = 2.8 \times 60 = 168$

---

(3) 각종 원소가 미치는 영향

1) 탄소(C)

① 철에 탄소가 증가하면 항복점, 인장 강도는 증가한다.
② 연신율, 수축율, 연성은 저하하며, 더욱 많아지면 경취해진다.

2) 망간(Mn)

① 탄소 다음으로 중요한 원소로 탈산, 합금제로 쓰이며, 강도, 경도, 인성, 점성, 담금질성 증가, 연성이 감소한다.
② 황의 해 제거(FeS를 MnS로 만들어 슬래그화 함)로 고온 취성을 방지한다.
③ 주조성을 좋게 하며, 높은 온도에서 결정의 성장을 감소시킨다.

3) 규소(Si)

① 경도, 강도, 고온 강도 향상, 내열성, 내산성. 주조성(유동성), 전자기적 성질은 증가한다.

② 연신율, 충격치 감소, 결정립 조대화로 냉간 가공성 나빠지고 용접성이 저하한다.

4) 인(P)

① 보통 0.05% 이하로 제한하며, 강도, 경도 증가, 연신율 감소, 결정립을 거칠게 한다.
② 편석 발생, 상온 이하에서 충격치의 급격한 저하로 저온 취성의 원인(냉간 가공성 저하)이 된다.
③ Fe_3P, MnS, MnO_2 등과 집합하여 띠모양 조직(고스트 라인)이 형성될 수 있다.

5) 유황(S)

① 보통 0.05% 이하로 제한하며, 강도, 경도, 인성, 절삭성 증가, 연신율, 충격치, 용접성을 저하시킨다.
② 적열(고온) 취성의 원인으로 고온 가공(압연, 단조, 용접, 열처리 등)성이 저하된다.

6) 설퍼 프린트법

강재를 H_2SO_4 용액 중에 침적시켜 브로마이드 인화지로 밀착시켜 10~20분 방치한 후 떼어 내면 흑갈색 또는 흑색 반점으로 나타난다.

7) 수소(H_2)

강을 여리게 하고 산, 알칼리에 약하며, 헤어 크랙, 은점의 원인이 된다.

·············· 예·상·문·제·01

탄소강에서 망간(Mn)의 영향을 설명한 것으로 틀린 것은?

① 고온에서 결정립 성장을 증가시킨다.
② 주조성을 좋게 하며 S의 해를 감소시킨다.
③ 강의 담금질 효과를 증대시켜 경화능이 커진다.
④ 강의 점성을 증가시킨다.

정답 ①

해설 망간은 황의 해를 방지하기 위해서 첨가하는 원소로 고온에서 조직의 결정립 성장을 억제시킨다.

(4) 탄소강의 종류와 특성

1) 구조용 탄소강

① 0.05~0.6%C 범위로, 전로, 평로 제강에 의한 림드강이 많이 사용된다.
② 판, 봉, 관, 형강 등으로 제조되어 건축, 교량, 선박, 철도, 차량, 기타 구조물에 쓰인다.

2) 판용강

① 박판은 두께 1mm 이하, 중판은 1~6mm, 후판은 6mm 두께 이상으로 구분한다.
② 박판은 열간 압연에 의해 제조되는 흑강판, 열간 압연 후 냉간 압연하는 마강판이 있다.

3) 선재강

① **연강선재** : 0.06~0.25%C, 인장강도가 35~70 kg/mm^2, 용도는 전신선, 리벳못, 나사류
② **경강선재** : 0.25~0.8%C, 용도는 나사, 와이어 로프, 스프링
③ **피아노선재** : 0.55~0.95%C 정도의 매우 강인한 강선으로, 인발 중에 파텐팅 열처리하여 소르바이트 조직으로 만든 것이다.
  ㉠ 파텐팅 : 강을 A_1 변태점 이상 가열하여 400~550℃에서 열욕 또는 수증기 중에 담금질하는 처리

4) 쾌삭강

강에 P, S, Pb, Se 등을 첨가시켜 절삭(쾌삭)성을 향상시킨 강

5) 스프링강

탄성 한계가 높고 충격 및 피로에 대한 저항성이 크며 급격한 진동을 완화하고 에너지 축적을 위해 사용하며, 소르바이트 조직이 좋다.

6) 탄소 공구강(STC)

① 0.6~1.5%C의 강으로, 일반 공구에 쓰이나, 200℃ 이상에서 경도가 저하된다.
② 줄강, 다이스, 톱강 등에 쓰인다.

③ 공구강의 구비 조건 : 경도, 강도가 크고, 고온에서도 경도, 내마멸성, 강인성이 유지되며, 열처리가 쉽고, 가공이 용이하고 가격이 싸야 된다.

7) 표면 경화용강

① 침탄용강
  ㉠ 0.2%C 이하의 강재 표면에 탄소를 침투시킨 후 열처리하여 표면의 내마모성과 내부의 유연성을 얻을 수 있는 강
  ㉡ Ni, Cr, Mo 원소의 함유 강이 침탄이 잘 된다.
② 질화용강
  ㉠ 강재 표면에 NH_3(암모니아)나 질소를 사용하여 질화시켜 표면 경도를 높인 강
  ㉡ Ni, Cr, Al 원소가 들어있는 강이 적당하다.

·· 예·상·문·제·01

다음 중 피절삭성이 양호하여 고속절삭에 적합한 강으로 일반 탄소강보다 P, S의 함유량을 많게 하거나 Pb, Se, Zr 등을 첨가하여 제조한 강은?

① 쾌삭강   ② 레일강
③ 선재용 탄소강   ④ 스프링강

정답 ①

·· 예·상·문·제·02

탄소 공구강 및 일반 공구재료의 구비조건 중 틀린 것은?

① 상온 및 고온경도가 클 것
② 내마모성이 클 것
③ 강인성 및 내충격성이 작을 것
④ 가공 및 열처리성이 양호할 것

정답 ③

해설 공구강(공구용 재료)의 구비조건
  ① 열처리, 가공이 쉽고 가격이 저렴할 것
  ② 강인성 및 내충격성이 좋을 것

4 특수(합금)강

(1) 특수강(alloy steel)의 개요

1) 특수(합금)강

탄소강에 특수 원소를 1종 혹은 2종 이상 첨가시켜 탄소강에 비해 뛰어난 특징을 가지도록 제조된 강
① **저합금강** : 합금 원소 첨가량이 10% 미만인 것으로, 강도를 크게 요하지 않는 기계부품, 표면 경화재 등에 사용한다.
② **고합금강** : 합금 원소의 첨가량이 10% 이상인 것으로 내식, 내마모 등 특수 목적 재료로 사용한다.

2) 특수원소의 강에 미치는 영향

① **Ni(니켈)** : 강도, 인성, 저온 충격 저항성의 증가, 내열성 향상, Cr과 합금시 내열, 내식성이 향상된다.
② **Cr(크롬)** : Ni와 비슷하며, 내식성, 내열성, 내마모성을 향상시킨다.
③ **W(텅스텐)** : 고온에서 강도, 경도 증가. 내열성. 내마멸성을 향상시킨다.
④ **Mo(몰리브덴), V(바나듐)** : 고온에서 강도, 경도 증가. 뜨임 취성 방지. 내황산성을 증가시킨다.
⑤ **Si(규소)** : 전자기 특성과 내열성을 증가시킨다.
⑥ **Al, Ti** : 결정립의 미세화, 인성 향상시키며, 표면 경화(질화)강에 쓰인다.
⑦ **B(붕소)** : 미량 첨가로도 담금질(소입)성을 현저하게 향상시킨다.
  ※ 특수 원소 대부분은 담금질 효과가 큼, 자경성(스스로 경화 되려는 성질)이 있다.

·· 예·상·문·제·01

SCr이나 SNC 강은 용접열로 인하여 뜨임취성이 발생되는데 다음 중 뜨임 취성을 방지하기 위해 첨가하는 원소는?

① Mo   ② Ni
③ Cr   ④ Ti

정답 ①

해설 합금 원소의 영향
- Mo : 고온강도 개선, 인성향상, 저온취성방지, 담금질깊이, 크리프저항, 내식성증가, 뜨임취성 방지
- Ni : 내식성, 강인성, 내산성 향상
- Cr : 경도, 강도증가, 함유량에 따라 내식성, 내열성, 내마멸성 증가
- Ti : 결정입자 미세화

(2) 구조용 특수강

1) 강인강

① 탄소강에서 얻기 어려운 강인성을 갖기 위해 탄소강에 Ni, Cr, Mo, W, V 등을 적당량 첨가한 강
② 기계부품, 기계구조용으로 많이 쓰인다.
③ 강인강 종류
　Cr강, Ni-Cr강(SNC), Ni-Cr-Mo강(SNCM), Cr-Mo강(SCM) 등 강도와 인성이 크고 담금질에 의하여 강인성이 높은 강이다.

2) 저망간강(고장력강)

① 1~2% Mn 함유 듀콜강, 펄라이트 망간강이라고도 부름. Mn계 강이 널리 사용되며, Mn-V-Ti계, Ni-Cr-Mo계도 쓰인다.
② 용도 : 주로 철탑, 기중기, 고압용기 등의 구조재로 쓰인다.

3) 고장력강

① 하이텐(high tensile steel : HT)이라고도 하며, 일반 구조용 압연 강재(SS41)나 용접 구조용 압연 강보다 높은 항복점과 인장 강도를 얻기 위해 Mn, Si, Ni, Cr 등 합금 원소를 첨가하여 항복 강도 294MPa(30kg$_f$/mm^2), 인장 강도 490MPa(50kg$_f$/mm^2) 이상, 연신율 20% 이상으로 높인 강
② 고장력강의 요구 특성
　㉠ 판 두께를 얇게 할 수 있어 무게 경감과 재료의 절약, 내식성 향상 등을 목적으로 사용된다.
　㉡ 용접성, 저온 인성, 내후성, 내식성, 가공성이 우수하며, 탄소강에 비해 내력이 높고 항복비가 크다.
　㉢ 열처리 하지 않아도 사용할 수 있어야 한다.
③ 고장력강의 분류
　㉠ 50kg$_f$급 HT : Si-Mn계 Al킬드강으로, 압연 그대로 사용한다.
　㉡ 60kg$_f$급 HT : 조질 강, Si-Mn계에 소량의 Ni, Cr, V 등 첨가한 것으로, 주로 교량, 압력 용기, 고층 구조물에 사용한다.
　㉢ 80kg$_f$급 HT : 0.1%C 이하의 강에, 특수 원소를 소량 첨가한 강으로, 원통형 탱크, 도시가스 구형 등에 사용한다.
　㉣ 100kg$_f$급 HT : Ni, Cr이 약간 많으나 뜨임 온도를 낮추어 강도를 높인 강

4) 고망간강

10~14% Mn 함유한 강으로, 오스테나이트 망간강, 하드 필드강, 수인강이라고도 하며, 내마멸성이 커서 기차 레일 교차점, 광산 기계, 킬 롤리 제작 등에 쓰인다.

5) 초강인강

중량이 가볍고 강력한 부분(로케트, 미사일용 등)에 사용하며, Ni-Cr-Mo계에 Mn, Si, V 등을 첨가하여 인장 강도를 150~200kg$_f$/mm^{2}로 높인 강이다.

··················· 예·상·문·제·01

다음 중 항복점, 인장강도가 크고, 용접성이 우수하며, 조직은 펄라이트로, 듀콜(ducol)강 이라고도 불리는 것은?

① 고망간강　　② 저망간강
③ 코발트강　　④ 텅스텐강

정답 ②

··················· 예·상·문·제·02

저합금강 중에서 연강에 비하여 고장력강의 사용 목적으로 틀린 것은?

① 재료가 절약된다.
② 구조물이 무거워진다.
③ 용접공수가 절감된다.
④ 내식성이 향상된다.

정답 ②

해설 고장력강 : 연강보다 강도, 경도가 커서 두께를 줄일 수 있어 구조물의 무게가 가벼워진다.

(3) 공구용 특수강

1) 합금 공구강(STS)

① 절삭용
  ㉠ 경도가 크고 절삭성을 좋게 하기 위하여 다량의 탄소량과 Mn, Cr, Ni, W, Co, V 등을 첨가한 Cr강
  ㉡ W강, W-Cr강 등이 있으며, 바이트, 탭, 드릴, 줄 등(STS 2, 11, 51)에 사용된다.

② 내충격용(STS 4, 43)
  ㉠ 절삭용에 비해 탄소량이 비교적 낮고 Cr, W, V 등을 더 첨가한 강
  ㉡ 내충격성과 인성이 커서, 정, 펀치, 스냅 등에 사용된다.

③ 내마모 불변강
  ㉠ 경도와 내마모성이 크고, 열처리 변형이나 경년 변형이 매우 적은 강
  ㉡ 게이지 등 정밀 측정 공구에 사용된다.

④ 열간 가공용강(STD 61 등)
  ㉠ 고온 강도와 내마모성이 요구되는 강
  ㉡ Cr, W, Mo, V계가 사용된다.

2) 고속도강(SKH)

일명 하이스(H.S.S.)라고도 하며, 고탄소강에 Mo, Cr, W, V 등을 첨가한 강을 담금질-뜨임하여 인성을 높인 강으로, 600℃까지 경도가 유지된다.

① **종류** : W계, Co계, Mo계 등이 있으며, 표준형은 18W-4Cr-1V 강이 있다.
② **열처리** : 1250~1350℃에서 담금질, 550~580℃에서 뜨임한다.
③ **용도** : 드릴, 엔드밀 등 비교적 고속 절삭에 사용한다.

3) 주조 경질 합금

① Co(코발트)를 주성분으로 한 Co-Cr-W-C의 합금으로, 스텔라이트가 대표적이다.
② 단조나 절삭이 안되므로 주조 후 연마나 성형해서 사용한다.
③ 절삭 속도는 고속도강의 2배, 상온에서는 고속도강보다 연하나 600℃ 이상에서는 더 경하며, 800℃에서도 경도가 유지되나, 인성이 작다.(열처리 불필요)

4) 초경 합금(소결 경질 합금)

① **제조 과정** : WC, TiC, TaC 등의 금속 탄화물 분말에 Co를 첨가하여 금형에서 용융점 이하로 소결 성형 후 압축(예비 소결 : 800~1000℃)한 후 수소 분위기에서 소결(2차 소결 : 1400~1450℃)한다.
② **특성** : 경도 크고, 내열성, 내마모성이 크며, 열처리가 불필요하고, 주철, 강철 등에서 고속도강에 비해 절삭 속도가 2배 이상 크다.
③ **종류** : S종(강 절삭용), D종(다이스용), G종(주철 절삭용)이 있으며, 상품명으로 카블로이(미국), 미디아(영국), 당갈로이(일본)가 있다.
④ **용도** : 고속도강으로 가공이 곤란한 고Mn강, 칠드 주철, 경질 유리 절삭에 쓰인다.

5) 세라믹

① Al_2O_3(알루미나)가 주성분으로 하여 1600℃에서 소결 성형한 합금으로, 무기질 고온 소결재의 총칭이다.
② 내열성, 고온 경도, 내마모성이 크고, 비자성체이며 충격에 약하다.
③ 용도는 고온 절삭, 고속 정밀 가공용, 강자성 재료의 가공용으로 쓰인다.

6) 5-4-8 합금

① 시효 경화 합금의 일종으로, 뜨임시효에 의하여 경도를 크게 증가시킨 것으로, Fe-W-Co계 합금이 대표적이다.
② 고속도강(SKH)보다 수명이 길다.

####### 예·상·문·제·01

표준 고속도강(high speed steel)의 성분조성은?

① W(18%) – Ni(4%) – Co(1%)
② W(18%) – Ni(6%) – Co(2%)
③ W(18%) – Cr(4%) – V(1%)
④ W(18%) – Cr(6%) – Ni(2%)

정답 ③

해설 고속도강(SKH) : 고속절삭 가능, 600℃ 경도 유지, 표준형고속도강 : 18W–4Cr–1V–0.8C

####### 예·상·문·제·02

다음 중 대표적인 주조 경질 합금은?

① HSS   ② 스텔라이트
③ 콘스탄탄   ④ 켈멧

정답 ②

해설 HSS : 고속도강

####### 예·상·문·제·03

다음 중 초경합금의 상품명으로 맞지 않은 것은?

① 카블로이   ② 유니온 멜트
③ 미디아   ④ 당갈로이

정답 ②

해설 카블로이(미국), 미디아(영국), 당갈로이(일본)

(4) 특수 용도(목적)용 특수강

1) 스테인리스강(stainless steel)

① 내식성을 향상시키기 위해 철에 크롬을 12% 이상 함유시킨 강으로, 일명 불수강이라고도 한다. Cr 12% 이하는 내식강이라 한다.
② 조직에 따라 페라이트계, 마텐사이트계, 오스테나이트계, 석출 경화계, Cr–Mn계가 있다.

2) 스테인리스강의 종류별 특성

① 페라이트계 스테인리스강 : 18% Cr계로, STS 430이 대표적이다. 마텐사이트계에 비해 내식성이 크고, 강자성체이며, 용접 구조용으로도 가능하다. 일반용품, 건축용, 장식용, 식품공업, 기계 부품 등에 주로 사용된다.
② 마텐사이트계 스테인리스강 : 13% Cr계로, 열처리에 의해 경화하고 담질성을 가지며, 강자성체로, STS 410이 대표적이다. 일반용품, 기계 부품, 의료용기기 등에 주로 사용된다.
③ 오스테나이트계 스테인리스강
 ㉠ 18Cr~8Ni 강(STS 304)이 대표적이며, 비자성체이며 내산 및 내식성이 우수하다.
 ㉡ 인성과 연연성이 좋아 가공이 용이하며, 용접성이 좋으나 담금질이 안 된다.
 ㉢ 열팽창 계수가 탄소강의 1.5배, 열전도율은 약 60%로 열가공시 변형과 잔류 응력이 문제되며, 탄화물이 결정입계에 서출하기 쉽다.
 ㉣ 염산, 묽은 황산, 염소가스, 황산염 용액에 대한 내산성이 약하다.
 ㉤ 용도 : 화학 공업, 항공기, 원자력 발전, 차량, 주방 기구, 의료용, 건축용, 기계 부품

[스테인리스강의 분류와 특성]

종류 특성	페라이트	펄라이트	시멘타이트
주성분	Cr 16~27%	Cr 11~15%	Cr 16~20% Ni 7~10%
탄소 함유량	0.2% 이하	0.15% 이상	0.2% 이하
담금질 경화성	전혀 없음	있음	없음
내식성	보통	나쁨	좋음
굴곡성	보통	나쁨	좋음
용접성	보통	불가	좋음

④ 석출 경화형 스테인리스강
 ㉠ Austenite계는 우수한 내열성, 내식성은 있으나 강도가 부족하고, Martensite계는 경화능은 있으나 내식성 및 가공성이 좋지 못한 점을 충족시키고, 좋은 특성을 살리기 위해 석출 경화 현상을 이용한 것, 대표적인 것은 STS 630과 STS 631이 있다.
 ㉡ 17–4PH강(STS 630)
  17%Cr – 4%Ni – 3~5%Cu – Nb – Ta 합

금으로 Ms 변태점이 상온 위에 있기 때문에 고용화 열처리를 하면 Martensite (Cu가 과포화된) 조직으로 되며, 우수한 내식성과 높은 강도, 경도를 갖춘 것이다.
ⓒ 17-7 PH강(STS 631)
17%Cr - 7%Ni - 0.75~1.5%Al 합금으로 변태점이 상온 이하에 있으므로 중간 열처리로 변태점을 상온 이상으로 끌어 올려 Austenite 상태에서 Martensite로 변태시킨 다음에 석출 경화 열처리한다.

3) 18-8강의 입계 부식

① 원인 : 고온으로부터 급랭한 것을 재가열하면 고용되었던 탄소가 오스테나이트의 결정입계로 이동하여 탄화물(Cr_4C)이 석출해서 결정입계 부근의 Cr량이 감소하게 되며 이로 인해 결정입계가 쉽게 부식하게 된다.
② 입계 부식 방지법 : 탄소량을 낮추거나(탄화 크롬 억제) Ti, Nb, Ta 등의 첨가해서 Cr_4C 대신 TiC, NbC 등이 형성되게 한다.

4) 게이지강

① 내마모성이 크고 경도가 높으며, 담금질 변형이 적고, 경년 변형이 없어야 된다.
② C 0.85~1.2%, W, Cr, Mn 등이 함유된 강이 사용된다.

5) 베어링강

탄성 한도, 피로 한도가 높은 것이 요구되되, 고탄소 크롬강이 많이 쓰인다.

6) 초내열강

① Fe, Cr, Ni, Co를 모체로 한 합금
② 종류 : 19-9DL(815℃), 팀켄16-25-6(815℃), N-155(980℃), 인코넬X(980℃), 하이스 합금 21(980℃) 등이 있다.

7) 서멧(cermet)

① 초내열강은 900℃ 이상 고온에서 견딜 수 없어 이를 개선한 것으로, 경질 및 고융점의 비금속 내화재와 소결시킨 복합체이다.
② 즉, 2000~3500℃ 부근의 고융점을 가진 산화물(Al_2O_3), 탄화물(TaC, WC), 붕화물(TaB_2, CrB) 등과 Co, Ni 분말과의 복합체이다.

8) 규소강

자기 감응도가 크고 잔류 자기 및 항자력이 작아 변압기 철심이나 용접기 철심용으로 많이 쓰인다.

9) 자석강

① 잔류 자기와 항자력이 크고, 온도 변화나 기계적 진동 등에 자장이 안정되야 한다.
② 종류 : KS 자석강(Fe-Cr-Co-W계), OP 자석강(Fe-Ni-Al계), 큐니프(Fe-Ni-Co계), 비칼로이(Fe-Co-V계) 등이 있다.

10) 불변강

① 인바(invar)
㉠ Ni 35~36% 함유한 Fe-Ni 합금, 열팽창 계수가 매우 적어 온도에 따라 길이 불변하며, 내식성이 대단히 좋다.
㉡ 용도 : 줄자, 시계추, 정밀부품, 바이메탈에 쓰인다.
② 초인바(super invar) : Ni 29~40%, Co 5% 이하 함유한 합금으로, 인바아보다 더 열팽창 계수가 적다.
③ 엘린바(elinvar)
㉠ Ni36%, Cr12% 함유한 합금으로, 탄성이 매우 적으며 열팽창 계수도 적다.
㉡ 용도 : 시계 바늘, 태엽, 스프링, 지진계 등에 쓰인다.
④ 코엘린바 : 탄성이 극히 적고 공기나 물에 부식이 안된다. 스프링, 태엽에 쓰인다.
⑤ 폴레티나이트
㉠ Ni42~46%, Cr18%의 Fe-Ni-Co 합금
㉡ 용도 : 전구, 진공관용도선에 쓰인다.
⑥ 퍼어멀로이 : Fe-Ni합금의 대표적인 것, 투자율이 큰 합금이다.

······················· 예·상·문·제·01

다음 중 스테인리스강의 종류에 속하지 않는 것은?

① 페라이트계 스테인리스강
② 마르텐사이트계 스테인리스강
③ 석출경화형 스테인리스강
④ 레데뷰라이트계 스테인리스강

정답 ④

해설 레데뷰라이트계 스테인리스강은 없다.

······················· 예·상·문·제·02

다음 중 18-8형 오스테나이트계 스테인리스강의 주요 합금원소로 옳은 것은?

① Ni : 18%, Cr : 8%
② Cr : 18%, Ni : 8%
③ Cr : 18%, Mn : 8%
④ Ni : 18%, Mn : 8%

정답 ②

······················· 예·상·문·제·03

오스테나이트계 스테인리스강의 입계부식 방지 방법이 아닌 것은?

① 탄소량을 감소시켜 Cr_4C 탄화물의 발생을 저지시킨다.
② Ti, Nb 등의 안정화 원소를 첨가한다.
③ 고온으로 가열한 후, Cr 탄화물을 오스테나이트 조직 중에 용체화하여 급랭시킨다.
④ 풀림 처리와 같은 열처리를 한다.

정답 ④

······················· 예·상·문·제·04

융점이 높은 코발트(Co) 분말과 1~5㎛ 정도의 세라믹, 탄화 텅스텐 등의 입자들을 배합하여 확산과 소결공정을 거쳐서 분말야금법으로 입자강화 금속 복합재료를 제조한 것은?

① FRP
② FRS
③ 서멧(cermet)
④ 진공청정구리(OFHC)

정답 ③

해설 서멧, 초경합금 등은 분말 야금법에 의해 제조한다.

······················· 예·상·문·제·05

다음 중 불변강(invariable steel)에 속하지 않는 것은?

① 인바(invar)
② 엘린바(elinvar)
③ 플래티나이트(platinite)
④ 선플래티넘(sun-platinum)

정답 ④

해설 **불변강의 종류**
㉠ 인바 : Fe-Ni 36%, 선팽창계수가 적다. 줄자, 계측기의 길이불변부품, 시계 등에 사용
㉡ 엘린바 : Fe-Ni 36%, Cr12%, 탄성율이 불변, 정밀계측기, 시계스프링에 사용
㉢ 플래티나이트 : 전구, 진공관 도선에 사용
㉣ 코엘린바 : Fe-Ni10%, Cr 26~58%, 공기 또는 물속에서 부식되지 않음, 시계스프링, 지진계사용

(5) 주강

① 주조를 실시한 강으로, 주철로 강도 부족시나, 단조강보다 가공 공정을 감소시킬 필요가 있을 때 사용한다.
② 수축률($\frac{20}{1000} \sim \frac{25}{1000}$)이 주철의 2배 정도이다.
③ 주철에 비하여 용융점 높아 주조성이 나쁘므로

주조 후 반드시 풀림 처리가 필요하다.

··· 예·상·문·제·01

주철과 비교한 주강에 대한 설명으로 틀린 것은?

① 주철에 비하여 강도가 더 필요할 경우에 사용한다.
② 주철에 비하여 용접에 의한 보수가 용이하다.
③ 주철에 비하여 주조시 수축량이 커거 균열 등이 발생하시 쉽다.
④ 주철에 비하여 용융점이 낮다.

정답 ④

해설 주철의 용융점은 1200℃ 정도이며, 주강은 1450℃ 정도로 주강의 용융점이 훨씬 높다. 수축률이 2배 이상 크다.

5 주철

(1) 주철의 개요

1) 주철

① 2.01~6.67%C 함유한 철 합금으로, 선철과 고철을 용선로에서 용해한 철이다.
② 많이 사용되는 주철의 탄소량 : 2.5~4.5%C
③ 탄소는 주철 중에 유리 탄소(흑연)나 화합 탄소로 펄라이트 또는 시멘타이트(Fe_3C)로 존재한다.

전탄소량=흑연(유리 탄소)+화합 탄소

2) 주철의 장점

① 용융점이 낮고 유동성이 좋아 주조성이 우수하다.(복잡한 형상도 쉽게 주조할 수 있다.)
② 단위 무게당 가격이 싸며, 마찰 저항이 좋고 절삭 가공이 쉽다.
③ 압축 강도가 크며(인장 강도의 3~4배), 흡진성이 있어 진동이 많은 곳에 적합하다.
④ 주물의 표면은 단단하고 녹이 잘 슬지 않으며 도색도 잘 된다.

3) 주철의 단점

① 인장 강도가 강에 비해 작고, 취성(메짐)이 크며, 연신율이 작다.
② 고온에서도 소성 변형이 안 된다.

4) 주철의 성질

① 담금질, 뜨임이 안되나, 주조 응력 제거 풀림 온도는 500~600℃로 6~10시간 풀림한다.
② **자연 시효** : 주조 후 장시간(1년 이상) 방치하면 주조 응력이 제거되는 현상이다.
③ **탄소 당량** : 탄소 이외의 원소를 탄소 함유량으로 환산한 것이다.

$$탄소\ 당량\ ceq = C(\%) + \frac{1}{6}\%\ Mn + \frac{1}{24}\%\ Si(\%) + \frac{1}{40}\%\ Ni + \frac{1}{5}\%\ Cr + \frac{1}{4}\%\ Mo$$

··· 예·상·문·제·01

주철의 일반적인 성질을 설명한 것 중 틀린 것은?

① 용탕이 된 주철은 유동성이 좋다.
② 공정 주철의 탄소량은 4.3% 정도이다.
③ 강보다 용융온도가 높아 복잡한 형상이라도 주조하기 어렵다.
④ 주철에 함유하는 전탄소(total carbon)는 흑연+화합탄소로 나타낸다.

정답 ③

해설 강보다 주철의 용융점이 낮아 복잡한 형상이라도 주조하기 쉽다.

(2) 주철의 성장

1) 성장

주철을 고온(650~950℃)에서 가열과 냉각을 반복하면 부피가 증가하여 변형, 균열이 발생하는 현상

2) 성장 원인

① Fe₃C의 흑연화(Al, Si, Ni, Ti 등의 원소에 의한 흑연화)에 의한 팽창
② A₁ 변태에서 체적변화에 따른 팽창, 불균일한 가열로 인한 팽창, 페라이트 중 고용 원소인 Si의 산화에 의한 팽창
③ 흡수되어 있는 가스의 팽창에 의해 재료가 항복되어 생기는 팽창
④ 성장 방지법
  ㉠ 흑연의 미세화(조직 치밀화)
  ㉡ 흑연화 방지제 첨가
  ㉢ 탄화물 안정제 첨가(Mn, Cr, Mo, V 등 첨가로 Fe₃C의 분해 방지)
  ㉣ Si의 함유량 감소 등

··· 예·상·문·제·01

보통주철은 650~950°C 사이에서 가열과 냉각을 반복하면 부피가 크게 되어 변형이나 균열이 발생하고 강도와 수명이 단축된다. 이런 현상을 무엇이라 하는가?

① 주철의 성장   ② 주철의 부식
③ 주철의 취성   ④ 주철의 퇴보

정답 ①

해설 주철의 성장(팽창)원인
① Fe₃C의 흑연화에 의한 팽창
② 페라이트 중의 고용되어 있는 Si의 산화에 의한 팽창
③ A₁변태에 따른 체적 변화로 인한 팽창
④ 불균일한 가열로 생기는 균열에 의한 팽창
⑤ 흡수된 가스의 팽창에 의한 부피 팽창

(3) 주철의 일반적인 조직

1) 주철의 기본 조직

바탕 조직(펄라이트, 시멘타이트, 페라이트)과 흑연의 혼합 조직이며, 주철 중에 탄소는 주로 흑연 상태로 존재한다.
① 유리 탄소(흑연) : 규소가 많고 냉각 속도가 느릴 때 생성(회주철)한다.
② 화합탄소(Fe₃C) : 망간이 많고 냉각 속도가 빠를 때 생성(백주철)된다.
③ 흑연화 : Fe₃C가 안정한 상태인 3Fe와 C(탄소)로 분리되어 용융점과 강도가 낮아지는 현상

2) 마우러 조직도

주철에서 탄소와 규소 성분 %에 따라 주철의 조직 변화 관계를 나타낸 조직도. 규소량이 많으면 흑연량이 많아진다.

3) 마우러 조직도 설명

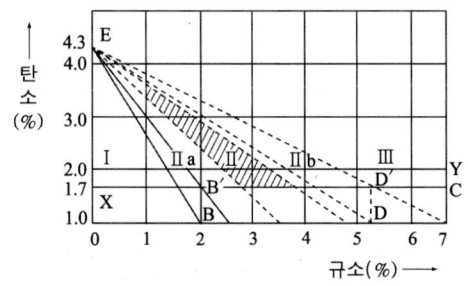

[마우러 주철 조직도]

① Ⅰ 구역 : 백(극경) 주철(펄라이트+Fe₃C)
② Ⅱa구역 : (경질) 주철(펄라이트+Fe₃C+흑연)
③ Ⅱ 구역 : 펄라이트(강력) 주철(펄라이트+흑연)
④ Ⅱb 구역 : 회(보통) 주철(펄라이트+페라이트+흑연)
⑤ Ⅲ 구역 : 페라이트(연질) 주철(페라이트+흑연)

··· 예·상·문·제·01

주철조직 중 흑연의 형상이 아닌 것은?

① 공정상 흑연   ② 편상 흑연
③ 침상 흑연   ④ 괴상 흑연

정답 ③

··· 예·상·문·제·02

주철의 조직은 C와 Si의 양과 냉각속도에 의해 좌우된다. 이들의 요소와 조직의 관계를 나타낸 것은?

① C.C.T 곡선   ② 탄소 당량도
③ 주철의 상태도   ④ 마우러 조직도

정답 ④

해설 CCT 곡선 : 연속 냉각 변태 곡선

(4) 주철의 종류와 특성

1) 파단면에 따른 주철의 종류

① **회주철** : 파면이 회색, Mn량이 적고 냉각 속도가 느릴 때 생기며, 주조성과 절삭성이 좋아 공작 기계 베드, 내연 기관 실린더, 주철관, 가정용품 등에 사용된다.
② **반주철** : 회주철과 백주철의 혼합된 조직의 주철
③ **백주철** : 파면이 흰색, Si량이 적고 냉각 속도가 빠를 때 생기기 쉬우며 경도와 내마모성이 좋아 압연롤러, 기차 바퀴 등에 쓰인다.

2) 보통 주철(회주철 : GC 1~3종)

3~3.5%C의 주철, 불순물이나 강도를 규정하지 않은 표준 주철. 인장 강도는 10~20kg/mm²로, 일반 가정용품, 공작 기계 베드 등에 쓰인다.

① **탄소** : 시멘타이트와 흑연으로 존재하며 냉각 속도, 화학 성분(Si, Mn)에 따라 달라지며, 냉각 속도가 늦을수록, Si량은 많을수록 Mn량은 적을수록 흑연량이 많아진다.
② **규소** : 흑연화 촉진 원소이며, 얇은 주물에는 규소량을 다량 첨가하여 시멘타이트의 생성을 저지해야 한다.
③ **망간** : 흑연화 방해 원소이다. 망간은 MnS화해서 황의 해를 제거하며, 탈산 작용, 주철의 질을 강하고 단단하게 하여 절삭성을 나쁘게 하며 수축율이 크게 된다.
④ **인** : 용융점 저하로 주조성 좋아져 얇은 주물 제조시 많이 사용, 일부 스테다이트(페라이트+Fe_3C+Fe_3P)로 존재하여 여리게 함.
⑤ **황** : FeS, MnS로 존재하며, MnS는 결정입 안에 거친 결정을 만든다. FeS는 결정 입자의 경계에 미립으로 분포하며, 유동성 저하, 수축율과 주조 응력을 크게 하며, 고온 취성의 원인이 된다.
⑥ 흑연화 촉진 원소는 Si, Al, Ti, Ni, 흑연화 방해 원소는 Mn, Cr, Mo, V, S이다.

3) 고급 주철(회주철 : GC 4~6종)

2.5~3.2%C이고 펄라이트와 미세한 흑연으로 된 인장 강도 25kg/mm²(250MPa) 이상인 강인 주철로, 흑연은 국화상이며 C, Si

(단, 1<Si<3) 양이 $\frac{(C+Si)}{1.5}$=4.2~4.4%가 되면 고급 주철이 된다.

4) 미하나이트 주철

저탄소 저규소 선철과 다량의 강 스크랩을 배합 용해하여 Fe-Si, Ca-Si를 접종시켜 제조하여 흑연의 형상을 미세, 균일하게 하여 미세한 펄라이트 조직으로 개량 접종 처리한 주철로, 인장 강도 35~45 kg/mm²(343~441MPa)이며, 담금질이 가능하며, 강력 구조용, 내마모용, 내부식용, 내열 기관용 등에 쓰인다.

5) 합금 주철

보통 주철에 합금 원소(Ni, Cr, Mo, Si, Mn 등)를 첨가하여 보통 주철에서 얻을 수 없는 제성질(내식성, 내마모성, 내열성, 고자성 등)을 얻을 수 있게 한 주철

① **흑연화 경향** : Si를 1로 했을 때 Al은 0.5, Ni 0.3~0.4, Cu 0.35
② **합금 원소의 영향**
  ㉠ Ni(니켈) : 0.1~10%만 첨가해도 흑연화되며, 펄라이트 조직이 미세화하여 강도를 크게 하며, 두꺼운 부분의 억셈과 얇은 부분의 칠(chill) 발생을 방지한다. 내열, 내산화, 내알카리성을 갖게 하며 비자성인 오스테나이트 주철을 만들 수 있다. (14~38% 첨가)
  ㉡ Cr(크롬) : 흑연화 방지, 주철의 성장 방지, 탄화물을 안정시키고 칠층을 깊게 한다. 1.5~2% 첨가로 펄라이트 조직 미세화와 경도 증가, 내열성, 내부식성이 향상된다.
  ㉢ Mo(몰리브덴) : 다소 흑연화 방지, 0.25~1.25% 첨가시 흑연이 미세화되며, 강도, 경도, 내마모성 증가, 두꺼운 주물 조직을 균일화한다.
  ㉣ Ti(티타늄) : 강한 탈산제며 흑연화 촉진제이

나 너무 다량 첨가시는 방해한다. 고탄소 고규소 주철에 첨가시 흑연의 미세화와 경도가 증가된다.
- ⓜ V(바나듐) : 강한 흑연화 방지원소, 0.1~0.5% 첨가시 흑연 미세화와 경도가 증가 된다.
- ⓗ Cu(구리) : 0.25~2.5% 첨가시 강도가 증가되고 내마모성이 개선되며, 염산, 황산, 질산에 대한 내식성이 좋아진다.
- ⓢ Mn(망간) : 비자성화 능력이 Ni의 2배이나 조직을 단단하게 하여 피절삭성을 나쁘게 한다.

③ **합금 주철의 종류**
- ㉠ 기계 구조용 주철 : Ni주철이 쓰이며, Cr, Mo 첨가로 강도가 향상시킨 것으로, 자동차용 엔진의 크랭크, 캠축 등에 쓰인다.
- ㉡ 내마모용 주철 : 보통 주철에 적량의 Ni, Cr 등 첨가하면 마텐사이트 주철로 되어 내마모성이 향상된다.
- ㉢ 내열 및 내산 주철
  - ⓐ 페라이트계 주철 : Si 및 Cr을 다량으로 함유하는 주철로 대단히 단단하다.
  - ⓑ 오스테나이트계 주철 : Ni을 20% 이상 함유한 주철로, 내산, 내알칼리, 내열성 등이 높고 비자성체이며, 전기 저항이 크고 연성, 인성이 있으며, 주로 석유 화학, 기타 화학공업에 많이 사용된다.
  - ⓒ 고규소 주철 : 규소를 14% 이상 함유한 주철, 진한 황산과 초산에는 사용 가능하나 진한 열염산에는 약하며, 내산주철은 절삭 가공이 안되고 취성이 크다.
  - ⓓ 고크롬 주철 : Cr을 15~30% 함유한 주철로, 산, 유황가스 등에 강하며 고온에서도 성장성이 적고, 아주 단단하여 절삭이 불가능하므로 연삭 가공한다. 풀림 상자나 로 재료로 사용된다.

6) **칠드(냉경) 주철**

용융 상태에서 금형 등에 주입하여 급랭시켜 접촉 면을 백선화(펄라이트와 유리시멘타이트)로 만들어 단단하고 내부는 강인한 성질을 갖게 한 주철
- ① 흑연화로 칠층을 얇게 하는 원소 : C, Si, Al, Ti, Ni, P, Cu, Co
- ② 흑연화 방지로 칠층을 깊게 하는 원소 : S, V, Cr, Mn, Sn, W 등
- ③ 용도 : 압연 롤러나 기차 바퀴 등의 제조에 쓰인다.

7) **구상 흑연 주철**

S이 적은 선철을 용해하고 여기에 Mg, Ce(세슘) 등을 첨가해서 접종시켜 편상흑연을 구상화시킨 주철로, 연성 주철(닥타일 주철 : 미국), 구상 흑연 주철(영국), 노듈러 주철(일본) 이라고도 한다.
- ① 펄라이트와 페라이트로 된 조직으로 황소 눈 같다 해서 볼스아이 조직이라고도 한다.
- ② 흑연을 구상화시킴으로서 균열 발생이 어렵고 강도(인장 강도 : 50~70kg/mm^2)와 연성이 크게 된다.

8) **가단 주철**
- ① 백주철을 풀림 처리하여 탈탄과 Fe_3C의 흑연화에 의해 연성(또는 가단성)을 크게 한 주철, 주강의 중간 정도의 특성을 가진 주철
- ② **가단 주철의 종류**
  - ㉠ 백심 가단 주철(WMC) : 백주철을 철광석, 밀 스케일 등과 함께 풀림상자에 넣고 950~1000℃로 70~100시간 가열 풀림 처리하여 표면을 탈탄 후 서냉시킨 주철로, 강도는 흑심 가단 주철보다 다소 높으나 연신율은 낮다.
  - ㉡ 흑심 가단 주철(BMC) : 저탄소, 저규소 백주철을 900~950℃로 가열 후 20~30시간 유지하여 풀림하면 Fe_3C가 분해되어 흑연과 오스테나이트가 되며(제1단계 흑연화) 냉각시 오스테나이트의 일부가 펄라이트로 변태한다. 이렇게 Fe_3C를 흑연화시킨 주철
  - ㉢ 펄라이트 가단 주철 : 흑심 가단 주철의 흑연화의 일부(제2단계 흑연화)를 생략하여 구상, 층상 펄라이트 또는 베이나이트, 소르바이트 조직으로 만든 주철

.... 예·상·문·제·01

다음 중 보통주철의 일반적인 주요 성분에 속하지 않는 것은?

① 규소   ② 아연
③ 망간   ④ 탄소

정답 ②

해설 보통주철의 주요 성분으로는 탄소, 규소, 인, 황, 망간 등이 함유된다.

──────────────── 예·상·문·제·02

고급주철의 바탕은 어떤 조직으로 이루어 졌는가?

① 펄라이트 ② 시멘타이트
③ 페라이트 ④ 오스테나이트

정답 ①

해설 고급주철 : 인장강도가 25kg/mm² 이상의 것을 말하고, 일명 펄라이트 주철(미하나이트 주철)이라고도 한다.

──────────────── 예·상·문·제·03

주조시 주형에 냉금을 삽입하여 주물 표면을 급랭시킴으로서 백선화하고 경도를 증가시킨 내마모성 주철은?

① 가단주철 ② 칠드주철
③ 고급주철 ④ 미하나이트 주철

정답 ②

해설 칠드주철 : 냉경주철이라고도 하며, 주조 시 주형에 냉금을 삽입하여 주물표면을 급랭시킴으로서 백선화하고 경도를 증가시킨 내마모성 주철

──────────────── 예·상·문·제·04

다음 중 흑연화 방지로 칠층을 깊게 하는 원소가 아닌 것은?

① Cr ② Ti
③ V   ④ W

정답 ②

해설 Ti, Al, Si 등은 흑연화 촉진 원소이다.

──────────────── 예·상·문·제·05

다음 중 용융상태의 주철에 마그네슘, 세륨, 칼슘 등을 첨가한 것은?

① 칠드 주철 ② 가단 주철
③ 구상흑연 주철 ④ 고크롬 주철

정답 ③

해설 구상 흑연 주철 : 보통주철의 편상 흑연들이 용융상태에서 Mg, Ce, Ca등을 첨가한 것으로. 기계적 성질이 우수하고 인장강도가 가장 크다.

──────────────── 예·상·문·제·06

가단주철의 종류가 아닌 것은?

① 백심가단 주철
② 흑심가단 주철
③ 반선가단 주철
④ 펄라이트 가단주철

정답 ③

해설 가단 주철 : 백주철을 열처리하여 인성을 증가시킨 주철, 종류로는 ①, ②, ④이 있다. 용도는 철판이음, 관이음쇠, 자동차부품 등

03. 열처리 및 표면 경화

1 열처리

(1) 열처리의 개요

1) 열처리

① 금속재료에 가열과 냉각에 의해 원하는 특성을 얻는 방법
② 금속재료의 기능을 충분히 발휘하려면 합금만으로는 되지 않으므로, 이 기능을 발휘하기 위해 금속을 적당한 온도로 가열 및 냉각시켜 특별한 성질을 부여하는 열가공이다.

2) 열처리의 목적

① 일반적으로 조직을 미세화하고 기계적 특성(강도, 연성, 내마모성, 내피로성, 내충격성 등) 및 강의 전자기적 성질을 향상시킨다.
② 내부 응력과 변화를 감소시키거나, 강을 연화시킨다.(풀림)
③ 표면을 경화시키고 성질을 변화시킨다.(담금질)

3) 열처리의 분류

① **일반 열처리** : 담금질(Quenching), 풀림(Annealing), 불림, 뜨임 등이 있음
② **항온 열처리** : 오스에닐링, 오스템퍼링, 마템퍼링, 마퀜칭 등이 있음
③ **계단 및 연속 냉각 열처리**
④ **표면 경화 열처리** : 침탄법, 질화법, 시안화법, 화염 경화법, 고주파 경화법 등이 있음

·· 예·상·문·제·01

기본 열처리 방법의 목적을 설명한 것으로 틀린 것은?

① 담금질 - 급랭 시켜 재질을 경화시킨다.
② 풀림 - 재질을 연하고 균일화하게 한다.
③ 뜨임 - 담금질된 것에 취성을 부여한다.
④ 불림 - 소재를 일정온도에서 가열 후, 급랭시켜 표준화 한다.

정답 ③

해설 일반열처리
뜨임 : 담금질된 것에 인성을 부여한다.

(2) 일반 열처리의 종류

1) 담금질(소입 : Quenching)

① 일반적으로 고탄소강을 A_1 또는 A_3 변태선 이상 30~50℃의 온도로 가열하여 오스테나이트(r) 조직으로 만든 후 급랭(유, 수냉)하여 마텐사이트로 만드는 열처리
② 강화, 경화가 목적이며, 담금질 후 뜨임하여 사용한다.
③ **담금질 조직** : 냉각 속도에 따라 오스테나이트 조직 상태에서 Ms점 이하로 매우 급랭하면 마텐사이트가 생성되며, 다음으로 투루스타이트, 소르바이트 순으로 나타난다.
  ㉠ 오스테나이트 : 일반 탄소강은 상온에서는 나타나지 않지만, 특수강에서는 나타날 수 있으며, 불안정하기 때문에 열 또는 과냉에 의해 마텐사이트로 변태한다.
  ㉡ 마텐사이트 : 가열된 강을 수냉시 생기는 침상 조직으로, 부식 저항, 경도(HB 600~700), 인장 강도가 매우 크나 메짐이 있어 뜨임이 필요할 경우가 많다. 강자성체이며, 매우 단단하고 변태시 체적 팽창으로 균열이 발생될 수 있다.
  ㉢ 투루스타이트 : 가열된 강을 유냉시 나타나는 조직으로, 시멘타이트와 페라이트의 미세한 구상 조직이며, 부식이 잘된다. 경도가 마텐사이트보다 작으나 인성은 크다.
  ㉣ 소르바이트 : 큰 강재를 유냉했을 때 시멘타이트가 페라이트에 혼입되어 있고 투루스타이트보다 연하나 펄라이트보다 경도 및 강도가 큰 강인한 조직이다.
  ㉤ 펄라이트 : 오스테나이트를 서냉했을 때 A_1 변태가 700℃ 정도에서 완료된 페라이트와 시멘타이트의 층상 조직으로 연성이 크며, 절삭 및 상온 가공성이 양호하다.
② **경화능** : 강을 담금질할 때 경화하기 쉬운 정도, 즉 마텐사이트 조직을 얻기 쉬운 성질을 말하며, C%에 의해 좌우된다.
  ㉠ 담금질 최고 경도 : HRC=30+50×%C
  ㉡ 담금질 임계 경도 : HRC=24+40×%C
③ **질량 효과**
  ㉠ 강재가 클수록 표면은 경화되나 중심부는 냉각 속도가 늦어져 경화량이 적어지는 현상을 질량 효과가 크다고 한다.
  ㉡ 보통 탄소강은 질량 효과가 크나 Ni, Cr, Mo, Mn 등을 함유한 특수강은 임계 냉각 속도가 늦어져 질량 효과가 작다.

·· 예·상·문·제·01

열처리 방법 중 강을 오스테나이트 조직의 영역으로 가열한 후 급랭하는 것은?

① 풀림(annealing)
② 담금질(quenching)
③ 불림(normalizing)
④ 뜨임(tempering)

정답 ②

·················· 예·상·문·제·02

다음 중 담금질에서 나타나는 조직으로 경도와 강도가 가장 높은 조직은?

① 시멘타이트　　② 오스테나이트
③ 소르바이트　　④ 마르텐사이트

정답 ④

해설 담금질 후 경도 높은 순서 : 마르텐사이트〉투루스타이트〉소르바이트〉펄라이트, 일반 조직상은 시멘타이트가 가장 높음

·················· 예·상·문·제·03

다음 중 재료의 내, 외부에 열처리 효과의 차이가 생기는 현상으로 강의 담금질성에 의해 영향을 받는 것은?

① 심랭처리　　② 질량효과
③ 금속간 화합물　　④ 소성변형

정답 ②

해설 질량효과 : 강재의 크기에 따라 내외부의 가열 및 냉각 속도의 차이로 인하여 담금질 효과가 변하는 것

2) 뜨임(소려 : tempering)

① 담금질 경화된 강을 변태가 일어나지 않는 A_1점 이하에서 가열한 후 서냉 또는 공냉하는 열처리
② 저온 뜨임 : 150~200℃로 적당히 가열, 유지 후 급랭, 잔류 제거로 균열 방지, 강도와 경도 유지
③ 고온 뜨임 : 450~600℃)적당히 가열, 유지 후 서랭, 강도와 인성 유지가 목적
④ 뜨임 조직 : 뜨임 조직 중에서 400℃로 뜨임한 것은 가장 부식되기 쉬운데 이 조직을 특히 오스몬다이트라고 하며, 투루스타이트의 일종이다.

[뜨임 온도에 따른 조직의 변화]

온 도	조직의 변화
150~300℃	오스테나이트 → 마텐사이트
300~400℃	마텐사이트 → 투루스타이트
560~650℃	투루스타이트 → 소르바이트
700℃	소르바이트 → 입상 펄라이트

오스테나이트 ↓300℃
마텐사이트 ↓400℃
투루스타이트 ↓650℃
소르바이트 ↓700℃
입상 펄라이트

⑤ 뜨임 취성
　㉠ 저온 뜨임 취성 : 뜨임 온도가 200℃까지는 충격값이 증가하나 300~360℃ 정도에서 충격값이 저하하는 현상으로 0.3%C 정도의 구조용강에서 흔히 볼 수 있다.
　㉡ 뜨임 시효 취성 : 500℃ 부근에서 뜨임 후 시간이 경과함에 따라 충격값이 저하되는 현상으로 이를 방지하기 위해 Mo를 첨가한다.
　㉢ 뜨임 서냉 취성 : 550~650℃ 부근에서 뜨임 후 서냉한 것이 유냉 또는 수냉한 것보다 취성이 크게 나타나는 현상으로 저망간강, Ni-Cr강 등에서 많이 나타난다.

·················· 예·상·문·제·01

담금질한 강에 뜨임을 하는 가장 주된 이유는?

① 재질에 인성을 갖게 하려고
② 조대화 된 조직을 정상화 하려고
③ 재질을 더욱 더 단단하게 하려고
④ 재질의 화학성분을 보충하기 위해서

정답 ①

해설 뜨임 : 담금질된 것에 인성을 부여한다.

3) 풀림(소둔 : annealing)

잔류 응력 제거, 성분의 균일화, 요구 성질 부여, 연화, 구상화를 위해 A_3~A_1 변태점 이상 30~50℃로 가열 후 로 내에서 서냉하는 열처리이며, 응력 제거 풀림이 필요한 제품에는 주조품, 기계 가공품, 담금질 경화품, 용접물 등이 있다.

SECTION 04 용접 재료

① 풀림의 종류
  ㉠ 완전 풀림 : A_3 변태점 이상 30~50℃ 정도의 높은 온도에서 가열한 후 서냉한다.
  ㉡ 확산 풀림 : 주괴의 유화물에 의한 편석을 제거하기 위해 1050~1300℃로 가열한 후 서냉한다.
  ㉢ 항온 풀림 : S곡선의 코보다 높은 온도에서 항온 처리한다.
  ㉣ 응력 제거 풀림 : A_1 이하의 온도(500~600℃)에서 잔류 응력 제거하는 열처리
  ㉤ 재결정 풀림 : 재결정 온도보다 약간 높은 600℃에서 일정 시간 유지하여 풀림하는 열처리
  ㉥ 구상화 풀림 : 강에서 시멘타이트가 입상이나 구상으로 되면 가공성이 개선되고 담금질이 균일하게 된다. 이와 같이 강재 속에 탄화물을 구상화시키기 위하여 A_1 변태점 부근에서 일정 시간 유지한 다음 서냉하여 망상 시멘타이트를 구상화시키는 풀림

② 구상화 풀림 방법
  ㉠ 냉간 가공한 강의 구상화나 담금질한 재료에 대하여 A_1 변태선 아래 650~750℃로 가열, 유지한 후 서랭한다(그림(1) 참조).
  ㉡ A_1 변태선을 중심으로 상하로 가열과 냉각을 반복하는 방법으로, 아공석강과 공석강은 3회, 과공석강은 2회 정도 가열한 후 냉각한다(그림 (2) 참조).
  ㉢ 아공석강은 A_1 변태선, 공석강과 과공석강은 A_{cm}선 보다 높은 온도로 가열하여 모든 시멘타이트가 오스테나이트로 완전 고용한 후 급랭하여 오스테나이트 속의 탄소가 망상 시멘타이트의 석출을 방지한 후 다시 가열하여 위의 (a), (b) 방법으로 한다.
  ㉣ A_1 변태선 바로 위 또는 A_1과 A_{cm}선 사이의 온도로 가열한 후 대단히 천천히 냉각하거나 A_1 변태선 바로 아래의 온도에서 장시간 유지한다(그림 (4) 참조).

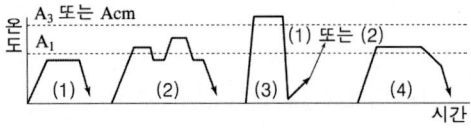

[구상 풀림 열처리 곡선]

예·상·문·제·01

강을 Ac_3 또는 Ac_1 이상 30~50℃로 가열한 후 로 속에서 서랭하는 열처리는?

① 불림   ② 풀림
③ 담금질   ④ 뜨임

정답 ②

예·상·문·제·02

가공 경화된 것을 무르게 할 뿐 아니라 조직적으로도 가공의 영향을 완전히 없애기 위하여 오스테나이트 조직으로 가열한 후 서냉하는 풀림을 무엇이라고 하는가?

① 완전 풀림   ② 중간 풀림
③ 재결정 풀림   ④ 저온 풀림

정답 ①

4) 불림(소준 : normalizing)

단조, 압연, 주조된 강에 상태도의 A_3선(A_{c3}, A_{cm}선) 이상 30~50℃로 가열 유지 후 공냉하는 열처리이며, 주조 및 단조시 발생한 내부 응력을 제거하거나, 결정립의 미세화와 균일화, 강도와 인성 확보, 표준 조직화에 있다.

예·상·문·제·01

탄소강의 기본 열처리 방법 중 소재를 일정온도에서 가열 후 공랭 시켜 표준화 하는 것은?

① 불림   ② 뜨임
③ 담금질   ④ 침탄

정답 ①

2 항온 열처리 및 서브 제로 처리

(1) 항온 열처리의 개요

1) 항온 열처리

강을 오스테나이트 상태에서 냉각도중 어떤 온도에서 냉각을 중지하고 항온 유지시켜 변형이 적고 경도와 인성을 크게 하는 처리.

2) 항온 열처리(냉각변태) 곡선

① T.T.T곡선 = S곡선 = C곡선 : 공석강(0.8%C강)을 A_1 변태 온도 이상으로 가열-유지하여 오스테나이트화한 후에 A_1 변태 온도 이하로 항온 유지 후 냉각시켰을 때 얻어진 온도, 시간, 변태 관계를 나타낸 곡선
② Ms : 마텐사이트 변태의 개시점, Mf는 완료점을 표시한다.
③ 코(nose) : 550℃ 부근의 온도에서 곡선이 왼쪽으로 돌출되어 있는데, 이것은 변태가 이 온도에서 가장 먼저 시작된다는 것을 의미하는 것으로, 코 위에서 항온 변태시키면 펄라이트가 형성된다.
④ 베이나이트 조직 : 항온 열처리에서 얻어지는 마텐사이트와 투루스타이트의 중간 조직, 약 350℃ 정도를 기준으로 상부 베이나이트와 하부 베이나이트로 구분한다.

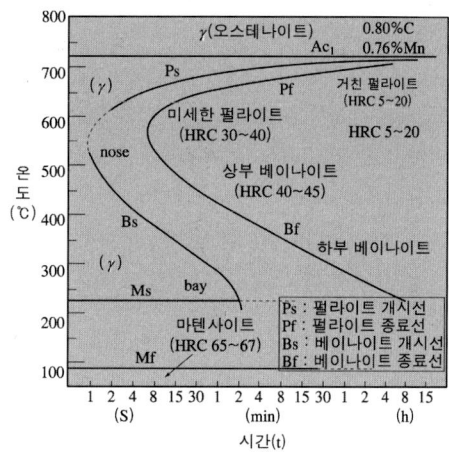

[항온변태선도(Bain의 S곡선, C곡선 또는 TTT 곡선)]

(2) 항온 열처리(恒溫 熱處理)의 종류

1) 항온(등온) 풀림(ausannealing)

① S곡선의 코 혹은 그 이상의 온도(600~700℃)에서 항온 변태 시킨 후 공냉 또는 수냉하는 열처리
② 연화가 목적이며, 공구강, 특수강, 자경성이 있는 강의 풀림에 적합하다.

2) 오스템퍼링

일명 하부 베이나이트 담금질이라고 부르며, Ms점 상부의 과냉 오스테나이트에서 계속 변태 완료하기까지 항온을 유지하고 공냉하는 열처리로, 뜨임이 불필요하며, 담금질 균열이 적으나 큰 제품, 후판 강재는 곤란하다.

① 목적 및 적용 : 강인성이 크고 변형, 균열이 방지되는 베이나이트 조직을 얻을 수 있다.

·········· 예·상·문·제·01

다음 중 항온 열처리 곡선을 의미하는 것이 아닌 것은?

① TTT 곡선 ② S 곡선
③ C 곡선   ④ S-N 곡선

정답 ④

해설 S-N 곡선 : 응력과 반복 회수를 뜻하며 피로 시험에서 얻어지는 곡선
S 곡선 : 항온 열처리에서 얻어지는 곡선이 S자 형으로 되었다해서 붙여짐

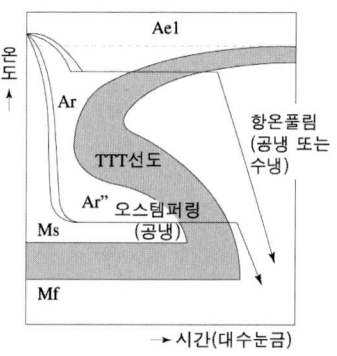

[항온 풀림, 오스템퍼링]

3) 마퀜칭

일반 담금질시 급랭하면 균열이 발생하기 쉬운 담금질 균열 위험 온도 구역을 서냉시키는 열처리, 즉 우선 Ms점 직상의 열욕에서 담금질한 후 재료의 내외부가 동일한 온도로 될 때까지 항온 유지 한 후 공냉하여 Ar″변태를 일으키게 하는 방법

4) 마템퍼링(martempering)

Ar″점 부근 즉 Ms점 이하 Mf점 이상에서 열욕 담금질하여 항온변태 후 공냉하는 열처리이며, 균열 방지, 강도 유지, 강인성을 크게 하는데 목적이 있다.

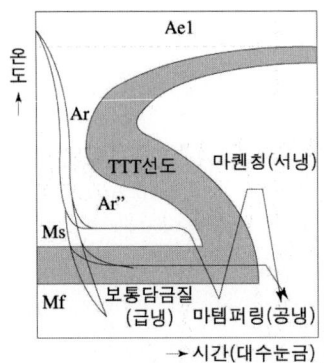

[마퀜칭, 마템퍼링]

―――――――――――― 예·상·문·제·01

다음의 열처리 중 항온열처리 방법에 해당되지 않는 것은?

① 마퀜칭 ② 마템퍼링
③ 오스템퍼링 ④ 인상 담금질

정답 ④

해설 인상 담금질 : 연속 담금질, 일반 열처리법의 일종

(3) 심랭 처리

서브 제로 처리, 0점 이하 처리라고도 하며, 담금질 경화강 중의 잔류 오스테나이트를 마텐사이트화하는 처리이다. 방법은 담금질 직후 −80℃(드라이 아이스)나 −196℃(액체 질소)로 행하며, 곧 뜨임 작업이 필요하다.

―――――――――――― 예·상·문·제·01

담금질 강의 경도를 증가시키고 시효변형을 방지하기 위한 목적으로 하는 심랭처리(subzero treatment)는 몇 ℃의 온도에서 처리하는 것을 말하는가?

① 0℃ 이하 ② 300℃ 이하
③ 600℃ 이하 ④ 800℃ 이상

정답 ①

해설 심행(sub zero) 처리 : 초저온처리, 영하처리라고도 함. 담금질한 강의 잔류 오스테나이트를 제거하기 위하여 0℃ 이하로 냉각하며, 심냉 처리 후 뜨임처리를 실시한다.

3 강의 표면 경화법

(1) 표면 경화법의 개요

강재의 표면을 경화시켜 인성과 표면의 내마모성을 얻기 위한 열처리

1) 화학적 표면 경화법

침탄법, 질화법, 시안화법(침탄 질화법). 시멘테이션

2) 물리적 표면 경화법

화염 경화법, 고주파 경화법

―――――――――――― 예·상·문·제·01

강의 표면경화 방법 중 화학적 방법이 아닌 것은?

① 침탄법 ② 질화법
③ 침탄 질화법 ④ 화염 경화법

정답 ④

해설 화염 경화법은 물리적 표면 경화법이다.

(2) 침탄법

1) 침탄 방법

① 연강 등을 가열하여 표면에 탄소를 침투시킨 후 담금질 열처리하여 표면의 경도를 높이는 열처리
② 침탄 방지 : 방지할 부분은 Cu(구리)도금
③ **침탄 깊이** : 침탄제의 종류, 강재 종류, 침탄 온도, 시간에 따라 결정된다.
④ **침탄법의 종류** : 고체 침탄법, 액체 침탄법, 가스 침탄법이 있다.
⑤ 고체 침탄법
  ㉠ 침탄 상자 내에 침탄 부품과 목탄, 코크스 등을 넣고 900~950℃에서 3~4시간 가열하여 0.5~2mm 정도의 침탄층이 생기게 하는 처리, 침탄 후 담금질 필요하다.
  ㉡ 온도가 높을수록 침탄 속도가 빠르고 깊게 침탄되며, 침탄 시간이 길수록 깊게 침탄되나, 1000℃ 이상에서는 재질이 불량하게 된다.
  ㉢ 고체 침탄 촉진제 : 탄산 바륨 등이 쓰인다.
⑥ 액체 침탄법(청화법 = 시안화법) : 시안화칼륨(KCN), 시안화나트륨(NaCN) 등의 침탄제와 침탄 촉진제를 혼합한 용탕 속에 침탄할 부품을 넣고 790~850℃로 일정 시간 가열하여 침탄하는 처리
⑦ **가스 침탄법** : 천연 가스나 석탄 가스 등의 분위기 속에서 가열하여 침탄층을 얻는 열처리이며, 작은 부품 열처리에 적당하다.

─────── 예·상·문·제·01

침탄법의 종류에 속하지 않는 것은?

① 고체 침탄법　　② 증기 침탄법
③ 가스 침탄법　　④ 액체 침탄법

정답 ②

해설 사용 재료에 따른 침탄법은 ①, ③, ④이다.

(3) 질화법

① 철강 재료를 500~550℃의 암모니아(NH₃) 기류 중에서 50~100시간 가열하면 질소를 흡수하여 FeN 등 질화물을 발생하여 0.4~0.8mm 정도의 질화층이 만들어진다.
② 질화층이 얇고 경도는 침탄한 것보다 크며, 마모 및 부식 저항이 크다.
③ 담금질할 필요가 없고 변형도 적다.
④ 600℃ 이하의 온도에서는 경도가 감소되지 않으며 산화도 잘 안 된다.

[침탄과 질화 비교]

구분	침탄	질화
처리 후 담금질	필요	불필요
처리 후 변형	생김	적음
처리 후 수정	가능	불가능
처리 온도	600~950℃	500℃
경도	낮음	높음
경화층	깊음	낮음
메짐 여부	적음	여림

─────── 예·상·문·제·01

암모니아(NH₃) 가스 중에서 500℃ 정도로 장시간 가열하여 강제품의 표면을 경화시키는 열처리는?

① 침탄 처리　　② 질화 처리
③ 화염 경화 처리　　④ 고주파 경화 처리

정답 ②

해설 질화 : 강재 표면에 질소를 침투시켜 질화철을 만드는 열처리

─────── 예·상·문·제·02

다음 중 강의 표면 경화법에 있어 침탄법과 질화법에 대한 설명으로 틀린 것은?

① 침탄법은 경도가 질화법보다 높다.
② 질화법은 질화처리 후 열처리가 필요 없다.
③ 침탄법은 고온가열시 뜨임되고, 경도는 낮아진다.
④ 질화법은 침탄법에 비하여 경화에 의한 변형이 적다.

정답 ①

(4) 기타 표면 경화법

1) 화염 경화법

① 0.4%C 이상 강재에 화염으로 표면을 가열 후 수냉하여 담금질하는 방법
② 경화층의 깊이는 불꽃의 온도, 가열 시간, 불꽃 이동 속도로 조절한다.

2) 고주파 경화법

① 0.4% 이상 강재의 내·외부에 코일을 설치하고 고주파 전류를 통하면 와류에 의해 강재 표면을 가열하게 되며 가열 후 수냉하여 담금질하는 열처리
② 가열 시간의 단축으로 산화 및 탈탄의 염려가 적으며, 값이 저렴하여 경제적이다.
③ 응력을 최소한 억제할 수 있고 복잡한 형상에도 이용된다.

3) 금속 침투법

① 부품을 가열하여 그 표면에 다른 금속을 피복시켜 합금층 및 금속 피막을 형성시켜 방식성, 내식성, 내고온 산화성 등의 향상과, 경도, 내마모성을 증가시키는 방법
② **세라다이징**: 철강 표면에 300 메시(mesh) 정도의 Zn 분말(청분) 속에 제품을 넣고 300~420℃로 1~5시간 가열하여 Zn을 확산 침투시켜 0.015mm의 내식층을 얻는 방법
③ **크로마이징**: 내식성, 내열성, 내마모성을 목적으로 0.2% C 이하의 연강 표면에 Cr 분말(20~25% Al_2O_3 포함)에 넣고 환원성 또는 중성 분위기 중에서 1000~1400℃로 가열하여 Cr을 확산 침투시키는 방법
④ **칼로라이징**: 내식성, 고온 산화성, 내마모성을 목적으로 통 안에 Al 분말을 넣고 환원성 또는 중성 분위기 중에서 강재를 850~950℃로 4~6시간 가열하고 다시 900~1050℃로 확산 풀림하여 Al을 확산 침투시키는 방법
⑤ **보론나이징**: 강재에 보통 용융 전해에 의해 900℃에서 붕소(B)를 침투 확산시켜 0.15mm 정도의 붕소(boron) 화합층을 만들어 HV 1400 이상 경도를 얻는 방법이며, 인발, 딥 드로잉용 금형의 표면 처리에 이용된다.
⑥ **실리코나이징**: 내열성, 내식성을 목적으로 규소 분말 중에 제품을 넣어 환원성 분위기에서 1000℃로 2시간 정도 가열하여 0.7mm 정도 규소를 침투시키는 방법

[금속 침투법의 종류와 특성]

종류		특성
세라다이징	침투제	Zn(아연) 침투
	침투 방법	용융 도금, 아연 용사
	침투 목적	대기 중에서 부식 방지
실리코나이징	침투제	Si(규소) 침투
	침투 방법	Si, Fe-Si와 후락스 속에서 가열
	침투 목적	질산, 황산, 염산에 대한 내식성이 우수함
칼로라이징	침투제	Al(알루미늄) 침투
	침투 방법	Al 용사, Fe-Al과 후락스 속에서 가열
	침투 목적	고온 산화 방지, 고온 내식성이 강함
크로마이징	침투제	Cr(크롬) 침투
	침투 방법	용사법, Cr, Fe-Cr과 후락스 분위기 속에서 가열
	침투 목적	내식성이 우수, 경화
보론나이징	침투제	B(붕소) 침투
	침투 방법	B, Fe-B 분말 속에서 가열
	침투 목적	경질 피복

3) 쇼트 피닝

작은 강철볼로 고속 분사시켜 강재의 피로 한도를 증가시키는 처리

························· 예·상·문·제·01

산소-아세틸렌 가스를 사용하여 담금질성이 있는 강재의 표면만을 경화시키는 방법은?

① 질화법　　　　② 가스 침탄법
③ 화염 경화법　　④ 고주파 경화법

정답 ③

해설 화염 경화: 가스 불꽃을 사용하여 강재 표면을

가열함과 동시에 수냉하여 표면을 담금질하는 방법

······················· 예·상·문·제·02

금속 침투법의 종류와 침투 원소의 연결이 틀린 것은?

① 세라다이징 – Zn
② 크로마이징 – Cr
③ 칼로라이징 – Ca
④ 보로나이징 – B

> 정답 ③
>
> 해설 **금속 침투법**
> ① 실리코나이징 : Si를 침투, 방식성을 향상
> ② 칼로라이징 : Al을 침투, 내열, 내산화성, 방청, 내해수성, 내식성이 좋음

04. 비철 금속재료

1 구리와 그 합금

(1) 구리의 성질

① 물리적 성질
  ㉠ 비중 8.96, 용융점은 1083℃, 변태점이 없다.
  ㉡ 아름다운 광택과 귀금속적 성질을 띄며, 고유색은 담적색이나 공기 중에서 산화되어 암적색이며, 전기 전도율이 은(Ag) 다음으로 좋다.
  ㉢ 열의 양도체이며, 비자성체이다.

② 화학적 성질
  ㉠ 부식이 잘 안되나 해수에는 부식(부식율 0.05mm/년)되며, Zn, Sn, Ni과 합금이 쉽다.
  ㉡ 수증기가 팽창하여 헤어 크랙이 발생되며, 수소 취성, 수소병이 발생될 수 있다.

③ 기계적 성질
  ㉠ 전연성이 좋아 가공성이 풍부하며, 인장 강도는 가공도 70에서 최대이다.
  ㉡ 경도는 가공 경화로 증가한다.
  • O : 연질 • $\frac{1}{2}$H : $\frac{1}{2}$경도 • H : 경질

······················· 예·상·문·제·01

구리의 일반적인 성질 설명으로 틀린 것은?

① 체심입방정(BCC) 구조로서 성형성과 단조성이 나쁘다.
② 화학적 저항력이 커서 부식되지 않는다.
③ 내산화성, 내수성, 내염수성의 특성이 있다.
④ 전기 및 열의 전도성이 우수하다.

> 정답 ①
>
> 해설 구리 : 면심입방격자(FCC)로서 성형성과 단조성이 우수하다.

(2) 순동의 종류

① 거친 구리(조동)
  ㉠ 적동광, 황동광 등을 고로에서 용해시켜 20~40%의 Cu를 함유하는 황화 구리(CuS)와 황화철의 혼합물을 만든 후, 다시 전로에서 산화, 정련한 구리이다.
  ㉡ 순도 98~99.5%의 구리(동)

② 전기 구리(전기동)
  ㉠ 거친 구리를 전기 분해하면 음극에서 얻어지는 구리이다.
  ㉡ 순도가 99.95~99.99%로 높으나, 메짐성이 있어 가공이 곤란하므로 다시 정련하여 사용하고 있다.

③ 정련 구리
  ㉠ 타우피치동이라고도 하며, 전기 구리를 산화 및 환원 용해시켜 불순물을 제거하고 산소량을 0.02~0.04% 이하로 줄인 동이다.
  ㉡ 전연성과 내식성이 우수하나 수소 취성의 우려가 있어 용접에 부적하다.
  ㉢ 강도가 있어 전기 공업 재료로 사용된다.

④ 탈산 구리(인탈산동)
  ㉠ 정련 구리를 용해할 때 산소와 친화력이 강한 물질(P, Si, Mn, Li 등)을 첨가하여 산소량을 0.01% 이하로 저하시킨 구리이다.
  ㉡ 고온의 환원성 기류 중에서도 수소 메짐성이 없으나, 전도율이 떨어진다.
  ㉢ 연화 온도가 높아 용접용, 가스관, 열교환기, 증기관 등으로 이용된다.

⑤ 무산소 구리
  ㉠ 고순도 전기 구리를 불활성 가스나 진공, CO 등의 환원성 분위기에서 용해하여 산소량을 0.001~0.002% 이하로 감소시킨 구리이다.
  ㉡ 수소 메짐성을 완전 방지한 구리로, 전기 전도율이 가장 좋으며 용접성, 내식성, 전연성이 뛰어나고, 내피로성과 유리와의 밀착성도 좋다.
  ㉢ 유리 봉입선, 진공관, 전자기기 재료에 사용된다.

――――――――――――――― 예·상·문·제·01

용해 시 흡수한 산소를 인(P)으로 탈산하여 산소를 0.01% 이하로 한 것이며, 고온에서 수소 취성이 없고 용접성이 좋아 가스관, 열교환관 등으로 사용되는 구리는?

① 탈산구리   ② 정련구리
③ 전기구리   ④ 무산소구리

정답 ①

해설 탈산동(구리) : 산소를 0.01% 이하로 함유한 동

――――――――――――――― 예·상·문·제·02

산소나 탈산제를 품지 않으며, 유리에 대한 봉착성이 좋고 수소취성이 없는 시판동은?

① 무산소동   ② 전기동
③ 전련동   ④ 탈산동

정답 ①

해설 무산소동 : 전기동을 완전 탈산시킨 동

(3) 황동의 특성과 용도

1) 물리적 성질

구리와 아연의 합금으로, 아연의 함유량에 따라 색이 변하며, 전기 전도도가 저하한다. 실용 합금으로 45% Zn 이하가 쓰인다.

2) 기계적 성질

① Zn 30% 부근에서 연신율이 최대이나, β상에 인접할수록 급격히 저하하며, 인장 강도는 45% Zn 부근에서 최대, 그 이상에는 급감한다.
② 6 : 4황동은 고온 가공성이 좋으나 7 : 3 황동은 고온 가공이 부적합하다.
③ **저온 풀림 경화** : 황동을 재결정 온도 이하의 저온에서 풀림하면 가공 상태보다 오히려 경화되는 현상
④ **경년 변화** : 황동 가공재를 상온에서 방치할 경우 시간의 경과에 따라 여러 성질이 약화되는 현상, 가공에 의한 불균일 변형이 균일화하는데 기인한다.

3) 화학적 성질

① **탈아연 부식**
  ㉠ 불순물, 부식성 물질이 녹아있는 수용액의 작용에 의해 아연이 용해되는 현상
  ㉡ 방지법 : 아연 조각 언질, 30% Zn 이하 황동 사용 등이 있다.
② **자연 균열**
  ㉠ NH_3 가스 중에서 가공용 황동이 잔류 응력에 의해 자연 균열이 발생하는 현상
  ㉡ 방지법 : 200~300℃로 저온 풀림 또는 아연 도금한다.
③ **수소병** : 산화 구리를 환원성 분위기에서 가열할 때 수소가 동(Cu) 중에 확산 침투되어 균열이 발생하는 현상
④ **고온 탈아연**
  ㉠ 고온에서 증발에 의해 아연이 탈출하는 현상
  ㉡ 표면이 깨끗할수록 심하며, 방지법은 표면에 산화물 피막을 형성하는 것이다.

――――――――――――――― 예·상·문·제·01

황동의 가공재를 상온에서 방치할 경우 시간의 경과에 따라 성질이 약화되는 현상은?

① 탈아연 부식   ② 자연균열
③ 경년변화   ④ 고온 탈아연

정답 ③

해설 경년 변화 : 재료 내부의 상태가 시간이 경과함에 따라 서서히 변화하여 부품의 특성이 처음의 값보다 변동하는 것(일종의 시효경화)

··· 예·상·문·제·02

황동 표면에 불순물 또는 부식성 물질이 녹아 있는 수용액의 작용에 의해서 발생되는 현상은?

① 고온 탈아연　　② 경년 변화
③ 탈아연 부식　　④ 자연 균열

정답 ③

해설 탈아연 부식 : 황동의 주성분인 아연이 제거되는 현상

(4) 실용 황동의 종류

1) 톰백

- 톰백 : 구리에 5~20%의 아연을 첨가한 합금
- 색이 아름답고 연성이 커서 장식품, 금박 대용으로 쓰인다.
① 길딩 메탈(Cu-5% Zn) : 순동과 같이 연하고 압인가공이 쉬워 화폐, 메달 등에 사용
② 컴머셜 브론즈(Cu-10% Zn) : 단련동의 대표적인 것, 디프 드로잉용, 메달, 색깔이 청동과 비슷하여 청동 대용품으로 사용
③ 레드 브레스(Cu-15% Zn) : 연하고 내식성이 좋으므로 건축용 소켓, 체결구로 사용
④ 로우 브레스(Cu-20% Zn) : 전연성이 좋고 색이 아름다워 장식용 악기 등에 사용

2) 7 : 3 황동(cartridge brass, Cu70-Zn30)

① α고용체로, 연신율이 최대이며, 가공용 황동의 대표적인 것, 고온 메짐 현상이 있다.
② 판, 봉, 관으로 제조하여 자동차용 열교환기 부품, 각종 열용품, 장식품 등에 사용된다.

3) 옐로우 브레스(Cu-35% Zn)

α단상 합금으로 7 : 3 황동과 비슷하다.

4) 문쯔메탈(6 : 4 황동)

① 조직이 ($α+β$)이므로 상온에서 전연성이 낮으나 강도는 크다.
② 아연 함유량이 많아 가격이 가장 싸며, 고온 가공하여 상온에서 완성한다.
③ 내식성이 적고 탈아연 부식력이 크나 강력하기 때문에 기계 부품으로 용도가 넓고, 복수기용판, 열간 단조품, 볼트, 대포, 탄피 등에 쓰인다.

··· 예·상·문·제·01

색깔이 아름답고 연성이 크며, 금색에 가까워서 장식품에 많이 사용되는 황동은?

① 톰백　　② 문쯔메탈
③ 포금　　④ 청동

정답 ①

··· 예·상·문·제·02

황동 중 60% Cu+40% Zn 합금으로 조직이 $α+β$이므로 상온에서 전연성이 낮으나 강도가 큰 합금은?

① 길딩메탈(gilding metal)
② 문쯔메탈(muntz metal)
③ 듀라나메탈(durana metal)
④ 애드미럴티메탈(admiralty metal)

정답 ②

해설 애드미럴티메탈 : 7 : 3 황동에 주석을 1~2% 함유시킨 동합금

(5) 특수 황동

1) 아연 당량

① 제3원소를 가한 것이 아연량을 증감한 효과를 가지며, 그 의미에서 합금원소의 1량이 아연의 X량에 해당할 때 그 X를 말한다.
② 아연 당량은 상온에서 40% 이하, 그 외는 45% 이상 넘어선 안 된다.

$$B' = \frac{B+t \cdot q}{A+B+t \cdot q} \times 100$$

B' : 아연 함유량　B : 아연 %
t : 아연당량　　　q : 첨가원소 %
A : 구리 %

2) 주석 황동(tin brass)

① **에드미럴티 황동**: 7 : 3 황동에 주석을 1% 첨가, 내식성, 내해수성, 전연성이 좋아 열교환기, 증발기 등에 사용한다.
② **네이벌 황동**: 6 : 4 황동에 주석 1% 첨가, 내식성 목적, 용접봉, 파이프, 선박 기계에 사용한다.

3) 연립 황동(쾌삭 황동, 또는 하드 브레스)

황동에 납을 첨가, 정밀 절삭 가공을 요하는 기어, 나사 등에 이용된다.

4) 알루미늄 황동(알브락)

① Cu- 22% Zn-1.5~2% Al의 합금, 결정입자가 미세하고 내식성이 크다.
② 고온가공으로 관을 만들어 열교환기 관, 증류기 관 등 제조에 쓰인다.

5) 규소 황동

① 10~16%Zn 황동에 4~5% 규소 첨가한 합금
② 주조하기 쉽고 내해수성과 강도가 크며 가격이 싸므로 선박 부품 주물에 사용한다.

6) 고강도 황동

① **망간 청동**: 망간을 넣으면 β상이 증가하여 강도는 크나 경취해진다.
② **델타메탈(철황동)**
  ㉠ 6 : 4 황동에 Fe 1~2% 첨가, 결정립 미세화, 연신율 저하없이 강도가 증가한 것
  ㉡ 강도가 크고 내식성이 좋아 광산 기계, 선박 기계에 쓰인다.
③ **듀리나 메탈**: 7 : 3 황동에 2% Fe와 소량의 Sn, Al을 첨가, 주조재, 가공재로 쓰인다.
④ **NM 청동**
  ㉠ 6 : 4황동에 Ni를 약 10% 첨가한 것
  ㉡ 고아연 합금에 Ni를 많이 첨가하면 β상이 적고 높은 경도를 얻을 수 있어 강성을 요하는 선박용 프로펠라재로 사용한다.

7) 양은(백동)

① 7 : 3황동 + Ni 15~20%의 합금, 은 대용품. 양백이라고도 한다.
② 전기 저항성, 장식품, 식기, 내열성 전기 접점, 바이메탈, 스프링 재료 등에 사용된다.

··· 예·상·문·제·01

6 : 4 황동의 내식성을 개량하기 위하여 1% 전후의 주석을 첨가한 것은?

① 콜슨 합금   ② 네이벌 황동
③ 청동   ④ 인청동

정답 ②

해설 네이벌 황동은 판, 봉 등으로 가공되어 용접봉, 파이프, 선박용 기계에 사용된다.

··· 예·상·문·제·02

다음 중 고강도 황동으로 델타 메탈(delta metal)의 성분을 올바르게 나타낸 것은?

① 6 : 4 황동에 철을 1 ~ 2% 첨가
② 7 : 3 황동에 주석을 3%내의 첨가
③ 6 : 4 황동에 망간을 1 ~ 2% 첨가
④ 7 : 3 황동에 니켈을 9% 내의 첨가

정답 ①

(5) 청동(tin bronze)의 종류, 특성과 용도

1) 청동의 조직과 성질

① 연신율은 주석 4%에서 최대, 인장 강도는 Sn량이 증가하면 크게 되며, 17~20% Sn에서 최대가 되며, 경도는 Sn 30%에서 최대이다.
② 15%Sn 이상이면 취성이 있어 상온 가공이 곤란하며, 550℃ 이상에서 가공할 수 있다.
③ 유동성이 좋고 수축률이 적어 주조성이 좋으나, 산화성 산에는 부식이 잘된다.
④ 대기 중에서 내식성이 좋으며 강도와 내마멸성이 크고, 바닷물 중에서도 우수한 저항력을 가져 선박용 부품에 사용된다.

2) 청동의 종류

① 포금(gun metal)
 ㉠ Cu-8~12% Sn - 1~2% Zn 합
 ㉡ 옛날 대포 포신용(현재는 Ni-Cr강) 사용됐으며, 내해수성이 좋고 주물의 경우 수압, 증기압에도 견디므로 선박 등에 널리 사용한다.

② 화폐용 청동
 ㉠ Cu-2~8%Sn - 1~2% Zn 합금
 ㉡ 단조성이 좋아 프레스 작업이 쉽고 단단하고 강인하며 마모, 내부식성이 우수하다.

③ 알루미늄 청동
 ㉠ Cu-약 12% Al 합금
 ㉡ 황동, 청동에 비해 강도, 경도, 인성, 내피로성 등이 우수하고, 자생 보호 피막인 알루미늄 산화물에 의해 내마모성, 내식성, 내열성이 매우 우수하다.
 ㉢ 화학 공업용 기기, 선박, 항공기, 자동차 부품에 사용한다.

④ 인청동
 ㉠ 청동에 탈산제로 인을 첨가하여 내마멸성을 높인 것
 ㉡ 베어링, 밸브 시이트용에 쓰인다.

⑤ 연청동: 주석 청동에 납 첨가한 합금, 윤활성이 좋아 베어링, 패킹 등에 널리 이용된다.

⑥ 규소청동
 ㉠ 상온에서 구리에 규소가 4.7%까지 고용한 것
 ㉡ 인장 강도를 증가시키고 내식성과 내열성을 좋게 하며, 전기 전도율이 좋다.
 ㉢ 에버듀르: Cu-Si 3~4%-Mn 1~1.2%의 합금
 ㉣ 실진청동: Cu-Si 3.2~5%-Zn 9~16%의 합금
 ㉤ 허큘로이: Cu-Si 0.78~3.5%-Fe 1.6% 이하 - Sn9~16%의 합금

⑦ 켈밋: 구리에 30~40% Pb(납)첨가한 베어링 합금

⑧ 오일리스 베어링
 ㉠ 구리·주석·흑연 분말을 가압성형 후 소결시켜 만든 후 기름(30%)을 흡수시킨 합금
 ㉡ 주유가 곤란한 곳에 사용한다.

⑨ 콘스탄탄(Cu+Ni 45%): 전기 저항성이 우수하여 열전대용으로 사용한다.

⑩ 베릴륨 청동(Cu+Be 2~3%)
 ㉠ 인장 강도 133kg/mm² 정도이며, 내식성, 내열성, 뜨임 시효 경화성이 크다.
 ㉡ 베어링, 스프링에 사용한다.

······ 예·상·문·제·01

켈밋에 대한 설명으로 적당하지 않은 것은?

① 구리와 납의 합금이다.
② 축에 대한 적응성이 우수하다.
③ 화이트메탈보다 내 하중성이 크다.
④ 저속, 저하중용 베어링에 많이 사용한다.

정답 ④

해설 켈밋: Cu+Pb 30~40% 고속 고하중용 베어링 재료. 베어링에 사용되는 대표적인 구리합금

······ 예·상·문·제·02

다음 중 강도가 가장 높고 피로한도, 내열성, 내식성이 우수하여 베어링, 고급 스프링의 재료로 이용되는 것은?

① 쿠니얼 브론즈   ② 콜슨 합금
③ 베릴륨 청동   ④ 인청동

정답 ③

해설 베릴륨 청동: Cu+Be 2~3% 구리합금 중에서 가장 강도가 높음. 피로한도, 내열성, 내식성이 우수하여 베어링, 고급 스프링 재료로 사용

2 알루미늄과 그 합금

(1) 알루미늄의 성질

1) 순 알루미늄의 성질

① 비중은 2.7, 용융점은 660℃, 전기 및 열의 양도체이며, 면심입방격자이다.
② 전연성이 좋고 주조가 용이하며 다른 금속과 합금성이 좋다.
③ 400~500℃에서 연신율이 최대이다.
④ 대기 중에서 내식성이 좋고 탄산염, 초산염 등에

는 내식성이 있으나 염화물, 황산, 염산에는 침식된다.

2) 용체화 처리

① Al은 변태점이 없어 성질 개선을 할 수 없으므로, Al-4%Cu를 500℃로 가열하면 α고용체가 된다.
② 이 온도에서 담금질하면 상온에서도 α 고용체가 되는데 이것을 과포화 고용체라 하며, 이 조직을 얻는 조작을 말한다.

3) 시효

① 과포화 고용체를 상온 또는 고온에 유지함으로써 시간의 경과에 따라 성질이 변하는 것을 시효라 하며, 시효 경화란 시효 현상에 의하여 경화되는 현상을 말한다.
② **자연 시효** : 실온에 방치하여 일어나는 시효
③ **인공 시효** : 실온보다 높은 온도(100~160℃)에서 하는 시효

·················· 예·상·문·제·01

다음 중 알루미늄에 관한 설명으로 틀린 것은?

① 경금속에 속한다.
② 전기 및 열전도율이 매우 나쁘다.
③ 비중이 2.7 정도, 용융점은 660℃ 정도이다.
④ 산화피막의 보호 작용 때문에 내식성이 좋다.

정답 ②

해설 알루미늄은 전기나 열전도율이 금(Au) 다음으로 좋다.

(2) 주물용 Al 합금

1) Al-Cu 합금

① 담금질과 시효에 의하여 강도가 증가하며 내열성이 좋으나, 고온 취성이 있으며 주조시 수축균열이 있다.
② 대표적인 것으로 알코아(Al-4~8%Cu 합금)가 있다.
③ 내연 기관의 크랭크 케이스, 브레이크 슈, 다이 케스팅 등에 이용된다.

2) Al-Si 합금

① 대표적 합금으로 실루민(미국 : 알팩스)이 있다.
② 금속 나트륨, 불화물, 가성 소다 등으로 개량 처리하여 조직을 미세화한 합금이다.
③ 내열성이 커서 피스톤 등에 이용된다.

3) Al-Cu-Si 합금

① 라우탈이 대표적 합금으로, 실루민의 결점인 가공 표면의 거침을 없앤 합금이다.
② 주조성이 양호하여 압출재, 단조재, 주조재 등에 사용된다.

4) 내열용 Al 합금

① **Y 합금** : Al-Cu 4%-Ni 2%-Mg 1.5% 합금, 고온 강도가 크고 내열성이 있어 내연 기관의 피스톤, 실린더 헤드에 사용된다.
② **로엑스(Lo-Ex)** : 특수 실루민이며, Na 처리한 내열 합금으로, 피스톤 재료에 쓰인다.
③ **코비탈륨** : Y 합금의 일종, Y 합금에 Ti, Cu를 약간 첨가, 피스톤 재료에 쓰인다.

5) 다이 케스팅 Al 합금

① 유동성이 좋고 열간 취성이 없으며, 응고 수축에 대한 용탕 보급성이 좋고, 금형에 점착하지 않은 것이 좋다.
② Mg 함유시 유동성을 해치며, Fe는 점착성, 내식성, 절삭성 등을 해치는 불순물로 최고 1%까지 허용된다.

6) 하이드로날륨(마그날륨)

① 두랄루민의 내식성을 향상시키기 위해 Al에 6% Mg 이하를 첨가한 Al-Mg계 대표적인 합금
② 내식성, 고온 강도, 절삭성, 연신율이 우수하다.

7) 두랄루민

① Al-4% Cu-0.5% Mg-0.5% Mn의 합금, 시효 경화의 대표적인 합금
② 대기 중에서는 내식성이 우수하나 해수에는 약하

③ 비중이 작아 자동차나 항공기 부품에 이용된다.

8) 초두랄루민

① 보통 두랄루민에 Mg을 다소 증가하고, Si를 감소시켜 시효 경화시킨 합금
② 인장 강도가 $50\text{kg}_f/\text{mm}^2$ 이상으로 항공기 구조재, 리벳, 일반 구조물 등에 이용된다.

9) 초강두랄루민

① 두랄루민에 Zn을 다량 함유시키고, 응력 부식에 의한 자연 균열 방지를 위해 Mn, Cu를 첨가시킨 합금
② Al-Zn-Mg계 합금으로 인장 강도가 $54\text{kg}_f/\text{mm}^2$ 이상으로 강도는 매우 크나, 내식성이 나빠진다.
③ 바닷물에 대한 내식성은 순 Al의 1/3 정도이다.

······ 예·상·문·제·01

알루미늄-규소계 합금으로서, 10~14%의 규소가 함유되어 있고, 알펙스(alpeax)라고도 하는 것은?

① 실루민(silumin)
② 두랄루민(duralumin)
③ 하이드로날륨(hydronalium)
④ Y 합금

정답 ①

해설 실루민 : 알루미늄-규소계 합금을 개량처리하여 내열성을 향상시킨 알루미늄 합금

······ 예·상·문·제·02

알루미늄 합금의 종류 중 Y합금의 주요 성분으로 옳은 것은?

① Al-Si
② Al-Mg
③ Al-Cu-Ni-Mg
④ Zn-Si-Ni-Cu-Mg

정답 ③

해설 Y합금 : Al-Cu-Ni-Mg 합금으로, 실린더 헤드, 피스톤 등에 사용된다.

······ 예·상·문·제·03

구리, 마그네슘, 망간, 알루미늄으로 조성된 고강도 알루미늄 합금은?

① 실루민
② Y 합금
③ 두랄루민
④ 포금

정답 ③

해설 두랄루민 : Al, Cu, Mg, Mn, 대표적인 시효 경화 합금

(3) 가공용 Al 합금 Al 규격과 특성

1) A1000계(순수 Al, 99.00% 이상)

① 가공성, 내식성, 표면 처리성 등이 좋지만 강도가 낮다.
② 구조용으로는 부적합하므로 가정용품, 일용품, 전기 기구에 많이 이용된다.

2) A2000계(Al-Cu계) 합금

① 두랄루민, 초두랄루민인 2017, 2024가 대표적인 것이다.
② 철강재에 필적하는 강도가 있으나 비교적 구리를 많이 함유하고 있어 내식성이 낮으므로 부식 환경에 노출된 경우에는 충분한 방식 처리가 필요하다.

3) A3000계(Al-Mn계) 합금

① Mn의 첨가에 의해 순Al의 가공성, 내식성의 저하없이 강도를 증가시킨 것이다.
② 기물, 건축재 용기 등 광범위한 용도로 쓰인다.

4) A4000계(Al-Si계) 합금

① Al에 Si를 첨가하여 열팽창율을 억제하고 내마모성을 개선한 것이다.
② 미량의 Cu, Ni, Mg 등을 더 첨가하면 내열성이

향상되어 단조 피스톤 재료로 사용된다.
③ 4043은 용융 온도가 낮아 용접 와이어, 브레이징 납재로 사용되며, 빌딩 건축의 외장용 패널로도 사용된다.

5) A5000계(Al-Mg계) 합금

① Mg 첨가량이 적은 합금으로 장식용재, 고급 기물로 사용되는 5N01과, 차량용 내장 천장재, 건축재, 기물재로 이용되는 5005가 대표적이다.
② 중간 정도의 Mg을 함유한 것으로는 5052가 대표적이며, Mg 첨가량이 많은 것은 구조재로도 사용된다.
③ 5083은 Mg 함유량이 많은 비열처리형 합금으로 강도와 용접성도 양호하기 때문에 용접 구조재로 선박, 차량, 화학 공장 등에 사용되고 있다.

6) A6000계(Al-Mg-Si계) 합금

① 강도, 내식성이 양호해 대표적인 구조재이다.
② 용접한 그 상태로는 이음 효율이 낮아 피스, 리벳, 볼트 접합에 의해 철탑, 크레인, 건축용 새시, 구조재로 사용된다.

7) A7000계(Al-Zn계) 합금

시효 경화성이 우수하며, AA 또는 JIS에 등록되어 항공기, 철도 차량, 스포츠용품 등 일반적으로 높은 강도가 요구되는 구조재에 사용된다.

8) A8000계 : 기타

───── 예·상·문·제·01 ─────

가공용 알루미늄의 규격 표시에서 Al-Cu계를 나타내는 것은?

① A1000　　② A2000
③ A3000　　④ A4000

정답 ②

해설　A1000 : 순수 Al, A3000 : Al-Mn계 합금, A4000 : Al-Si계 합금

───── 예·상·문·제·02 ─────

Mg 첨가량이 적은 합금으로 장식용재, 고급 기물로 사용되거나, 차량용 내장 천장재, 건축재로 이용되는 Al 합금 규격은?

① A4000　　② A5000
③ A7000　　④ A8000

정답 ②

해설　A7000 : Al-Zn계 합금, A8000 : 기타 Al 합금

3 기타 비철 금속재료

(1) 니켈과 그 합금

1) 니켈의 성질

① 인성이 우수한 금속으로, 면심입방격자이며, 용융점 1455℃, 비중 8.9이다.
② 상온에서 강자성체이나 360℃에서 자기 변태로 자성을 잃는다.
③ 냉간 및 열간 가공(1000~1200℃)이 잘 되고 내식성, 내열성이 크며, 화폐, 식품 공업용, 진공관, 도금 등에 사용된다.

2) Ni-CU계 합금의 종류

① 모넬메탈
　㉠ 니켈 65~70%-Cu20~25%- Fe1~3% 합금
　㉡ 강도, 내식성이 크고, 인장 강도가 $80kg_f/mm^2$ 정도이며, 내연 기관 밸브, 밸브 시트에 사용
　㉢ K모넬, H모넬, S모넬, R모넬 등이 있다.
② 콘스탄탄 : Ni 40~45%-Cu 합금, 온도 측정용 열전쌍, 표준 전기 저항선용으로 사용
③ 어드벤스 : Ni44%, Mn 1%, Cu 합금으로 전기 저항선용으로 사용

3) Ni-Fe계 합금

① 인바(invar) : Ni 36%, Mn 0.4% 합금, 온도에 따라 길이가 불변하여 표준자, 바이메탈용으로 쓰인다.

② 초인바(super invar) : Ni 30~32%, Co 4~6% 합금, 측정용으로 사용됨, 팽창 계수가 20℃에서 0이다.
③ 플레티나이트 : Ni 42~48%, 열팽창 계수가 작다. 전구, 진공관 도선용으로 사용된다.
④ 니칼로이 : Ni 50%, Fe 50%, 통신용, 소형 변압기, 계전기의 철심용으로 쓰인다.
⑤ 퍼멀로이 : Ni 70~90%, 투자율이 높다. 자심 재료, 장하 코일용으로 쓰인다.

4) 내식, 내열용 합금

① 히스텔로이 : Ni-Mo계이며, 내식, 내열용에 쓰인다.
② 인코넬 : Ni에 Cr 12~21%, Fe 6.5%를 첨가한 것으로, 내식, 내열용에 쓰인다.
③ 니크롬 : 79% 이하 Ni에 Cr을 첨가한 것으로, 내열성이 우수하여 절연선에 쓰인다.
④ 알루멜 : Ni에 3% Al 첨가, 고온 측정용 열전대 재료, 최고 1200℃까지 사용한다.
⑤ 크로멜 : Ni에 10% Cr 첨가, 고온 측정용 열전대 재료, 최고 1200℃까지 사용한다.

·······················예·상·문·제·01

다음 중 불변강(invariable steel)에 속하지 않는 것은?

① 인바(invar)
② 엘린바(elinvar)
③ 플래티나이트(platinite)
④ 선플라티넘(sun-platinum)

정답 ④

해설 불변강의 종류
  ㉠ 엘린바 : Fe-Ni 36%, Cr 12%, 탄성율이 불변, 정밀계측기, 시계스프링에 사용
  ㉡ 코엘린바 : Fe-Ni 10%, Cr 26~58%, 공기 또는 물속에서 부식되지 않음, 시계스프링, 지진계사용
  ㉢ 플래티나이트 : 전구, 진공관 도선에 사용

·······················예·상·문·제·02

Ni-Cr계 합금이 아닌 것은?

① 크로멜
② 니크롬
③ 인코넬
④ 두랄루민

정답 ④

해설 두랄루민 : Al-Cu-Mg-Mn 합금

(2) 마그네슘과 그 합금

1) 마그네슘의 성질

① Mg은 열 및 전기 전도율이 Cu, Al보다 낮고 강도도 작으나 절삭성은 좋다.
② 산이나 염류에는 침식되나 대기 중이나 알칼리에는 내식성이 있으며, 불순물 중 Fe, Cu, Ni은 내식성을 해친다.
③ 실용 금속 중 가장 가벼워서 비중이 1.74, 용융점은 650℃이다.
④ 조밀 육방 격자이며, 고온에서 발화하기 쉽다. 열팽창 계수가 Fe의 2배 이상 크다.
⑤ 냉간 가공성이 좋지 않아 350~450℃에서 열간 가공을 해야 한다.

2) 주조용 마그네슘 합금

① Mg-Al계 합금
  ㉠ 다우 메탈(Mg-4~6% Al)이 대표적이며, 인장 강도는 6% Al에서 최대, 연신율과 단면 수축율은 4%에서 최대가 되며, 경도는 성분 함량에 따라 비례한다.
  ㉡ Al은 주조 조직의 미세화로 기계적 성질을 향상시키고, Mn은 내식성을 좋게 하며, Fe, Ni, Cu 등의 불순물이 적어야 된다.
② Mg-Zn계 합금
  ㉠ Mg-Al계 합금보다 강력한 합금으로 강도, 비중비는 금속재료 중에 최대이다.
  ㉡ 자동차의 피스톤, 크랭크 케이스 및 제트 기관의 구조에 사용된다.
③ Mg-Al-Zn계 합금
  ㉠ Mg에 3~7% Al, 2~4% Zn을 함유한 엘렉트론(elektron)이 대표적이다.

ⓒ Al이 많으면 고온 내식성이 향상되고, Al+Zn이 많으면 주조성이 좋으며, 내열성이 크므로 항공기, 내연 기관 등에 이용된다.

3) 가공용 Mg 합금

① Mg-Mn계 합금
㉠ Mg에 Mn을 1.2% 이상 함유하여 내식성을 향상시킨 것이다.
ⓒ 용접성이 비교적 좋아 판재, 봉 재료로 널리 이용되고 있다.

② Mg-Al-Zn계 합금
㉠ 실용 합금으로 Mg에 3~7% Al, 소량의 Mn, 약 1% Zn을 함유한 엘렉트론 등이 있다.
ⓒ 고온 내식성의 향상을 위해 Al의 증가와 Zn, Mn, Cd 등을 첨가하여 경도, 강도를 증가시킨 것이다.
ⓒ 주로 항공기, 자동차의 내장 부품 등에 이용된다.

③ Mg-Zn-Zr계 합금 : Mg-Zn계 합금에 Zr을 첨가하여 결정 입자의 미세화와 열처리 효과의 향상으로 압출재로서 우수한 성질이 있어 항공기 재료로 개발하고 있다.

----- 예·상·문·제·01

마그네슘(Mg)의 특성을 설명한 것 중 틀린 것은?
① 비중이 1.74 정도로 실용금속 중 가장 가볍다.
② 비강도가 Al 합금보다 떨어진다.
③ 항공기, 자동차부품, 전기기기, 선박, 광학기계, 인쇄제판 등에 이용된다.
④ 구상흑연 주철의 첨가제로 사용된다.

정답 ②
해설 비강도는 재료의 강도를 비중량(比重量)으로 나눈 값으로 마그네슘은 알루미늄합금보다 비강도가 높다.

----- 예·상·문·제·02

다음 중 Mg-Al-Zn 계 합금의 대표적인 것은?
① 알민   ② 다우메탈
③ 라우탈   ④ 엘렉트론

정답 ④
해설 마그네슘 합금
㉠ 다우메탈(도우메탈) : Mg-Al 합금
ⓒ 일렉트론(엘렉트론) : Mg-Al-Zn 합금, 내연 기관의 피스톤에 사용

(3) 티타늄(Ti)과 그 합금

1) 티타늄의 성질

① 물리적 성질
㉠ 고융점(1800±25℃)이며, 비중 4.5, 열팽창 계수 및 탄성 계수 등이 작고 전기 저항이 크다.
ⓒ 고온에서 O_2, N_2, C와 반응하기 쉬우므로 용해 주조가 어렵고 용접성도 나쁘다.

② 기계적 성질 : 철의 1/2 정도의 무게로 인장 강도($50kg_f/mm^2$ 정도)가 철과 유사한 수준 정도로 비강도가 크다.

③ 화학적 성질 : 염산, 황산에는 침식되나 질산, 강알칼리에는 강하며, 고온 강도와 내식성이 우수하여 바닷물 및 500℃의 고온에서도 스테인리스강보다 우수하다.

2) 티타늄 합금의 종류

① Ti-Mn계 합금
㉠ Ti, 6.5~9.0% Mn, 0.15% C 이하, 0.5% Fe 이하로, 약 300℃까지 사용이 가능하며, 판재, 구조재로 사용된다.
ⓒ C-110M은 인장 강도 $106kg_f/mm^2$, 항복점 $100kg_f/mm^2$ 및 연신율 14% 정도이다.

② Ti-Al계 합금
㉠ Ti-Al에 Sn, Fe, V 등을 첨가한 합금
ⓒ 내열성이 좋아 300℃ 이상의 크리프 강도가 개선되지만 가공성은 나쁘므로 단조재로 이용한다.

③ Ti-Al-Sn계 합금
㉠ Ti에 5% Al, 2.5% Sn을 첨가한 합금
ⓒ 비중이 4.44로서 순금속보다 가볍고 항복점($70~90kg_f/mm^2$)이 크며, 단시간이면 600℃까지 견디므로 가스 터빈 등에 사용된다.

④ Ti-Al-V계 합금
  ㉠ Ti-6% Al-4% V의 합금
  ㉡ Al에 의하여 강도를, V에 의하여 인성을 개선한 것으로, 420℃까지 고온 크리프 저항이 크다.
  ㉢ 가스 터빈의 날개 및 디스크에 사용된다.

·· 예·상·문·제·01

다음 중 비중은 4.5 정도이며 가볍고 강하며 열에 잘 견디고 내식성이 강한 특징을 가지고 있으며 융점이 1670℃ 정도로 높고 스테인리스강보다도 우수한 내식성 때문에 600℃ 까지 고온 산화가 거의 없는 비철금속은?

① 티타늄(Ti)   ② 아연(Zn)
③ 크롬(Cr)   ④ 마그네슘(Mg)

정답 ①

해설 티탄과 티탄합금
  ㉠ 용융점 1668℃
  ㉡ 강한 탈산제인 동시에 흑연화 촉진제로 사용된다.
  ㉢ 티탄 용접시 실드 장치가 필요하다.
  ㉣ 내열, 내식성이 좋다.

(4) 주석

1) 주석의 성질

① 비중 7.3, 용융점 232℃이며, 13℃에서 동소 변태한다.
② Pb 다음으로 연하며, 전연성이 좋으나, 너무 연해서 선으로 인발이 어렵다.
③ 백색을 띠며, 내식성이 우수하나, 무기산류, 알칼리에는 서서히 침식된다.
④ 재결정 온도가 상온으로 가공 경화가 일어나지 않아 소성 가공이 쉽다.
⑤ 저융점 금속으로 독성이 없어 의약품 등의 포장용 튜브, 주석박, 장식기 등에 사용된다.

2) 주석 합금

① Sn-Pb계 합금 : 연납으로 40~50% Sn이 가장 많이 사용되며, Fe, Zn, Al, As 등은 유해하다.
② Sn-Sb-Cu계 합금 : Sn에 4~7% Sb, 1~3% Cu를 함유하는 Sn 합금을 퓨터(pewtcr), 또는 브리타니아 메탈이라 하여 장식용품에 사용된다.

·· 예·상·문·제·01

주석(Sn)에 대한 설명으로 틀린 것은?

① 은백색의 연한 금속으로 용융점은 232℃ 정도이다.
② 독성이 없으므로 의약품, 식품 등의 튜브로 사용된다.
③ 고온에서 강도, 경도, 연신율이 증가된다.
④ 상온에서 연성이 풍부하다.

정답 ③

(5) 아연 및 그 합금

1) 아연의 성질

① 비중 7.14, 용융점 419℃이며 청백색을 띠고, 조밀 육방 격자이다.
② 아연 도금, 건전지, 인쇄판, 다이 케스팅용 아연, 황동 및 기타 합금으로 사용된다.

2) 아연 합금

① 다이 케스팅 합금으로 많이 사용되며, Cu, Al 등을 첨가하면 내식성 및 가공성이 나빠지나 강도는 증가한다.
② Zn에 4% Al을 함유한 것을 자마크(미국), 마자크(영국), 일본에서는 ZAC, MAC 등으로 불려진다.
③ 가공용 Zn 합금으로 Zn-Cu계, Zn-Cu-Mg계 등이 있다.
④ 봉재, 선재, 판재, 건축용, 탱크용, 전기기기 부품, 자동차 부품, 일상용품 등에 널리 사용된다.

········· 예·상·문·제·01

아연과 그 합금에 대한 설명으로 틀린 것은?

① 조밀육방 격자형이며 청백색으로 연한 금속이다.
② 아연 합금에는 Zn-Al계, Zn-Al-Cu계 및 Zn-Cu계 등이 있다.
③ 주조성이 나쁘므로 다이캐스팅용에 사용되지 않는다.
④ 주조한 상태의 아연은 인장강도나 연신율이 낮다.

정답 ③

해설 아연 : 주조성이 좋아 다이케스팅용으로 사용된다.

(6) 기타

1) 저융점 합금

① 가용 합금(fusible alloy)이라고도 하며, 일반적으로 Sn의 용융점(232℃)보다 낮은 융점을 가진 합금을 말한다.
② 베어링용, 활자 금속, 다이 캐스팅용 금속, 땜납, 화재 경보기 및 보일러 안전밸브 및 전기용 퓨즈 등에 사용된다.
③ 종류 : 우드 메탈(융점 68℃), 리포워츠 합금(융점 68℃), 뉴턴 합금(융점 94℃), 비스머스 땜납(융점 113℃), 로즈 합금(융점 100℃) 등이 있다.

2) 베어링 합금

① 경도와 인성, 항압력이 필요하고 마찰 계수가 작으며, 하중에 잘 견딜 수 있으며, 열전도율이 크고 내식성이 우수하며, 소착에 대한 저항력이 커야 한다.
② 주석계 화이트 메탈(베빗 메탈)
  ㉠ 75~90% Sn, 3~15% Sb, 3~10% Cu 합금
  ㉡ Pb계보다 경도가 크고, 큰 하중에 견디며, 인성이 있어 충격과 진동에도 잘 견디며, 열전도도가 크므로 고속도, 고하중의 기계용에 적합하다.
  ㉢ 유동성, 주조성이 좋아 큰 베어링을 만들기 쉽다.
③ 납계 화이트 메탈(Pb-Sb-Sn)
  ㉠ Sb, Sn %가 높을수록 항압력이 커지나, Sb가 너무 많으면 경취해진다.
  ㉡ 피로 강도는 약간 나쁘지만 값이 저렴하여 많이 사용되고 있다.
④ Cu계 베어링 합금
  ㉠ Pb 함유량이 많을수록 피로 강도는 낮으나 마모 효과는 커진다.
  ㉡ 내소착성이 좋고, 화이트 메탈보다 내하중성이 크다.
  ㉢ 고하중용 베어링으로 적합하여 자동차, 항공기 등의 주 베어링으로 쓰인다.
⑤ 카드뮴계 베어링 합금
  ㉠ Cd은 고가이므로 별로 사용하지 않으나 Cd에 Ni, Ag, Cu 등을 넣어 경화한 합금은 고온 경도와 피로 강도가 화이트 메탈보다 우수하다.
  ㉡ 고하중, 고속 베어링에 사용된다.
⑥ Zn계 베어링 합금
  ㉠ 특성이 인청동과 비슷하며, 화이트 메탈보다 경도가 크다.
  ㉡ 전차용 베어링 등에 사용된다.
⑦ 소결 함유 베어링(미국의 상품명 : 오일라이트) : 5~100μm의 Cu, 주석, 흑연 분말과 윤활제를 혼합한 후 가압 성형하여 환원 기류 중에서 400℃로 예비 소결 후 800℃로 본 소결해서 만든 베어링이다.
⑧ 주철 함유 베어링 : 가열, 냉각의 반복에 의한 성장으로 균열을 형성시켜 다공질화하면 흑연상이 크게 발달하며, 기름을 함유시키면 고속 고하중에 잘 견디고 내열성이 있으므로 대형 베어링으로 제조가 가능하다.

·····예·상·문·제·01

다음 중 저융점 합금에 대하여 설명한 것 중 틀린 것은?

① 납(Pb : 용융점 327℃)보다 낮은 융점을 가진 합금을 말한다.
② 가용합금이라 한다.
③ 2원 또는 다원계의 공정합금이다.
④ 전기 퓨즈, 화재경보기, 저온 땜납 등에 이용된다.

정답 ①

해설 저융점 합금 : 주석(Sn : 용융점 232℃)보다 낮은 융점을 가진 합금을 말한다.

·····예·상·문·제·02

Sn-Sb-Cu의 합금으로 주석계 화이트메탈이라고도 부르는 것은?

① 연납
② 경납
③ 배빗메탈
④ 바안메탈

정답 ③

해설 베빗메탈 : 주석계 화이트메탈, 베어링용으로 사용

·····예·상·문·제·03

일명 오일라이트라고도 하며, 5~100μm 정도의 Cu, 주석, 흑연 분말과 윤활제를 혼합한 후 가압 성형하여 환원 기류 중에서 400℃로 예비 소결 후 800℃로 본 소결해서 만든 베어링합금은?

① Zn계 베어링 합금
② 소결 함유 베어링 합금
③ 주철 함유 베어링 합금
④ 화이트 메탈계 베어링 합금

정답 ②

SECTION 05 기계 제도(비절삭 부분)

01 • 제도의 기본

1 제도의 개요

(1) 제도(Drawing)의 정의

제도란 설계자의 요구 사항을 제작자에게 전달하기 위하여 선·문자·기호 등을 사용하여 생산품의 형상, 구조, 크기, 재료, 가공법 등을 제도 규격에 맞추어 정확하고 간단명료하게 도면을 작성하는 과정이다.

(2) 제도 규격의 필요성

① 용도가 같은 제품은 그 크기, 모양, 품질 등을 일정한 규격으로 표준화하면 제품 상호간 호환성이 있어서 능률적인 생산과 품질을 향상시킬 수 있다.
② 국가와 국가 사이의 호환성을 유지하기 위하여 국제표준화기구(ISO)에서 국제 표준규격을 제정하고 있다.
③ 국가간 기술 교류가 활발해지면서 자기 나라의 국가 표준규격이 국제 표준규격에 부합되도록 노력하고 있다.

························ 예·상·문·제·01

다음 중 제도의 필요성에 대한 설명으로 적합하지 않은 것은?

① 표준화하면 제품 상호간 호환성이 있다.
② 능률적인 생산과 품질을 향상시킬 수 있다.
③ 국가간 기술 교류가 활발해져 국제화가 가능하다.
④ 제품을 규격화하면 다른 회사에서 모방할 수 없다.

정답 ④

(3) 제도의 규격

1996년 한국 공업 규격(KS : Korean Industrial Standards)에 제도 통칙 KS A 0005로 제정되었고, 1967년에 KS B 0001로 제정 공포되어 기계 제도로 규정되었다.

1) 각 나라의 공업 규격

① 국제표준화기구 : ISO
② 한국산업규격 : KS
③ 일본 : JIS
④ 영국 : BS
⑤ 독일 : DIN
⑥ 미국 : ANSI
⑦ 스위스 : SNW
⑧ 프랑스 : NF

2) 한국 공업 규격의 분류

[KS 부문별 분류 기호]

분류 기호	부문	분류 기호	부문
KS A	기본	KS K	섬유
KS B	기계	KS L	요업
KS C	전기	KS M	화학
KS D	금속	KS P	의료
KS E	광산	KS R	수송기계
KS F	토건	KS V	조선
KS G	일용품	KS W	항공
KS H	식료품	KS X	정보산업

·····예·상·문·제·01

각국의 공업 규격의 표시 기호 중 틀린 것은 어느 것인가?

① 한국 : KS
② 미국 : ANSI
③ 일본 : JIS
④ 독일 : BS

정답 ④

해설 독일 : DIN, 영국 : BS, 국제 표준 규격 : ISO

·····예·상·문·제·02

KS 규격에서 기계 부문을 표시하는 것은?

① KS A
② KS B
③ KS C
④ KS D

정답 ②

해설 ① : 기본, ③ : 전기, ④ : 금속의 분류 기호이다.

2 도면의 종류와 크기, 양식

(1) 도면의 종류

1) 성격(성질)에 따른 분류

원도	제도 용지나 컴퓨터로 작성된 최초의 도면
트레이 스도	연필로 그린 원도 위에 트레이싱지를 놓고 연필 또는 먹물로 그린 도면, 청사진도 또는 백사진도의 원본
복사도	트레이시도를 원본으로 하여 복사한 도면, 청사진, 백사진, 전자 복사도 등이 있다.

2) 용도에 따른 분류

계획도	설계자의 설계의도와 계획을 나타낸 도면
제작도	물품을 제작에 필요한 모든 정보를 충분히 전달하기 위한 도면(공정도, 시공도, 상세도)
주문도	발주자가 제작자에게 제시하는 도면
승인도	발주자의 승인을 얻기 위한 도면
견적도	견적을 내기 위한 도면
설명도	물품의 기능, 구조, 원리, 취급법 등을 표시한 도면, 카탈로그, 취급 설명서 등에 사용

3) 내용에 따른 분류

부품도	물품을 구성하는 각 부품을 자세히 그림 도면
조립도	전체적인 조립을 나타내는 도면
부분 조립도	복잡한 물품을 부분으로 나누어 조립도를 나타내는 도면
기초도	기계를 설치하기 위하여 콘크리트, 철강 작업 등을 하기 위한 도면
배치도	물품의 배치를 나타내는 도면
배근도	철근의 치수와 배치를 나타낸 도면(건축, 토목부분)
장치도	장치공업에서 각 장치의 배치, 제조 공정의 관계 등을 나타낸 도면
스케치도	기계나 장치 등의 실체를 보고 프리핸드로 그린 도면

4) 형식에 따른 분류

외관도	대상물의 외형 및 최소한의 치수를 나타낸 도면
전개도	대상물을 구성하는 면을 평면으로 전개한 도면
곡면 선도	선체, 자동차 차체 등의 곡면을 여러 개의 선으로 표현한 도면
입체도	사투상법, 투시도법에 의해 입체적으로 표현한 도면

·····예·상·문·제·01

도면의 종류 중 사용 목적(용도)에 따른 분류에 속하지 않는 것은?

① 계획도
② 제작도
③ 조립도
④ 주문도

정답 ③

·····예·상·문·제·02

기계나 장치 등의 실체를 보고 프리핸드(freehand)로 그린 도면은?

① 배치도
② 기초도
③ 조립도
④ 스케치도

정답 ④

예·상·문·제·03

판금작업시 강판재료를 절단하기 위하여 가장 필요한 도면은?

① 조립도 ② 전개도
③ 배관도 ④ 공정도

정답 ②

(2) 도면의 크기 및 양식

1) 도면의 크기

① KS A 5201(종이 재단 치수)에 규정하는 A열 사이즈를, B열은 미술 용지로 사용한다.
② 제도 용지의 가로와 세로 비 : 1.414 : 1
③ **용지의 넓이** : A0는 약 $1m^2$, B0의 넓이는 $1.5m^2$이다.
④ 큰 도면을 접을 때는 A4 크기로 접는다.
⑤ 표제란이 겉으로 나오게 접는다.
⑥ 도면을 철할 때는 철하는 부분의 윤곽 치수를 25mm로 한다.

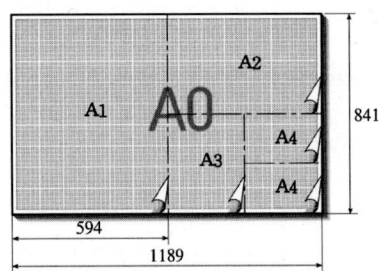

[제도 용지의 크기]

[도면 크기의 종류와 윤곽 치수] (단위 : mm)

호칭 방법	치수(a×b)	c (최소)	d(최소) 철하지 않을 때	d(최소) 철할 때
A0	841×1189	–	–	–
A1	594×841	20	20	
A2	420×594			25
A3	297×420	10	10	
A4	210×297			

연장 사이즈

호칭 방법	치수(a×b)	c (최소)	d(최소) 철하지 않을 때	d(최소) 철할 때
A0×2	1189×1682	20	20	
A1×3	841×1783			
A2×3	594×1261			
A2×4	594×1682			
A3×3	420×891	10	10	25
A3×4	420×1189			
A4×3	297×630			
A4×4	297×841			
A4×5	297×1051			

2) 도면의 양식

① 도면에는 윤곽선, 표제란, 중심 마크를 반드시 표기해야 되며, 윤곽선은 도면 용지의 안쪽에 그려진 내용이 확실히 구분할 수 있도록 0.5mm 이상의 굵은 실선으로 그린다.
② 중심 마크는 도면을 마이크로 필름으로 촬영하거나 복사할 때 기준이 되는 것으로 각 변의 중앙에 0.5mm 이상의 굵은 실선으로 그린다.
③ 비교 눈금은 도면을 축소 또는 확대했을 경우 그 정도를 알기 위해 도면의 아래쪽에 있는 중심 마크를 중심으로 좌우에 마련한다.
④ 표제란은 도면 관리에 필요한 사항과 도면 내용에 관한 중요한 사항을 기입하는 곳으로, 도면 번호, 도명, 제도자, 검도자, 척도, 각법, 공사명 등을 기입해야 한다.
⑤ 부품표에는 품번, 품명, 수량(개수), 무게, 재질 등을 기입한다.

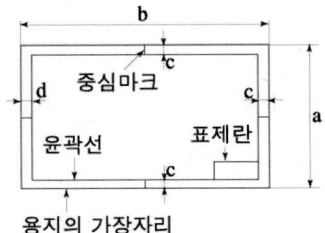

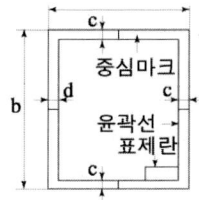

[도면의 테두리, 윤곽 치수 표시]

··· 예·상·문·제·01

도면용으로 사용하는 A2 용지의 크기로 맞는 것은?

① 841 × 1189 ② 594 × 841
③ 420 × 594 ④ 270 × 420

정답 ③

해설 제도 용지의 크기
A0 = 841 × 1189, A1 = 594 × 841
A3 = 297 × 420, A4 = 297 × 210

··· 예·상·문·제·02

도면을 축소 또는 확대했을 경우, 그 정도를 알기 위해서 설정하는 것은?

① 중심마크 ② 비교눈금
③ 도면의 구역 ④ 재단마크

정답 ②

해설 비교 눈금 : 확대나 축소의 정도를 알기 위한 눈금

··· 예·상·문·제·03

도면에서 반드시 표제란에 기입해야 하는 항목이 아닌 것은?

① 도명 ② 척도
③ 투상법 ④ 재질

정답 ④

해설 재질은 부품표에 기재 사항이다.

(3) 척도

1) 척도의 종류

척도란 물체의 실제 크기와 도면에서의 크기와의 비율을 말한다.
① 현척(실척)
  ㉠ 도형을 실물과 같은 크기로 그리는 경우에 사용하며, 도면은 실물과 같은 크기로 그리는 것이 원칙이다.
  ㉡ A : B의 형식으로 표시 A 와 B를 다같이 1로 표시한다.
② 축척
  ㉠ 도면에 도형을 실물보다 작게 제도하는 경우에 사용한다.
  ㉡ 도면의 치수는 축척이나 배척이나 실물의 실제 치수를 기입한다.
③ 배척 : 도면에 도형을 실물보다 크게 제도하는 척도
④ 공통적으로 표시할 경우 표제란에 표시한다.
⑤ 그림이 치수와 비례하지 않을 경우, 치수 밑에 밑줄을 긋거나, "비례척이 아님" 또는 NS(none scale) 등의 문자를 기입하여야 한다.

··· 예·상·문·제·01

기계제도에서의 척도에 대한 설명으로 잘못된 것은?

① 척도란 도면에서의 길이와 대상물의 실제길이의 비이다.
② 척도는 표제란에 기입하는 것이 원칙이다.
③ 축적은 2 : 1, 5 : 1 등과 같이 나타낸다.
④ 도면을 정해진 척도값으로 그리지 못하거나 비례하지 않을 때에는 척도를 'NS'로 표시할 수 있다.

정답 ③

해설 배척은 2 : 1, 5 : 1, 10 : 1 등과 같이 나타내고, 축척은 1 : 2, 5 : 1, 10 : 1로 나타낸다.

예·상·문·제·01

제도에 사용되는 문자 크기의 기준으로 맞는 것은?

① 문자의 폭
② 문자의 대각선의 길이
③ 문자의 높이
④ 문자의 높이와 폭의 비율

정답 ③

해설 제도에서 문자 크기는 문자의 높이로 나타낸다.

(2) 선

선은 물품의 형상을 표현하여 각 관계를 분명히 알기 쉽게 하므로 명확하고 선명하며, 농도 및 굵기가 일정해야 한다.

1) 선의 모양(형상)에 의한 종류

① **실선** : 연속적으로 연결된 선, 굵은 실선과 가는 실선이 있다.
② **굵은실선** : 굵은 실선의 굵기는 0.35~1.0mm이며, 주로 0.5mm를 많이 사용한다. 아주 굵은 선은 굵기가 0.7~2.0mm인 선이 쓰이며, 주로 1mm를 많이 사용한다.
③ **가는 실선** : 굵기가 0.18~0.5mm인 선으로, 주로 0.25mm를 많이 사용한다.
④ **파선** : 짧은 선이 일정한 간격으로 반복되는 선, 실선의 약 1/2, 치수선보다 굵게 한다.
⑤ **1점 쇄선** : 길고 짧은 2개 선을 번갈아 나열한 선, 가는 1점 쇄선, 굵은 1점 쇄선이 있다.
⑥ **2점 쇄선** : 긴 선과 2개의 짧은 선을 번갈아 규칙적으로 나열한 선이다.

2) 선의 굵기에 따른 종류

① 같은 용도의 선이라도 도형의 크기와 복잡한 정도에 따라 굵기를 선택해야 하며, 동일 도면 내에서는 선의 굵기 비율에 따라야 한다.
② **선의 굵기 비율**
　가는 선 : 굵은 선 : 아주 굵은 선 = 1 : 2 : 4
③ **선의 굵기 기준** : 0.18, 0.25, 0.35, 0.5, 0.7, 1mm로 한다.(0.18은 가능한 사용안함)

예·상·문·제·02

도면의 척도값 중 실제 형상을 확대하여 그리는 것은?

① 2 : 1
② 1 : $\sqrt{2}$
③ 1 : 1
④ 1 : 2

정답 ①

해설 척도 표시에서 좌측이 분자, 우측이 분모, 2/1, 배척

3 문자와 선

(1) 문자

1) 문자의 표시법

① 도면에 사용하는 문자는 한글, 숫자, 영문, 로마자 등이 쓰이나, 가능한 문자는 적게 간결하게 쓰고 기호로 나타내며, 가로 쓰기를 원칙으로 한다.
② 문자의 선 굵기는 문자 크기의 1/9로 고딕체로 하고, 수직 또는 75° 경사지게 쓴다.
③ 같은 도면에서는 같은 높이로 표시한다.
④ 한글은 도면의 품명, 요목표 등에 사용하며, 고딕체로 수직으로 쓴다.
⑤ 글자 크기는 높이로 표시하며, 2.24, 3.15, 4.5, 6.3, 9mm의 5종으로 한다.
⑥ 문자의 나비는 높이의 100~80% 정도로 하며, 고딕체로 쓴다.

2) 숫자와 로마자 서체

① 아라비아 숫자가 주로 쓰이며 고딕체, 로마체, 이텔릭체, 라운드리체 등이 있다.
② 숫자 크기는 2.24, 3.15, 4.5, 6.3, 9mm의 5종으로 한다.
③ 로마자는 주로 대문자를 사용하며, 위 5종, 12.5, 18mm 7종이 있으며, 글자체는 원칙적으로 수직에 대하여 오른쪽으로 15° 경사체가 많이 쓰인다.

3) 선의 용도에 따른 종류

[선의 용도에 따른 종류]

명칭		특성
외형선	종류	굵은 실선(0.3~0.8mm)
	용도	물체의 보이는 겉모양을 표시하는 선
	모양	────────
중심선	종류	가는 1점 쇄선, 가는 실선물체의 중심을 표시하는 선
	용도	물체의 중심을 표시하는 선
	모양	─·──·──·──
치수 보조선 치수선	종류	가는 실선(0.2mm 이하)
	용도	치수를 기입하기 위한 선
	모양	────── : 치수 보조선 ◄────► : 치수선
지시선, 인출선	종류	가는 실선(0.2mm 이하)
	용도	지시하기 위한 선
	모양	↙
숨은선 (은선)	종류	중간 굵기의 파선
	용도	물체의 보이지 않는 부분의 모양을 표시하는 선
	모양	─ ─ ─ ─ ─
절단선	종류	가는 1점 쇄선(굵은 선과 화살표 사용)
	용도	단면을 그리는 경우, 그 절단 위치를 표시하는 선
	모양	↑─·──·─↑
가상선	종류	가는 2점 쇄선
	용도	• 도시된 물체의 앞면을 표시하는 선 • 인접 부분을 참고로 표시하는 선 • 가공 전 또는 가공 후의 모양을 표시하는 선 • 이동 부분의 위치를 표시하는 선 • 공구, 지그 등의 위치를 참고로 표시하는 선 • 반복을 표시하는 선 • 도면 내의 그 부분의 단면을 90° 회전하여 표시하는 선
	모양	──··──··──

명칭		특성
피치선	종류	가는 1점 쇄선
	용도	기어나 스프로킷 등의 이 부분에 기입하는 피치원이나 피치선
	모양	─·──·──·──
파단선	종류	가는 실선(불규칙하게 사용)
	용도	물체의 일부를 파단한 곳을 표시하는 선, 끊어 낸 부분을 표시하는 선
	모양	∽∽∽
해칭선	종류	가는 실선(0.2mm 이하)
	용도	절단면 등을 명시하기 위하여 쓰는 선
	모양	▨
특수 용도의 선	종류	가는 실선
	용도	외형선과 은선의 연장선, 평면이라는 것을 표시하는 선
굵은 1점 쇄선	종류	특수한 가공을 실시하는 부분을 표시하는 선

4) 선의 우선 순위

도면에서 2종류 이상의 선이 같은 장소에서 중복될 경우에는 다음 순위에 따라 우선되는 종류의 선부터 그린다.
① 순위: 외형선, 숨은선, 중심선, 무게 중심선, 치수 보조선

5) 선 긋기 일반 사항

① 평행선은 선 굵기의 3배 이상, 선과 선의 틈새는 0.7mm 이상으로 한다.
② 밀접한 교차선의 경우 선 간격을 선 굵기의 4배 이상으로 한다.
③ 많은 선이 한 점에 집중하는 경우 선 간격이 선 굵기의 약 3배가 되는 위치에서 선을 멈춰 점의 주위를 비우는 것이 좋다.
④ 1점 쇄선 및 2점 쇄선은 긴 쪽 선으로 시작하고 끝나도록 하며,
⑤ 1점 쇄선(중심선)끼리 만나는 부분은 이어지도록 긋는다.

⑥ 실선과 파선, 파선과 파선이 서로 만나는 부분은 이어지도록 긋고, 서로 평행할 때는 서로 엇갈리게 그린다.
⑦ 원호와 직선이 만나는 부분은 층이 나지 않게, 모서리에서는 서로 이어지도록 긋는다.

························· 예·상·문·제·01

기계제도에서 사용하는 선의 용도에 따라 사용하는 선의 종류가 틀린 것은?

① 외형선 : 가는 실선
② 피치선 : 가는 1점 쇄선
③ 중심선 : 가는 1점 쇄선
④ 숨은선 : 가는 파선 또는 굵은 파선

정답 ①

해설 외형선 : 굵은 실선

························· 예·상·문·제·02

치수선, 치수보조선, 지시선, 회전단면선으로 사용되는 선의 종류는?

① 가는 파선   ② 가는 1점쇄선
③ 가는 실선   ④ 가는 2점쇄선

정답 ③

해설 가는 실선의 용도 : ①, ②, ④, 중심선 등

························· 예·상·문·제·03

도면에 2가지 이상의 선이 같은 장소에 겹치어 나타내게 될 경우 우선순위가 가장 높은 것은?

① 숨은선   ② 외형선
③ 절단선   ④ 중심선

정답 ②

해설 선의 우선순위
외형선 → 은선 → 절단선 → 중심선 → 무게중심선

02. 투상도법 및 도형 표시 방법

1 투상도법

(1) 투상법의 종류

1) 투상도

① 물체의 한면 또는 여러 면을 평면 사이에 놓고 여러면에서 투시하여 투상면에 비추어진 물체의 모양을 1개의 평면 위에 그려 나타내는 것
② 즉, 어떤 물체에 광선을 비추어 하나의 평면에 맺히는 형상, 크기, 위치 등을 일정한 법칙에 따라 표시하는 것이다.

2) 투상도 종류

① **정투상도**
  ㉠ 기계 제도에 가장 많이 쓰이며, 3개의 투상화면(입화면, 평화면, 측화면) 중간에 물체를 놓고 평행 광선에 의해 투상되는 모양을 그린 것
  ㉡ 투상면이 어느 위치에 있든지 투상도의 크기는 항상 일정하며, 제1각법과 제3각법이 사용된다.

② **등각 투상도**
  ㉠ 정투상도는 경우에 따라 선이 겹쳐서 판단이 곤란할 경우가 있어 이를 보완 입체적으로 도시하기 위해 경사진 광선에 의해 투상된 것을 그리는 방법
  ㉡ 수평선과 30°의 각을 이룬 2축과 90°를 이룬 수직축의 3축이 투상면 위에서 120°의 등각이 되도록 물체를 투상한 것이다.

③ **부등각 투상도**
  ㉠ 서로 직교하는 3개의 면 및 3개의 축에 각이 서로 다르게 경사져 있는 그림
  ㉡ 2각이 같은 것을 2축 투상도, 3각이 전부 다른 것을 3축 투상도라 한다.

④ **사향 (사투상)도**
  ㉠ 물체의 주요면을 투상면에 평행하게 놓고 투상면에 대하여 수직보다 다소 옆면에서 보고 측면의 변을 일정한 각도(30°, 45°, 60°)만큼

기울여 표시하는 것
ⓒ 배관도, 설명도 등에 많이 사용된다.
⑤ 투시도
ⓐ 눈의 투시점과 물체의 각 점을 연결하는 방사선에 의하여 원근감이 있도록 그리는 것
ⓑ 물체의 실제 크기와 치수가 정확히 나타나지 않고 또 도면이 복잡하여 기계 제도에서는 거의 사용하지 않는다.
ⓒ 토목, 건축 제도(건축 조감도 등)에 주로 쓰인다.

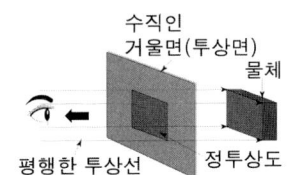

[정투상도의 원리]

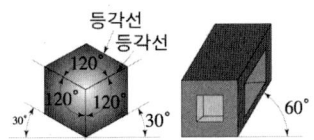

[사투상도의 종류]

예·상·문·제·01

다음 중 기계제도 분야에서 가장 많이 사용되며, 제3각법에 의하여 그리므로 모양을 엄밀, 정확하게 표시할 수 있는 도면은?

① 캐비닛도   ② 등각투상도
③ 투시도   ④ 정투상도

정답 ④

예·상·문·제·02

3개의 좌표축의 투상이 서로 120°가 되는 축측 투상으로 평면, 측면, 정면을 하나의 투상면 위에 동시에 볼 수 있도록 그려진 투상법은?

① 등각 투상법   ② 국부 투상법
③ 정 투상법   ④ 경사 투상법

정답 ①

해설 등각 투상도 : 물체 정면, 평면, 측면을 하나의 투상도에서 볼 수 있도록 나타낸 것으로 물체를 3개의 각도(120도)로 나누어 나타낸다.

(2) 제1각법과 제3각법

1) 제1각법

① 물체를 제1각 안에 놓고 투상하는 방식
② 투상면 앞쪽에 물체를 놓고 물체의 앞쪽에서 투상면에 수직으로 비치는 평행광선과 같은 투상선으로 물체의 모양을 투상면에 그리는 법
③ 눈 → 물체 → 투상면의 식으로 배열하며, 건축, 조선 제도에 주로 쓰인다.

2) 제3각법

① 물체를 제3각 안에 놓고 투상하는 방식
② 투상면 뒤쪽에 물체를 놓고 물체의 앞쪽 투상면에 물체를 그리는 법
③ 눈 → 투상 → 물체의 식으로 배열되는 각법이며, 기계 제도에 주로 쓰인다.(한국, 미국, 캐나다, 일본 등은 제3각법을 사용함)

3) 제1각법과 제3각법의 기호

투상도의 배열에 사용된 각법을 '제1각법', 또는 '제3각법'의 문자를 표제란에 기입하거나, 아래 그림과 같은 각법의 대표 기호를 표제란의 안이나 그 가까운 곳에 표시한다.

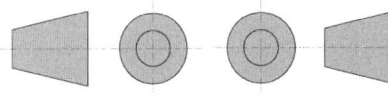

(a) 제1각법 기호   (b) 제3각법 기호
[투상도 기호]

4) 제1각법과 비교한 제3각법의 장점

① 도면의 배열이 실제로 사물을 보는 것과 같은 위치에 있다.
② 정면도를 중심으로 할 때 물체의 전개도와 같기 때문에 그림을 보기가 쉽다.
③ 특히 긴 물체나 경사면을 갖는 물체는 제 3각법으로 표현하는 것이 편리하다.

④ 제 1각법은 관련 형상을 표현한 투상도가 멀리 떨어져 있으므로 형상 이해 및 치수 판독시 잘못을 일으키기 쉽다.
⑤ 제3각법은 투상도의 비교가 쉽고 치수 기입이 편리하다.

──────────── 예·상·문·제·01

제1각법에서 좌측면도는 정면도를 기준으로 어느 쪽에 배치되는가?

① 좌측　　　　　② 우측
③ 위　　　　　　④ 아래

정답 ②

해설 1각법 : 투상방법은 눈 → 물체 → 투상면이다. 실물파악이 불량하다.

──────────── 예·상·문·제·02

제3각법에 대하여 설명한 것으로 틀린 것은?

① 저면도는 정면도 밑에 도시한다.
② 평면도는 정면도의 상부에 도시한다.
③ 좌측면도는 정면도의 좌측에 도시한다.
④ 우측면도는 평면도의 우측에 도시한다.

정답 ④

해설 3각법에서 우측면도는 정면도 우측(보는 방향)에 도시한다.

──────────── 예·상·문·제·03

제3각법으로 그린 각각 다른 물체의 투상도이다. 정면도, 평면도, 우측면도가 모두 올바르게 그려진 것은?

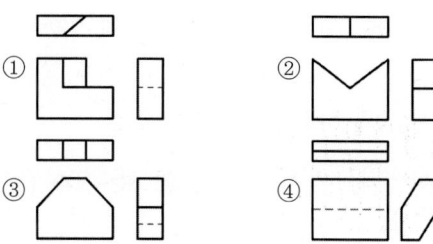

정답 ③

2 도형의 표시 방법

(1) 필요한 투상도의 수

① 물체의 투상도는 모두 6개이지만, 물체의 모양을 완전히 표현하는데 필요한 투상만 있으면 된다.
② 대부분 정면도, 측면도, 평면도의 3면도 이하로서 충분하다.

1) 1면도

정면도 하나로 충분히 나타낼 수 있는 것으로, 원통, 각기둥, 평판 등과 같이 단면의 모양이 균일하고 모양이 간단한 물체를 표현할 때 적용한다.

2) 2면도

평면형 또는 원통형인 간단한 물체는 정면도와 평면도(저면도), 정면도와 우측면도(좌측면도)의 2면으로서 완전하게 표현할 수도 있다.

3) 3면도

3개의 투상도로 완전히 도시할 수 있는 것을 말하며, 정면도, 평면도, 우측면도를 주로 택한다.

(2) 투상도의 선택과 종류

1) 투상도 선택의 원칙

① 숨은선이 적게 되는 투상도를 택하며, 정면도를 중심으로 그 위쪽에 평면도, 또는 오른쪽에 우측면도를 택하는 것이 원칙이다.
② 정면도와 평면도 또는 정면도와 측면도의 어느 것으로 나타내어도 좋은 경우는 투상도 배치가 좋은 쪽을 택한다.

2) 정투상도의 선택

① 물체의 특징, 모양, 치수를 가장 명료하게 나타내는 쪽을 선택하고 이것을 중심으로 측면도, 평면도 등을 보충한다.
② 다만 비교 대조가 불편할 때는 숨은선으로 표시해도 무방하다.
③ 물체는 될 수 있는대로 안전하고 자연스러운 위

치를 나타낸다.
④ 조립도 등 주로 기능을 나타내는 도면에서 대상물을 사용하는 상태로 표시한다.
⑤ 가장 가공량이 많은 공정을 기준으로 가공할 때 놓여진 상태와 같은 방향으로 도면에 표시한다.

3) 국부 투상도

정면도 하나만으로 충분한 도면이 키 홈 때문에 불필요한 평면도까지 그리게 되는 것을 피하여 중복되거나 불필요한 부분을 생략하고 키 홈 부분만 나타낸 것처럼 그려진 투상도

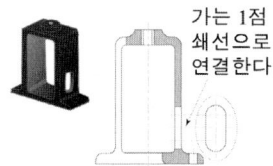

[국부 투상도]

4) 보조 투상도

정투상도로 표현하기 어려운 경사진 부분을 경사면과 평행한 위치에 경사면에 수직으로 투상하면 경사진 부분의 실제 모양을 나타낸 도면

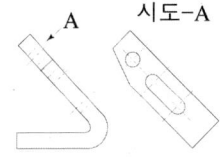

[보조 투상도]

5) 부분 투상도

그림의 일부를 도시하는 것으로도 충분한 경우에 일부분만 표시하며, 생략한 부분과 경계를 파단선(가는 실선)으로 나타내고, 명확한 경우에는 생략이 가능하다.

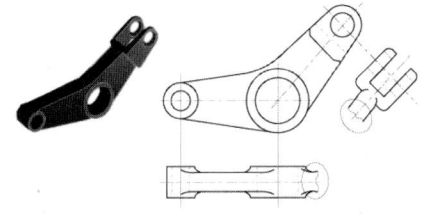

[부분 투상도]

6) 회전 투상도

대상물의 일부가 어느 각도를 가지고 있기 때문에 그 모양을 나타내기 위해 그 부분을 회전해서 실제 모양을 나타내는 투상도

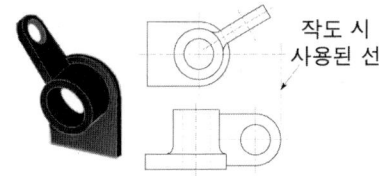

[회전 투상도]

7) 부분 확대도

일부분이 너무 작아 그 형상을 알아보기 힘들 경우 일부분만 확대한 투상도

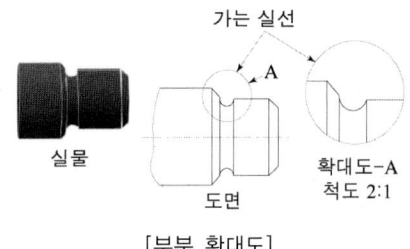

[부분 확대도]

···················· 예·상·문·제·01

그림과 같은 제3각 투상도에 가장 적합한 입체도는?

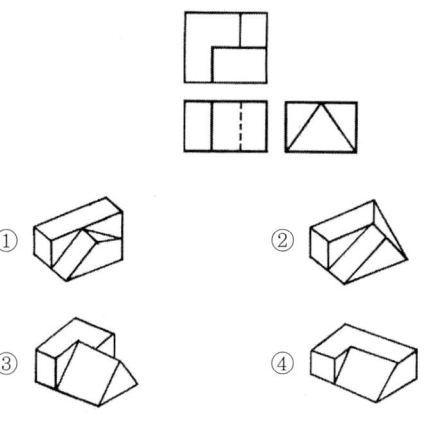

정답 ③

◀ 예·상·문·제·02

그림과 같은 구조물의 도면에서 (A), (B)의 단면도의 명칭은?

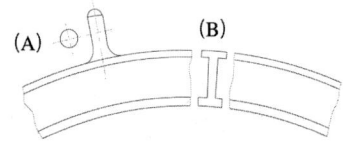

① 온 단면도 ② 변환 단면도
③ 회전도시 단면도 ④ 부분 단면도

정답 ③

해설 회전도시 단면도는 핸들, 벨트 풀리, 기어 등과 같은 바퀴의 암, 림, 리브, 훅, 축 등의 절단면을 회전시켜 표시하는 것이다.

◀ 예·상·문·제·03

그림의 A 부분과 같이 경사면부가 있는 대상물에서 그 경사면의 실형을 표시할 필요가 잇는 경우 사용하는 투상도는?

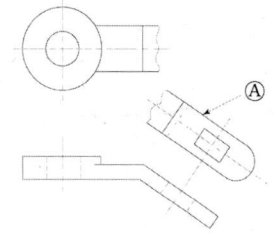

① 국부 투상도 ② 전개 투상도
③ 회전 투상도 ④ 보조 투상도

정답 ④

(3) 단면의 표시법

1) 단면도

① 물체의 내부 모양이나 구조가 복잡한 경우, 투상도에 숨은선이 많아 정확하게 형상을 읽기 어려울 때 절단 또는 파단하였다고 가상하여 물체 내부가 보이는 것과 같이 표시한 도면
② 숨은선이 생략되고 외형선으로 도시되며, 해칭이나 스머징한다.

2) 단면의 원칙

① 원칙적으로 기본 중심선으로 절단한 면으로 표시한다.
② 필요한 경우는 기본 중심선이 아닌 곳에서 절단하여 그려도 되며, 숨은선은 이해할 수 있으면 생략한다.
③ 상하 또는 좌우 대칭인 물체에서 외형과 단면을 동시에 나타낼 때에는 보통 대칭 중심의 위쪽 또는 오른쪽을 단면으로 나타낸다.
④ 해칭 : 물체가 절단 평면에 의해 절단되었을 때에는 그 절단면을 단면하지 않은 면과의 구별을 위하여 가는 평행 경사선(해칭선)이나 스머징으로 표시한다.
　㉠ 기본 중심선 또는 기선(기준이 되는 선)에 대하여 45°(되도록 오른쪽 위로 올라가는 방향)의 가는 실선(0.2mm 이하)을 2~3mm 등간격으로 긋는다.
　㉡ 같은 부품의 단면은 단면 부위가 멀리 떨어져 있더라도 방향과 간격은 같아야 한다.
　㉢ 서로 인접한 여러 단면의 해칭은 각도를 30°, 60° 또는 간격을 달리한다.

3) 절단면 설치 위치와 한계 표시 방법

① 투상도에서 절단면 설치 위치와 한계 표시는 가는1점 쇄선으로 나타내며,
② 시작 부분과 선의 방향이 달라지는 부분에는 굵은 선으로 표시한다.
③ 절단 평면의 기호는 정면도에 그 문자와 기호를 표시한다.
④ 부분 단면의 단면선은 단면의 한계를 표시하는 불규칙한 프리 핸드로 그린다.

4) 단면도의 종류

① 온(전) 단면도 : 대상물을 1평면의 절단면으로 절단해서 얻어지는 단면을 빼놓지 않고 그린 단면도

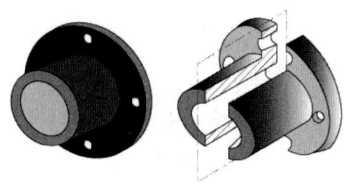

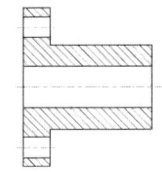

[온(전) 단면도 도시법]

② 한쪽(반) 단면도
  ㉠ 물체의 중심선을 기준으로 내부와 외부 모양을 동시에 나타내도록 물체의 1/4을 잘라내어 나타낸 단면도
  ㉡ 단면은 수직 중심선을 기준으로 오른쪽에 단면을 왼쪽에는 외형을 나타낸다.
  ㉢ 수평 중심선에 대해 위쪽에 단면을 아래쪽에 외형을 나타낸다.

③ 부분 단면도
  ㉠ 물체에서 단면을 필요로 하는 임의의 부분에서 일부만 떼어낸 단면
  ㉡ 단면의 경계는 파단선을 프리핸드(가는 자유실선)로 표시한다.

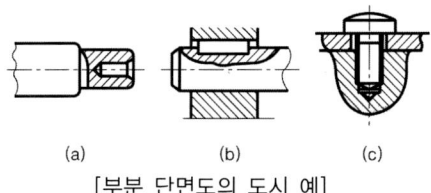

[부분 단면도의 도시 예]

④ 회전 단면도
  ㉠ 핸들, 벨트 풀리, 기어, 바퀴의 암, 림, 리브, 훅, 축 등의 절단면을 90° 회전하여 그린 단면도
  ㉡ 물체를 파단선으로 자르고 절단한 곳에 단면을 도시할 때는 굵은 실선으로 그린다.
  ㉢ 도면 내에 나타내는 경우에는 가는 실선으로 그린다.

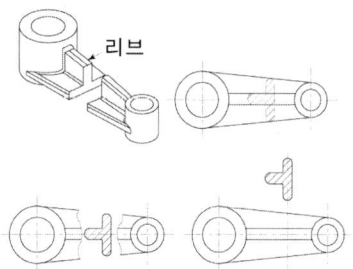

[회전 단면도의 도시 예]

⑤ 계단 단면도 : 절단면이 투상면에 평행 또는 수직한 여러면으로 되어 있어 명시할 곳을 계단 모양으로 절단하여 나타낸 도면

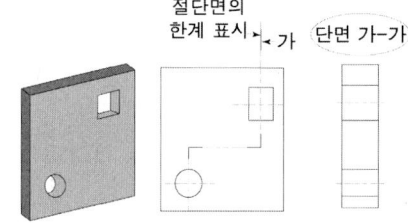

[계단 단면도의 도시 예]

⑥ 얇은 부분의 단면도
  ㉠ 가스켓, 철판 및 형강 제품 등 얇은 제품의 단면은 1개의 굵은 실선으로 표시한다.
  ㉡ 개스켓 또는 형강(形鋼) 등 극히 얇은 단면은 아주 굵은 실선, 그 사이의 간격은 백색 공간으로 표시한다.

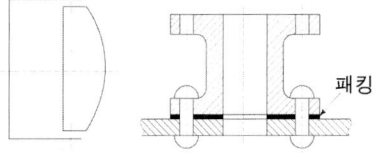

[얇은 부분의 단면 도시]

5) 길이 방향으로 절단하지 않는 부품

축, 핀, 볼트, 너트, 와셔, 작은 나사, 멈춤 나사, 리벳, 키, 테이퍼 핀, 볼 베어링의 볼, 리브(Rib), 웨브(Web) 등이 그 길이 방향의 중심선이 절단면 위에 있을 경우나, 암, 기어 등 부품의 특수한 부분은 원칙적으로 절단하지 않는다.

·예·상·문·제·01

단면도의 표시에 대한 설명으로 틀린 것은?

① 상하 또는 좌우 대칭인 물체는 외형과 단면을 동시에 나타낼 수 있다.
② 기본 중심선이 아닌 곳을 절단면으로 표시할 수는 없다.
③ 단면도를 나타낼 때 같은 절단면상에 나타나는 같은 부품의 단면에는 같은 해칭(또는 스머징)을 한다.
④ 원칙적으로 축, 볼트, 리브 등은 길이 방향으로 절단하지 아니한다.

정답 ②

해설 단면은 기본 중심선에서 절단한 면으로 표시한다. 중심선에 절단선은 기입하지 않는다.

·예·상·문·제·02

도면에서 단면도의 해칭에 대한 설명으로 틀린 것은?

① 해칭선은 가는 실선으로 규칙적으로 줄을 늘어놓는 것을 말한다.
② 단면도에 재료 등을 표시하기 위해 특수한 해칭(또는 스머징)을 할 수 있다.
③ 해칭선은 반드시 주된 중심선에 45°로만 경사지게 긋는다.
④ 단면 면적이 넓을 경우에는 그 외형선에 따라 적절한 범위에 해칭(또는 서머징)을 할 수 있다.

정답 ③

해설 해칭선
① 단면도의 절단된 부분을 나타내는 선
② 해칭선은 외형선에 45°로 경사지게 긋는 것을 원칙으로 한다.

·예·상·문·제·03

대칭형의 물체는 그림과 같이 조합하여 그릴 수 있는데, 이러한 단면도를 무슨 단면도라고 하는가?

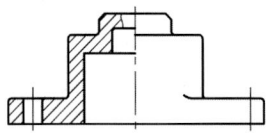

① 온 단면도   ② 한쪽 단면도
③ 부분 단면도   ④ 회전도시 단면도

정답 ②

·예·상·문·제·04

얇은 두께 부분의 단면도(개스킷, 형강, 박판 등 얇은 것의 단면)표시로 사용되는 선에 해당하는 것은?

① 실제 치수와 관계없이 극히 굵은 1점쇄선
② 실제 치수와 관계없이 극히 굵은 2점쇄선
③ 실제 치수와 관계없이 극히 가는 실선
④ 실제 치수와 관계없이 극히 굵은 실선

정답 ④

해설 얇은 두께 부분의 단면도(개스킷, 형강, 박판 등 얇은 것의 단면)표시는 굵은 실선을 사용한다.

(4) 도형의 생략

1) 도형의 생략 원칙

① 도면은 간단 명료하고 깨끗하게 그려져야 하며, 제도시간과 노력이 적을수록 좋다.
② 좌우 상하 대칭인 물체 등 어느 한쪽만 그려도 물체를 이해할 수 있는 경우 한쪽을 생략할 수 있다.
③ 일직선 위에 같은 간격, 같은 크기로 뚫린 많은 구멍은 처음과 마지막 부분의 몇 개만 그리고, 나머지 부분은 구멍의 중심 위치만 표시하는 것이 훨씬 간단하고 경제적이다.

2) 대칭, 반복 도형의 생략

① 대칭인 도형의 한쪽을 생략하여 그릴 때에는 (a)와 같이 중심선 양 끝에 대칭 도시 기호를 그려 넣어야 한다. 대칭 도시 기호는 가는 실선으로 그린다.
② 중심선을 조금 넘게 그린 경우에는 대칭 도시 기호를 그리지 않는다. (b) 생략한 부분과의 경계는 파단선으로 그린다.
③ 같은 종류의 모양이 여러 개 규칙적으로 있는 경우 다음과 같이 생략이 가능하다.

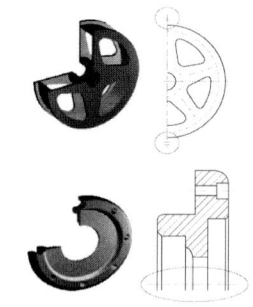

(a) 대칭 기호 표시의 예

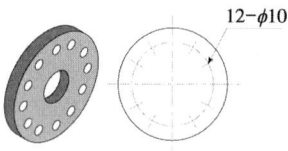

(b) 반복 도형의 생략

[대칭 또는 반복 도형의 생략]

3) 도형의 중간 부분의 생략

부일정한 단면 모양의 부분 또는 테이퍼 부분이 긴 경우에는 중간 부분을 절단하여 짧게 도시할 수 있다.

····················· 예·상·문·제·01

기계제도에서 도형의 생략에 관한 설명으로 틀린 것은?

① 도형이 대칭 형식인 경우에는 대칭 중심선의 한쪽 도형만을 그리고, 그 대칭 중심선의 양 끝 부분에 대칭 그림 기호를 그려서 대칭임을 나타낸다.
② 대칭 중심선의 한쪽 도형을 대칭 중심선을 조금 넘는 부분까지 그려서 나타낼 수도 있으며, 이 때 중심선 양 끝에 대칭 그림 기호를 반드시 나타내야 한다.
③ 같은 종류, 같은 모양의 것이 다수 줄지어 있는 경우에는 실형 대신 그림기호를 피치선과 중심선과의 교점에 기입하여 나타낼 수 있다.
④ 축, 막대, 관과 같은 동일 단면형의 지면을 생략하기 위하여 중간 부분을 파단선으로 잘라내서 그 긴요한 부분만을 가까이 하여 도시할 수 있다.

정답 ②

해설 ②의 경우는 중심선 양 끝에 대칭 그림 기호를 붙이지 않아도 된다.

····················· 예·상·문·제·02

도면에서 중간부를 생략하여 그릴 수 없는 것은?

① 테이퍼 축   ② 리벳
③ 파이프   ④ 형강

정답 ②

(5) 특별한 도시 방법

1) 전개법

① **평행선 전개법** : 주로 각기둥이나 원기둥을 전개할 때 사용하며, 한쌍의 삼각자, 디바이더나 컴퍼스만 있으면 가능하다.

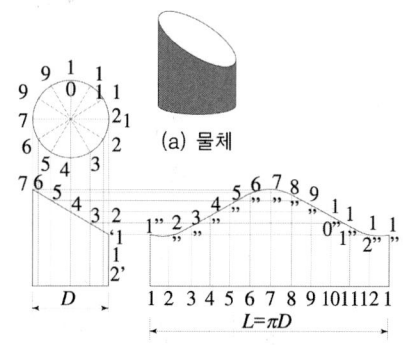

(a) 물체

(b) 정면도와 평면도를 그린다.

[평행선 전개법]

② **방사선 전개법**: 각뿔이나 원뿔의 전개에 사용하며 꼭지점을 중심으로 방사형으로 전개시키는 방법

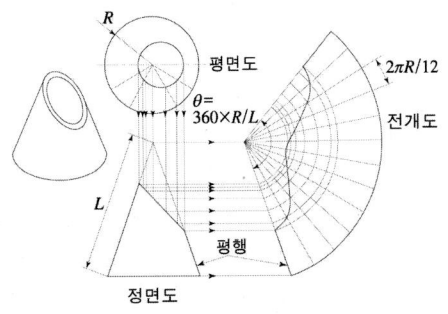

[방사선 전개법]

③ **삼각형 전개법**: 입체의 표면을 여러 개의 삼각형으로 나누어 전개하는 방법. 꼭지점이 너무 멀리 떨어져 있어서 방사선 전개도법을 적용하기 어려운 원뿔이나 편심 원뿔, 각뿔 등의 전개도에 많이 사용한다.

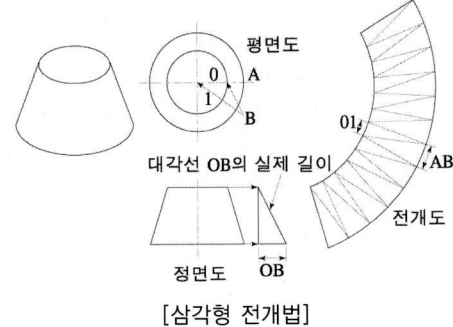

[삼각형 전개법]

2) 구형 등에 평면의 표시

도형 내에 특정한 부분이 평면인 것을 표시할 필요가 있을 때는 가는 실선(0.25 mm)을 대각선으로 그어준다.

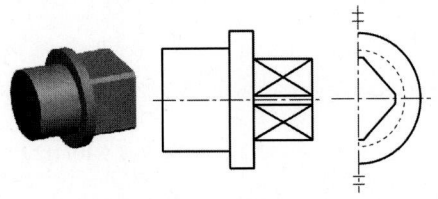

[구형 등에 있는 평면의 도시]

3) 특수 가공 부분의 표시

물체의 일부분에 특수 가공을 하는 경우에는 그 범위를 외형선과 평행하게 약간 떼어서 굵은 일점 쇄선으로 표시한다.

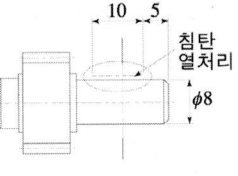

[특수 가공 부분의 표시]

4) 상관체 도시법

2개 이상의 입체가 서로 관통하여 하나의 입체로 된 것을 말하며, 상관체가 나타난 각 입체의 경계선을 상관선이라 한다.

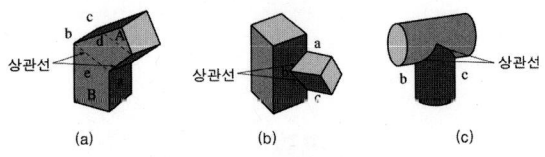

[상관체의 상관선의 표시]

5) 표준 부품의 표시

KS규격에 규정되어 있는 표준 부품이나 시중 판매품을 사용할 경우는 간략도를 그리고 주요 치수를 기입하면 된다.

·· 예·상·문·제·01

다음 중 원기둥의 전개에 가장 적합한 전개도법은?

① 평행선 전개도법
② 방사선 전개도법
③ 삼각형 전개도법
④ 역삼각형 전개도법

정답 ①

해설
- **평행선 전개도법**: 각기둥과 원기둥을 능선이나 직선면소에 직각방향으로 전개
- **방사선 전개도법**: 각뿔이나 원뿔의 끝 지점을 중심으로 하여 방사상으로 전개

3 스케치

(1) 스케치의 개요

① 동일한 부품의 재제작, 파손된 기계 부품의 교체, 현품을 기준으로 개선된 부품을 고안하려할 때 컴퍼스나 제도 용구를 사용하지 않고 제도 용지에 프리 핸드로 그리는 것
② 스케치도는 제작도와 같이 치수, 문자 등이 기입되기 때문에 도면을 보존할 필요가 없거나, 급히 기계를 제작할 경우 제작도로 대신한다.

(2) 스케치 방법

① **프린트법** : 부품 표면에 광명단 또는 스탬프 잉크를 칠한 다음 용지에 찍어 실제 형상으로 모양을 뜨는 방법
② **본(모양) 뜨기법** : 본뜨기법은 실제 부품을 용지 위에 올려놓고 본을 뜨는 직접 본뜨는 법과 부품 표면을 납선으로 본을 떠서 이를 용지에 옮기는 간접 본뜨기법이 활용된다.

(a) 직접 본뜨기법

(b) 간접 본뜨기법

[본(모양) 뜨기법의 예]

③ **사진 촬영법** : 사진 촬영법 적용시 크기를 알기 위해 자 또는 길이의 기준이 되는 물건과 같이 촬영하는 것이 좋다.

4 CAD

(1) CAD 기초

1) CAD

Computer Aided design 의 약자이며, 컴퓨터 이용 설계, 즉 컴퓨터를 이용하여 제품의 제도, 디자인, 해석, 시뮬레이션, 최적설계 등의 작업을 하는 것, CAD 시스템에서 수행되는 설계의 과정은 형상 모델링, 공학적 해석, 설계의 평가, 자동제도이다.

2) CAD 관련 용어

① **CAE** : 컴퓨터를 이용하여 기본설계, 상세설계에 대한 해석, 엔지니어링 부분, 시뮬레이션 등을 하는 것
② **CAM** : 생산 계획, 제품 생산 등 생산에 관련된 일련의 작업을 컴퓨터를 이용하여 직접 혹은 간접적으로 제어하는 것
③ **CIM** : 제품의 사양, 개념 사양의 입력만으로 최종 제품이 완성되는 자동화 시스템의 CAD/CAM/CAE 에 관리 업무를 합한 통합시스템이다.
③ **CAP** : NC 가공에 필요한 정보, 생산, 검사를 위한 계획 등의 리스트를 작성하는 것
④ **CAT** : 제조 공정에 있어서 검사 공정의 자동화에 대한 것으로 CAM의 일부분이다.
⑤ **FA** : 생산 시스템과 로봇, 반송기기, 자동창고 등을 컴퓨터에 의해 집중 관리하는 공장 전체의 자동화, 무인화 등을 이루는 것
⑥ **FMS** : 생산시스템을 모듈화하여 처리하는 지능화된 기계군, 기계 공정간을 자동적으로 결합하는 반송 시스템, 그리고 이들 모두를 생산관리 정보로 결합하는 정보 네트워크 시스템으로 구성되는 공장자동화 시스템

(2) CAD의 장·단점

① **CAD 장점** : 설계제도의 규격화, 표준화가 용이하며, 품질 향상, 도면 작성 시간 단축, 원가 절감되며, 수치결과에 대한 정확성 증가, 신뢰성 향상 및 경쟁력을 강화할 수 있다.

② CAD 단점 : 소프트웨어, 하드웨어의 기능이나 성능, 효율적인 시스템 운용이나 시스템 서비스(업데이트) 등의 불안 요소가 있으며, 시스템 도입에 대한 고가의 초기 투자비용이 소요된다.

(3) 형상 모델링의 종류

1) 와이어 프레임 모델링

① 점, 직선, 곡선으로 구성되어 있으며, 2차원 윤곽이나, 도면을 작성한다.
② 물체를 면과 면이 만나서 이루어지는 모서리로 표현하는 것
③ 데이터의 구성이 간단하고, 모델 작성을 쉽게 할 수 있으며, 처리속도가 빠르다.
④ 은선 제거가 불가능하고, 단면도 작성이 불가능하다.

2) 솔리드 모델링

① 제품의 표면뿐만 아니라 부피도 표현할 수 있으며, 무게중심, 관성모멘트 등의 공학적인 해석에 이용되며, 은선 제거가 가능하고 물리적 성질 등의 계산이 가능하다.
② 이동, 회전 등을 통하여 정확한 형상 파악을 할 수 있다.
③ 데이터 처리가 많아지고 컴퓨터의 메모리량이 많아진다.

3) 서피스 모델링

① 자유곡면 형상, 모서리 대신에 면을 사용하므로 은선이 제거되고, 면의 구분이 가능하므로 가공면을 자동으로 처리할 수 있어서 NC가공에 주로 쓰인다.
② 3차원 형상 모델링에도 활용할 수 있으며, 2개 면의 교선을 구할 수 있다.
③ 복잡한 형상 표현이 가능하고, 단면도를 작성할 수 있다.
④ 물리적 성질을 계산하기 곤란하다.

03. 치수 및 재료 기호 표시 방법

1 치수 표시법

(1) 치수의 종류와 기입의 원칙

1) 치수의 종류

도면에 기입되는 치수는 재료 치수, 소재 치수, 마무리(완성) 치수의 3종류로 구분하며, 특별히 명시하지 않은 경우 마무리 치수를 기입한다.
① **재료 치수** : 구조물 등의 제작에 사용되는 재료의 다듬질 치수를 포함한 치수
② **소재 치수** : 주물이나 단조품 등 반제품의 치수
③ **완성(마무리) 치수** : 완성된 제품의 치수

2) 치수 기입의 일반 원칙(주의 사항)

① 정확하고 이해하기 쉽게, 계산하지 않고 치수를 볼 수 있게 한다.
② 제작 공정이 쉽고 가공비가 최저로서 제품이 완성되는 치수로 한다.
③ 치수는 주로 정면도에 집중되게 하며, 일부 평면도나 측면도에 표시할 수 있다.
④ 두께 치수는 주로 평면도나 측면도에 기입한다.
⑤ 수직선에 대하여 시계 반대 방향 30° 이하의 각도 부분에는 치수 기입을 피한다.
⑥ 수평 치수선에 대하여는 위쪽으로 향하게, 수직 치수선에는 왼쪽 방향으로 치수선 중앙 치수선 위에 기입한다.

3) 치수의 단위

① 길이
 ㉠ 보통 완성 치수를 mm 단위로 하며, 단위는 붙이지 않는다.
 ㉡ 치수의 소수점은 아래 점으로 표시하며, 치수 문자의 자리수가 많은 경우라도 3자리마다 적당히 띠우고 콤마는 찍지 않는다.
② **각도** : '도'로 표시하며, 필요한 경우 숫자의 오른쪽에 도, 분, 초(°, ", ')를 기입함

4) 치수와 같이 사용되는 문자, 기호

① 지름 : ϕ(파이), 판두께 : t, 45°모따기 : C, 참고 치수 : ( ), 반지름 : R, 구의 지름 : $S\phi$, 구의 반지름 : SR

──────────── 예·상·문·제·01

기계제도에서 도면에 치수를 기입하는 방법에 대한 설명으로 틀린 것은?

① 길이는 원칙으로 mm의 단위로 기입하고, 단위기호는 붙이지 않는다.
② 치수의 자릿수가 많을 경우 세 자리마다 콤마를 붙인다.
③ 관련 치수는 되도록 한 곳에 모아서 기입한다.
④ 치수는 되도록 주투상도에 집중하여 기입한다.

정답 ②

해설 제도에서 숫자가 많더라도 콤마는 붙이지 않는다.

──────────── 예·상·문·제·02

그림의 형강을 올바르게 나타낸 치수 표시법은? (단, 형강 길이는 K이다.)

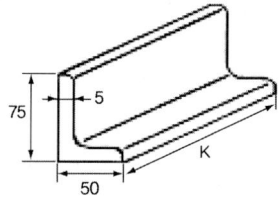

① L75 × 50 × 5 × K
② L75 × 50 × 5 − K
③ L50 × 75 − 5 − K
④ L50 × 75 × 5 × K

정답 ②

해설 L A(장축길이) × B(단축길이) × t (두께) − 형강 길이

──────────── 예·상·문·제·03

판의 두께를 나타내는 치수 보조 기호는?

① C　　　　　② R
③ □　　　　　④ t

정답 ④

해설 C : 45도 모따기, R : 반지름, □ : 정사각형 변, t : 두께, S∅ : 구의 지름, SR : 구의 반지름

(2) 치수 기입의 구성 요소

1) 치수표시

① 치수는 두개의 선이나 평면 사이 등 상호간의 거리를 표시하기 위해 사용한다.
② 치수선과 치수 보조선, 인출선, 지시선 등으로 나타내며, 0.3mm 이하의 가는 실선으로 그린다.

2) 치수선

① 수치가 적용되는 구간을 나타내며, 외형선과 평행하게, 외형선에서 10~15mm 정도 띄어서 그린다.
② 끝부분은 화살이나 검은 점으로 나타낸다.
③ 외형선과 또는 다른 치수선과 중복을 피한다.
④ 외형선, 숨은선, 중심선, 치수 보조선은 치수선으로 사용하지 않는다.
⑤ 화살표의 길이와 폭의 비율은 보통 4 : 1 정도로 하며, 보통 3mm 정도로 하며,
⑥ 같은 도형에서는 같은 크기로 한다.

3) 치수 보조선

① 치수선을 긋기 위한 보조선으로 도형의 외형선에서 1mm 정도 띄어 외형선과 수직 또는 경사지게 긋는다.
② 테이퍼부의 치수를 나타낼 때는 치수선과 60° 경사로 긋는 것이 좋다.
③ 치수 보조선의 길이는 치수선과 교차점보다 약간 (약 3mm) 길게 긋도록 한다.

4) 지시선과 인출선

구멍 치수나 가공 방법, 지시 사항, 부품 기호 등을 기입하기 위해 경사지게 그리며, 지시선은 60° 사용이 일반적이다.

(3) 여러 가지 치수 기입 방법

1) 지름 치수 기입

치수 앞에 φ를 붙이며, 지름의 크기가 다르며 연속되고 길이가 짧아 치수를 기입할 공간이 작은 경우 인출선을 끌어내어 기입한다.

2) 반지름의 치수 기입

물체의 모양이 원형으로 반지름 치수를 표시할 때 치수선의 화살표를 원호 쪽에만 붙이고 R을 붙인다.

3) 구의 지름, 반지름의 치수 기입

구는 치수 앞에 'Sφ'를, 구의 반지름은 'SR'을 붙인다.

4) 정사각형 변의 치수 기입

물체가 정사각형의 모양을 한 경우 해당 단면의 치수 앞에 정사각형 기호 □를 붙인다.

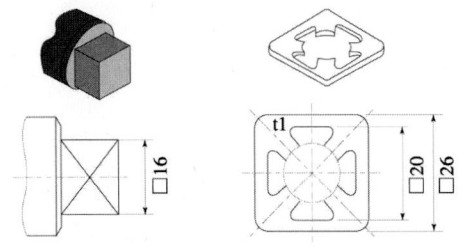

(a) 단면에 직접 기입   (b) 한 변에 치수를 기입

[정사각형, 두께의 치수 기입]

5) 두께 치수 기입

판재는 보통 평면 상태를 정면도로 하며 투상도 안에 t자를 붙이고 치수를 기입한다.

6) 현의 길이 치수 기입

원칙적으로 측정할 방향으로 현의 직각에 치수 보조선을 긋고 현에 평행하게 치수선을 그어 치수를 기입한다.

7) 원호의 치수 기입

현의 길이와 같이 치수 보조선을 긋고 그 원호와 동심의 원호로 치수선을 그은 후 치수를 기입하고 ⌒를 붙인다.

8) 원호로 구성 또는 구성되지 않은 곡선의 치수 기입

① **원호로 구성된 곡선**: 원호 반지름과 그 중심 또는 원호와의 접선 위치까지를 기입한다.
② 원호로 구성되지 않은 곡선: 기준면 기준 또는 곡선상 임의 점 위치를 기점 기호로 표시하고 좌우로 치수를 기입한다.

9) 구멍 치수 기입

① 같은 크기의 구멍이 하나의 투상도에 여러 개 있을 경우 구멍으로부터 지시선을 긋고 그 위에 '구멍수-구멍 치수'를 기입한다.
② 피치 간격 치수는 '피치 총수×1개의 피치 치수(=전체 치수)'를 기입한다.

10) 테이퍼 치수 기입

원칙적으로 중심선 위에 기입하나, 기울기 크기와 방향을 별도로 지시할 때는 인출선을 써서 기입한다.

11) 기울기 치수 기입

기울어진 면의 위로 약간 띄워서 기입한다.

12) 모따기 치수 기입

모따기 각도가 45° 이하일 때는 보통의 치수 기입 방법과 같이하며, 모따기 각도가 45°일 때는 'C7' 또는 7×45°로 기입한다.

13) 형강, 강관 등의 치수 기입

기입방법
형강기호 세로 길이(A)×가로 길이(B)×
두께(t) −길이(L)

① 앵글 : L A×B×t-L

② 부등변 앵글 : L A×B×t_1×t_2-L

③ ㄷ형강 : ㄷA×B×t_1×t_2-L

④ I형강 : I A×B×t-L

⑤ H형강 : H A×B×t-L

14) 치수 기입시 주의 사항

① 치수는 절대로 도면 선 위나, 치수선이 교차하는 곳에 기입하지 않는다.
② 인접해서 연속되는 경우 동일 직선상에 가지런히 긋고 기입한다.
③ 여러 개의 구멍 치수 기입시 치수선의 간격을 동일하게 한다.
④ 대칭 도형의 치수선을 생략할 경우 중심선을 넘도록 그린다.
⑤ 동일 형상의 다른 치수는 기호를 써서 별도로 표시할 수 있다.
⑥ 서로 경사진 모따기, 둥글기가 있을 때는 두 면의 교차점을 표시하고 치수 보조선을 끌어내어 치수선을 긋는다.
⑦ 원호가 180°를 넘는 경우 지름으로 표시하는 것이 원칙이다.
⑧ 가공, 조립시에 기준면이 있는 경우 기준면을 기준으로 기입한다.
⑨ 서로 관련되는 치수를 한곳에 모아서 기입하는 것이 좋다.

예·상·문·제·01

다음 중 치수 기입의 원칙에 대한 설명으로 가장 적절한 것은?

① 주요한 치수는 중복하여 기입한다.
② 치수는 되도록 주투상도에 집중하여 기입한다.
③ 계산하여 구한 치수는 되도록 식을 같이 기입한다.
④ 치수 중 참고치수에 대하여는 네모 상자 안에 치수 수치를 기입한다.

정답 ②

해설 치수 기입의 원칙 : 치수는 중복하지 않으며, 계산하여 구한 치수라도 식을 나타내지 않으며, 참고 치수는 (　)안에 기입한다.

예·상·문·제·02

원호의 길이치수 기입에서 원호를 명확히 하기 위해서 치수에 사용되는 치수 보조기호는?

① (20)　　　　② C20
③ 20　　　　　④ 20

정답 ④

해설 ① : 참고 치수

예·상·문·제·03

다음 중 현의 치수 기입을 올바르게 나타낸 것은?

① 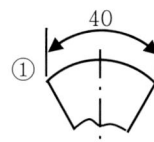　②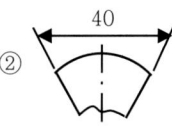

③ 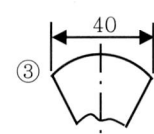　④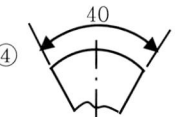

정답 ③

해설 ① ⌒ : 호, ④ : 각도

2 재료 기호 및 표시 방법

(1) 기계 재료 기호의 구성

① 재료 기호는 영문자와 아라비아 숫자로 구성되어 있다.
② 첫 번째는 재질, 두 번째는 규격 또는 제품명, 세 번째는 재료 종류, 최저 인장 강도, 네 번째는 제조법, 다섯 번째는 제품 형상을 나타낸다.

1) 처음 부분

기호	재질	비고
Al	알루미늄	Aluminium
Bs	황동	Brass
Cu	구리 또는 그 합금	Copper
PB	인 청동	Phosphor Br
MSr	연강	Mild steel
S	강	Steel
SM	기계 구조용강	Machie structure steel
WM	화이트 메탈	White metal

2) 두 번째(중간) 부분

규격명, 제품명을 표시하며, 영문자의 머리글자(대문자)로 표시하고 판·봉, 선재와 주조품, 단조품 등과 같은 제품의 모양에 따른 종류나 용도를 표시한다.

기호	제품명 또는 규격명
B, C	B : 봉(bar), C : 주조품(casting)
F, K	F : 단조품(forging), K : 공구강
BC	청동 주물
BsC	황동 주물
CD	구상흑연주철
DC	다이 캐스팅
Cr	크롬강
CS	냉간 압연 강재
CP	냉간 압연 연강판
HP	열간 압연 연강판
HR	열간 압연
HS	열간 압연 강대

기호	의미
G	고압가스 용기
KH	고속도 공구강
MC	가단 주철품(malleable iron casting)
NC	니켈 크롬강
NCM	니켈 크롬 몰리브덴강
P, W	P : 판(plate), W : 선(wire)
FS	일반 구조용 관
PW	피아노 선(piano wire)
S	일반 구조용 압연재
SW	강선(steel wire)
T	관(tube)
TB	고탄소 크롬 베어링강

3) 세 번째 부분

재료의 종류번호, 최저 인장 강도와 제조법, 열처리법 등을 표시한다.

기호	기호의 의미	적용
5A	5종 A	SPS 5A
330	최저 인장 강도 또는 항복점	WMC 330
A	A종	Sn400 A
B	B종	Sn400 B
C	탄소 함량(0.10~0.15%)	SM 12 C

4) 네 번째 부분

구분	기호	기호의 의미
조질도 기호	A	풀림 상태(연질)
	H	경질
	1/2H	1/2 경질
	S	표준 조질
표면 마무리 기호	D	무광택 마무리(Dull finishing)
	B	광택 마무리(bright finishing)
열처리 기호	N	불림
	Q	담금질, 뜨임
	SR	시험편에만 불림
	TN	시험편에 용접 후 열처리

형상기호	P	강판
		둥근강
		파이프
	□	각재
	6	6각강
	8	8각강
	I	I형강
	C	채널(channel)
기타	CF	원심력 주강판
	K	킬드강
	CR	제어 압연 강판
	R	압연한 그대로의 강판

(2) 재료 기호 표시의 예

1) SS 400(KS D) 3503의 일반 구조용 압연강재 등

① S S 400
　　└─ 최저 인장 강도 400MPa,
　　　　N/mm²(41kgf/mm²)
　　└─ 일반 구조용 압연재
　　　　(general structural purpose)
　　└─ 강(Steel)

② S M 45C
　　└─ 탄소 함유량
　　　　(0.40~0.50%의 중간 값)
　　└─ 기계 구조용
　　　　(Machine structural use)
　　└─ 강(Steel)

──────────── 예·상·문·제·01

KS 재료기호 SM10C에서 10C는 무엇을 뜻하는가?

① 제작방법　　② 종별 번호
③ 탄소 함유량　　④ 최저인장강도

정답 ③

해설 C는 탄소함유량을 의미한다.

──────────── 예·상·문·제·02

다음 중 일반 구조용 탄소강관의 KS 재료기호는?

① SPP　　② SPS
③ SKH　　④ STK

정답 ④

해설 SPP : 배관용 탄소강관, SPPH : 고압 배관용 탄소강관

──────────── 예·상·문·제·03

재료기호에 대한 설명 중 틀린 것은?

① SS 400은 일반구조용 압연강재이다.
② SS 400의 400은 최고 인장강도를 의미한다.
③ SM 45C는 기계구조용 탄소강재이다.
④ SM 45C의 45C는 탄소함유량을 의미한다.

정답 ②

해설 SS 400의 400은 최저(소) 인장강도가 400N/mm²을 의미한다.

04. 용접 제도

1 용접 기호

(1) 용접 기호 개요

1) 용접기호 제정

① 국제화 시대에 따라 ISO 2553(1992년)을 번역하여 2002년에 한국산업규격(KS B 0052)으로 개정한 것이다.
② 기본 기호와 보조 기호로 나누고 있다.

2) 용접 기본 기호

① 용접 기호는 사용되는 용접부의 형상과 유사한 기호로 표시한다.
② 필요한 경우에는 기본 기호를 조합하여 사용할 수 있다.

[용접 기본 기호]

번호	특성		
1	명칭	돌출된 모서리를 가진 평판 사이의 맞대기 용접/에지 플랜지형 용접(미국)/돌출된 모서리는 완전 용해	
	그림		기호
2	명칭	평형(I형) 맞대기 용접	
	그림		기호
3	명칭	V형 맞대기 용접	
	그림		기호
4	명칭	일면 개선형 맞대기 용접	
	그림		기호
5	명칭	넓은 루트면이 있는 V형 맞대기 용접	
	그림		기호
6	명칭	넓은 루트면이 있는 한면 개선형 맞대기 용접	
	그림		기호
7	명칭	U형 맞대기 용접(평형 또는 경사면)	
	그림		기호
8	명칭	J형 맞대기 용접	
	그림		기호
9	명칭	이면 용접	
	그림		기호
10	명칭	필릿 용접	
	그림		기호
11	명칭	플러그 용접 플러그 또는 슬롯 용접(미국)	
	그림		기호
12	명칭	점 용접	
	그림		기호
13	명칭	심(seam) 용접	
	그림		기호
14	명칭	개선각이 급격한 V형 맞대기 용접	
	그림		기호
15	명칭	개선각이 급격한 일면 개선형 맞대기 용접	
	그림		기호
16	명칭	가장 자리(edge) 용접	
	그림		기호

번호		특성		
17	명칭	표준 육성	기호	⌒⌒
	그림			
18	명칭	표면(surface) 접합부	기호	=
	그림			
19	명칭	경사 접합부	기호	//
	그림			
20	명칭	경사 접합부	기호	⊃
	그림			
21	명칭	양면 V형 맞대기 용접(X형 맞대기 용접)	기호	×
	그림			
22	명칭	K형 맞대기 용접	기호	K
	그림			
23	명칭	넓은 루트면이 있는 양면 V형 용접	기호	✕
	그림			
24	명칭	넓은 루트면이 있는 K형 맞대기 용접	기호	K
	그림			
25	명칭	양면 U형 맞대기 용접(H형 맞대기 용접)	기호	){
	그림			

※ 돌출된 모서리를 가진 평판 맞대기 용접부(번호1)에서 완전 용입이 안되면 용입 깊이가 S인 평행 맞대기 용접부(번호2)로 표시한다.

3) 용접 보조 기호

기본 기호를 보조하는 역할을 하는 기호

[용접 보조 기호와 적용의 예]

용접부 및 용접부 표면의 형상	기호 및 도시		
1. 보조기호 : 편면 (동일한 면으로 마감 처리) — 편면 마감 처리한 V형 맞대기 용접	보조 기호	─	조합 기호 ▽
	도시		
— 이면 용접이 있으며 표면 모두 평면 마감처리한 V형 맞대기 용접	조합 기호		
	도시		
— 평면 마감처리한 V형 맞대기 용접	조합 기호		1)
	도시		
2. 볼록형 — 볼록 양면 V형 용접	보조 기호	⌒	조합 기호
	도시		
3. 오목형 — 오목 필릿 용접	보조 기호	⌣	조합 기호
	도시		
4. 보조기호 : 토우를 매끄럽게 함 — 매끄럽게 처리한 필릿 용접	보조 기호		조합 기호
	도시		
5. 넓은 루트면이 있고 이면 용접된 V형 맞대기 용접	조합 기호		
	도시		
6. 영구적인 이면 판재(backing strip) 사용	보조 기호	M	
7. 제거 가능한 이면판재 사용	보조 기호	MR	

4) 용접부의 용접 기호 표시 방법

① 설명선
　㉠ 용접부를 기호로 표시하기 위하여 사용하는 선을 말한다.
　㉡ 화살표(지시선)와 기준선(실선), 동일선(점선), 꼬리로 구성되며, 꼬리는 필요 없으면 생략해도 된다.
　㉢ 용접 기호는 이 실선이나 점선에 붙여 용접부를 표시한다.

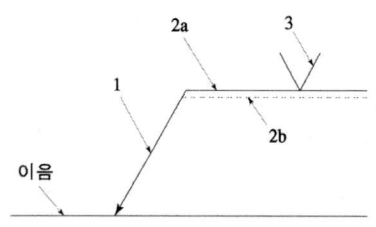

1=화살표(지시선), 2a=기준선(실선)
2b=식별선(점선), 3=용접 기호

[설명선 표시 방법]

② 점선은 연속선의 위 또는 그 바로 아래 중 어느 한 가지로 그을 수 있다. 즉, ◀━━ ◀┈┈┈ 로 그을 수 있다. 단 좌우 대칭, 상하 대칭인 경우는 파선은 생략할 수 있다.
③ 기준선의 한쪽 끝에 화살표(지시선)를 붙이며 가능하면 60°의 경사 직선으로 한다.
④ 기준선 또는 파선의 위쪽 또는 아래쪽에 용접 이음부 형상을 표시하는 기호를 붙인다.

5) 용접 기본 기호 기재 방법

① 용접 기본 기호는 기준선의 위 또는 아래 둘 중에 어느 한쪽에 표시한다.

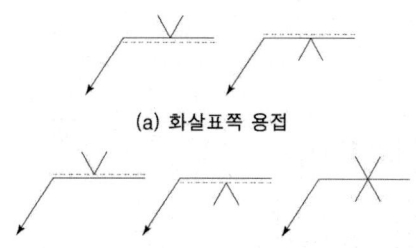

[기준선에 기본 기호 위치에 따른 용접 방향]

② 용접부(용접면)가 이음의 화살표 쪽에 있을 때의 기호는 실선 쪽의 기준선에 표시한다.
③ 용접부가 화살표의 반대쪽에 있을 때에는 점선 쪽에 기본 기호를 붙인다.

6) 용접 기호 기재 방법

① 용접 이음부의 보조 기호로는 치수, 강도(S), 용접 방법 등을 표시하는데, 치수의 숫자 중에서 가로 단면의 주요 치수는 용접부 기본 기호의 좌측에 기입한다.

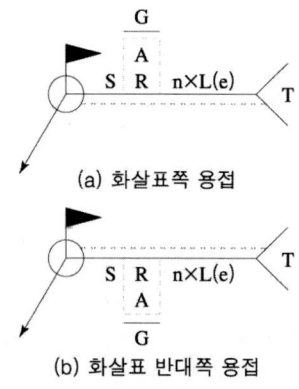

[용접 시공 내용의 기재 방법]

② 세로 단면 방향의 치수는 일반적으로 기본 기호(☐)의 우측 n×(e)에 기입한다.
③ 표면 모양(─) 및 다듬질 방법(G) 등의 보조 기호는 용접부의 모양 기호 표면에 근접하여 기재한다.
④ 현장 용접(▶), 일주 용접(○ : 일주 용접, 전체 둘레 용접), 현장 일주 용접(⚑) 등의 보조 기호는 기준선과 화살표의 교점에 표시한다.
⑤ 꼬리 부분(T)에는 용접 자세, 비파괴 시험 방법, 용접 방법 등을 기입한다.
　㉠ ☐ : 기본 기호(V, X, H, △ 등)
　ⓐ S : 용접부 단면 치수 또는 강도(홈의 깊이, 필릿의 목(각장) 길이, 플러그 구멍의 지름, 슬롯 홈의 나비, 심의 나비, 점 용접의 너깃 지름 또는 한 점의 강도 등)
　ⓑ R : 루트 간격
　ⓒ A : 홈의 각도
　ⓓ ℓ : 단속 필릿 용접의 용접 길이, 슬롯 용접의 홈 길이 또는 필요한 경우 용접 길이

ⓔ n : 단속 필릿 용접의 수
ⓕ e : 단속 필릿 용접, 플러그 용접, 슬롯 용접, 점 용접 등의 사이의 간격
ⓖ T : 특별 지시 사항(J, U형 등의 루트 반지름, 용접 자세, 용접 방법, 비파괴 시험 보조 기호, 기타 등)
ⓗ ─ : 표면 모양의 보조 기호
  (─ : 평면, ⌒ : 볼록, ⌣ : 오목)
ⓘ G : 다듬질 방법의 보조 기호(G : 연삭, C : 치핑, M : 기계 가공, F : 지정하지 않음)

7) 용접부의 치수 표시

① 가로 단면에 관한 주요 치수는 기호의 좌측에 기입한다.
② 세로 단면에 관한 주요 치수는 기호의 우측에 기입한다.(아래 그림 참조)
③ 치수 표시가 없는 한 맞대기 용접에서는 완전 용입 용접을 한다.
④ 플러그 또는 슬롯 용접부, 필릿 용접부의 경우 용입 깊이 치수는 S8a6 같이 표시한다.
  S8a6 : 실제 목두께 8mm, 이론 목두께 6mm의 뜻

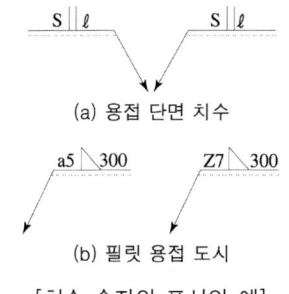

[치수 숫자의 표시의 예]

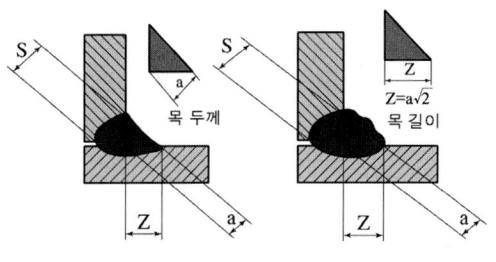

[필릿 용접 치수 표시법]

[주요 치수 표시]

번호	도시 및 정의	기호표시
1	용접부 명칭	맞대기 용접
	도시	
	정의	S : 얇은 부재의 두께보다 커질 수 없는 거리로서, 부재의 표면으로부터 용입 바닥까지의 최소 거리
	기호 표시	∨s‖‖sY
2	용접부 명칭	플랜지형 맞대기 용접
	도시	
	정의	S : 용접부 외부 표면부터 용입 바닥까지의 최소 거리
	기호 표시	s‖
3	용접부 명칭	연속 필릿 용접
	도시	
	정의	a : 단면에서 표시될 수 있는 최대 2등변 삼각형의 높이 Z : 단면에서 표시될 수 있는 최대 2등변 삼각형 변
	기호 표시	a▱ Z▱
4	용접부 명칭	단속 필릿 용접
	도시	
	정의	ℓ : 용접부 길이(크레이터부 제외) (e) : 인접용접부 간격 n : 용접부 수, a : 번호 3 참조 Z : 번호 3 참조
	기호 표시	a▱ n×ℓ(e) Z▱ n×ℓ(e)

번호	도시 및 정의 기호표시	
5	용접부 명칭	지그재그 단속 필릿 용접
	도시	
	정의	ℓ : 4번 참조, (e) : 4번 참조 n : 4번 참조, a : 번호 3 참조 Z : 번호 3 참조
	기호표시	
6	용접부 명칭	플러그 또는 스폿 용접
	도시	
	정의	ℓ : 4번 참조, (e) : 4번 참조 n : 4번 참조, c : 슬롯부의 폭
	기호표시	
7	용접부 명칭	심(seam) 용접
	도시	
	정의	ℓ : 4번 참조, (e) : 4번 참조 n : 4번 참조, c : 슬롯부의 폭
	기호표시	
8	용접부 명칭	플러그 용접
	도시	
	정의	ℓ : 4번 참조, (e) : 간격 d : 구멍 지름
	기호표시	

번호	도시 및 정의 기호표시	
9	용접부 명칭	스폿(spot) 용접
	도시	
	정의	ℓ : 4번 참조, (e) : 간격 d : 스폿부의 지름
	기호표시	

···································· 예·상·문·제·01

맞대기 용접 홈의 기호 중 연결이 틀린 것은?

① | | : I형 ② V : V형
③ H : H형 ④ X : X형

정답 ③

해설 H형 홈의 기호는 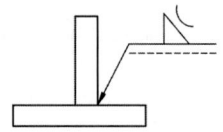 와 같이 표시한다.

···································· 예·상·문·제·02

그림과 같은 용접기호의 뜻은?

① 볼록형 필릿 용접 ② 오목형 필릿 용접
③ 볼록형 심 용접 ④ 오목형 심 용접

정답 ②

해설 화살표쪽에 필릿용접을 하되 오목하게 용접하라는 의미이다.

···································· 예·상·문·제·03

다음 용접기호에서 "3"의 의미로 올바른 것은?

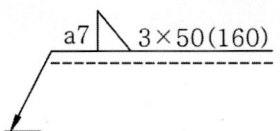

① 용접부 수
② 용접부 간격

③ 용접의 길이
④ 필릿 용접 목 두께

정답 ①

해설 a : 목두께 7, 50 : 용접 길이, (160) : 용접부 간격

──────── 예·상·문·제·04

그림과 같은 심 용접 이음에 대한 용접 기호 표시 설명 중 틀린 것은?

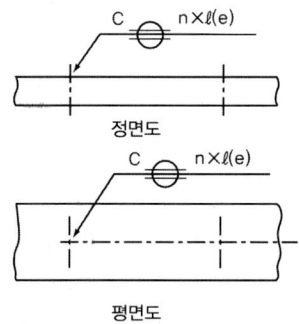

① C : 용접부의 너비
② n : 용접부의 수
③ ℓ : 용접길이
④ e : 용접부의 깊이

정답 ④

해설 e : 인접한 용접부 간의 거리

──────── 예·상·문·제·01

용접 지시선에 다음과 같은 기호가 붙어 있을 경우 해독으로 가장 적합한 것은?

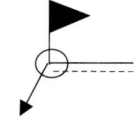

① 현장 연속 점 용접
② 일주 현장용접
③ 전체 둘레 특수 용접
④ 현장 필릿 용접

정답 ②

2 비파괴 시험 기호

(1) 비파괴 시험 기호 표시 방법

① 비파괴 시험 기호는 기준선과 동일선, 지시선으로 된 설명선에 기재한다.
② 이 때 기준선은 수평으로 하며, 필요한 경우 꼬리를 붙인다.
③ 지시선은 기준선에 대하여 60°의 직선 또는 절선으로 한다.

1) 용접부에 비파괴 시험 기호만을 필요로 하는 경우

① 시험하는 부분이 화살표가 있는 쪽일 때는 실선 쪽이다.
② 화살표의 반대쪽일 때는 파선쪽에 기재한다.

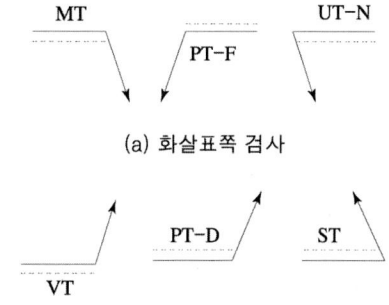

[비파괴 검사 방향]

② 시험을 양쪽에서 할 때는 기호를 양쪽에 기재(그림 (a) 참조), 어느 쪽에서 해도 좋을 때는 기준선 중앙에 기재(그림 (b) 참조)

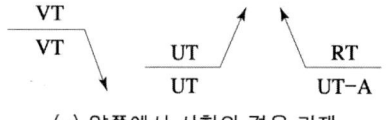

(a) 양쪽에서 시험의 경우 기재

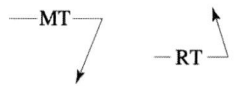

(b) 어느 쪽에서도 좋음

[양쪽에서 시험하는 경우의 기재 방법]

③ 2개 이상의 시험을 할 때는 그림 과 같이 기재한다.

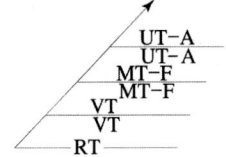

[2개 이상 시험하는 경우]

④ 시험하는 부분의 길이 및 수량의 표시는 그림 (a)와 같이 기재한다.
⑤ 특별한 지시 사항, 기준명, 시방서 및 요구 품질 등급 등은 그림 (b)와 같이 꼬리 부분에 기재한다.

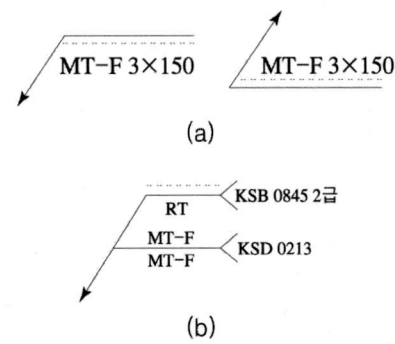

[시험 부분의 길이 표시 및 꼬리 부분 표시]

⑥ 전체 둘레를 시험할 때는 그림 (a)와 같이 한다.
⑦ 시험 부분(면적)을 지정할 때는 그림 (b)와 같이 모서리에 ○을 붙인 점선으로 둘러싼다.

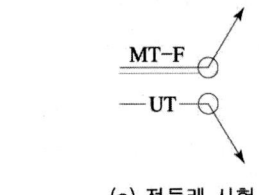

(a) 전둘레 시험

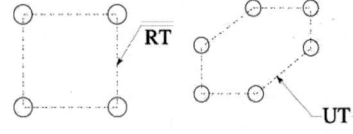

(b) 시험부 지정

[전체 둘레 및 부분 지정 시험 기재 방법]

(2) 구체적인 시험 기호 기재의 보기

① 아래 그림은 좌우 350mm의 2곳을 형광 자분 탐상(왼쪽)과 형광 침투 탐상(오른쪽)하는 것을 나타낸 것이다.

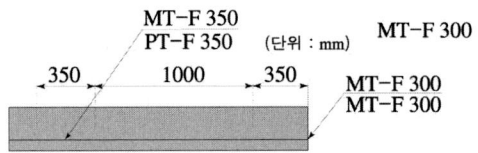

[시험 위치 및 시험 방법 표시의 예]

② **전체 둘레 시험의 표시 예**

아래 그림은 Ir(이리듐) 내부 선원에 의한 플랜지 끝면에서 50mm 내는 전체 둘레를 형광 자기 탐상 시험하는 것을 나타낸 것이다.

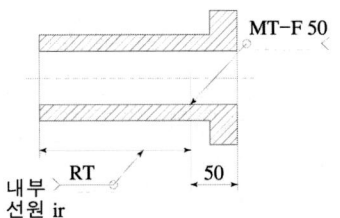

[전체 둘레 시험의 표시 예]

(3) 용접부 비파괴 시험 기본 기호 및 보조 기호

기본 기호	시험의 종류	보조 기호	내 용
RT	방사선 투과 시험	N	수직 탐상
UT	초음파 탐상 시험	A	경사각 탐상
MT	자분 탐상 시험	S	한 방향으로부터의 탐상
PT	침투 탐상 시험	B	양 방향으로부터의 탐상
ET	와류 탐상 시험	W	이중 벽 촬영
LT	누설 시험	D	염색, 비형광 탐상 시험
ST	변형도 측정시험	F	형광 탐상 시험
VT	육안 시험	O	전체 둘레 시험
PRT	내압 시험	Cm	요구 품질 등급

······· 예·상·문·제·01

용접부의 비파괴 시험 방법의 기본기호 중 "PT"에 해당하는 것은?

① 방사선 투과시험
② 초음파 탐상시험
③ 자기분말 탐상시험
④ 침투 탐상시험

정답 ④

해설 RT : 방사선 투과시험
UT : 초음파 탐상시험
MT : 자분 탐상시험

05 배관 제도

1 배관도의 개요

(1) 배관도의 종류

1) 배관도

① 공업에서 사용하는 계획도, 계통도 설계도 등의 도면에서 관 및 부품의 종류, 관의 접속 상태를 기호나 선으로 나타낸 도면

2) 배관도의 종류

① **평면 배관도** : 배관 장치를 위에서 아래로 내려다보고 그린 그림이다.
② **입면 배관도** : 배관 장치를 측면에서 보고 그린 그림. 측면 위치를 화살표로 명시한다.
③ **입체 배관도**
  ㉠ 입체 공간을 X축, Y축, Z축으로 나누어 등각 투상법을 사용 입체적인 형상을 평면에 나타낸 그림이다.
  ㉡ 일반적으로 Y축에는 수직배관을 수직선으로 그리고, 수평면에 존재하는 X축과 Z축을 120°로 만나게 선을 그어 그린다.

2 배관의 치수 기입법

(1) 배관의 도시

1) 관의 도시법

① 관의 도시는 특별한 경우를 제외하고는 1줄의 실선으로 표시한다.
② 같은 도면 내에서는 같은 굵기의 선을 사용하는 것을 원칙으로 한다.
③ 관의 계통, 상태, 목적 등을 표시하기 위해 선의 종류를 바꾸거나 굵기를 다르게 도시할 수 있다.
④ 관의 도시를 1/100, 1/200의 척도로 제도할 때는 관을 단선 도시법으로 표시한다.
⑤ 1/20 척도에서는 복선 도시법으로 도시한다.

2) 유체의 도시

① 관 내를 통과하는 유체의 종류, 상태, 목적의 도시는 주기 및 글자 기호로서 지시선에 의해 나타낸다.(그림(a))
② 유체의 종류를 글자 기호로만 표시할 때는 그림(b)와 같이 해도 좋다.
③ 유체의 종류 중 공기, 가스, 유류, 수증기 및 물의 글자 기호는 표와 같이 한다.
④ 유체의 유동 방향을 표시할 때에는 화살표로 나타낸다.(그림 (c))

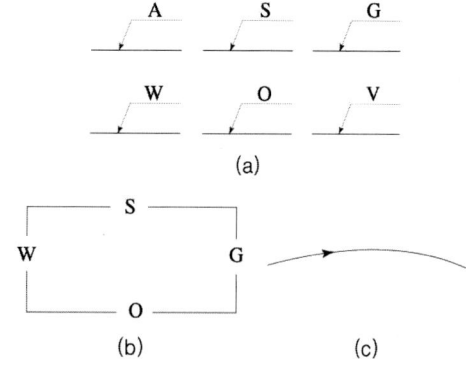

[유체의 도시 및 유체 기호 표시]

[API 분류와 SAE 신분류의 비교]

유체 종류	기호	유체 종류	기호
공기, 가스	A, G	냉각수	C
유류	O	냉수	CH
수증기	S	냉매	R
물	W	증기	V

───────────── 예·상·문·제·01

유체의 종류와 기호를 연결한 것으로 틀린 것은?

① 공기 : A ② 기름 : O
③ 물 : W   ④ 냉매 : V

정답 ④

───────────── 예·상·문·제·02

다음 중 배관의 도시법의 설명으로 옳지 않은 것은?

① 특별한 경우를 제외하고는 1줄의 실선으로 표시한다.
② 같은 도면 내에서는 같은 굵기의 선을 사용하는 것을 원칙으로 한다.
③ 관의 계통, 상태, 목적 등을 표시하기 위해 선의 종류나 굵기를 다르게 도시할 수 있다.
④ 척도를 불문하고 배관도시는 단선 도시법으로 도시한다.

정답 ④

해설 관의 도시를 1/100, 1/200의 척도로 제도할 때는 관을 단선 도시법으로 표시하고, 1/20 척도에서는 복선 도시법으로 도시한다.

(2) 배관의 치수 기입

1) 배관 도시의 치수 기입

① 평면도에는 치수선에 가로, 세로 치수만 기입한다.
② 입면도에는 높이를 표시하는 치수를 기입한다.
③ 치수는 mm 단위로 표시하며, 단위는 붙이지 않는다. 각도는 도(°)로 표시한다.
④ 필요한 경우 도, 분, 초(°, ", ')로 나타낸다.

2) 배관 높이 표시법

① EL(기준면, Elevation Line)
 ㉠ 넓은 부지에 배관시 지상 200~500mm 공간에 기준면을 정하여 높이를 설정한다.
 ㉡ 이 때 각각의 높이를 치수선에 따로 기입하지 않고 EL의 약호를 먼저 적은 뒤에 기준선으로부터의 높이를 기입한다.
  (예 : EL 5000, EL-5000)

② GL(Ground Level) : 포장된 지표면의 높이를 기준으로 높이를 표시하는 것

③ FL(Floor Level) : 1층 바닥면을 기준으로 하여 높이를 표시한 것

④ C EL(Center line of Pipe EL) : EL에서 관의 중심까지를 높이로 나타낼 때 표시한다.

⑤ TOP EL(Top of pipe EL)
 ㉠ 지하의 매설 배간 작업시 EL에서 관 외경의 윗면까지의 높이를 표시한 것으로,
 ㉡ 서로 다른 지름의 관이 같은 지지대 위에 2개 이상 배관되는 경우나, 구조물의 보 등의 밑면을 이용하여 배관하는 경우에 사용한다.

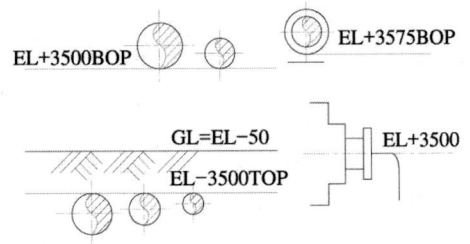

[배관 높이 표시법]

⑥ BOP EL(Bottom of Pipe EL) : 서로 지름이 다른 관의 높이를 나타낼 때 적용하다.
⑦ EL에서 관 외경의 밑면까지를 기준으로 높이를 표시한 것이다.(예 : BOP EL 2000)

3) 관의 굵기, 기기 도시법

① 관의 굵기만 도시할 경우는 그림(a)와 같이 한다.
② 관의 굵기와 종류를 동시에 도시할 때는 (b)와 같이 관의 굵기 표시 숫자 다음에 관의 종류 표시 기호나 문자를 기입한다.
③ 관이음쇠의 굵기 및 종류도 지시선에 따라 표시

한다.
④ 이음쇠는 주류 방향에 따라 기입하고 지류는 굵은 쪽을 먼저 기입한다.
⑤ 복잡한 도면에서 잘못 이해할 우려가 있을 때는 지시선을 써서 표시해도 좋다.

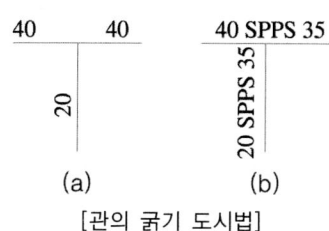

[관의 굵기 도시법]

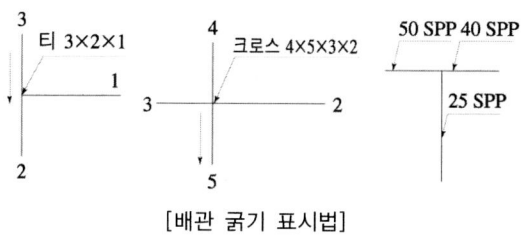

[배관 굵기 표시법]

···················· 예·상·문·제·01

배관 도시 중에서 유체에 대한 도시법으로 틀린 것은?

① 관 내를 통과하는 유체의 종류, 상태를 주기 및 기호로서 지시선에 의해 나타낸다.
② 유체의 종류를 기호로 나타낼 수 있다.
③ 유체의 유동 방향을 표시할 때에는 화살표로 나타낸다.
④ 안전상 모든 배관에는 유체의 흐름 방향을 표시해야 된다.

정답 ④

(4) 배관 접속 상태, 관이음 표시법

[관의 접속 상태 도시 기호]

접속 상태		실재 모양	도시 기호
접속하지 않을 때			
접속 하고 있을 때	교차		
	분기		

굽은 상태	실재 모양	도시 기호
파이프 A가 수직으로 구부러질 때 (오는 앨보)		
파이프 B가 뒤쪽 수직으로 구부러질 때 (가는 앨보)		
파이프 C가 뒤쪽으로 구부러져서 D에 접속될 때		

[관의 연결 방법 도시 기호]

이음 종류	연결 방법	도시 기호	예
관이음	나사형 (일반형)		
	용접형		
	플랜지형		
	턱걸이형		
	유니온형		

이음 종류	연결 방법	도시 기호
신축 이음	루프형	
	슬리브형	
	벨로즈형	
	스위블형	

15 [관 이음쇠와 관 끝의 표시 기호]

종류	기호
글로브(옥형) 밸브	
슬루스(사절) 밸브	
앵글 밸브	
역지(체크) 밸브	
안전밸브	
볼 밸브	
일반 콕	
삼방향 밸브	
수동 조작	
동력 조작	
전자 밸브	
전동 밸브	
지지 장치 표시	
닫혀 있는 일반밸브	
닫혀 있는 일반 콕	
온도계, 압력계	

········· 예·상·문·제·01

배관 도면에서 그림과 같은 기호의 의미로 가장 적합한 것은?

① 콕 일반 ② 볼 밸브
③ 체크 밸브 ④ 안전 밸브

정답 ③

········· 예·상·문·제·02

배관의 접합 기호 중 플랜지 연결을 나타내는 것은?

정답 ②

해설 ① : 나사이음, ③ : 유니언 이음, ④ : 턱걸이 이음

········· 예·상·문·제·03

다음 배관 도면에 포함되어 있는 요소로 볼 수 없는 것은?

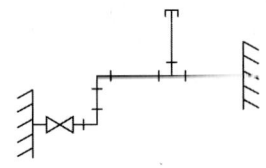

① 엘보 ② 티
③ 캡 ④ 체크밸브

정답 ④

해설 ┘ : 엘보, ┬ : 캡, ┼ : 티

········· 예·상·문·제·04

공작물을 화살표 방향에서 보았을 때 올바르게 도시한 것은?

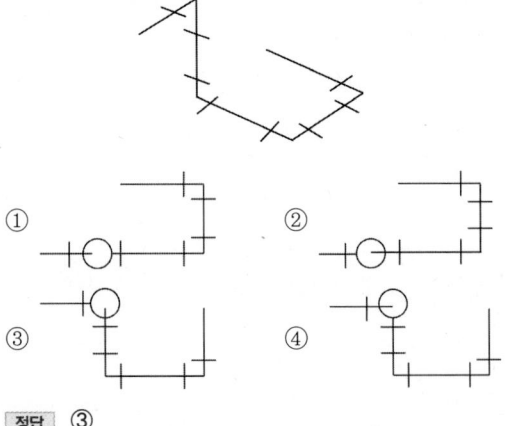

정답 ③

PART 02 기출문제

2014년
- 제1회 1월 26일 시행
- 제2회 4월 6일 시행
- 제4회 7월 20일 시행
- 제5회 10월 11일 시행

2015년
- 제1회 1월 25일 시행
- 제2회 4월 4일 시행
- 제4회 7월 19일 시행
- 제5회 10월 10일 시행

2016년
- 제1회 1월 24일 시행
- 제2회 4월 2일 시행
- 제4회 7월 10일 시행

2014년 제1회 용접기능사 필기

2014년 1월 26일 시행

01 용접기 설치 및 보수할 때 지켜야 할 사항으로 옳은 것은?

① 셀렌 정류기형 직류아크 용접기에서는 습기나 먼지 등이 많은 곳에 설치해도 괜찮다.
② 조정핸들, 미끄럼 부분 등에는 주유해서는 안 된다.
③ 용접 케이블 등의 파손된 부분은 즉시 절연 테이프로 감아야 한다.
④ 냉각용 선풍기, 바퀴 등에도 주유해서는 안 된다.

| 해설 | 습기나 먼지 등이 많은 곳을 피하며 가동 부분, 냉각팬을 점검하고 주유해야 한다.

02 서브머지드 아크 용접에서 다전극 방식에 의한 분류가 아닌 것은?

① 텐덤식　　　② 횡병렬식
③ 횡직렬식　　④ 이행형식

| 해설 | 다전극 방식에는 텐덤식, 횡병렬식, 횡직렬식이 있다.

03 TIG 용접에서 직류 정극성으로 용접할 때 전극 선단의 각도로 가장 적합한 것은?

① 5~10°　　　② 10~20°
③ 30~50°　　④ 60~70°

| 해설 | 직류 정극성의 전극봉 각도는 200A 이하에서는 30~50°가 되게 한다. 정극성은 아크열의 집중성이 좋아 용입이 깊어진다.

04 용접결함 중 구조상 결함이 아닌 것은?

① 슬래그 섞임
② 용입불량과 융합불량
③ 언더 컷
④ 피로강도 부족

| 해설 | 피로강도 부족은 성질상의 결함이다.

05 화재 발생시 사용하는 소화기에 대한 설명으로 틀린 것은?

① 전기로 인한 화재에는 포말 소화기를 사용한다.
② 분말 소화기에는 기름 화재에 적합하다.
③ CO_2 가스 소화기는 소규모의 인화성 액체 화재나 전기 설비 화재의 초기 진화에 좋다.
④ 보통화재에는 포말, 분말, CO_2 소화기를 사용한다.

| 해설 | 전기 화재에 포말 소화기를 사용할 경우 액체이므로 감전의 위험이 커진다.

06 용접 작업시 작업자의 부주의로 발생하는 안염, 각막염, 백내장 등을 일으키는 원인은?

① 용접 흄 가스　　② 아크 불빛
③ 전격 재해　　　④ 용접 보호 가스

| 해설 | 아크 용접의 강력한 불빛을 직접 받을 경우 백내장, 각막염 등의 질환을 얻을 수 있다.

| 정답 | 01. ③　02. ④　03. ③　04. ④　05. ①　06. ②

07 필릿 용접부의 보수방법에 대한 설명으로 옳지 않은 것은?

① 간격이 1.5mm 이하일 때에는 그대로 용접하여도 좋다.
② 간격이 1.5~4.5mm일 때에는 넓혀진 만큼 각장을 감소시킬 필요가 있다.
③ 간격이 4.5mm일 때에는 라이너를 넣는다.
④ 간격이 4.5mm 이상일 때에는 300mm 정도의 차수로 판을 잘라낸 후 새로운 판으로 용접한다.

| 해설 | 간격이 1.5~4.5mm일 때에는 그대로 용접하여도 좋으나 넓혀진 만큼 각장을 증가시킬 필요가 있다.

08 다음 그림과 같은 다층 용접법은?

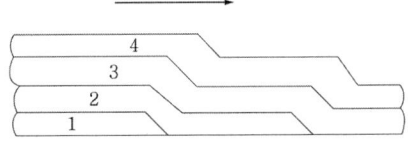

① 빌드업법   ② 케스케이드법
③ 전진 블록법   ④ 스킵법

| 해설 | 케스케이드법은 한 부분의 몇 층을 용접하다가 이것을 다음 부분의 층으로 연속시켜 전체가 계단형태의 단계를 이루도록 용착시켜 나가는 방법이다.

09 플라즈마 아크용접에 대한 설명으로 잘못된 것은?

① 아크 플라즈마의 온도는 10000~30000℃ 온도에 달한다.
② 핀치효과에 의해 전류밀도가 크므로 용입이 깊고 비드 폭이 좁다.
③ 무부하 전압이 일반 아크 용접기에 비하여 2~5배 정도 낮다.
④ 용접장치 중에 고주파 발생장치가 필요하다.

| 해설 | 무부하 전압이 일반 아크 용접기에 비해 2~5배 정도 높다.

10 전기저항 점 용접법에 대한 설명으로 틀린 것은?

① 인터랙 점 용접이란 용접점의 부분에 직접 2개의 전극을 물리지 않고 용접전류가 피용접물의 일부를 통하여 다른 곳으로 전달하는 방식이다.
② 단극식 점 용접이란 적극이 1쌍으로 1개의 점 용접부를 만드는 것이다.
③ 맥동 점 용접은 사이클 단위를 몇 번이고 전류를 연속하여 통전하는 것으로 용접속도 향상 및 용접변형방지에 좋다.
④ 직렬식 점용접이란 1개의 전류 회로에 2개 이상의 용접점을 만드는 방법으로 전류 손실이 많아 전류를 증가시켜야 한다.

| 해설 | 맥동 점용접 : 용접 모재 두께 차이가 큰 경우 사이클 몇 번이고 전류를 단속하여 전극의 과열을 방지하며 용접하는 점용접법이다.

| 정답 | 07. ②   08. ②   09. ③   10. ③

11 이산화탄소 아크용접의 솔리드 와이어 용접봉에 대한 설명으로 YGA-50W-1.2 -200에서 "50"이 뜻하는 것은?

① 용접봉의 무게
② 용착금속의 최소 인장강도
③ 용접와이어
④ 가스실드 아크용접

| 해설 | 최소 인장강도가 50kg$_f$/cm² 이다.

12 다음 중 스터드 용접법의 종류가 아닌 것은?

① 아크 스터드 용접법
② 텅스텐 스터드 용접법
③ 충격 스터드 용접법
④ 저항 스터드 용접법

| 해설 | 스터드 용접법에는 아크 스터드, 충격 스터드, 저항 스터드 용접법으로 구분된다.

13 아크 용접부에 기공이 발생하는 원인과 가장 관련이 없는 것은?

① 이음 강도 설계가 부적당할 때
② 용착부가 급랭될 때
③ 용접봉에 습기가 많을 때
④ 아크 길이, 전류 값 등이 부적당할 때

| 해설 | 기공(blow hole) 원인 : 모재나 용가재, 용제의 습기이며, 가스 배출이 불량할 때 발생한다.

14 전자빔 용접의 종류 중 고전압 소전류형의 가속전압은?

① 20~40kV   ② 50~70kV
③ 70~150kV ④ 150~300kV

| 해설 | 고전압 소전류형 전자빔 용접의 가속전압 : 70~150KV

15 다음 중 TIG 용접기의 주요장치 및 기구가 아닌 것은?

① 보호가스 공급장치
② 와이어 공급장치
③ 냉각수 순환장치
④ 제어장치

| 해설 | 와이어 공급장치는 불활성 가스 금속 용접의 주요장치이다.

16 용접부에 X선을 투과하였을 경우 검출할 수 있는 결함이 아닌 것은?

① 선상조직   ② 비금속 개재물
③ 언더컷   ④ 용입불량

| 해설 | 방사선 투과시험에서는 선상조직, 기계적 성질, 라미네이션 등의 층상 결함은 검출이 어렵다.

17 다층용접 방법 중 각 층마다 전체의 길이를 용접하면서 쌓아 올리는 용착법은?

① 전진 블록법   ② 덧살 올림법
③ 케스케이드법   ④ 스킵법

| 해설 |
• 전진블록법 : 한 개의 용접봉으로 살을 붙일만한 길이로 구분해 홈을 한 부분씩 여러 층으로 쌓아 올린 다음 다른 부분으로 진행하는 방법
• 케스케이드법 : 한 부분의 몇 층을 용접하다가 이것을 다음 부분의 층으로 연속시켜 전체가 계단 형태의 단계를 이루도록 용착시켜 나가는 방법
• 스킵법(비석법) : 용접길이를 짧게 나누어 간격을 두면서 용접하는 방법

| 정답 | 11. ② 12. ② 13. ① 14. ③ 15. ② 16. ① 17. ②

18 용접부의 시험검사에서 야금학적 시험 방법에 해당되지 않는 것은?

① 파면 시험
② 육안 조직 시험
③ 노치 취성 시험
④ 설퍼 프린트 시험

| 해설 | 노치 취성 시험은 구조용강의 용접성을 판정하는 것으로 샤르피 충격시험, 슈나트시험, 카안인 열시험 등이 있다.

19 구리와 아연을 주성분으로 한 합금으로 철강이나 비철금속의 납땜에 사용되는 것은?

① 황동납   ② 인동납
③ 은납   ④ 주석납

| 해설 | 황동납 : 구리와 아연의 합금납으로 철강과 비철 납땜에 사용된다.

20 탄산가스 아크용접에 대한 설명으로 맞지 않는 것은?

① 가시 아크이므로 시공이 편리하다.
② 철 및 비철류의 용접에 적합하다.
③ 전류밀도가 높고 용입이 깊다.
④ 바람의 영향을 받으므로 풍속 2m/s 이상일 때에는 방풍장치가 필요하다.

| 해설 | 가시 아크란 눈으로 용접부를 볼 수 있는 용접이며, 탄산가스 아크 용접은 철 계통 용접에 적합하다.

21 MIG 용접 제어장치의 기능으로 크레이터 처리 기능에 의해 낮아진 전류가 서서히 줄어들면서 아크가 끊어지며 이면 용접부가 녹아내리는 것을 방지하는 것을 의미하는 것은?

① 예비가스 유출시간
② 스타트 시간
③ 크레이터 충전시간
④ 버언 백 시간

| 해설 | GAMW에서 예비가스 유출시간 : 아크 발생 전 가스가 먼저 분출되는 시간

22 일반적으로 안전을 표시하는 색채 중 특정 행위의 지시 및 사실의 고지 등을 나타내는 색은?

① 노란색   ② 녹색
③ 파란색   ④ 흰색

| 해설 | 녹색 : 안전

23 산소 프로판 가스 절단에서 프로판 가스 1에 대하여 얼마 비율의 산소를 필요로 하는가?

① 8   ② 6
③ 4.5   ④ 2.5

| 해설 | • 산소 : 프로판 = 1 : 4.5
• 산소 : 수소 = 1 : 0.5
• 산소 : 아세틸렌 = 1 : 1.1

24 용접설계에 있어서 일반적인 주의사항 중 틀린 것은?

① 용접에 적합한 구조 설계를 할 것
② 용접 길이는 될 수 있는 대로 길게할 것
③ 결함이 생기기 쉬운 용접 방법은 피할 것
④ 구조상의 노치부를 피할 것

| 해설 | 용접 길이는 될 수 있는 대로 짧게 해야 한다.

25 가스용접에서 양호한 용접부를 얻기 위한 조건으로 틀린 것은?

① 모재 표면에 기름, 녹 등을 용접 전에 제거하여 결함을 방지하여야 하다.
② 용착 금속의 용입 상태가 불균일해야 한다.
③ 과열의 흔적이 없어야 하며, 용접부에 첨가된 금속의 성질이 양호해야 한다.
④ 슬래그, 기공 등의 결함이 없어야 한다.

| 해설 | 모든 용접에서 용착금속의 용입상태는 균일해야 양호한 용접부가 된다.

26 직류 아크 용접에서 역극성의 특징으로 맞는 것은?

① 용입이 깊어 후판 용접에 사용된다.
② 박판, 주철, 고탄소강, 합금강 등에 사용된다.
③ 봉의 녹음이 느리다.
④ 비드 폭이 좁다.

| 해설 | 역극성(DCRP) 특징
  • 용입이 얕고, 비드 폭이 넓다.
  • 용접봉의 녹음이 빠르다.
  • 박판, 주철, 고탄소강, 합금강, 비철 금속의 사용된다.

27 직류 아크 용접기와 비교한 교류아크 용접기의 설명에 해당되는 것은?

① 아크의 안정성이 우수하다.
② 자기쏠림 현상이 있다.
③ 역률이 매우 양호하다.
④ 무부하 전압이 높다.

| 해설 | 무부하 전압은 직류는 40~60V, 교류는 70~80V로 높다.

28 피복 아크 용접봉에서 피복 배합제인 아교는 무슨 역할을 하는가?

① 아크 안정제   ② 합금제
③ 탈산제   ④ 환원가스 발생제

| 해설 | 아교는 환원가스를 발생제이며, 고착제이다.

29 피복금속 아크 용접봉은 습기의 영향으로 기공(blow hole)과 균열(crack)의 원인이 된다. 보통 용접봉 (1)과 저수소계 용접봉 (2)의 온도와 건조 시간은? (단, 보통 용접봉은 (1)로, 저수소계 용접봉은 (2)로 나타냈다)

① (1) 70~100℃   30~60분,
   (2) 100~150℃   1~2시간
② (1) 70~100℃   2~3시간,
   (2) 100~150℃   20~30분
③ (1) 70~100℃   30~60분,
   (2) 300~350℃   1~2시간
④ (1) 70~100℃   2~3시간,
   (2) 300~350℃   20~30분

| 해설 | 일반 용접봉은 70~100℃로 60분 이내, 저수소계 용접봉은 300~350℃로 1~2시간 건조 후 70~120℃로 유지되는 보온통에 넣어 두고 사용해야 된다.

| 정답 | 24. ② 25. ② 26. ② 27. ④ 28. ④ 29. ③

30 가스가공에서 강재 표면의 홈, 탈탄층 등의 결함을 제거하기 위해 얇게 그리고 타원형 모양으로 표면을 깎아내는 가공법은?

① 가스 가우징 ② 분말 절단
③ 산소창 절단 ④ 스카핑

|해설| • 스카핑은 강제 표면의 홈, 탈탄층 등의 결함을 제거하기 위해 얇게 타원 모양으로 표면을 깎아내는 방법이다.
• 가우징은 홈파는 작업으로 가스 열을 이용하는 방법과 아크를 이용하는 방법이 있다.

31 가스용접에서 가변압식(프랑스식) 팁(TIP)의 능력을 나타내는 기준은?

① 1분에 소비하는 산소가스의 양
② 1분에 소비하는 아세틸렌가스의 양
③ 1시간에 소비하는 산소가스의 양
④ 1시간에 소비하는 아세틸렌가스의 양

|해설| • **가변압식(프랑스식)** : 1시간에 소비하는 아세틸렌가스 양
• **불변압식(독일식)** : 용접하는 강판의 두께를 나타낸다.

32 아크 쏠림은 직류 아크 용접 중에 아크가 한쪽으로 쏠리는 현상을 말하는데 아크 쏠림 방지법이 아닌 것은?

① 접지점을 용접부에서 멀리한다.
② 아크 길이를 짧게 유지한다.
③ 가용접을 한 후 후퇴 용접법으로 용접한다.
④ 가용접을 한 후 전진법으로 용접한다.

|해설| 가용접을 한 후 후진법으로 용접한다.

33 용접기의 가동 핸들로 1차 코일을 상하로 움직여 2차 코일의 간격을 변화시켜 전류를 조정하는 용접기로 맞는 것은?

① 가포화 리액터형
② 가동코어 리액터형
③ 가동 코일형
④ 가동 철심형

|해설| 가동 코일형은 아크 안정도 높고 소음이 없으며 가격이 비싸 현재 사용이 거의 없다.

34 프로판 가스가 완전 연소하였을 때 설명으로 맞는 것은?

① 완전 연소하면 이산화탄소로 된다.
② 완전 연소하면 이산화탄소와 물이 된다.
③ 완전 연소하면 일산화탄소와 물이 된다.
④ 완전 연소하면 수소가 된다.

|해설| $C_3H_8 + 5O_2 = 3CO_2 + 4H_2O$

35 아세틸렌가스가 산소와 반응하여 완전 연소할 때 생성되는 물질은?

① CO, H_2O ② $2CO_2$, H_2O
③ CO, H_2 ④ CO_2, H_2

|해설| $C_2H_2 + 2.5O_2 = 2CO_2 + H_2O$

|정답| 30. ④ 31. ④ 32. ④ 33. ③ 34. ② 35. ②

36 가스용접시 사용하는 용제에 대한 설명으로 틀린 것은?

① 용제의 융점은 모재의 융점보다 낮은 것이 좋다.
② 용제는 용융금속의 표면에 떠올라 용착금속의 성질을 양호하게 한다.
③ 용제는 용접 중에 생기는 금속의 산화물 또는 비금속 개재물을 용해하여 용융온도가 높은 슬래그를 만든다.
④ 연강에는 용제를 일반적으로 사용하지 않는다.

| 해설 | 용제는 비금속 개재물 등을 용해하여 용융 온도가 낮은 슬래그를 만든다.

37 용접법을 융접, 압접, 납땜으로 분류할 때 압접에 해당하는 것은?

① 피복아크 용접 ② 전자 빔 용접
③ 테르밋 용접 ④ 심 용접

| 해설 | 압접 : 단접, 냉간 압접, 저항 용접(스폿, 심, 프로젝션, 플래시 맞대기, 업셋 맞대기, 방전충격), 마찰용접, 유도가열 용접, 초음파 용접, 가압 테르밋 용접 등이 있다.

38 A는 병 전체 무게(빈병 + 아세틸렌가스)이고, B는 빈병의 무게이며, 또한 15℃ 1기압에서의 아세틸렌 가스 용적을 905리터라고 할 때, 용해 아세틸렌가스의 양 C(리터)를 계산하는 식은?

① C = 905(B−A) ② C = 905 + (B−A)
③ C = 905(A−B) ④ C = 905 + (A−B)

| 해설 | 용해 아세틸렌의 용기 외부로 분출되는 양 : '실병무게−빈병 무게×905'를 하면 된다.

39 내용적 40.7 리터의 산소병에 150kgf/cm^{2}의 압력이 게이지에 표시되었다면 산소병에 들어 있는 산소량은 몇 리터인가?

① 3400 ② 4055
③ 5055 ④ 6105

| 해설 | 40.7×150 = 6105

40 저 용융점 합금이 아닌 것은?

① 아연과 그 합금
② 금과 그 합금
③ 주석과 그 합금
④ 납과 그 합금

| 해설 | 저융점 합금 : 용융점이 Sn(주석)의 용융점(232℃)보다 낮은 금속을 말한다.

41 다음 중 알루미늄 합금(alloy)의 종류가 아닌 것은?

① 실루민(silumin)
② Y 합금
③ 로엑스(Lo-Ex)
④ 인코넬(inconel)

| 해설 | 인코넬은 니켈을 주체로 하여 15%의 크롬, 6~7%의 철, 2.5%의 티타늄, 1% 이하의 알루미늄·망간 규소를 첨가한 내열합금이다.

| 정답 | 36. ③ 37. ④ 38. ③ 39. ④ 40. ② 41. ④

42 철강에서 펄라이트 조직으로 구성되어 있는 강은?

① 경질강　　② 공석강
③ 강인강　　④ 고용체강

| 해설 | 펄라이트 : 0.8(0.85)%C 탄소강이 723℃에서 공석 반응을 하여 오스테나이트와 시멘타이트의 층상 조직인 펄라이트 조직이 석출되며, 이 때의 강을 공석강이라 한다.

43 Ni-Cu계 합금에서 60~70% Ni 합금은?

① 모넬메탈(monel-metal)
② 어드밴스(advance)
③ 콘스탄탄(constantan)
④ 알민(almin)

| 해설 | Ni-Cu 합금으로 내식성이 크고, 인장 강도가 연강에 비해서 낮지 않으므로 봉, 선, 단조물, 터빈 블레이드, 밸브 및 밸브 시트, 화학 공업용 용기 등으로 많이 사용된다.

44 가스 침탄법의 특징에 대한 설명으로 틀린 것은?

① 침탄 온도, 기체 혼합비 등의 조절로 균일한 침탄층을 얻을 수 있다.
② 열효율이 좋고 온도를 임의로 조절할 수 있다.
③ 대량 생산에 적합하다.
④ 침탄 후 직접 담금질이 불가능하다.

| 해설 | 가스 침탄, 액체 침탄, 고체 침탄을 한 후 담금질 해야 경도가 증가한다.

45 다음 중 풀림의 목적이 아닌 것은?

① 결정립을 조대화시켜 내부응력을 상승시킨다.
② 가공경화 현상을 해소시킨다.
③ 경도를 줄이고 조직을 연화시킨다.
④ 내부응력을 제거한다.

| 해설 | 풀림은 재료를 일정한 온도로 가열 후 노내에서 냉각하여 내부 조직을 고르게 하고 응력을 제거하는 것으로 연화 풀림, 응력제거 풀림, 완전 풀림 등이 있다.

46 18-8 스테인리스강의 조직으로 맞는 것은?

① 페라이트　　② 오스테나이트
③ 펄라이트　　④ 마텐자이트

| 해설 | 18-8강은 18% Cr과 8%의 Ni를 함유한 스테인리스강으로 불수강이라고도 불러지는 내식성과 내열성이 매우 좋은 강이다. 철에 Cr다.

47 주철의 편상 흑연 결함을 개선하기 위하여 마그네슘, 세륨, 칼슘 등을 첨가한 것으로 기계적 성질이 우수하여 자동차 주물 및 특수 기계의 부품용 재료에 사용되는 것은?

① 미하나이트 주철　② 구상 흑연 주철
③ 칠드 주철　　　　④ 가단 주철

| 해설 | 구상흑연주철은 주조한 채로 흑연이 구상(球狀)으로 되어 있는 주철. 주조할 때, 용탕에 마그네슘, 칼슘 등을 첨가하고 조직 속의 흑연을 구상화한 것으로 보통 주철에 비해 강력하고 점성이 강하다.

| 정답 | 42. ② 43. ① 44. ④ 45. ① 46. ② 47. ②

48 특수 주강 중 주로 롤러 등으로 사용되는 것은?

① Ni 주강 ② Ni-Cr 주강
③ Mn 주강 ④ Mo 주강

| 해설 | 망간(Mn) 주강(고망간 주강) : 내마모성이 매우 커 롤러 등을 제조한다.

49 탄소가 0.25%인 탄소강이 0~500℃의 온도 범위에서 일어나는 기계적 성질의 변화 중 온도가 상승함에 따라 증가되는 성질은?

① 항복점 ② 탄성한계
③ 탄성계수 ④ 연신율

| 해설 | 대부분의 금속은 온도가 높아지면 연신율, 단면 수축률은 증가하고, 강도나 경도는 낮아진다.

50 용접할 때 예열과 후열이 필요한 재료는?

① 15mm 이하 연강판
② 중탄소강
③ 18℃일 때 18mm 연강판
④ 순철판

| 해설 | 연강은 특별한 경우 외에는 예열이 필요없으나, 중탄소강 이상, 연강도 두께 25mm 이상은 예열이 필요하다.

51 단면도의 표시방법에 관한 설명 중 틀린 것은?

① 단면을 표시할 때에는 해칭 또는 스머징을 한다.
② 인접한 단면의 해칭은 선의 방향 또는 각도를 변경하든지 그 간격을 변경하여 구별한다.
③ 절단했기 때문에 이해를 방해하는 것이나 절단하여도 의미가 없는 것은 원칙적으로 긴 쪽 방향으로는 절단하여 단면도를 표시하지 않는다.
④ 가스킷 같이 얇은 제품의 단면은 투상선을 한 개의 가는 실선으로 표시한다.

| 해설 | 박판이나 가스킷 등의 얇은 제품은 굵은 실선으로 표시한다.

52 2종류 이상의 선이 같은 장소에서 중복될 경우 다음 중 가장 우선적으로 그려야 할 선은?

① 중심선 ② 숨은선
③ 무게 중심선 ④ 치수 보조선

| 해설 | 숨은선은 대상물이 보이지 않는 부분의 모양을 표시하는데 사용되며 가는 파선 또는 굵은 파선으로 나타낸다.

53 배관도에 사용된 밸브표시가 올바른 것은?

① 밸브 일반 : ▷◁
② 게이트 밸브 : ▷●◁
③ 나비 밸브 : △▷
④ 체크 밸브 : ▷|

| 해설 | ① 게이트 밸브, ② 글로브 밸브, ③ 앵글 밸브

54 다음 중 일반 구조용 탄소강관의 KS 재료 기호는?

① SPP ② SPS
③ SKH ④ STK

| 해설 | SPP : 배관용 탄소강관

| 정답 | 48. ③ 49. ④ 50. ② 51. ④ 52. ② 53. ④ 54. ④

55 용접 보조기호 중 현장용접을 나타내는 기호는?

| 해설 | ○ : 전(온)둘레 용접, 삼각형 깃발은 현장 용접

56 도면에 리벳의 호칭이 "KS B 1102 보일러용 둥근 머리 리벳 13×30 SV 400"로 표시된 경우 올바른 설명은?

① 리벳의 수량 13개
② 리벳의 길이 30mm
③ 최대 인장강도 400kPa
④ 리벳의 호칭 지름 30mm

| 해설 | 지름 : 13mm, 길이 : 30mm, SV 400 : 재료

57 전개도는 대상물을 구성하는 면을 평면 위에 전개한 그림을 의미하는데, 원기둥이나 각기둥의 전개에 가장 적합한 전개도법은?

① 평행선 전개도법
② 방사선 전개도법
③ 삼각형 전개도법
④ 사각형 전개도법

| 해설 | 방사선 전개법 : 원뿔 등의 전개에 적용

58 그림과 같은 정면도와 우측면도에 가장 적합한 평면도는?

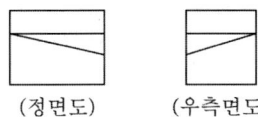
(정면도)   (우측면도)

59 그림은 투상법의 기호이다. 몇 각법을 나타내는 기호인가?

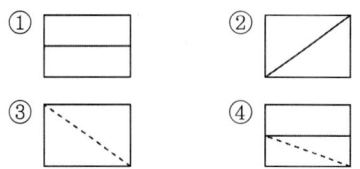

① 제1각법
② 제2각법
③ 제3각법
④ 제4각법

| 해설 | 3각법은 눈-투상면-물체로 투상도를 얻는 원리이다.

60 기계제도에서 도면에 치수를 기입하는 방법에 대한 설명으로 틀린 것은?

① 길이는 원칙으로 mm의 단위로 기입하고, 단위 기호는 붙이지 않는다.
② 치수의 자릿수가 많을 경우 세 자리마다 콤마를 붙인다.
③ 관련 치수는 되도록 한 곳에 모아서 기입한다.
④ 치수는 되도록 주 투상도에 집중하여 기입한다.

| 해설 | 제도에서는 숫자에 콤마를 붙이지 않는다.

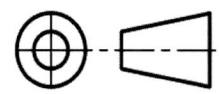

| 정답 | 55. ① 56. ② 57. ① 58. ③ 59. ③ 60. ②

2014년 제2회 용접기능사 필기

2014년 4월 6일 시행

01 다음 [보기]와 같은 용착법은?

$$① \to ④ \to ② \to ⑤ \to ③$$

① 대칭법 ② 전진법
③ 후진법 ④ 스킵법

| 해설 | 스킵법(비석법) : 용접 길이를 짧게 나누어 간격을 두면서 용접하는 방법으로 피용접물 전체에 변형이나 잔류 응력이 적게 발생하도록 하는 용착법

02 가연성 가스로 스파크 등에 의한 화재에 대하여 가장 주의해야 할 가스는?

① C_3H_8 ② CO_2
③ He   ④ O_2

| 해설 | 프로판 : 가연성 가스이므로 화재에 주의해야 한다.

03 서브머지드 아크 용접기에서 다전극 방식에 의한 분류에 속하지 않는 것은?

① 푸시 풀식   ② 텐덤식
③ 횡병렬식   ④ 횡직렬식

| 해설 | 푸시풀식 : 미그 용접이나 CO_2 용접의 송급 장치의 송급 방식으로 밀고 당기는 식이다.

04 용접기의 구비조건에 해당되는 사항으로 옳은 것은?

① 사용 중 용접기 온도 상승이 커야 한다.
② 용접 중 단락되었을 경우 대전류가 흘러야 된다.
③ 소비전력이 큰 역률이 좋은 용접기를 구비한다.
④ 무부하 전압을 최소로 하여 전격의 위험을 줄인다.

| 해설 | 아크 발생이 잘되는 범위 내에서 무부하 전압이 낮아야 한다.(교류 70~80V, 직류 40~60V)

05 CO_2 가스 아크 용접장치 중 용접전원에서 박판 아크 전압을 구하는 식은? (단, I는 용접 전류의 값이다.)

① $V = 0.04 \times I + 15.5 \pm 1.5$
② $V = 0.004 \times I + 155.5 \pm 11.5$
③ $V = 0.05 \times I + 111.5 \pm 2$
④ $V = 0.005 \times I + 1111.5 \pm 2$

| 해설 | ① : 200A 이하에서 적용한다.

| 정답 | 01. ④ 02. ① 03. ① 04. ④ 05. ①

06 이산화탄소의 특징이 아닌 것은?

① 색, 냄새가 없다.
② 공기보다 가볍다.
③ 상온에서도 쉽게 액화한다.
④ 대지 중에서 기체로 존재한다.

| 해설 | 이산화탄소(CO_2) 가스는 공기보다 무겁다.

07 용접 전류가 낮거나, 운봉 및 유지 각도가 불량할 때 발생하는 용접 결함은?

① 용락   ② 언더컷
③ 오버랩   ④ 선상조직

| 해설 | 오버랩은 전류가 낮거나, 용접봉 선택 불량일 때 발생하며, 방지 대책으로 적정 전류, 적정 용접봉을 선택하고 수평 필릿의 경우 봉의 각도를 잘 선택한다.

08 CO_2 가스 아크 용접에서 일반적으로 용접전류를 높게 할 때의 사항을 열거한 것 중 옳은 것은?

① 용접 입열이 작아진다.
② 와이어의 녹아 내림이 빨라진다.
③ 용착율과 용입이 감소한다.
④ 우수한 비드 형상을 얻을 수 있다.

| 해설 | 용접 입열은 전류와 밀접한 관계가 있어 전류가 높아지면 와이어가 빨리 녹게 된다.

09 용접부의 검사법 중 기계적 시험이 아닌 것은?

① 인장시험   ② 부식시험
③ 굽힘시험   ④ 피로시험

| 해설 | • 기계적 시험 : 인장, 굽힘, 경도, 충격, 피로 시험
• 화학적 시험 : 화학 분석, 부식, 함유 수소시험

10 주성분이 은, 구리, 아연의 합금인 경납으로 인장강도, 전연성 등의 성질이 우수하여 구리, 구리합금, 철강, 스테인리스강 등에 사용되는 납재는?

① 양은납   ② 알루미늄납
③ 은납   ④ 내열납

| 해설 | 경납 : 용융점이 450℃ 이상인 납, 주성분에 따라 은납, 양은납, 황동납 등으로 부른다.

11 용접 이음을 설계할 때 주의 사항으로 틀린 것은?

① 구조상의 노치부를 피한다.
② 용접 구조물의 특성 문제를 고려한다.
③ 맞대기 용접보다 필릿 용접을 많이 하도록 한다.
④ 용접성을 고려한 사용 재료의 선정 및 열 영향 문제를 고려한다.

| 해설 | 필릿 용접은 대부분 불완전 용착을 한 이음으로 피로 강도가 낮으므로 가급적 피해야 한다.

12 불활성 아크 용접에 관한 설명으로 틀린 것은?

① 아크가 안정되어 스패터가 적다.
② 피복제나 용제가 필요하다.
③ 열 집중성이 좋아 능률적이다.
④ 철 및 비철 금속의 용접이 가능하다.

| 해설 | 불활성 가스 아크 용접은 아르곤 가스 등이 용접부를 보호하므로 산화, 질화 등이 일어나지 않으므로 피복제, 용제가 필요없다.

13 용접 후 인장 또는 굴곡시험으로 파단 시켰을 때 은점을 발견할 수 있는데 이 은점을 없애는 방법은?

① 수소 함유량이 많은 용접봉을 사용한다.
② 용접 후 실온으로 수개월간 방치한다.
③ 용접부를 염산으로 세척한다.
④ 용접부를 망치로 두드린다.

| 해설 | 은점 : 고기 눈처럼 생긴 하얀 반점으로, 수소와 관련이 있으므로 수소량이 적게 하거나 예열 등으로 가스 배출을 촉진시켜야 된다.

14 가스 중에서 최소의 밀도로 가장 가볍고 확산속도가 빠르며, 열전도가 가장 큰 가스는?

① 수소　　② 메탄
③ 프로판　　④ 부탄

| 해설 | 수소는 가장 가볍고 확산속도가 빠르다.

15 초음파 탐상법에서 널리 사용되며 초음파의 펄스를 시험체의 한쪽 면으로부터 송신하여 결함 에코의 형태로 결함을 판정하는 방법은?

① 투과법　　② 공진법
③ 침투법　　④ 펄스 반사법

| 해설 | • 투과법 : 시험체 속에 초음파의 펄스 또는 연속파를 투과하고 뒷면에서 이를 수신하여 결함으로 인한 초음파의 장해 및 쇠약정도를 조사한다.
• 공진법 : 시험체의 두께에 따라 어떤 특정 주파수 일 때 시험체 속에 초음파의 정상파가 생겨 공진하므로 그 상황을 근거로 라미네이션을 검출할 수 있다.

16 전기 저항 점용접 작업시 용접기에서 조정할 수 있는 3대 요소에 해당하지 않는 것은?

① 용접 전류　　② 전극 가압력
③ 용접 전압　　④ 통전 시간

| 해설 | • 전기 저항 용접의 3대 요소
전류, 통전시간, 전극 가압력

17 다음 중 비용극식 불활성 가스 아크 용접은?

① GMAW　　② GTAW
③ MMAW　　④ SMAW

| 해설 | • GMAW : 가스메탈 아크 용접
• GTAW : 가스 텅스텐 아크 용접(TIG 용접)
• SMAW : 피복 금속 아크 용접(선기용접)

18 알루미늄 분말과 산화철 분말을 1 : 3의 비율로 혼합하고, 점화제로 점화하면 일어나는 화학반응은?

① 테르밋 반응　　② 용융 반응
③ 포정 반응　　④ 공석 반응

| 해설 | 테르밋 용접 : 테르밋제의 화학반응(테르밋 반응)을 이용한 용접법

19 불활성가스 금속 아크 용접에서 가스 공급계통의 확인 순서로 가장 적합한 것은?

① 용기 → 감압밸브 → 유량계 → 제어장치 → 용접토치
② 용기 → 유량계 → 감압밸브 → 제어장치 → 용접토치
③ 감압밸브 → 용기 → 유량계 → 제어장치 → 용접토치
④ 용기 → 제어장치 → 감압밸브 → 유량계 → 용접토치

| 정답 | 13. ② 14. ① 15. ④ 16. ③ 17. ② 18. ① 19. ①

| 해설 | 보호가스는 가스용기를 열고 압력계에서 감압밸브→유량계→제어장치→용접토치 순으로 이동된다.

20 용접을 크게 분류할 때 압접에 해당 되지 않는 것은?

① 저항 용접 ② 초음파 용접
③ 마찰 용접 ④ 전자 빔 용접

| 해설 | 전자 빔 용접은 융접의 일종이다.

21 용접 현장에서 지켜야 할 안전 사항 중 잘못 설명한 것은?

① 탱크 내에서는 혼자 작업한다.
② 인화성 물체 부근에서는 작업을 하지 않는다.
③ 좁은 장소에서의 작업시는 통풍을 실시한다.
④ 부득이 가연성 물체 가까이서 작업시는 화재발생 예방조치를 한다.

| 해설 | 탱크 내에서는 2인 1조로 작업을 진행해야 한다.

22 용접시 냉각속도에 관한 설명 중 틀린 것은?

① 예열을 하면 냉각속도가 완만하게 된다.
② 얇은 판보다는 두꺼운 판이 냉각속도가 크다.
③ 알루미늄이나 구리는 연강보다 냉각속도가 느리다.
④ 맞대기 이음보다는 T형 이음이 냉각속도가 크다.

| 해설 | 알루미늄이나 구리는 연강보다 열전도도가 크므로 냉각속도도 빠르다.

23 수소 함유량이 타 용접봉에 비해서 1/10정도 현저하게 적고 특히 균열의 감소성이나 탄소, 황의 함유량이 많은 강의 용접에 적합한 용접봉은?

① E4301 ② E4313
③ E4316 ④ E4324

| 해설 | E4316은 저수소계로 피복제 중에 석회석이나 형석을 주성분으로 사용한 것이다.

24 다음 중 아크 에어 가우징에 사용되지 않는 것은?

① 가우징 토치 ② 가우징봉
③ 압축공기   ④ 열교환기

| 해설 | 아크에어 가우징은 탄소 아크 절단에 압축 공기를 병용하여 전극 홀더의 구멍에서 탄소 전극봉에 나란히 분출하는 고속 공기를 분출시켜 용융 금속을 불어 내어 홈을 파는 방법이다.

25 다음 중 주철 용접시 주의사항으로 틀린 것은?

① 용접봉은 가능한 한 지름이 굵은 용접봉을 사용한다.
② 보수 용접을 행하는 경우는 결함 부분을 완전히 제거한 후 용접한다.
③ 균열의 보수는 균열의 성장을 방지하기 위해 균열의 양 끝에 정지 구멍을 뚫는다.
④ 용접 전류는 필요 이상 높이지 말고 직선 비드를 배치하며, 지나치게 용입을 깊게 하지 않는다.

| 해설 | 용접봉은 가능한 한 지름이 가는 용접봉을 사용한다.

| 정답 | 20. ④ 21. ① 22. ③ 23. ③ 24. ④ 25. ①

26 가스 용접용 토치의 팁 중 표준불꽃으로 1시간 용접시 아세틸렌 소모량이 100L인 것은?

① 고압식 200번 팁
② 중압식 200번 팁
③ 가변압식 100번 팁
④ 불변압식 100번 팁

| 해설 | 가변압식은 1시간 용접시 아세틸렌 가스 소모량으로 나타낸다.

27 고체 상태에 있는 두 개의 금속 재료를 융접, 압접, 납땜으로 분류하여 접합하는 방법은?

① 기계적인 접합법
② 화학적 접합법
③ 전기적 접합법
④ 야금적 접합법

| 해설 | 기계적 접합 : 리벳팅, 볼트 이음, 판금 심 이음, 확관 이음 등

28 헬멧이나 핸드실드의 차광유리 앞에 보호유리를 끼우는 가장 타당한 이유는?

① 시력을 보호하기 위하여
② 가시광선을 차단하기 위하여
③ 적외선을 차단하기 위하여
④ 차광유리를 보호하기 위하여

| 해설 | 차광렌즈는 맨유리보다 몇배 비싸므로 차광유리를 보하기 위해 차광유리 앞에 맨유리를 끼운다.

29 직류 아크용접기의 음(−)극에 용접봉을, 양(+)극에 모재를 연결한 상태의 극성을 무엇이라 하는가?

① 직류 정극성   ② 직류 역극성
③ 직류 음극성   ④ 직류 용극성

| 해설 | 직류 정극성(DCSP)은 모재 용입이 깊고, 용접봉 녹음이 느리며 비드 폭이 좁다.

30 수동 가스절단 작업 중 절단면의 윗 모서리가 녹아 둥글게 되는 현상이 생기는 원인과 거리가 먼 것은?

① 팁과 강판 사이의 거리가 가까울 때
② 절단가스의 순도가 높을 때
③ 예열불꽃이 너무 강할 때
④ 절단속도가 너무 느릴 때

| 해설 | 절단 가스의 순도와 절단부의 윗모서리의 둥그름과는 무관하고 예열 불꽃이 너무 강하고 절단 속도가 느릴 경우에 일어난다.

31 교류 아크 용접기의 종류 중 조작이 간단하고 원격 조정이 가능한 용접기는?

① 가포화 리액터형 용접기
② 가동 코일형 용접기
③ 가동 철심형 용접기
④ 탭 전환형 용접기

| 해설 | 가포화 리액터형은 가변 저항의 변화로 용접 전류를 조정하고 조작이 간단하고 원격제어가 된다.

| 정답 | 26. ③ 27. ④ 28. ④ 29. ① 30. ② 31. ①

32 가연성 가스에 대한 설명 중 가장 옳은 것은?

① 가연성 가스는 CO_2와 혼합하면 더욱 잘 탄다.
② 가연성 가스는 혼합 공기가 적은 만큼 완전 연소한다.
③ 산소, 공기 등과 같이 스스로 연소하는 가스를 말한다.
④ 가연성 가스는 혼합한 공기와의 비율이 적절한 범위 안에서 잘 연소한다.

| 해설 | 가연성 가스는 산소나 공기와 혼합하면 연소하며, 비율이 적절하면 더 잘 연소한다.

33 수중 절단 작업을 할 때에는 예열 가스의 양을 공기 중의 몇 배로 하는가?

① 0.5~1배 ② 1.5~2배
③ 4~8배   ④ 9~16배

| 해설 | 물 속에서의 절단은 육상보다 4~8배 더 예열가스가 필요하다.

34 아크 용접기의 구비조건으로 틀린 것은?

① 구조 및 취급이 간단해야 한다.
② 사용 중에 온도 상승이 커야 한다.
③ 전류 조정이 용이하고, 일정한 전류가 흘러야 한다.
④ 아크 발생 및 유지가 용이하고 아크가 안정되어야 한다.

| 해설 | 사용 중에 온도 상승이 작아야 한다.

35 철강을 가스절단하려고 할 때 절단조건으로 틀린 것은?

① 슬래그의 이탈이 양호하여야 한다.
② 모재에 연소되지 않은 물질이 적어야 한다.
③ 생성된 산화물의 유동성이 좋아야 한다.
④ 생성된 금속 산화물의 용융온도는 모재의 용융점보다 높아야 한다.

| 해설 | 생성된 금속 산화물의 용융온도는 모재의 용융점보다 작아야 한다.

36 아크용접에서 피복제의 역할이 아닌 것은?

① 전기 절연작용을 한다.
② 용착금속의 응고와 냉각속도를 빠르게 한다.
③ 용착금속에 적당한 합금원소를 첨가한다.
④ 용적(globule)을 미세화하고, 용착효율을 높인다.

| 해설 | 용착금속의 냉각속도를 느리게 하여 급랭을 방지한다.

37 직류용접에서 발생되는 아크 쏠림의 방지 대책 중 틀린 것은?

① 큰 가접부 또는 이미 용접이 끝난 용착부를 향하여 용접할 것
② 용접부가 긴 경우 후퇴 용접법(back step welding)으로 할 것
③ 용접봉 끝을 아크가 쏠리는 방향으로 기울일 것
④ 되도록 아크를 짧게 하여 사용할 것

| 해설 | 용접봉 끝을 아크 쏠리는 방향 반대로 기울일 것

| 정답 | 32. ④ 33. ③ 34. ② 35. ④ 36. ② 37. ③

38 산소-아세틸렌가스 불꽃 중 일반적인 가스용접에는 사용하지 않고 구리, 황동 등의 용접에 주로 이용되는 불꽃은?

① 탄화 불꽃   ② 중성 불꽃
③ 산화 불꽃   ④ 아세틸렌 불꽃

| 해설 | 산화불꽃은 구리 합금의 용접에 사용한다.

39 두 개의 모재를 강하게 맞대어 놓고 서로 상대 운동을 주어 발생되는 열을 이용하는 방식은?

① 마찰 용접   ② 냉간 압접
③ 가스 압접   ④ 초음파 용접

| 해설 | **마찰용접** : 두 재료의 상대 운동에 의한 마찰열을 이용한 용접, 마찰압접, 마찰 융접이 있다.

40 18-8형 스테인리스강의 특징을 설명한 것 중 틀린 것은?

① 비자성체이다.
② 18-8에서 18은 Cr%, 8은 Ni%이다.
③ 결정구조는 면심입방격자를 갖는다.
④ 500~800℃로 가열하면 탄화물이 입계에 석출하지 않는다.

| 해설 | 18-8강은 오스테나이트 조직을 갖는 스테인리스강으로 면심 입방 격자이며, 비자성체이며, 500~800℃로 가열하면 탄화물이 입계에 석출하는 입계 부식 현장을 갖는다.

41 용접금속의 용융부에서 응고 과정의 순서로 옳은 것은?

① 결정핵 생성 → 결정경계 → 수지상정
② 결정핵 생성 → 수지상정 → 결정경계
③ 수지상정 → 결정핵 생성 → 결정경계
④ 수지상정 → 결정경계 → 결정핵 생성

| 해설 | 액체의 응고 순서 : 결정핵 생성 → 결정 성장(수지상정) → 결정경계

42 질량의 대소에 따라 담금질 효과가 다른 현상을 질량효과라고 한다. 탄소강에 니켈, 크롬, 망간 등을 첨가하면 질량효과는 어떻게 변하는가?

① 질량효과가 커진다.
② 질량효과가 작아진다.
③ 질량효과는 변하지 않는다.
④ 질량효과가 작아지다가 커진다.

| 해설 | 질량 효과가 작아진다는 것은 담금질이 잘된다는 의미이다.

43 Mg(마그네슘)의 융점은 약 몇 ℃인가?

① 650℃   ② 1538℃
③ 1670℃   ④ 3600℃

| 해설 | • 철 : 1,535℃
• 텅스텐 : 3,400℃
• 몰리브덴 : 2,620℃
• 지르코늄 : 1,900℃

44 주철에 관한 설명으로 틀린 것은?

① 인장강도가 압축강도보다 크다.
② 주철은 백주철, 반주철, 회주철 등으로 나눈다.
③ 주철은 메짐(취성)이 연강보다 크다.
④ 흑연은 인장강도를 약하게 한다.

| 해설 | 주철 : 인장강도보다 압축강도가 3배 이상 크다.

| 정답 | 38. ③ 39. ① 40. ④ 41. ② 42. ② 43. ① 44. ①

45 강재 부품에 내마모성이 좋은 금속을 용착시켜 경질의 표면층을 얻는 방법은?

① 브레이징(brazing)
② 숏 피닝(shot peening)
③ 하드 페이싱(hard facing)
④ 질화법(nitriding)

| 해설 | 하드 페이싱은 금속 재료의 표면을 마모(磨耗)나 부식으로부터 방지하기 위하여 표면에 각종 합금층을 만드는 것을 말한다.

46 용해시 흡수한 산소를 인(P)으로 탈산하여 산소를 0.01% 이하로 한 것이며, 고온에서 수소 취성이 없고 용접성이 좋아 가스관, 열교환관 등으로 사용되는 구리는?

① 탈산 구리
② 정련 구리
③ 전기 구리
④ 무산소 구리

| 해설 | 탈산 구리는 구리 속에 함유되는 산소의 양을 특히 낮게 한 구리로 일반적으로 구리지금 속의 산소량은 0.03~0.05%인데 0.02% 이하인 것을 탈산구리, 0.01% 이하인 것을 저산소구리, 0.001% 이하인 것을 무산소구리라 한다.

47 저합금강 중에서 연강에 비하여 고장력강의 사용 목적으로 틀린 것은?

① 재료가 절약된다.
② 구조물이 무거워진다.
③ 용접공수가 절감된다.
④ 내식성이 향상된다.

| 해설 | 고장력강 : 강도, 경도가 연강보다 커서 두께를 줄일 수 있어 용접 공수가 절감되며, 구조물의 무게가 가벼워진다.

48 다음 중 주조상태의 주강품 조직이 거칠고 취약하기 때문에 반드시 실시해야 하는 열처리는?

① 침탄
② 풀림
③ 질화
④ 금속침투

| 해설 | 풀림은 재료를 일정한 온도로 가열 후 노 내에서 냉각하여 내부 조직을 고르게 하고 응력을 제거하는 것으로 연화 풀림, 응력제거 풀림, 완전 풀림 등이 있다.

49 합금강이 탄소강에 비하여 좋은 성질이 아닌 것은?

① 기계적 성질 향상
② 결정입자의 조대화
③ 내식성, 내마멸성 향상
④ 고온에서 기계적 성질 저하 방지

| 해설 | 합금강은 결정입자가 탄소강보다 미세하여 기계적 성질이 우수하다.

50 산소나 탈산제를 품지 않으며, 유리에 대한 봉착성이 좋고 수소취성이 없는 시판동은?

① 무산소동
② 전기동
③ 전련동
④ 탈산동

| 해설 | 구리(동) 중에 산소가 있으면 수소와의 반응으로 수분을 생성하여 수소 취성을 일으키며, 또한 내식성도 나쁘기 때문에 산소를 약 0.008% 이하가 되도록 탈산제로 제거한 구리를 말한다.

| 정답 | 45. ③ 46. ① 47. ② 48. ② 49. ② 50. ①

51 도면에 "KSB 1101 둥근 머리 리벳 25 × 36 SWRM 10"와 같이 리벳이 표시되었을 경우 올바른 설명은?

① 호칭 지름은 25mm이다.
② 리벳이음의 피치는 400mm이다.
③ 리벳의 재질은 황동이다.
④ 둥근 머리부의 바깥지름은 36mm이다.

| 해설 | 리벳 표시 : 종류, 지름×길이, 재질

52 기계제도 도면에서 "t120"이라는 치수가 있을 경우 "t"가 의미하는 것은?

① 모떼기   ② 재료의 두께
③ 구의 지름   ④ 정사각형의 변

| 해설 | • 구의 지름 : SØ
     • 구의 반지름 : SR
     • 정사각형 변 : □
     • 45도 모떼기 : C

53 도면에서의 지시한 용접법으로 바르게 짝지어진 것은?

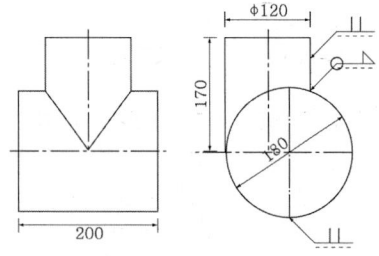

① 이면 용접, 필릿 용접
② 겹치기 용접, 플러그 용접
③ 평형 맞대기 용접, 필릿 용접
④ 심 용접, 겹치기 용접

| 해설 | 우측면도의 우측은 I(평형) 맞대기 용접, 하단은 필릿 용접을 하라는 의미이다.

54 그림은 배관용 밸브의 도시 기호이다. 어떤 밸브의 도시 기호인가?

① 앵글 밸브   ② 체크 밸브
③ 게이트 밸브   ④ 안전 밸브

| 해설 | 체크 밸브는 역류 방지 밸브이다.

55 배관용 아크 용접 탄소강 강관의 KS 기호는?

① PW   ② WM
③ SCW   ④ SPW

| 해설 | SCW : 용접 구조용 주강품

56 기계 제작 부품 도면에서 도면의 윤곽선 오른쪽 아래 구석에 위치하는 표제란을 가장 올바르게 설명한 것은?

① 품번, 품명, 재질, 주서 등을 기재한다.
② 제작에 필요한 기술적인 사항을 기재한다.
③ 제조 공정별 처리방법, 사용공구 등을 기재한다.
④ 도번, 도명, 제도 및 검도 등 관련자 서명, 척도 등을 기재한다.

| 해설 | 표제란은 도면관리에 필요한 사항과 도면내용에 관한 중요한 사항을 정리하여 기입하는데, 도면번호, 도면명칭, 도면작성 연월일, 척도, 투상법, 제도자, 설계자, 공사명 등을 기입한다.

57 그림과 같이 제3각법으로 정면도와 우측면도를 작도할 때 누락된 평면도로 적합한 것은?

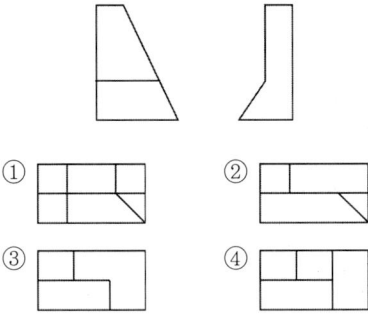

| 해설 | 우측면도, 정면도를 비교하면 평면도상 우측 하단 부분이 경사형으로 나타난다.

58 그림과 같은 원추를 전개하였을 경우 전개면의 꼭지각이 180°가 되려면 ϕD의 치수는 얼마가 되어야 하는가?

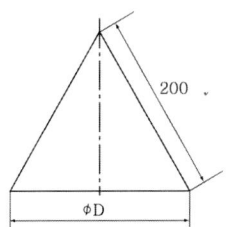

① $\phi 100$ ② $\phi 120$
③ $\phi 180$ ④ $\phi 200$

| 해설 | $\phi = 360 \times \dfrac{r}{L}, \ r = \dfrac{\phi L}{360} = \dfrac{180 \times 200}{360} = 100$
$D = 2r = 200$

59 단면을 나타내는 해칭선의 방향이 가장 적합하지 않은 것은?

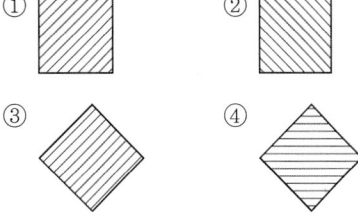

| 해설 | 해칭선은 외형선과 평행이 되도록 그어서는 안 된다.

60 기계제도에서 사용하는 선의 굵기 기준이 아닌 것은?

① 0.9mm   ② 0.25mm
③ 0.18mm   ④ 0.7mm

| 해설 | 선 굵기의 기준은 0.18, 0.25, 0.35, 0.5, 0.7, 1.0mm로 한다.

| 정답 | 57. ② 58. ④ 59. ③ 60. ①

2014년 제4회 용접기능사 필기

2014년 7월 20일 시행

01 납땜시 강한 접합을 위한 틈새는 어느 정도가 가장 적당한가?

① 0.02~0.10mm   ② 0.20~0.30mm
③ 0.30~0.40mm   ④ 0.40~0.50mm

| 해설 | 납땜시 틈새가 작을수록 모세관 현상이 커지므로 납이 잘 스며들 수 있게 된다.

02 다음 중 맞대기 저항 용접의 종류가 아닌 것은?

① 업셋 용접
② 프로젝션 용접
③ 퍼커션 용접
④ 플래시 비트 용접

| 해설 | 겹치기 저항용접의 종류 : 스폿, 심, 프로젝션 용접 등

03 MIG 용접에서 가장 많이 사용되는 용적 이행 형태는?

① 단락 이행   ② 스프레이 이행
③ 입상 이행   ④ 글로뷸러 이행

| 해설 | 스프레이(분무형)은 스패터가 거의 없고 용착 속도가 빠르고 용입이 깊기 때문에 가장 많이 사용된다.

04 다음 중 용접부의 검사방법에 있어 비파괴 검사법이 아닌 것은?

① X선 투과 시험   ② 형광 침투 시험
③ 피로 시험   ④ 초음파 시험

| 해설 | 피로 시험은 파괴 시험 중 기계적 시험이다.

05 CO_2 가스 아크 용접에서 솔리드 와이어에 비교한 복합 와이어의 특징을 설명한 것으로 틀린 것은?

① 양호한 용착금속을 얻을 수 있다.
② 스패터가 많다.
③ 아크가 안정된다.
④ 비드 외관이 깨끗하며 아름답다.

| 해설 | 복합 와이어(flux cord wire)는 용제에 탈산제, 아크 안정제 등 합금 원소가 포함되어 있어 아크도 안정되어 스패터가 적고 비드 외관이 깨끗하며 아름답다.

06 다음 용접법 중 저항용접이 아닌 것은?

① 스폿 용접   ② 심 용접
③ 프로젝션 용접 ④ 스터드 용접

| 해설 | 스터드 용접은 아크 용접에 속한다.

| 정답 | 01. ① 02. ② 03. ② 04. ③ 05. ② 06. ④

07 아크 용접의 재해라 볼 수 없는 것은?

① 아크 광선에 의한 전안염
② 스패터 비산으로 인한 화상
③ 역화로 인한 화재
④ 전격에 의한 감전

| 해설 | 역화 : 가스 용접이나, 가스 절단 등에서 발생한다.

08 다음 중 전자 빔 용접의 장점과 거리가 먼 것은?

① 고진공 속에서 용접을 하므로 대기와 반응하기 쉬운 활성 재료도 용이하게 용접된다.
② 두꺼운 판의 용접이 불가능하다.
③ 용접을 정밀하고 정확하게 할 수 있다.
④ 에너지 집중이 가능하기 때문에 고속으로 용접이 된다.

| 해설 | 두꺼운 판의 용접에도 가능하다.

09 대상물에 감마선, 엑스선을 투과시켜 필름에 나타나는 상으로 결함을 판별하는 비파괴 검사법은?

① 초음파 탐상 검사
② 침투 탐상 검사
③ 와전류 탐상 검사
④ 방사선 투과 검사

| 해설 | 방사선 투과 검사는 감마선, 엑스선을 투과시켜 필름에 나타나는 상으로 결함을 판별하는 방법으로 가장 많이 사용된다.

10 다음 그림 중에서 용접 열량의 냉각속도가 가장 큰 것은?

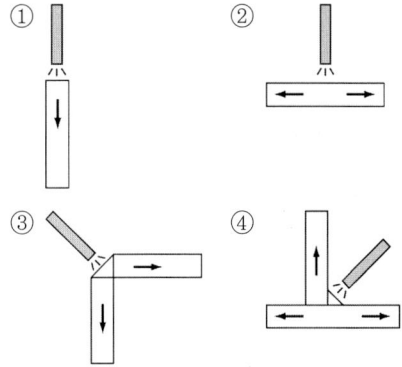

| 해설 | 냉각속도 : 열전도도가 높은 재료, 형상이 다양한 이음이 냉각속도가 빠르다. ④ 필릿 용접부 : 냉각 방향이 3곳으로 가장 가 크다.

11 MIG 용접의 용적이행 중 단락 아크용접에 관한 설명으로 맞는 것은?

① 용적이 안정된 스프레이 형태로 용접된다.
② 고주파 및 저전류 펄스를 활용한 용접이다.
③ 임계전류 이상의 용접 전류에서 많이 적용된다.
④ 저전류, 저전압에서 나타나며 박판용접에 사용된다.

| 해설 | MIG 용접시 단락 이행형은 200A 이하의 저전류시, 솔리드 와이어 사용시 나타난다.

12 용접결함 중 내부에 생기는 결함은?

① 언더컷 ② 오버랩
③ 크레이터 균열 ④ 기공

| 해설 | 기공은 용접 분위기 가운데 수소 또는 일산화탄소의 과잉, 모재 가운데 유황 함유량 과대, 아크 길이, 전류 조작의 부적당, 용접 속도가 빠를 때 발생되는 내부 결함이다.

| 정답 | 07. ③ 08. ② 09. ④ 10. ④ 11. ④ 12. ④

13 다음 중 불활성 가스 텅스텐 아크 용접에서 중간 형태의 용입과 비드 폭을 얻을 수 있으며, 청정 효과가 있어 알루미늄이나 마그네슘 등의 용접에 사용되는 전원은?

① 직류 정극성   ② 직류 역극성
③ 고주파 교류   ④ 교류 전원

| 해설 | TIG 알루미늄, 마그네슘 용접은 고주파 중첩 교류를 사용한다.

14 용접용 용제는 성분에 의해 용접 작업성, 용착 금속의 성질이 크게 변화하므로 다음 중 원료와 제조방법에 따른 서브머지드 아크 용접의 용접용 용제에 속하지 않는 것은?

① 고온 소결형 용제
② 저온 소결형 용제
③ 용융형 용제
④ 스프레이형 용제

| 해설 | 입자 상태의 광물성 물질로 용융형, 소결형 용제로 나누고, 소결형 용제는 제조 온도에 따라 고온 소설형, 저온 소결형으로 분류한다.

15 용접시 발생하는 변형을 적게 하기 위하여 구속하고 용접하였다면 잔류응력은 어떻게 되는가?

① 잔류응력이 작게 발생한다.
② 잔류응력이 크게 발생한다.
③ 잔류응력은 변함없다.
④ 잔류응력과 구속용접과는 관계없다.

| 해설 | **구속 용접** : 변형을 적어지겠지만, 잔류 응력은 크게 발생한다.

16 용접결함 중 균열의 보수방법으로 가장 옳은 방법은?

① 작은 지름의 용접봉으로 재용접한다.
② 굵은 지름의 용접봉으로 재용접한다.
③ 전류를 높게 하여 재용접한다.
④ 정지구멍을 뚫어 균열부분은 홈을 판 후 재용접한다.

| 해설 | ④ : 주로 주철 균열의 보수 용접의 하나이다.

17 안전·보건 표지의 색채, 색도기준 및 용도에서 문자의 빨간색 또는 노란색에 대한 보조색으로 사용되는 색채는?

① 파란색   ② 녹색
③ 흰색   ④ 검은 색

| 해설 | **안전 표지 색채 중 검정색** : 글씨 등의 표시에, 녹색은 안전 표지에 사용한다.

18 감전의 위험으로부터 용접 작업자를 보호하기 위해 교류 용접기에 설치하는 것은?

① 고주파 발생 장치
② 전격 방지 장치
③ 원격 제어 장치
④ 시간 제어 장치

| 해설 | 교류 아크 용접기는 무부하 전압 70~80V 정도로 비교적 높아 감전 위험이 있어 용접사를 보호하기 위해 전격 방지장치를 부착한다.

| 정답 | 13. ③ 14. ④ 15. ② 16. ④ 17. ④ 18. ②

19 산화하기 쉬운 알루미늄을 용접할 경우에 가장 적합한 용접법은?

① 서브머지드 아크 용접
② 불활성 가스 아크 용접
③ CO_2 아크 용접
④ 피복 아크 용접

| 해설 | 알루미늄은 티그 용접이나 미그 용접법 등 불활성 가스 아크 용접법을 적용하는 것이 가장 좋다.

20 용접 홈의 형식 중 두꺼운 판의 양면 용접을 할 수 없는 경우에 가공하는 방법으로 한쪽 용접에 의해 충분한 용입을 얻으려고 할 때 사용되는 홈은?

① I형 홈   ② V형 홈
③ U형 홈   ④ H형 홈

| 해설 | U형 홈은 V형에 비해 홈 폭이 좁아도 되고, 루트 간격을 0으로 해도 작업성과 용입이 좋으며 용착 금속 양도 적으나 홈가공이 다소 어려운 단점이 있다.

21 금속 산화물이 알루미늄에 의하여 산소를 빼앗기는 반응에 의해 생성되는 열을 이용하여 금속을 접합시키는 용접법은?

① 스터드 용접
② 테르밋 용접
③ 원자수소 용접
④ 일렉트로 슬래그 용접

| 해설 | 테르밋 용접은 테르밋 반응에 의해 생성되는 열을 이용하여 금속을 용접하는 방법이다.

22 아래 [그림]과 같이 각 층마다 전체의 길이를 용접하면서 쌓아 올리는 가장 일반적인 방법으로 주로 사용하는 용착법은?

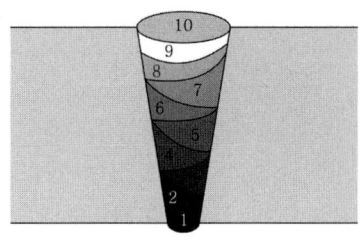

① 교호법   ② 덧살 올림법
③ 케스케이드법   ④ 전진 블록법

| 해설 | 덧살 올림법은 각 층마다 전체 길이를 용접하면서 쌓아 올리는 방법으로 가장 일반적인 방법이다.

23 용접에 의한 이음을 리벳이음과 비교했을 때, 용접 이음의 장점이 아닌 것은?

① 이음구조가 간단하다.
② 판 두께에 제한을 거의 받지 않는다.
③ 용접 모재의 재질에 대한 영향이 작다.
④ 기밀성과 수밀성을 얻을 수 있다.

| 해설 | 용접 모재의 재질에 대한 영향이 크다.

24 피복 아크 용접 회로의 순서가 올바르게 연결된 것은?

① 용접기 - 전극 케이블 - 용접봉 홀더 - 피복 아크 용접봉 - 아크 - 모재 - 접지 케이블
② 용접기 - 용접봉 홀더 - 전극 케이블 - 모재 - 아크 - 피복 아크 용접봉 - 접지 케이블
③ 용접기 - 피복 아크 용접봉 - 아크 - 모재 - 접지 케이블 - 전극 케이블 - 용접봉 홀더

| 정답 | 19. ② 20. ③ 21. ② 22. ② 23. ③ 24. ①

④ 용접기 – 전극 케이블 – 접지 케이블 – 용접봉 홀더 – 피복 아크 용접봉 – 아크 – 모재

| 해설 | 교류 아크 용접기의 용접 회로 순서 : 용접기에서 전극케이블 통해 용접봉 홀더로, 피복 아크 용접봉 통해 아크 발생, 모재 용융, 접지케이블, 용접기

25 연강용 가스 용접봉의 용착금속의 기계적 성질 중 시험편의 처리에서 "용접한 그대로 응력을 제거하지 않은 것"을 나타내는 기호는?

① NSR   ② SR
③ GA   ④ GB

| 해설 |
• GA, GB : 가스 용집봉의 재질에 따른 종류
• NSR : 용접한 그대로 응력을 제거하지 않은 것
• SR : 625±25℃에서 1시간 동안 응력을 제거한 것

26 용접 중에 아크가 전류의 자기 작용에 의해서 한쪽으로 쏠리는 현상을 아크 쏠림(Arc Blow)이라 한다. 다음 중 아크 쏠림의 방지법이 아닌 것은?

① 직류 용접기를 사용한다.
② 아크의 길이를 짧게 한다.
③ 보조판(엔드탭)을 사용한다.
④ 후퇴법을 사용한다.

| 해설 | 아크 쏠림이 발생하면 교류 용접기를 사용해야 한다.

27 발전(모터, 엔진형)형 직류 아크 용접기와 비교하여 정류기형 직류 아크 용접기를 설명한 것 중 틀린 것은?

① 고장이 적고 유지보수가 용이하다.
② 취급이 간단하고 가격이 싸다.
③ 초소형 경량화 및 안정된 아크를 얻을 수 있다.
④ 완전한 직류를 얻을 수 있다.

| 해설 | 발전형 용접기는 완전한 직류를 얻으며 보수와 점검이 어렵고, 구동부, 발전기부로 되어 가격이 비싸다.

28 가스 절단에서 양호한 절단면을 얻기 위한 조건으로 맞지 않는 것은?

① 드래그가 가능한 한 클 것
② 절단면 표면의 각이 예리할 것
③ 슬래그 이탈이 양호할 것
④ 경제적인 절단이 이루어질 것

| 해설 | 드래그가 가능한 한 작아야 한다.

29 용접봉의 용융금속이 표면장력의 작용으로 모재에 옮겨가는 용적이행으로 맞는 것은?

① 스프레이형   ② 핀치 효과형
③ 단락형   ④ 용적형

| 해설 |
• 스프레이형 : 피복제의 일부가 가스화하여 가스를 뿜어 냄으로 미세한 용적이 날려 모재에 옮겨가서 용착되는 방식
• 글로불러형 : 비교적 큰 용적이 단락되지 않고 옮겨가는 형식

| 정답 | 25. ① 26. ① 27. ④ 28. ① 29. ③

30 피복 아크 용접봉에서 피복제의 가장 중요한 역할은?

① 변형 방지
② 인장력 증대
③ 모재 강도 증가
④ 아크 안정

| 해설 | 피복제 역할 : 아크 안정이 가장 중요하며, 탈산 정련, 합금제 첨가, 냉각속도 감소 등을 한다.

31 저수소계 용접봉의 특징이 아닌 것은?

① 용착금속 중 수소량이 다른 용접봉에 비해서 현저하게 적다.
② 용착금속의 취성이 크며 화학적 성질도 좋다.
③ 균열에 대한 감수성이 특히 좋아서 두꺼운 판 용접에 사용된다.
④ 고탄소강 및 황의 함유량이 많은 쾌삭강 등의 용접에 사용되고 있다.

| 해설 | 저수소계는 강인성이 풍부하고 기계적 성질, 내균열성이 우수하다.

32 폭발 위험성이 가장 큰 산소와 아세틸렌의 혼합비(%)는?

① 40 : 60   ② 15 : 85
③ 60 : 40   ④ 85 : 15

| 해설 | 산소가 아세틸렌에 비해(85:15) 현저히 많으면 폭발 위험이 있다.

33 연강용 피복금속 아크 용접봉에서 다음 중 피복제의 염기성이 가장 높은 것은?

① 저수소계   ② 고산화철계
③ 고셀룰로스계   ④ 티탄계

| 해설 | 내균열성 크기 : 저수소계(염기도가 가장 높음)〉일미나이트계〉고셀룰로스계〉티탄계

34 35℃에서 150kgf/cm²으로 압축하여 내부용적 45.7리터의 산소 용기에 충전하였을 때, 용기 속의 산소량은 몇 리터인가?

① 6855   ② 5250
③ 6150   ④ 7005

| 해설 | 기압×내용적 = 150×45.7 = 6855

35 산소 프로판 가스용접시 산소 : 프로판 가스의 혼합비로 가장 적당한 것은?

① 1 : 1   ② 2 : 1
③ 2.5 : 1   ④ 4.5 : 1

| 해설 | 프로판 절단시 프로판 : 산소의 비는 1:4.5배로 산소가 더 많이 든다.

36 교류 피복 아크 용접기에서 아크발생 초기에 용접전류를 강하게 흘려보내는 장치를 무엇이라고 하는가?

① 원격 제어장치
② 핫 스타트 장치
③ 전격 방지기
④ 고주파 발생장치

| 해설 | 핫 스타트 장치는 아크가 발생하는 초기에 용접봉과 모재가 냉각되어 있어 용접입열이 부족하여 아크가 불안정하므로 아크 초기만 용접 전류를 높게 하는 장치

| 정답 | 30. ④ 31. ② 32. ④ 33. ① 34. ① 35. ④ 36. ②

37 아크 절단법의 종류가 아닌 것은?

① 플라즈마 제트 절단
② 탄소 아크 절단
③ 스카핑
④ 티그 절단

| 해설 | 스카핑은 가스 가공법의 일종이다.

38 부탄가스의 화학 기호로 맞는 것은?

① C_4H_{10}　　② C_3H_8
③ C_5H_{12}　　④ C_2H_6

| 해설 | ① 부탄　② 프로판
③ 펜탄　④ 에탄

39 아크 에어 가우징에 가장 적합한 홀더 전원은?

① DCRP
② DCSP
③ DCRP, DCSP 모두 좋다.
④ 대전류의 DCSP가 가장 좋다.

| 해설 | 아크 가우징, GMAW에는 직류 역극성이 적합하다.

40 열간 가공이 쉽고 다듬질 표면이 아름다우며 용접성이 우수한 강으로 몰리브덴 첨가로 담금질성이 높아 각종 축, 강력볼트, 아암, 레버 등에 많이 사용되는 강은?

① 크롬 - 몰리브덴강
② 크롬 - 바나듐강
③ 규소 - 망간강
④ 니켈 - 구리 - 코발트강

| 해설 | 크롬-몰리브덴강(SCM) : 강인성이 우수한 강

41 고장력강(HT)의 용접성을 가급적 좋게 하기 위해 줄여야 할 합금원소는?

① C　　② Mn
③ Si　　④ Cr

| 해설 | 고장력강에 탄소량이 증가하면 용접 균열이 발생할 수 있다.

42 내식강 중에서 가장 대표적인 특수 용도용 합금강은?

① 주강　　② 탄소강
③ 스테인리스강　　④ 알루미늄강

| 해설 | 스테인리스강 : 철에 Cr이 12% 이상 함유한 강, 페라이트계, 마텐사이트계, 오스테나이트계, 석출 경화계 등이 있으며, 오스테나이트계는 Fe+Cr+Ni이 주성분이다.

43 아공석강의 기계적 성질 중 탄소 함유량이 증가함에 따라 감소하는 성질은?

① 연신율　　② 경도
③ 인장강도　　④ 항복강도

| 해설 | 탄소함유량이 증가함에 따라 연신율은 감소된다.

44 금속침투에서 칼로라이징이란 어떤 원소로 사용하는 것인가?

① 니켈　　② 크롬
③ 붕소　　④ 알루미늄

| 해설 | • 크로마이징 : 크롬　• 세라다이징 : 아연
• 브로나이징 : 붕소　• 실리코나이징 : 규소

| 정답 | 37. ③　38. ①　39. ①　40. ①　41. ①　42. ③　43. ①　44. ④

45 주조시 주형에 냉금을 삽입하여 주물표면을 급랭시키는 방법으로 제조되며 금속 압연용 롤 등으로 사용되는 주철은?

① 가단주철　　② 칠드주철
③ 고급주철　　④ 페라이트주철

| 해설 | **칠드주철** : 주물의 일부, 전부의 표면을 높은 경도, 내마모성으로 만들기 위해 금형에 접해서 주철용탕을 응고 급냉시켜서 제조하는 주철주물이다.

46 알루마이트법이라 하며, Al 제품을 2% 수산 용액에서 전류를 흘려 표면에 단순하고 치밀한 산화막을 만드는 방법은?

① 통산법　　② 황산법
③ 수산법　　④ 크롬산법

| 해설 | **수산법** : 알루미늄 방식법의 하나

47 주위의 온도에 의하여 선팽창 계수나 탄성률 등의 특정한 성질이 변하지 않는 불변강이 아닌 것은?

① 인바　　② 엘린바
③ 슈퍼인바　　④ 베빗메탈

| 해설 | 베빗 메탈은 Pb가 들어가지 않는 순수한 Sn-Sb-Cu 합금이다.

48 다음 가공법 중 소성가공법이 아닌 것은?

① 주조　　② 압연
③ 단조　　④ 인발

| 해설 | **소성가공법** : 단조, 압출, 인발, 전조, 판금 등

49 다음 중 담금질에서 나타나는 조직으로 경도와 강도가 가장 높은 조직은?

① 시멘타이트　　② 오스테나이트
③ 소르바이트　　④ 마텐자이트

| 해설 | 마텐자이트는 강철을 담금질하면 고온에서 안정된 오스테나이트로부터 실온에서 안정한 α철과 시멘타이트로 구성되는 조직으로 변화하는 변태가 일부 저지되어 단단한 조직이다.

50 일반적으로 강에 S, Pb, P 등을 첨가하여 절삭성을 향상시킨 강은?

① 구조용강　　② 쾌삭강
③ 스프링강　　④ 탄소공구강

| 해설 | **쾌삭강** : 강의 피삭성을 증가시켜, 절삭 가공을 쉽게 하기 위해 특히 황을 첨가한 강

51 그림과 같이 파단선을 경계로 필요로 하는 요소의 일부만을 단면으로 표시하는 단면도는?

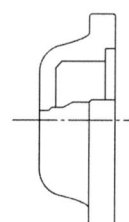

① 온 단면도　　② 부분 단면도
③ 한쪽 단면도　　④ 회전 도시 단면도

| 해설 | 부분 단면도는 일부분을 잘라내고 필요한 내부 모양을 그리기 위한 방법이다.

| 정답 | 45. ② 46. ③ 47. ④ 48. ① 49. ④ 50. ② 51. ②

52 그림과 같은 치수 기입 방법은?

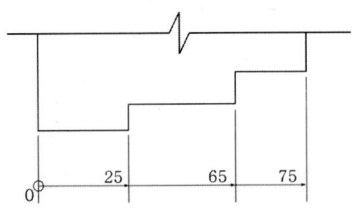

① 직렬 치수 기입법
② 병렬 치수 기입법
③ 조합 치수 기입법
④ 누진 치수 기입법

| 해설 | 누진차수 기입법 : 도면에서 치수를 한쪽에서 계속 누진하여 표시하는 방법

53 관의 구배를 표시하는 방법 중 틀린 것은?

① ◥ 1/200
② ◥ 0.2%
③ ◥ 5°
④ ◥ 0.5

| 해설 | 구배 표시 : 소수점으로 나타낼 수 없다.

54 도면에서 표제란과 부품란으로 구분할 때 다음 중 일반적으로 표제란에만 기입하는 것은?

① 부품번호   ② 부품기호
③ 수량   ④ 척도

| 해설 | 표제란 : 도면번호, 도면명칭, 척도, 투상법 등을 기입

55 그림과 같은 용접이음 방법의 명칭으로 가장 적합한 것은?

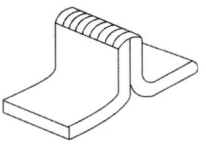

① 연속 필릿 용접
② 플랜지형 겹치기 용접
③ 연속 모서리 용접
④ 플랜지형 맞대기 용접

| 해설 | 플랜지형 : J형으로 굽혀 그 끝을 이음한 용접

56 KS 재료 기호에서 고압 배관용 탄소강관을 의미하는 것은?

① SPP   ② SPS
③ SPPA   ④ SPPH

| 해설 | • SPP : 배관용 탄소 강관
         • SPPH : 고압 배관용 탄소강관

57 용도에 의한 명칭에서 선의 종류가 모두 가는 실선인 것은?

① 치수선, 치수보조선, 지시선
② 중심선, 지시선, 숨은선
③ 외형선, 치수보조선, 해칭선
④ 기준선, 피치선, 수준면선

| 해설 | 외형선 : 굵은 실선, 중심선 : 가는 1점쇄선

| 정답 | 52. ④   53. ④   54. ④   55. ④   56. ④   57. ①

58 그림과 같은 원뿔을 전개하였을 경우 나타난 부채꼴의 전개각(전개된 물체의 꼭지각)이 150°가 되려면 l의 치수는?

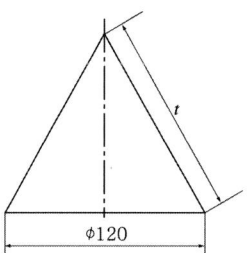

① 100
② 122
③ 144
④ 150

| 해설 | $\phi = 360 \times \dfrac{r}{L} = \dfrac{D}{2l}$, $150 = 360 \times \dfrac{120}{2l}$,

$l = \dfrac{360 \times 120}{2 \times 150} = 144$

59 리벳의 호칭 방법으로 옳은 것은?

① 규격 번호, 종류, 호칭지름 × 길이, 재료
② 명칭, 등급, 호칭지름 × 길이, 재료
③ 규격번호, 종류, 부품 등급, 호칭, 재료
④ 명칭, 다음질 경도, 호칭, 등급, 강도

| 해설 | 접시머리 리벳 30×50 SV 20

60 그림과 같은 제3각법 정투상도의 3면도를 기초로 한 입체도로 가장 적합한 것은?

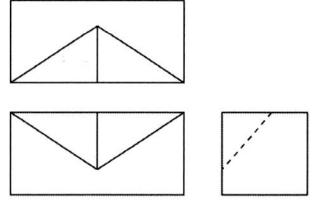

① 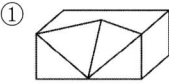　②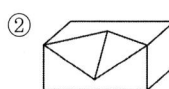

③ 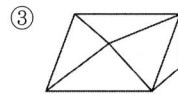　④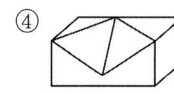

| 해설 | 정면도와 평면도의 다이어몬드 꼴 중심 하단이 우측면도에서 밑까지 오지 않았으므로 ②가 정답이다.

2014년 제5회 용접기능사 필기

2014년 10월 11일 시행

01 차축, 레일의 접합, 선박의 프레임 등 비교적 큰 단면을 가진 주조나 단조품의 맞대기 용접과 보수용접에 주로 사용되는 용접법은?

① 서브머지드 아크 용접
② 테르밋 용접
③ 원자 수소 아크 용접
④ 오토콘 용접

| 해설 | 테르밋 용접 : 테르밋제(산화철과 알루미늄의 분말)의 화학 반응열에 의해 용융된 금속을 용접부에 부어 용접하는 방법

02 용접부 시험 중 비파괴 시험 방법이 아닌 것은?

① 피로 시험   ② 누설 시험
③ 자기적 시험   ④ 초음파 시험

| 해설 | 피로시험 : 기계적 시험, 동적 시험의 하나이다. 피로 시험은 반복 하중의 작용에 대해 얼마만큼 강하느냐의 정도를 찾는 시험임

03 불활성 가스 금속 아크 용접의 제어장치로써 크레이터 처리 기능에 의해 낮아진 전류가 서서히 줄어들면서 아크가 끊어지는 기능으로 이면용접 부위가 녹아내리는 것을 방지하는 것은?

① 예비가스 유출시간
② 스타트 시간
③ 크레이터 충전시간
④ 버언 백 시간

| 해설 | GMAW에서 예비 가스 유출시간 : 전극이나 용접부를 보호하기 위해 아크 발생 전에 가스를 유출하는 시간

04 다음 중 용접 결함의 보수 용접에 관한 사항으로 가장 적절하지 않은 것은?

① 재료의 표면에 얕은 결함은 덧붙임 용접으로 보수한다.
② 언더컷이나 오버랩 등은 그대로 보수 용접을 하거나 정으로 따내기 작업을 한다.
③ 결함이 제거된 모재 두께가 필요한 치수보다 얇게 되었을 때에는 덧붙임 용접으로 보수한다.
④ 덧붙임 용접으로 보수할 수 있는 한도를 초과할 때에는 결함부분을 잘라내어 맞대기 용접으로 보수한다.

| 해설 | 재료 표면의 얕은 결함 결함 보수는 가는 용접봉으로 하는 것이 좋다.

05 불활성가스 금속아크 용접의 용적이행 방식 중 용융이행 상태는 아크기류 중에서 용가재가 고속으로 용융, 미입자의 용적으로 분사되어 모재에 용착되는 용적이행은?

① 용락 이행   ② 단락 이행
③ 스프레이 이행   ④ 글로뷸러 이행

| 해설 | 단락 이행 : 용적이 1초에 수십번 모재에 닿았다 떨어졌다 하면서 용적이 옮겨가는 형식

| 정답 | 01. ② 02. ① 03. ④ 04. ① 05. ③

06 경납용 용가재에 대한 각각의 설명이 틀린 것은?

① 은납 : 구리, 은, 아연이 주성분으로 구성된 합금으로 인장강도, 전연성 등의 성질이 우수하다.
② 황동납 : 구리와 니켈의 합금으로, 값이 저렴하여 공업용으로 많이 쓰인다.
③ 인동납 : 구리가 주 성분이며 소량의 은, 인을 포함한 합금으로 되어 있다. 일반적으로 구리 및 구리 합금의 땜납으로 쓰인다.
④ 알루미늄납 : 일반적으로 알루미늄에 규소, 구리를 첨가하여 사용하며 융점은 660℃ 정도이다.

| 해설 | 황동납 : 황동은 구리와 아연이 주성분이다.

07 토륨 텅스텐 전극봉에 대한 설명으로 맞는 것은?

① 전자 방사능력이 떨어진다.
② 아크 발생이 어렵고 불순물 부착이 많다.
③ 직류 정극성에는 좋으나 교류에는 좋지 않다.
④ 전극의 소모가 많다.

| 해설 | 토륨 함유 전극봉은 전자 방사능력이 좋으며, 아크 발생이 쉽고 불순물 부착이 적다.

08 일렉트로 슬래그 용접의 단점에 해당되는 것은?

① 용접능률과 용접품질이 우수하므로 후판 용접 등에 적당하다.
② 용접진행 중에 용접부를 직접 관찰할 수 없다.
③ 최소한의 변형과 최단시간의 용접법이다.
④ 다전극을 이용하면 더욱 능률을 높일 수 있다.

| 해설 | 일렉트로 슬래그 용접의 단점 : 용접 준비, 설치에 시간이 많이 걸린다.

09 다음 전기 저항 용접 중 맞대기 용접이 아닌 것은?

① 업셋 용접   ② 버트 심용접
③ 프로젝션 용접   ④ 퍼커션 용접

| 해설 | • 겹치기 용접 : 점 용접(스폿 용접), 심 용접, 돌기 용접(프로젝션 용접)
• 맞대기 용접 : 플래시 용접, 업셋 용접, 퍼커션 용접

10 CO_2가스 아크 용접시 저전류 영역에서 가스유량은 약 몇 ℓ/min 정도가 가장 적당한가?

① 1~5   ② 6~10
③ 10~15   ④ 16~20

| 해설 | 저전류 영역에서의 가스 유량은 10~15ℓ/min가 적당하다.

11 상온에서 강하게 압축함으로써 경계면을 국부적으로 소성 변형시켜 접합하는 것은?

① 냉간 압점   ② 플래시 버트 용접
③ 업셋 용접   ④ 가스 압접

| 해설 | 플래시 버트 용접 : 접합물을 서로 접근시고 큰 전류를 흘려 전기 저항 열로 불꽃을 일으켜 단면을 용융시킨 후 가압하여 접합하는 방법

| 정답 | 06. ② 07. ③ 08. ② 09. ③ 10. ③ 11. ①

12 서브머지드 아크 용접에서 다전극 방식에 의한 분류가 아닌 것은?

① 유니언식 ② 횡 병렬식
③ 횡 직렬식 ④ 탠덤식

| 해설 | 유니온식은 서브머지드 아크용접의 다전극 방식에 없다.

13 용착금속의 극한 강도가 30kgf/mm² 안전율이 6이면 허용 응력은?

① 3kgf/mm² ② 4kgf/mm²
③ 5kgf/mm² ④ 6kgf/mm²

| 해설 | 안전율 = $\dfrac{극한응력}{허용응력}$,

허용응력 = $\dfrac{극한강도}{안전율} = \dfrac{30}{6} = 5$

14 하중의 방향에 따른 필릿 용접의 종류가 아닌 것은?

① 전면 필릿 ② 측면 필릿
③ 연속 필릿 ④ 경사 필릿

| 해설 | 필릿 용접은 연속성 여부에 따라 연속 필릿, 단속 필릿으로, 방향에 따라 전면, 측면, 경사 필릿으로 구분한다.

15 모재 두께 9mm, 용접 길이 150mm인 맞대기 용접의 최대 인장 하중(kgf)은 얼마인가? (단, 용착금속의 인장 강도는 43kgf/mm² 이다.)

① 716kgf ② 4450kgf
③ 40635kgf ④ 58050kgf

| 해설 | $\sigma = \dfrac{P}{A} = \dfrac{P}{tl}$,

$P = \sigma tl = 43 \times 9 \times 150 = 58050$

16 화재의 폭발 및 방지조치 중 틀린 것은?

① 필요한 곳에 화재를 진화하기 위한 발화 설비를 설치할 것
② 배관 또는 기기에서 가연성 증기가 누출되지 않도록 할 것
③ 대기 중에 가연성 가스를 누설 또는 방출시키지 말 것
④ 용접 작업 부근에 점화원을 두지 않도록 할 것

| 해설 | 용접 등 화재 위험이 있는 곳에 화재 진화 방화 설비를 화재 폭발 방지를 위해 설치해야 한다.

17 용접 변형에 대한 교정 방법이 아닌 것은?

① 가열법
② 가압법
③ 절단에 의한 정형과 재용접
④ 역변형법

| 해설 | **역변형법** : 변형 교정법이 아니고 변형 방지법에 해당됨

18 용접시 두통이나 뇌빈혈을 일으키는 이산화탄소 가스의 농도는?

① 1~2% ② 3~4%
③ 10~15% ④ 20~30%

| 해설 | CO_2 가스 농도
15% 이상이면 위험, 30% 이상이면 극히 위험(치사량)하다.

| 정답 | 12. ① 13. ③ 14. ③ 15. ④ 16. ① 17. ④ 18. ②

19 용접에서 예열에 관한 설명 중 틀린 것은?

① 용접 작업에 의한 수축 변형을 감소시킨다.
② 용접부의 냉각 속도를 느리게 하여 결함을 방지한다.
③ 고급 내열합금도 용접 균열을 방지하기 위하여 예열을 한다.
④ 알루미늄합금, 구리합금은 50~70℃의 예열이 필요하다.

| 해설 | Al 용접시 예열온도 : 200~400℃ 이하로 예열 후 용접하는 것이 좋다.

20 현미경 조직시험 순서 중 가장 알맞은 것은?

① 시험편 채취 - 마운팅 - 샌드 페이퍼 연마 - 폴리싱 - 부식 - 현미경검사
② 시험편 채취 - 폴리싱 - 마운팅 - 샌드 페이퍼 연마 - 부식 - 현미경검사
③ 시험편 채취 - 마운팅 - 폴리싱 - 샌드 페이퍼 연마 - 부식 - 현미경검사
④ 시험편 채취 - 마운팅 - 부식 - 샌드 페이퍼 연마 - 폴리싱 - 현미경검사

| 해설 | 현미경조직시험순서 : 시험편 채귀 후 마운팅(작은 시편), 샌드 페이퍼 연마, 폴리싱, 부식 후 검사한다.

21 용접부의 연성결함의 유무를 조사하기 위하여 실시하는 시험법은?

① 경도 시험   ② 인장 시험
③ 초음파 시험 ④ 굽힘 시험

| 해설 | • 경도 시험 : 재료의 단단한 정도 시험
• 인장시험 : 인장 강도, 연신율, 단면 수축율, 항복 강도 등 시험
• 초음파시험 : 용접부의 내부 결함 검출 시험

22 TIG 용접 및 MIG 용접에 사용되는 불활성 가스로 가장 적합한 것은?

① 수소 가스   ② 아르곤 가스
③ 산소 가스   ④ 질소 가스

| 해설 | 불활성 가스 아크 용접(TIG, MIG)에 사용하는 보호 가스 : Ar(아르곤), He(헬륨)

23 가스 용접시 양호한 용접부를 얻기 위한 조건에 대한 설명 중 틀린 것은?

① 용착금속의 용입 상태가 균일해야 한다.
② 슬래그, 기공 등의 결함이 없어야 한다.
③ 용접부에 첨가된 금속의 성질이 양호하지 않아도 된다.
④ 용접부에는 기름, 먼지, 녹 등을 완전히 제거하여야 한다.

| 해설 | 양호한 용접부를 얻으려면 용접부에 첨가된 금속의 성질이 양호해야 된다.

24 교류 아크 용접기 종류 중 AW-500의 정격 부하 전압은 몇 V인가?

① 28V   ② 32V
③ 36V   ④ 40V

| 해설 | • AW-200 : 30V 이하
• AW-300 : 35V 이하
• AW-400 : 40V 이하로 되어 있음

| 정답 | 19. ④ 20. ① 21. ④ 22. ② 23. ③ 24. ④

25 연강 피복 아크 용접봉인 E4316의 계열은 어느 계열인가?

① 저수소계
② 고산화티탄계
③ 철분 저수소계
④ 일미나이트계

| 해설 | 철분 저수소계 : E4326

26 용해 아세틸렌 가스는 각각 몇 ℃, 몇 kgf/cm² 로 충전하는 것이 가장 적합한가?

① 40℃, 160kgf/cm²
② 35℃, 150kgf/cm²
③ 20℃, 30kgf/cm²
④ 15℃, 15kgf/cm²

| 해설 | ② 압축 산소의 충전

27 다음 ( ) 안에 알맞은 용어는?

> 용접의 원리는 금속과 금속을 서로 충분히 접근시키면 금속원자 간에 ( )이 작용하여 스스로 결합하게 된다.

① 인력
② 기력
③ 자력
④ 응력

| 해설 | 용접이 가능한 인력 : 금속 원자끼리 10^{-8}(1/1억)cm 이상 접근시키면 인력에 의해 접합이 가능하다.

28 산소 아크 절단을 설명한 것 중 틀린 것은?

① 가스절단에 비해 절단면이 거칠다.
② 직류 정극성이나 교류를 사용한다.
③ 중실(속이 찬) 원형봉의 단면을 가진 강(steel)전극을 사용한다.
④ 절단 속도가 빨라 철강 구조물 해체, 수중 해체 작업에 이용된다.

| 해설 | 산소-아크 절단 : 중공(속이 빈)의 원형봉을 전극으로 사용하여 절단함

29 피복 아크 용접봉의 피복 배합제의 성분 중에서 탈산제에 해당하는 것은?

① 산화티탄(TiO_2)
② 규소철(Fe-Si)
③ 셀룰로오스(Cellulose)
④ 일미나이트($TiO_2 \cdot FeO$)

| 해설 |
• 셀룰로오스 : 가스 발생제
• 산화티탄(TiO_2) : 아크 안정과 슬래그 생성제
• 일미나이트 : 슬래그 생성제

30 다음 가스 중 가연성 가스로만 되어있는 것은?

① 아세틸렌, 헬륨
② 수소, 프로판
③ 아세틸렌, 아르곤
④ 산소, 이산화탄소

| 해설 | 가연성 가스란 산소와의 반응으로 연소되는 가스를 말하며, 수소, 프로판, 아세틸렌, 도시가스, 메탄 등이 있다.

31 용접법을 크게 융접, 압접, 납땜으로 분류할 때 압접에 해당되는 것은?

① 전자 빔 용접
② 초음파 용접
③ 원자 수소 용접
④ 일렉트로 슬래그 용접

| 해설 | 융접 : ①, ③, ④

| 정답 | 25. ① 26. ④ 27. ① 28. ③ 29. ② 30. ② 31. ②

32 정격 2차 전류 200A, 정격 사용률 40%, 아크 용접기로 150A의 용접전류 사용시 허용 사용률은 약 얼마인가?

① 51% ② 61%
③ 71% ④ 81%

| 해설 | 허용사용율 $= \dfrac{200^2}{150^2} \times 40 = 71$

33 가스 용접에 대한 설명 중 옳은 것은?

① 아크 용접에 비해 불꽃의 온도가 높다.
② 열집중성이 좋아 효율적인 용접이 가능하다.
③ 전원 설비가 있는 곳에서만 설치가 가능하다.
④ 가열할 때 열량 조절이 비교적 자유롭기 때문에 박판 용접에 적합하다.

| 해설 | • 가스 용접 : 불꽃 최고 온도 3420℃
       • 아크 용접 : 3500~5000℃

34 연강용 피복 아크 용접봉의 피복 배합제 중 아크 안정제 역할을 하는 종류로 묶여 놓은 것 중 옳은 것은?

① 적철강, 알루미나, 붕산
② 붕산, 구리, 마그네슘
③ 알루미나, 마그네슘, 탄산나트륨
④ 산화티탄, 규산나트륨, 석회석, 탄산나트륨

| 해설 | ① 슬래그 생성제

35 가스 가우징용 토치의 본체는 프랑스식 토치와 비슷하나 팁은 비교적 저압으로 대용량의 산소를 방출할 수 있도록 설계되어 있는데 이는 어떤 설계 구조인가?

① 초코 ② 인젝트
③ 오리피스 ④ 슬로우 다이버전트

| 해설 | 슬로우 다이버전트 노즐은 유속을 빨리할 수 있으며, 가스의 소비량도 절약된다.

36 가스용접 작업에서 후진법의 특징이 아닌 것은?

① 열 이용률이 좋다.
② 용접속도가 빠르다.
③ 용접 변형이 작다.
④ 얇은 판의 용접에 적당하다.

| 해설 | 후진법은 용입이 깊어 전진법보다 두꺼운 판의 용접에 적당하다.

37 가스 절단시 양호한 절단면을 얻기 위한 품질 기준이 아닌 것은?

① 슬래그 이탈이 양호할 것
② 절단면의 표면각이 예리할 것
③ 절단면이 평활하며 노치 등이 없을 것
④ 드래그의 홈이 높고 가능한 클 것

| 해설 | 양호한 가스 절단면은 드래그의 홈이 낮고 가능한 작아야 한다.

38 피복 아크 용접봉은 피복제가 연소한 후 생성된 물질이 용접부를 보호한다. 용접부의 보호방식에 따른 분류가 아닌 것은?

① 가스 발생식 ② 스프레이형
③ 반가스 발생식 ④ 슬래그 생성식

| 해설 | 스프레이형 : 용접봉의 이행 형식임

39 직류 아크 용접에서 정극성의 특징 설명으로 맞는 것은?

① 비드 폭이 넓다.
② 주로 박판용접에 쓰인다.
③ 모재의 용입이 깊다.
④ 용접봉의 녹음이 빠르다.

| 해설 | 직류 정극성 : DCSP, 모재가 +, 용접봉이 -로 연결된 전원으로 +쪽에서 약 70%가 열이 나므로 모재의 녹음이 많고 용접봉의 녹음은 적어 좁고 깊은 용접이 이루어진다.

40 스테인리스강의 종류에 해당되지 않는 것은?

① 페라이트계 스테인리스강
② 레데뷰라이트계 스테인리스강
③ 석출경화형 스테인리스강
④ 마텐자이트계 스테인리스강

| 해설 | 스테인리스강의 조직별 종류 : ①, ③, ④, 오스테나이트계가 있다.

41 금속 침투법 중 칼로라이징은 어떤 금속을 침투시킨 것인가?

① B ② Cr
③ Al ④ Zn

| 해설 | • 브로나이징 : B(보론) 침투
• 크로마이징 : Cr 침투
• 세라다이징 : Zn 침투

42 마그네슘(Mg)의 특성을 설명한 것 중 틀린 것은?

① 비강도가 Al 합금보다 떨어진다.
② 구상흑연 주철의 첨가제로 사용된다.
③ 비중이 약 1.74 정도로 실용금속 중 가볍다.
④ 항공기, 자동차 부품, 전기기기, 선박, 광학기계, 인쇄제판 등에 사용된다.

| 해설 | Mg : 비중이 1.74로 Al의 2.67보다 낮으나 강도는 비슷하므로 비강도가 더 좋다.

43 Al-Si계 합금의 조대한 공정조직을 미세화하기 위하여 나트륨(Na), 수산화나트륨(NaOH), 알칼리염류 등을 합금 용탕에 첨가하여 10~15분간 유지하는 처리는?

① 시효 처리
② 폴링 처리
③ 개량 처리
④ 응력제거 풀림처리

| 해설 | Al-Si계 합금의 개량처리 : Al-Si계 합금의 조대한 공정 조직을 수산화나트륨(NaOH), 알칼리염류나트륨(Na) 등으로 처리하여 조직을 미세화시키는 처리

44 조성이 2.0~3.0%C, 0.6~1.5%Si 범위의 것으로 백주철을 열처리로에 넣어 가열해서 탈탄 또는 흑연화 방법으로 제조한 주철은?

① 가단 주철 ② 칠드 주철
③ 구상 흑연 주철 ④ 고력 합금 주철

| 정답 | 38. ② 39. ③ 40. ② 41. ③ 42. ① 43. ③ 44. ①

| 해설 | 가단 주철 : 백주철을 탈탄시킨 것을 백심 가단 주철, 흑연화시킨 것을 흑심 가단 주철이라 한다.

| 해설 | 열간 및 냉간 가공 구분 : 재결정 온도(새로운 결정이 생성되는 온도)로 이 온도점을 기준으로 구분하며 가공도와 입자의 밀도에 따라 온도는 달라진다.

45 구리(Cu)에 대한 설명으로 옳은 것은?

① 구리는 체심입방격자이며, 변태점이 있다.
② 전기 구리는 O_2나 탈산제를 품지 않는 구리이다.
③ 구리의 전기 전도율은 금속 중에서 은(Ag)보다 높다.
④ 구리는 CO_2가 들어 있는 공기 중에서 염기성 탄산 구리가 생겨 녹청색이 된다.

| 해설 | 구리 : 변태점이 없으며, 면심 입방 격자 구조이다.

48 강의 표준 조직이 아닌 것은?

① 페라이트(ferrite)
② 펄라이트(pearlite)
③ 시멘타이트(cementite)
④ 소르바이트(sorbite)

| 해설 | 소르바이트 : 열처리 조직의 하나이며 강인하여 탄성이 필요한 피아노선이나 스프링의 조직으로 적합하다.

46 담금질에 대한 설명 중 옳은 것은?

① 위험구역에서는 급냉한다.
② 임계구역에서는 서냉한다.
③ 강을 경화시킬 목적으로 실시한다.
④ 정지된 물속에서 냉각시 대류단계에서 냉각속도가 최대가 된다.

| 해설 | 담금질 : Quenching, 소입이라고도 하며, 오스테나이트 조직으로 가열한 후 위험 구역은 서냉, 임계 구역에서는 급냉하여 강을 경화시키는 열처리이다.

49 보통 주강에 3% 이하의 Cr을 첨가하여 강도와 내마멸성을 증가시켜 분쇄기계, 석유화학 공업용 기계부품 등에 사용되는 합금 주강은?

① Ni 주강
② Cr 주강
③ Mn 주강
④ Ni-Cr 주강

| 해설 | 위 보기는 주강에 함유 성분에 따라 붙여진 명칭이다.

50 다음 중 탄소량이 가장 적은 강은?

① 연강
② 반경강
③ 최경강
④ 탄소공구강

| 해설 | 철에 탄소를 함유시킨 강을 탄소강이라 하며, 탄소 함유량 증가에 따라 경도가 증가하므로 극연강, 연강, 반연강, 반경강, 경강 최경강, 탄소 공구강 순으로 부른다.

47 열간가공과 냉간가공을 구분하는 온도로 옳은 것은?

① 재결정 온도
② 재료가 녹는 온도
③ 물의 어는 온도
④ 고온취성 발생온도

51 기계제도에서의 척도에 대한 설명으로 잘못된 것은?

① 척도는 표제란에 기입하는 것이 원칙이다.
② 축척의 표시는 2 : 1, 5 : 1, 10 : 1 등과 같이 나타낸다.
③ 척도란 도면에서의 길이와 대상물의 실제 길이의 비이다.
④ 도면을 정해진 척도값으로 그리지 못하거나 비례하지 않을 때에는 척도를 'NS'로 표시할 수 있다.

| 해설 | 축척: 실물보다 작게 그린 것을 축척이라 하며, 1 : 2, 1 : 5, 1 : 10 등으로 표시하며, ②는 배척을 설명한 것이다.

52 다음 배관 도면에 포함되어 있는 요소로 볼 수 없는 것은?

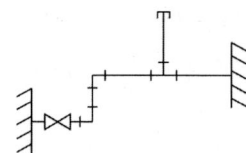

① 엘보 ② 티
③ 캡   ④ 체크밸브

| 해설 | 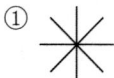 : 엘보,  : 캡, 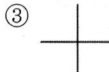 : 티

53 리벳 구멍에 카운터 싱크가 없고 공장에서 드릴 가공 및 끼워 맞추기 할 때의 간략 표시 기호는?

① ✳ ② ✶
③ ✛ ④ ⊕

| 해설 | 대각선 : 카운터 싱크, 깃발 : 현장 작업

54 그림과 같이 지름이 같은 원기둥과 원기둥이 직각으로 만날 때의 상관선은 어떻게 나타나는가?

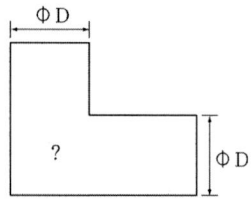

① 점선 형태의 직선
② 실선 형태의 직선
③ 실선 형태의 포물선
④ 실선 형태의 하이포이드 곡선

| 해설 | 관과 관이 직각으로 만나는 경우 상관선은 굵은 실선으로 직선으로 나타낸다.

55 리벳 이음(Rivet Joint) 단면의 표시법으로 가장 올바르게 투상된 것은?

① 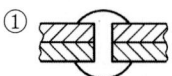   ②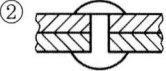
③ 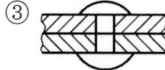   ④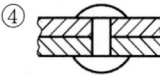

| 해설 | 소재와 둥근머리 리벳 머리와의 경계선은 실선으로 나타낸다.

56 KS 재료기호 중 기계 구조용 탄소강재의 기호는?

① SM 35C   ② SS 490B
③ SF 340A   ④ STKM 20A

| 해설 | ② 일반구조용 압연강재, ③ 단조강

| 정답 | 51. ② 52. ④ 53. ③ 54. ② 55. ④ 56. ①

57 다음 중 치수기입의 원칙에 대한 설명으로 가장 적절한 것은?

① 중요한 치수는 중복하여 기입한다.
② 치수는 되도록 주 투상도에 집중하여 기입한다.
③ 계산하여 구한 치수는 되도록 식을 같이 기입한다.
④ 치수 중 참고 치수에 대하여는 네모 상자 안에 치수 수치를 기입한다.

| 해설 | 치수 기입의 원칙 : 참고 치수는 ( )안에 기입, 치수는 중복하지 않으며, 계산하여 구한 치수라도 식을 나타내지 않는다.

58 다음 용접기호에서 "3"의 의미로 올바른 것은?

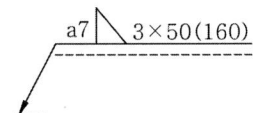

① 용접부 수
② 용접부 간격
③ 용접의 길이
④ 필릿 용접 목 두께

| 해설 | • a : 목두께
• 50 : 용접 길이
• (160) : 용접부 간격

59 다음 중 지시선 및 인출선을 잘못 나타낸 것은?

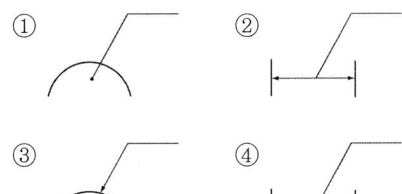

| 해설 | 화살표에 지시선으로 또 화살표가 붙으면 안 됨

60 제3각 정투상법으로 투상한 그림과 같은 투상도의 우측면도로 가장 적합한 것은?

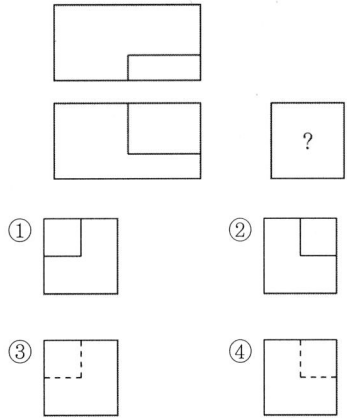

| 해설 | 3각법의 경우 정면도를 그대로 두고 우측면도와 평면도를 입체형상으로 경사지게 그려 정면도에 붙여보면 답이 나온다.

| 정답 | 57. ② 58. ① 59. ④ 60. ①

2015년 제1회 용접기능사 필기

2015년 1월 25일 시행

01 다음 중 테르밋 용접의 특징에 관한 설명으로 틀린 것은?

① 전기가 필요없다.
② 용접 작업이 단순하다.
③ 용접 시간이 길고 용접 후 변형이 크다.
④ 용접 기구가 간단하고 작업 장소의 이동이 쉽다.

| 해설 | 테르밋 용접 장점 : 용접 시간이 짧고 용접 후 변형이 적으며, 전기가 없는 곳에서도 용접이 가능하다.

02 서브머지드 아크 용접에 대한 설명으로 틀린 것은?

① 가시 용접으로 용접시 용착부를 육안으로 식별이 가능하다.
② 용융속도와 용착속도가 빠르며 용입이 깊다.
③ 용착금속의 기계적 성질이 우수하다.
④ 개선각을 작게 하여 용접 패스 수를 줄일 수 있다.

| 해설 | 서브머지드 아크 용접은 용제 속에서 아크가 발생하므로 육안으로 용착부를 식별할 수 없으며, 아크가 용제에 잠겨 있다 해서 잠호 용접, 또는 불가시 아크 용접이라 부르며, 개발회사의 이름을 따서 유니온 멜트 용접이라고도 한다.

03 다음 중 용접 설계상 주의해야 할 사항으로 틀린 것은?

① 국부적으로 열이 집중되도록 할 것
② 용접에 적합한 구조의 설계를 할 것
③ 결함이 생기기 쉬운 용접 방법은 피할 것
④ 강도가 약한 필릿 용접은 가급적 피할 것

| 해설 | 설계시 주의사항으로 국부적으로 열이 집중되지 않도록 해야 한다.

04 이산화탄소 아크 용접법에서 이산화탄소(CO_2)의 역할을 설명한 것 중 틀린 것은?

① 아크를 안정시킨다.
② 용융금속 주위를 중성 분위기로 만든다.
③ 용융속도를 빠르게 한다.
④ 양호한 용착금속을 얻을 수 있다.

| 해설 | CO_2(이산화탄소) 가스는 환원가스로서 용접부 보호가 주 목적이며, 용융속도와는 관계가 없다.

05 이산화탄소 아크 용접에 관한 설명으로 틀린 것은?

① 팁과 모재간의 거리는 와이어의 돌출 길이에 아크 길이를 더한 것이다.
② 와이어 돌출길이가 짧아지면 용접 와이어의 예열이 많아진다.
③ 와이어의 돌출길이가 짧아지면 스패터가 부착되기 쉽다.

정답 01. ③ 02. ① 03. ① 04. ③ 05. ②

④ 약 200A 미만의 저전류를 사용할 경우 팁과 모재간의 거리는 10~15mm 정도 유지한다.

| 해설 | 와이어 돌출길이가 길어지면 와이어의 예열이 많아진다. 와이어 돌출 길이가 짧으면 아크 안정면에서는 좋으나 용접부 관찰이 어렵고 노즐 안에 스패터가 많이 부착되어 가스 분출이 나빠지게 된다.

06 강구조물 용접에서 맞대기 이음의 루트 간격의 차이에 따라 보수 용접을 하는데 보수방법으로 틀린 것은?

① 맞대기 루트 간격 6mm 이하일 때에는 이음부의 한쪽 또는 양쪽을 덧붙임 용접한 후 절삭하여 규정 간격으로 개선 홈을 만들어 용접한다.
② 맞대기 루트 간격 15mm 이상일 때에는 판을 전부 또는 일부(대략 300mm) 이상의 폭)을 바꾼다.
③ 맞대기 루트 간격 6~15mm일 때에는 이음부에 두께 6mm 정도의 뒷댐판을 대고 용접한다.
④ 맞대기 루트 간격 15mm 이상일 때에는 스크랩을 넣어서 용접한다.

| 해설 | 루트 간격이 15mm 이상이면 일부 또는 전부를 교체해야 되며, 용접부에 스크랩, 환봉이나 철사 등을 넣어 용접하면 미용착부가 생겨 강도가 부족하고 응력집중이 생기며, 슬래그 혼입, 기공 발생 등 매우 좋지 않은 방법이다.

07 용접 시공시 발생하는 용접 변형이나 잔류응력의 발생을 줄이기 위해 용접시공 순서를 정한다. 다음 중 용접시공 순서에 대한 사항으로 틀린 것은?

① 제품의 중심에 대하여 대칭으로 용접을 진행시킨다.
② 같은 평면 안에 많은 이음이 있을 때에는 수축은 가능한 자유단으로 보낸다.
③ 수축이 적은 이음을 가능한 먼저 용접하고 수축이 큰 이음을 나중에 용접한다.
④ 리벳작업과 용접을 같이 할 때는 용접을 먼저 실시하여 용접열에 의해서 리벳의 구멍이 늘어남을 방지한다.

| 해설 | 용접 우선 순위 중 맞대기 이음 등 수축이 큰 이음을 먼저 용접하고 필릿 용접 등 수축이 작은 이음을 나중에 용접한다.

08 용접 작업시의 전격에 대한 방지 대책으로 올바르지 않은 것은?

① TIG 용접시 텅스텐 봉을 교체할 때는 전원 스위치를 차단하지 않고 해야 한다.
② 습한 장갑이나 작업복을 입고 용접하면 감전의 위험이 있으므로 주의한다.
③ 절연홀더의 절연 부분이 균열이나 파손되었으면 곧바로 보수하거나 교체한다.
④ 용접 작업이 끝났을 때나 장시간 중지할 때에는 반드시 스위치를 차단시킨다.

| 해설 | TIG 용접 중에 텅스텐 전극봉 교체, 용접기 점검, 수리 전에 전원 스위치를 차단하고 실시해야 한다.

| 정답 | 06. ④ 07. ③ 08. ①

09 단면적이 $10cm^2$의 평판을 완전 용입 맞대기 용접한 경우의 견디는 하중은 얼마인가? (단, 재료의 허용응력을 $1600kgf/cm^2$로 한다.)

① 160kgf ② 1600kgf
③ 16000kgf ④ 16kgf

| 해설 | 응력 $\sigma = \dfrac{P}{A}$

$P = \sigma A = 1600 \times 10 = 16000$

10 용접 길이가 짧거나 변형 및 잔류응력의 우려가 적은 재료를 용접할 경우 가장 능률적인 용착법은?

① 전진법 ② 후진법
③ 비석법 ④ 대칭법

| 해설 | **비석법** : 드문 드문 용접 후 다시 그 사이를 용접하는 용착법, 박판의 변형 방지에 효과가 크다.

11 불활성 가스 텅스텐 아크용접(TIG)의 KS 규격이나 미국용접협회(AWS)에서 정하는 텅스텐 전극봉의 식별 색상이 황색이면 어떤 전극봉인가?

① 순텅스텐
② 지르코늄 텅스텐
③ 1% 토륨 텅스텐
④ 2% 토륨 텅스텐

| 해설 | 텅스텐 전극봉 구분 색
①: 녹색, ②: 갈색, ④: 적색

12 서브머지드 아크 용접의 다전극 방식에 의한 분류가 아닌 것은?

① 푸시식 ② 텐덤식
③ 횡병렬식 ④ 횡직렬식

| 해설 | **푸시식** : 금속보호가스 용접에서 송급장치의 송급 방식의 일종, 와이어를 밀어주는 식이다.

13 다음 중 정지 구멍(Stop hole)을 뚫어 결함 부분을 깎아내고 재용접해야 하는 결함은?

① 균열 ② 언더컷
③ 오버랩 ④ 용입부족

| 해설 | • **언더컷 보수** : 가는 봉으로 언더컷 부분을 재용접한다.
• **오버랩** : 깎아내고 재용접한다.

14 다음 중 비파괴 시험에 해당하는 시험은?

① 굽힘 시험 ② 현미경 조직 시험
③ 파면 시험 ④ 초음파 시험

| 해설 | • **굽힘 시험** : 기계적 파괴 시험의 일종이다.
• **현미경 조직 시험, 파면 시험** : 금속학적 파괴 시험이다.

15 산업용 로봇 중 직각 좌표계 로봇의 장점에 속하는 것은?

① 오프라인 프로그래밍이 용이하다.
② 로봇 주위에 접근이 가능하다.
③ 1개의 선형축과 2개의 회전축으로 이루어졌다.
④ 작은 설치공간에 큰 작업영역이다.

| 해설 | **직교 좌표계 로봇**
• **장점** : 구조가 간단하므로 위치 결정 정밀도가 높고, 좌표 계산이 쉽고 간단하다.
• **단점** : 프레임이 커서 공간이 많이 차지하며, 작동 범위가 좁고 직선 운동을 위한 기구적 설계가 복잡하다.

| 정답 | 09. ③ 10. ① 11. ③ 12. ① 13. ① 14. ④ 15. ①

16 용접 후 변형 교정시 가열 온도 500~600℃, 가열 시간 약 30초, 가열 지름 20~30mm로 하여 가열한 후 즉시 수냉하는 변형 교정법을 무엇이라 하는가?

① 박판에 대한 수냉 동판법
② 박판에 대한 살수법
③ 박판에 대한 수냉 석면포법
④ 박판에 대한 점 수축법

| 해설 | 얇은(박) 판에 대한 점 수축법 : 자동차 판금 등 얇은 판의 변형 교정에 가장 많이 사용된다.

17 용접 전의 일반적인 준비 사항이 아닌 것은?

① 사용 재료를 확인하고 작업 내용을 검토한다.
② 용접전류, 용접 순서를 미리 정해둔다.
③ 이음부에 대한 불순물을 제거한다.
④ 예열 및 후열처리를 실시한다.

| 해설 | 후열처리는 용접 후에 실시하는 사항이다.

18 금속간의 원자가 접합하는 인력 범위는?

① 10^{-4}cm
② 10^{-6}cm
③ 10^{-8}cm
④ 10^{-10}cm

| 해설 | 원자간의 접합 인력 거리는 10^{-8}cm, 즉 1억분의 1cm(Å : 옹그스트롱)로 접근시키면 가열이 없어도 접합이 가능하다. 그러나 실질적으로 금속 표면은 아무리 정밀가공이 되어도 크게 확대하면 요철이 있게 되며, 표면의 산화막 등이 있어 접합이 안된다.

19 불활성 가스 금속 아크 용접(MIG)에서 크레이터 처리에 의해 낮아진 전류가 서서히 줄어들면서 아크가 끊어지는 기능으로 용접부가 녹아내리는 것을 방지하는 제어 기능은?

① 스타트 시간
② 예비 가스 유출 시간
③ 버언 백 시간
④ 크레이터 충전 시간

| 해설 | GMAW에서 예비가스 유출시간 : 아크 발생 전에 보호가스를 먼저 분출시켜 용접부와 전극을 보호하기 위해 가스를 유출시키는 시간

20 다음 중 용접용 지그 선택의 기준으로 적절하지 않은 것은?

① 물체를 튼튼하게 고정시켜 줄 크기와 힘이 있을 것
② 변형을 막아줄 만큼 견고하게 잡아줄 수 있을 것
③ 물품의 고정과 분해가 어렵고 청소가 편리할 것
④ 용접 위치를 유리한 용접 자세로 쉽게 움직일 수 있을 것

| 해설 | 용접 지그 선택 기준 : ①, ②, ④, 물품의 고정과 분해가 쉽고 청소가 편리할 것

21 다음 중 용접기에서 모재를 (+)극에, 용접봉을 (-)극에 연결하는 아크 극성으로 옳은 것은?

① 직류 정극성
② 직류 역극성
③ 용극성
④ 비용극성

| 해설 | 극성은 직류에서 모재를 기준으로 모재가 +(양, 정)극일 때를 직류 정극성, -(음, 부 역)극일 때를 직류 역극성이라 한다.

22 야금적 접합법의 종류에 속하는 것은?

① 납땜 이음   ② 볼트 이음
③ 코터 이음   ④ 리벳 이음

| 해설 | 야금학적 접합이이란 용접을 의미한다. ②, ③, ④는 모두 기계적 접합에 속한다.

23 수중 절단작업에 주로 사용되는 연료 가스는?

① 아세틸렌   ② 프로판
③ 벤젠   ④ 수소

| 해설 | 수중 절단은 수압에 견딜 수 있어야 되는데 아세틸렌은 2기압 이상이면 폭발 위험이 있으므로 사용하지 않으며, 프로판은 압력이 높아지면 액화하므로 적합하지 않다.

24 탄소 아크 절단에 압축 공기를 병용하여 전극 홀더의 구멍에서 탄소 전극봉에 나란히 분출하는 고속의 공기를 분출시켜 용융금속을 불어 내어 홈을 파는 방법은?

① 아크 에어 가우징
② 금속 아크 절단
③ 가스 가우징
④ 가스 스카핑

| 해설 | 가스 가우징 : 아크 에어 가우징과 같은 홈파기, 천공 등 같은 역할을 하나 가스를 열원으로 한다.

25 가스 용접시 팁 끝이 순간적으로 막혀 가스 분출이 나빠지고 혼합실까지 불꽃이 들어가는 현상을 무엇이라 하는가?

① 인화   ② 역류
③ 점화   ④ 역화

| 해설 | • 역류 : 토치 내부가 막혀서 고압의 산소가 아세틸렌 호스쪽으로 흐르는 현상
• 역화 : 토치의 취급이 불량할 때 순간적으로 불꽃이 토치의 팁 끝에서 빵빵 소리를 내면서 불꽃이 꺼지는 현상

26 피복배합제의 종류에서 규산나트륨, 규산칼륨 등의 수용액이 주로 사용되며 심선에 피복제를 부착하는 역할을 하는 것은 무엇인가?

① 탈산제   ② 고착제
③ 슬래그 생성제 ④ 아크 안정제

| 해설 | 규산나트륨, 규산칼륨은 슬래그 생성제, 아크 안정제, 고착제 역할을 하지만 여기서는 부착성을 물었으므로 고착제가 답이다.

27 판의 두께(t)가 3.2mm인 연강판을 가스용접으로 보수하고자 할 때 사용할 용접봉의 지름 (mm)은?

① 1.6mm   ② 2.0mm
③ 2.6mm   ④ 3.0mm

| 해설 | 적정 가스용접봉 지름

$$D = \frac{t}{2} + 1 = \frac{3.2}{2} + 1 = 2.6$$

28 가스 절단시 예열 불꽃의 세기가 강할 때의 설명으로 틀린 것은?

① 절단면이 거칠어진다.
② 드래그가 증가한다.
③ 슬래그 중의 철 성분의 박리가 어려워진다.
④ 모서리가 용융되어 둥글게 된다.

| 해설 | 가스절단시 예열불꽃의 세기가 강할 경우 : ①, ③, ④, 드래그가 짧아진다.

| 정답 | 22. ① 23. ④ 24. ① 25. ① 26. ② 27. ③ 28. ②

29 황(S)이 적은 선철을 용해하여 구상흑연주철을 제조시 주로 첨가하는 원소가 아닌 것은?

① Al
② Ca
③ Ce
④ Mg

| 해설 | 구상흑연 주철 제조 : 회주철의 용탕에 Mg, Ca, Ce 등을 넣어 교반시키면 판상 흑연이 구상 흑연으로 되며 인성이 좋은 주철이 된다.

30 하드 필드(hadfield)강은 상온에서 오스테나이트 조직을 가지고 있다. Fe 및 C 이외에 주요 성분은?

① Ni
② Mn
③ Cr
④ Mo

| 해설 | 하드 필드강은 망간이 10% 이상 함유한 고망간강을 말하며 파쇄기, 착암기 부품 등에 쓰인다.

31 다음 중 아세틸렌(C_2H_2) 가스의 폭발성에 해당되지 않는 것은?

① 406~408℃가 되면 자연 발화한다.
② 마찰, 진동, 충격 등의 외력이 작용하면 폭발 위험이 있다.
③ 아세틸렌 90%, 산소 10%의 혼합시 가장 폭발 위험이 크다.
④ 은, 수은 등과 접촉하면 이들과 화합하여 120℃ 부근에서 폭발성이 있은 혼합물을 생성한다.

| 해설 | 산소와 아세틸렌의 혼합비에서 산소가 현저히 많아 '산소 85 : 아세틸렌 15' 이상이면 폭발 위험이 있다.

32 스터드 용접의 특징 중 틀린 것은?

① 긴 용접 시간으로 용접 변형이 크다.
② 용접 후의 냉각 속도가 비교적 빠르다.
③ 알루미늄, 스테인리스강 용접이 가능하다.
④ 탄소 0.2%, 망간 0.7% 이하시 균열 발생이 없다.

| 해설 | 스터드 용접은 용접시간이 매우 짧고 용접 변형이 적다.

33 연강용 피복 아크 용접봉 중 저수소계 용접봉을 나타내는 것은?

① E 4301
② E 4311
③ E 4316
④ E 4327

| 해설 |
• E 4301 : 일미나이트계
• E 4311 : 고셀룰로스계
• E 4327 : 철분 산화철계

34 산소 - 아세틸렌 가스 용접의 장점이 아닌 것은?

① 용접기의 운반이 비교적 자유롭다.
② 아크 용접에 비해서 유해광선의 발생이 적다.
③ 열의 집중성이 높아서 용접이 효율적이다.
④ 가열할 때 열량 조절이 비교적 자유롭다.

| 해설 | 아크 용접에 비해 산소-아세틸렌 가스 용접의 단점 : 열의 집중성이 낮아서 용접이 비효율적이다.

| 정답 | 29. ① 30. ② 31. ③ 32. ① 33. ③ 34. ③

35 직류 피복 아크 용접기와 비교한 교류 피복 아크 용접기의 설명으로 옳은 것은?

① 무부하 전압이 낮다.
② 아크의 안정성이 우수하다.
③ 아크 쏠림이 거의 없다.
④ 전격의 위험이 적다.

| 해설 | 교류 피복 아크 용접기는 직류보다 무부하 전압이 높아 전격(감전) 위험이 높고 아크가 불안정하나, +, - 구분이 없으므로 자기 발생이 없어 아크 쏠림이 거의 없다.

36 다음 중 산소 용기의 각인 사항에 포함되지 않는 것은?

① 내용적
② 내압 시험 압력
③ 가스 충전일시
④ 용기 중량

| 해설 | 가스 용기 각인
  • 내용적 : V
  • 내압시험 압력 : TP
  • 최고 충전 압력 : FP
  • 용기 중량 : W

37 정류기형 직류 아크 용접기에서 사용되는 셀렌 정류기는 80℃ 이상이면 파손되므로 주의해야 하는데 실리콘 정류기는 몇 ℃ 이상에서 파손이 되는가?

① 120℃   ② 150℃
③ 80℃   ④ 100℃

| 해설 | 실리콘 정류기는 150℃ 이상, 셀렌 정류기는 80℃ 이상에서 파손된다.

38 가스용접 작업시 후진법의 설명으로 옳은 것은?

① 용접속도가 빠르다.
② 열 이용률이 나쁘다.
③ 얇은 판의 용접에 적합하다.
④ 용접 변형이 크다.

| 해설 | 후진법 가스 용접 : 전진법에 비해 열 이용율이 좋고 후(두꺼운)판 용접에 적합하며 변형이 적다.

39 절단의 종류 중 아크 절단에 속하지 않는 것은?

① 탄소 아크 절단
② 금속 이그 절단
③ 플라즈마 제트 절단
④ 수중 절단

| 해설 | 수중절단 : 산소-수소 가스를 이용한 가스 절단법이다.

40 강재의 표면에 개재물이나 탈탄층 등을 제거하기 위하여 비교적 얇고 넓게 깎아내는 가공 방법은?

① 스카핑
② 가스 가우징
③ 아크 에어 가우징
④ 워터 제트 절단

| 해설 | 가우징은 홈을 파는 작업으로 가스를 이용한 방법과 아크열과 공기를 이용한 방법이 있다. 워터 제트 절단은 물의 초고압 수압을 이용한 절단이다.

| 정답 | 35. ③ 36. ③ 37. ② 38. ① 39. ④ 40. ①

41 그림과 같은 입체도의 제3각 정투상도로 가장 적합한 것은?

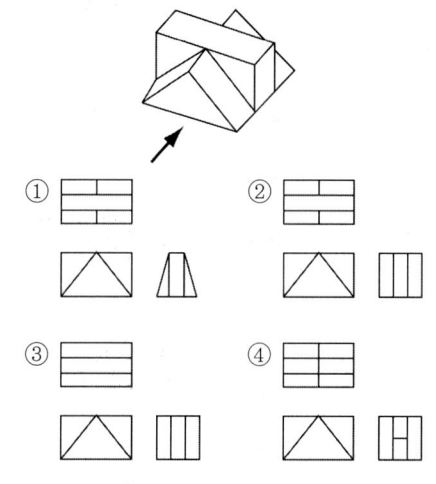

| 해설 | 입체도에서 전후의 3각형 꼭지점은 평면도에서 직선으로, 우측에서는 좌우가 수직이며 각진 부분이 없으므로 ②가 답이다.

42 다음 중 저온 배관용 탄소 강관의 기호는?

① SPPS   ② SPLT
③ SPHT   ④ SPA

| 해설 | • SPHT : 고온 배관용 탄소강관
• SPPS : 압력 배관용 탄소강관

43 다음 중에서 이면 용접 기호는?

① ◯   ② ∨
③ ⌒   ④ ⎮∕

| 해설 | ◯ : 점용접, ∨ : 한면이음

44 다음 중 현의 치수 기입을 올바르게 나타낸 것은?

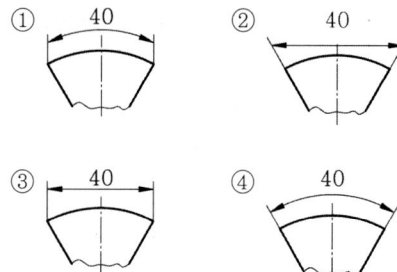

| 해설 | ① : 호, ④ : 각도

45 다음 중 대상물을 한쪽 단면도로 올바르게 나타낸 것은?

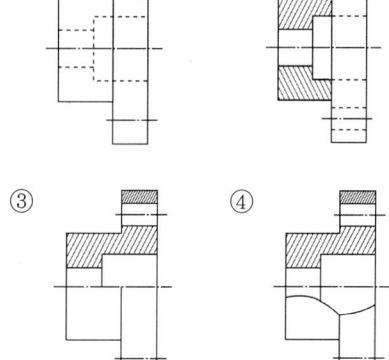

| 해설 | 한쪽 단면은 대칭인 물체에서 1/4 부분을 절단한 것으로 가상하여 나타낸 단면도로 상하 대칭인 경우 중심선에 대하여 상부에는 단면을 하단에는 외형으로 나타내는 것이 일반적이다.

46 다음 중 도면에서 단면도의 해칭에 대한 설명으로 틀린 것은?

① 해칭선은 반드시 주된 중심선에 45°로만 경사지게 긋는다.
② 해칭선은 가는 실선으로 규칙적으로 줄을 늘어놓는 것을 말한다.
③ 단면도에 재료 등을 표시하기 위해 특수한 해칭(또는 스머징)을 할 수 있다.
④ 단면 면적이 넓을 경우에는 그 외형선에 따라 적절한 범위에 해칭(또는 스머징)을 할 수 있다.

| 해설 | 단면에 대한 표시는 가는 실선으로 해칭하거나 색연필 등으로 단면 부분을 옅게 칠하는 방법이며 다수의 부품이 조립된 경우 다양한 각도로 경사지게 그어 나타낼 수 있다.

47 배관의 간략 도시방법 중 환기계 및 배수계의 끝장치 도시방법의 평면도에서 그림과 같이 도시된 것의 명칭은?

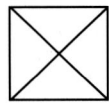

① 배수구
② 환기관
③ 벽붙이 환기 삿갓
④ 고정식 환기 삿갓

| 해설 | 고정식 환기삿갓 표시 : 사각형에 대각선으로 나타낸다.

48 그림과 같은 입체도에서 화살표 방향에서 본 투상을 정면으로 할 때 평면도로 가장 적합한 것은?

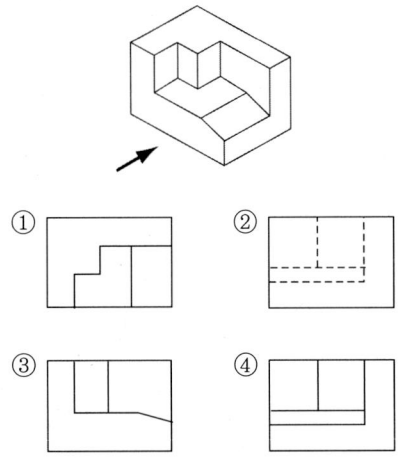

49 나사 표시가 "L 2N M50×2 - 4h"로 나타낼 때 이에 대한 설명으로 틀린 것은?

① 왼 나사이다.
② 2줄 나사이다.
③ 미터 가는 나사이다.
④ 암나사 등급이 4h이다.

| 해설 | 나사의 등급 표시 4h에서 소문자 h는 수나사 등급을 의미한다.

50 무게 중심선과 같은 선의 모양을 가진 것은?

① 가상선   ② 기준선
③ 중심선   ④ 피치선

| 해설 | 무게 중심선이나 가상선은 가는 2점 쇄선을 사용한다.

| 정답 | 46. ① 47. ④ 48. ① 49. ④ 50. ①

51 조밀 육방 격자의 결정구조로 옳게 나타낸 것은?

① FCC ② BCC
③ FOB ④ HCP

| 해설 | • FCC : 면심 입방 격자
• BCC : 체심 입방 격자

52 전극재료의 선택 조건을 설명한 것 중 틀린 것은?

① 비저항이 작아야 한다.
② Al과의 밀착성이 우수해야 한다.
③ 산화 분위기에서 내식성이 커야 한다.
④ 금속 규화물의 용융점이 웨이퍼 처리 온도보다 낮아야 한다.

| 해설 | 전극 재료 선택 조건 : ①, ②, ③, 금속 규화물의 용융점이 웨이퍼 처리온도보다 높아야 한다.

53 7 : 3 황동에 주석을 1% 첨가한 것으로 전연성이 좋아 관 또는 판을 만들어 증발기, 열교환기 등에 사용되는 것은?

① 문쯔메탈   ② 네이벌 황동
③ 카트리지 브레스 ④ 애드미럴티 황동

| 해설 | • 문쯔메탈 : Cu 60%, Zn 40%의 황동
• 네이벌 황동 : 6 : 4 황동에 Sn 1~2% 함유한 황동
• 카트리지 브레스 : 7:3 황동, 탄피 등 제조

54 탄소강의 표준 조직을 검사하기 위해 A3 또는 Acm 선보다 30~50°C 높은 온도로 가열한 후 공기 중에서 냉각하는 열처리는?

① 노말라이징 ② 어닐링
③ 템퍼링   ④ 퀜칭

| 해설 | • 노말라이징 : 불림 • 어닐링 : 풀림
• 템퍼링 : 뜨임   • 퀜칭 : 담금질

55 소성 변형이 일어나면 금속이 경화하는 현상을 무엇이라 하는가?

① 탄성 경화 ② 가공 경화
③ 취성 경화 ④ 자연 경화

| 해설 | 가공경화 : 금속을 냉간 가공할 때 가공 정도에 따라 경도, 강도가 증가하는 현상

56 납 황동은 황동에 납을 첨가하여 어떤 성질을 개선한 것인가?

① 강도   ② 절삭성
③ 내식성 ④ 전기 전도도

| 해설 | 납황동 : 황동에 연한 납을 첨가하여 쾌삭성(절삭성)을 좋게 한 합금

57 마우러 조직도에 대한 설명으로 옳은 것은?

① 주철에서 C와 P량에 따른 주철의 조직 관계를 표시한 것이다.
② 주철에서 C와 Mn량에 따른 주철의 조직 관계를 표시한 것이다.
③ 주철에서 C와 Si량에 따른 주철의 조직 관계를 표시한 것이다.
④ 주철에서 C와 S량에 따른 주철의 조직 관계를 표시한 것이다.

| 해설 | 주철에서 마우러 조직도 : 탄소와 규소의 양에 따라 회주철, 백주철 등 조직의 종류를 파악할 수 있는 조직도

| 정답 | 51. ④ 52. ④ 53. ④ 54. ① 55. ② 56. ② 57. ③

58 순 구리(Cu)와 철(Fe)의 용융점은 약 몇 ℃인가?

① Cu 660℃,   Fe 890℃
② Cu 1063℃, Fe 1050℃
③ Cu 1083℃, Fe 1539℃
④ Cu 1455℃, Fe 2200℃

| 해설 | 순동(순구리) : Fe(철)보다 용융점은 낮으나 비중은 더 크다.(구리 비중 8.9, 철 : 7.89)

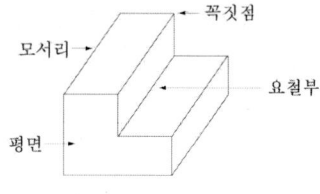

59 게이지용 강이 갖추어야 할 성질로 틀린 것은?

① 담금질에 의한 변형이 없어야 한다.
② HRC 55 이상의 경도를 가져야 한다.
③ 얼펭칭 계수가 보통 깅보다 커야 한다.
④ 시간에 따른 치수 변화가 없어야 한다.

| 해설 | 게이지강은 열팽창계수가 적어서 열에 의한 치수 변화가 없어야 되며, 내마성이 커야 되므로 HRC(로크웰 C경도)가 55 이상 되어야 된다.

60 그림에서 마텐자이트 변태가 가장 빠른 곳은?

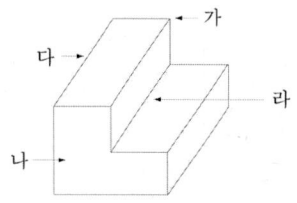

① 가   ② 나
③ 다   ④ 라

| 해설 | 마텐자이트 조직은 강을 담금질하였을 때 생기는 조직이다. 따라서 가장 빨리 냉각되는 부분이 가장 마텐자이트 변태가 가장 빠른 곳이 된다. 따라서 꼭짓점 '가'가 가장 빨리 냉각되는 부분이다.

| 정답 | 58. ③ 59. ③ 60. ①

2015년 제2회 용접기능사 필기

2015년 4월 4일 시행

01 다음 중 용접부 검사방법에 있어 비파괴 시험에 해당하는 것은?

① 피로 시험
② 화학분석 시험
③ 용접균열 시험
④ 침투 탐상 시험제

| 해설 | ①, ③ : 파괴 시험, ② : 금속학적 파괴시험

02 다음 중 불활성가스(inert gas)가 아닌 것은?

① Ar
② He
③ Ne
④ CO_2

| 해설 | CO_2가스 : 환원 가스

03 납땜에서 경납용 용제에 해당하는 것은?

① 염화아연
② 인산
③ 염산
④ 붕산

| 해설 | ①, ②, ③ : 연납용 용제

04 논 가스 아크 용접의 장점으로 틀린 것은?

① 보호 가스나 용제를 필요로 하지 않는다.
② 피복아크용접봉의 저수소계와 같이 수소의 발생이 적다.
③ 용접비드가 좋지만 슬래그 박리성은 나쁘다.
④ 용접장치가 간단하며 운반이 편리하다.

| 해설 | 논 가스 아크 용접 : 다량의 탈산제가 함유된 와이어를 사용하여 다른 보호가스를 사용하지 않고 용접하는 방법으로 FCAW 용접과 유사하다.

05 용접선과 하중의 방향이 평행하게 작용하는 필릿 용접은?

① 전면
② 측면
③ 경사
④ 변두리

| 해설 | **전면 필릿 용접** : 용접선과 하중의 방향이 직각으로 작용하는 필릿 용접

06 납땜시 용제가 갖추어야 할 조건이 아닌 것은?

① 모재의 불순물 등을 제거하고 유동성이 좋을 것
② 청정한 금속면의 산화를 쉽게 할 것
③ 땜납의 표면장력에 맞추어 모재와의 친화도를 높일 것
④ 납땜 후 슬래그 제거가 용이할 것

| 해설 | **납땜시 용제** : 청정한 금속의 산화를 방지할 수 있는 용제를 사용해야 된다.

| 정답 | 01. ④ 02. ④ 03. ④ 04. ③ 05. ② 06. ②

07 피복아크용접시 전격을 방지하는 방법으로 틀린 것은?

① 전격방지기를 부착한다.
② 용접홀더에 맨손으로 용접봉을 갈아 끼운다.
③ 용접기 내부에 함부로 손을 대지 않는다.
④ 절연성이 좋은 장갑을 사용한다.

| 해설 | 감전 방지 : ①, ③, ④, 용접봉 교체시 반드시 보호장갑을 끼고 해야 된다.

08 맞대기이음에서 판 두께 100mm, 용접 길이 300cm, 인장하중이 9000kgf일 때 인장응력은 몇 kgf/cm²인가?

① 0.3
② 3
③ 30
④ 300

| 해설 | 인장강도 $\sigma = \dfrac{하중}{단면적}$
$= \dfrac{9000}{10 \times 300} = 3\,\text{kg}_f/\text{cm}^2$

09 다음은 용접 이음부의 홈의 종류이다. 박판 용접에 가장 적합한 것은?

① K형
② H형
③ I형
④ V형

| 해설 | 판 두께별 홈의 형상 : I형 〉 V형 〉 K형 〉 H형

10 주철의 보수용접 방법에 해당되지 않는 것은?

① 스터드법
② 비녀장법
③ 버터링법
④ 백킹법

| 해설 | 백킹법 : 이면 비드 용락을 방지하는 방법의 하나다.

11 용접 작업시 안전에 관한 사항으로 틀린 것은?

① 높은 곳에서 용접작업 할 경우 추락, 낙하 등의 위험이 있으므로 항상 안전벨트와 안전모를 착용한다.
② 용접작업 중에 유해 가스가 발생하기 때문에 통풍 또는 환기 장치가 필요하다.
③ 가연성의 분진, 화학류 등 위험물이 있는 곳에서는 용접을 해서는 안 된다.
④ 가스용접은 강한 빛이 나오지 않기 때문에 보안경을 착용하지 않아도 된다.

| 해설 | 가스 용접의 경우도 불빛이 강하므로 적당한 차광도의 보안경을 착용해야 된다.

12 다음 전기 저항 용접법 중 주로 기밀, 수밀, 유밀성을 필요로 하는 탱크의 용접 등에 가장 적합한 것은?

① 점(spot) 용접법
② 심(seam) 용접법
③ 프로젝션(projection) 용접법
④ 플래시(flash) 용접법

| 해설 | 심용접 : 회전하는 전극과 모재 사이의 저항열을 이용하여 연속으로 점용접하는 용접법으로 기밀, 수밀, 유밀 등을 필요로 할 때 적용하는 겹치기 저항 용접법이다.

13 용접부의 중앙으로부터 양끝을 향해 용접해 나가는 방법으로, 이음의 수축에 의한 변형이 서로 대칭이 되게 할 경우에 사용되는 용착법을 무엇이라 하는가?

① 전진법
② 비석법
③ 케스케이드법
④ 대칭법

| 해설 | 캐스케이드법 : 한 부분의 몇 층을 용접하다가 다음 부분의 층으로 연속시켜 계단형태를 이루는 용착법

| 정답 | 07. ② 08. ② 09. ③ 10. ④ 11. ④ 12. ② 13. ④

14 불활성 가스를 이용한 용가제인 전극 와이어를 송급장치에 의해 연속적으로 보내어 아크를 발생시키는 소모식 또는 용극식 용접 방식을 무엇이라 하는가?

① TIG 용접
② MIG 용접
③ 피복아크 용접
④ 서브머지드 아크 용접

| 해설 | TIG 용접 : 불활성 가스 분위기 속에서 텅스텐 전극과 모재 사이에 아크를 발생하여 용융지에 용가제를 첨가하여 용접하는 비소모식, 비용극식 용접법

15 용접부에 결함 발생시 보수하는 방법 중 틀린 것은?

① 기공이나 슬래그 섞임 등이 있는 경우는 깎아내고 재용접한다.
② 균열이 발생되었을 경우 균열 위에 덧살올림 용접을 한다.
③ 언더컷일 경우 가는 용접봉을 사용하여 보수한다.
④ 오버랩일 경우 일부분을 깎아내고 재용접한다.

| 해설 | 균열 보수 방법 : 균열 끝부분에 작은 드릴 구멍(스톱홀)을 뚫고 균열부를 파낸 후 재용접한다.

16 용접할 때 용접 전 적당한 온도로 예열을 하면 냉각 속도를 느리게 하여 결함을 방지할 수 있다. 예열 온도 설명 중 옳은 것은?

① 고장력강의 경우는 용접 홈을 50~350℃로 예열
② 저합금강의 경우는 용접 홈을 200~500℃로 예열

③ 연강을 0℃ 이하에서 용접할 경우는 이음의 양쪽 폭 10mm 주위를 40~100℃로 예열한 후 실시해야 된다.
④ 주철의 경우는 용접 홈을 40~70℃로 예열

| 해설 | 연강도 0℃ 이하에서 용접할 경우 이음의 양쪽 100mm 주위를 40~100℃로 예열한 후 실시해야 된다.

17 서브머지드 아크 용접에 관한 설명으로 틀린 것은?

① 장비의 가격이 고가이다.
② 홈 가공의 정밀을 요하지 않는다.
③ 불가시 용접이다.
④ 주로 아래보기 자세로 용접한다.

| 해설 | 서브머지드 아크 용접은 높은 전류를 사용하는 용접으로 홈 가공에 정밀도가 요구되며 홈 간격이 0.8mm 이상일 경우 이면 받침판을 사용해야 된다.

18 안전표지 색채 중 방사능 표지의 색상은 어느 색인가?

① 빨강   ② 노랑
③ 자주   ④ 녹색

| 해설 | ① 금지표지-바탕 : 흰색, 기본모형 : 빨간색, 관련 부호 및 그림 : 검은색
② 방사성, 고온, 전기위험 경고표지-바탕 : 노란색, 기본모형, 관련 부호, 그림 : 검은색
③ 인화, 폭발, 독성 경고표지-바탕 : 무색, 기본모형 : 빨간색(검은색도 가능)

| 정답 | 14. ② 15. ② 16. ① 17. ② 18. ②

19 용접부의 시험에서 비파괴 검사로만 짝지어진 것은?

① 인장시험 – 외관시험
② 피로시험 – 누설시험
③ 형광시험 – 충격시험
④ 초음파시험 – 방사선 투과시험

| 해설 | 파괴 시험의 종류 : 인장시험, 피로시험, 충격시험

20 용접 시공시 발생하는 용접변형이나 잔류응력 발생을 최소화하기 위하여 용접순서를 정할 때 유의사항으로 틀린 것은?

① 동일평면 내에 많은 이음이 있을 때 수축은 가능한 자유단으로 보낸다.
② 중심선에 대하여 대칭으로 용접한다.
③ 수축이 적은 이음은 가능한 먼저 용접하고, 수축이 큰 이음은 나중에 한다.
④ 리벳작업과 용접을 같이 할 때에는 용접을 먼저 한다.

| 해설 | 용접우선순위 : 수축이 큰 맞대기 이음 등을 먼저 용접하고 수축이 작은 필릿 용접 등은 나중에 한다.

21 MIG 용접이나 탄산가스 아크 용접과 같이 밀도가 높은 자동이나 반자동 용접기가 갖는 특성은?

① 수하 특성과 정전압 특성
② 정전압 특성과 상승 특성
③ 수하 특성과 상승 특성
④ 맥동 전류 특성

| 해설 | 수하 특성은 주로 수동 용접을 하는 교류 아크 용접기나 TIG 용접기에 적용한다.

22 CO_2 가스 아크 용접에서 아크 전압에 대한 설명으로 옳은 것은?

① 아크 전압이 높으면 비드 폭이 넓어진다.
② 아크 전압이 높으면 비드가 볼록해진다.
③ 아크 전압이 높으면 용입이 깊어진다.
④ 아크 전압이 높으면 아크길이가 짧다.

| 해설 | 아크 전압이 낮으면 비드 폭이 좁아진다.

23 다음 중 가스 용접에서 산화불꽃으로 용접할 경우 가장 적합한 용접 재료는?

① 황동   ② 모넬메탈
③ 알루미늄   ④ 스테인리스

| 해설 | • 중성(표준)불꽃 : 연강, 탄소강 등의 용접에 적합
• 탄화불꽃 : 모넬메탈, Al, 스테인리스강 용접에 적합

24 용접기의 사용률이 40%인 경우 아크시간과 휴식시간을 합한 전체시간은 10분을 기준으로 했을 때 아크 발생시간은 몇 분인가?

① 4   ② 6
③ 8   ④ 10

| 해설 | 정격 사용율 = $\dfrac{\text{아크시간}}{\text{아크시간 + 휴식 시간}} \times 100$ 으로 계산하며, 아크 시간 + 휴식 시간을 10분 기준으로 하여 위의 식으로 계산하면 4분이 된다.

25 얇은 철판을 쌓아 포개어 놓고 한꺼번에 절단하는 방법으로 가장 적합한 것은?

① 분말 절단   ② 산소창 절단
③ 포갬 절단   ④ 금속아크 절단

| 해설 | • 포갬 절단 : 밀착도가 높아야 된다.
• 분말 절단 : 가스 절단으로 어려운 스테인리스 등의 절단시 고압 산소에 용제 등을 분출시켜 절단

26 용접봉의 용융속도는 무엇으로 표시하는가?

① 단위 시간당 소비되는 용접봉의 길이
② 단위 시간당 형성되는 비드의 길이
③ 단위 시간당 용접 입열의 길이
④ 단위 시간당 소모되는 용접 전류

| 해설 | 용접봉의 용융속도 : ①, 아크전류×용접봉 쪽 전압강하

27 전류조정을 전기적으로 하기 때문에 원격조정이 가능한 교류 용접기는?

① 가포화 리액터형
② 가동 코일형
③ 가동 철심형
④ 탭 전환형

| 해설 | ② 가동 코일형 : 1차 또는 2차 코일 중의 하나를 움직여 전류를 조절하는 형식
③ 가동 철심형 : 고정 철심 사이에 가동 코일을 움직여 전류를 조절하는 형식
④ 탭 전환형 : 탭과 탭을 전환하여 전류를 조절하는 형식

28 35℃에서 150kgf/cm^{2}으로 압축하여 내부 40.7리터의 산소용기에 충전하였을 때, 용기 속의 산소량은 몇 L인가?

① 4470
② 5291
③ 6105
④ 7000

| 해설 | 용기속의 가스 량 = 내용적 × 게이지 압력
= 40.7 × 150 = 6105L

29 아크 전류가 일정할 때 아크 전압이 높아지면 용융속도가 늦어지고, 아크 전압이 낮아지면 용융 속도는 빨라진다. 이와 같은 아크 특성은?

① 부저항 특성
② 절연회복 특성
③ 전압회복 특성
④ 아크길이 자기제어 특성

| 해설 | 부저항(부)특성 : 전기는 옴의 법칙에 따라 동일 저항에 흐르는 전류는 그 전압에 비례하지만, 아크의 경우는 전류가 커지면 저항이 작아져서 전압도 낮아지는 현상

30 다음 중 산소-아세틸렌 용접법에서 전진법과 비교한 후진법의 설명으로 틀린 것은?

① 용접 속도가 느리다.
② 열 이용률이 좋다.
③ 용접변형이 작다.
④ 홈 각도가 작다.

| 해설 | 후진(우진)법 : 전진(좌진)법에 비해 용접속도가 빠르다.

31 다음 중 가스 절단에 있어 양호한 절단면을 얻기 위한 조건으로 옳은 것은?

① 드래그가 가능한 클 것
② 절단면 표면의 각이 예리할 것
③ 슬래그 이탈이 이루어지지 않을 것
④ 절단면이 평활하며 드래그의 홈이 깊을 것

| 해설 | 양호한 절단면을 얻기 위한 조건 : 드래그가 가능한 작고, 슬래그 이탈이 잘되며, 절단면이 평활하며, 드래그 홈이 낮을 것

| 정답 | 26. ① 27. ① 28. ③ 29. ④ 30. ① 31. ②

32 피복아크 용접봉의 피복배합제 성분 중 가스발생제는?

① 산화티탄　　② 규산나트륨
③ 규산칼륨　　④ 탄산바륨

| 해설 | 아크 안정제
　　　　산화티타늄(TiO₂), 석회석(CaCO₃), 규산나트륨
　　　　(Na₂SiO₃), 규산칼륨(K₂SiO₃) 등

33 가스절단에 대한 설명으로 옳은 것은?

① 강의 절단 원리는 예열 후 고압산소를 불어내면 강보다 용융점이 낮은 산화철이 생성되고 이때 산화철은 용융과 동시에 절단된다.
② 양호한 절단면을 얻으려면 절단면이 평활하며 드래그의 홈이 높고 노치 등이 있을수록 좋다.
③ 절단산소의 순도는 절단속도와 절단면에 영향이 없다.
④ 가스절단 중에 모래를 뿌리면서 절단하는 방법을 가스분말절단이라 한다.

| 해설 | 절단산소의 순도 : 절단속도와 절단면에 영향이 크다.

34 가스용접에 사용되는 가스의 화학식을 잘못 나타낸 것은?

① 아세틸렌 : C_2H_2
② 프로판 : C_3H_8
③ 에탄 : C_4H_7
④ 부탄 : C_4H_{10}

| 해설 | ③ 에탄 : C_2H_6

35 다음 중 아크 발생 초기에 모재가 냉각되어 있어 용접입열이 부족한 관계로 아크가 불안정하기 때문에 아크 초기에만 용접전류를 특별히 크게 하는 장치를 무엇이라 하는가?

① 원격제어장치　　② 핫스타트장치
③ 고주파발생장치　④ 전격방지장치

| 해설 | 원격 제어 장치 : 용접기와 멀리 떨어진 곳에서 용접용접 조건(전류, 전압)을 제어할 수 있는 장치

36 납땜 용제가 갖추어야 할 조건으로 틀린 것은?

① 모재의 산화 피막과 같은 불순물을 제거하고 유동성이 좋을 것
② 청정한 금속면의 산화를 방지할 것
③ 납땜 후 슬래그의 제거가 용이할 것
④ 침지 땜에 사용되는 것은 젖은 수분을 함유할 것

| 해설 | 납땜 용제 중 침지 땜에는 수분이 없어야 된다.

37 직류 아크 용접시 정극성으로 용접할 때의 특징이 아닌 것은?

① 박판, 주철, 합금강, 비철금속의 용접에 이용된다.
② 용접봉의 녹음이 느리다.
③ 비드 폭이 좁다.
④ 모재의 용입이 깊다.

| 해설 | 직류 정극성 : 모재를 +, 용접봉을 -에 연결하고 용접하는 방식으로, 모재쪽에 열이 70% 이상 발생하므로, 용입이 깊고 비드 폭이 좁아지게 된다.

| 정답 | 32. ④　33. ①　34. ③　35. ②　36. ④　37. ③

38 피복 아크 용접 결함 중 가공이 생기는 원인으로 틀린 것은?

① 용접 분위기 가운데 수소 또는 일산화탄소 과잉
② 용접부의 급속한 응고
③ 슬래그의 유동성이 좋고 냉각하기 쉬울 때
④ 과대 전류와 용접속도가 빠를 때

| 해설 | 기공 원인 : 슬래그의 유동성이 나쁘고 냉각하기 쉬우며, 용접 속도가 빠를 경우

39 금속재료의 경량화와 강인화를 위하여 섬유 강화금속 복합재료가 많이 연구되고 있다. 강화섬유 중에서 비금속계로 짝지어진 것은?

① K, W
② W, Ti
③ W, Be
④ SiC, Al_2O_3

| 해설 | 비금속계 강화섬유 : 탄화규소(SiC), 알루미나(Al_2O_3)

40 상자성체 금속에 해당되는 것은?

① Al
② Fe
③ Ni
④ Co

| 해설 | 강자성체 : 자성의 성질을 강하게 갖고 있는 물질, ②, ③, ④가 해당됨

41 동(Cu)합금 중에서 가장 큰 강도와 경도를 나타내며 내식성, 도전성, 내피로성 등이 우수하여 베어링, 스프링 및 전극재료 등으로 사용되는 재료는?

① 인(P) 청동
② 규소(Si) 동
③ 니켈(Ni) 청동
④ 베릴륨(Be) 동

| 해설 | 베릴륨(Be) 청동 : 내피로성이 우수하고 강도, 경도가 매우 커서 점용접용 전극, 베어링 등에 쓰인다.

42 고망간강으로 내마멸성과 내충격성이 우수하고 특히 인성이 우수하기 때문에 파쇄장치, 기차레일, 굴착기 등의 재료로 사용되는 것은?

① 엘린바(elinvar)
② 디디뮴(didymium)
③ 스텔라이트(stellite)
④ 하드필드(hadfield)강

| 해설 | • 고망간강 : 10~14% Mn 함유한 강으로, 오스테나이트 망간강, 하드 필드강, 수인강이라고도 한다.
• 스텔라이트 : 주조경질 합금의 일종으로, Co(코발트)를 주성분으로 한 Co-Cr-W-C의 합금으로, 단조나 절삭이 안되므로 주조 후 연마나 성형해서 사용한다.

43 시험편의 지름이 15mm, 최대하중이 5200kgf일 때 인장강도는?

① $16.8 kg_f/mm^2$
② $29.4 kg_f/mm^2$
③ $33.8 kg_f/mm^2$
④ $55.8 kg_f/mm^2$

| 해설 |
인장강도
$$\sigma = \frac{하중}{단면적} = \frac{5200}{\frac{\pi \times 15^2}{4}} = 29.4 kg_f/cm^2$$

| 정답 | 38. ③ 39. ④ 40. ① 41. ④ 42. ④ 43. ②

44 다음의 금속 중 경금속에 해당하는 것은?

① Cu ② Be
③ Ni ④ Sn

| 해설 | 경금속과 중금속의 구분은 비중 4.5(5.0)를 기준으로 4.5 이하는 경금속(가벼운 금속), 4.5 이상은 중금속(무거운 금속)이라 한다. Cu(구리) : 8.9, Be(베릴륨) : 1.84, Ni(니켈) : 8.8, Sn(주석) : 7.28

45 순철의 자기변태(A_2)점 온도는 약 몇 ℃인가?

① 210℃ ② 768℃
③ 910℃ ④ 1400℃

| 해설 | ① : 시멘타이트의 자기 변태점
       ③, ④ : 순철의 동소 변태점

46 주철의 일반적인 성질을 설명한 것 중 틀린 것은?

① 용탕이 된 주철은 유동성이 좋다.
② 공정 주철의 탄소량은 4.3% 정도이다.
③ 강보다 용융 온도가 높아 복잡한 형상이라도 주조하기 어렵다.
④ 주철에 함유하는 전탄소(total carbon)는 흑연 + 화합탄소로 나타낸다.

| 해설 | 주철은 용융점이 1200℃(공정 주철은 1130℃, 4.3%C) 내외로 강보다 낮으며, 유동성이 좋아 복잡한 형상도 주조가 쉽다.

47 포금(gun metal)에 대한 설명으로 틀린 것은?

① 내해수성이 우수하다.
② 성분은 8~12%Sn 청동에 1~2%Zn을 첨가한 합금이다.
③ 용해주조시 탈산제로 사용되는 P의 첨가량을 많이 하여 합금 중에 P를 0.05~0.5% 정도 남게 한 것이다.
④ 수압, 수증기에 잘 견디므로 선박용 재료로 널리 사용된다.

| 해설 | ③ : 인청동에 대한 설명이다.

48 황동은 도가니로, 전기로 또는 반사로 등에서 용해하는데, Zn의 증발로 손실이 있기 때문에 이를 억제하기 위해서는 용탕표면에 어떤 것을 덮어주는가?

① 소금 ② 석회석
③ 숯가루 ④ Al 분말가루

| 해설 | 황동 용해 중 용탕의 아연 등의 증발 방지를 위해 숯가루로 덮어주면 효과적이다.

49 건축용 철골, 볼트, 리벳 등에 사용되는 것으로 연신율이 약 22%이고, 탄소함량이 약 0.15%인 강재는?

① 연강 ② 경강
③ 최경강 ④ 탄소공구강

| 해설 | • 극연강 : 0.12%C
       • 연강 : 0.2%C 이하의 강
       • 반연강 : 0.3%C 이하
       • 반경강 : 0.4%C 이하
       • 경강 : 0.5%C 이하
       • 최경강 : 0.5~0.8%C
       • 탄소공구강 : 0.6%C 이하

| 정답 | 44. ② 45. ② 46. ③ 47. ③ 48. ③ 49. ①

50 저용융점(fusible) 합금에 대한 설명으로 틀린 것은?

① Bi를 55% 이상 함유한 합금은 응고수축을 한다.
② 용도로는 화재통보기, 압축공기용 탱크 안전밸브 등에 사용된다.
③ 33~66%Pb를 함유한 Bi 합금은 응고 후 시효 진행에 따라 팽창현상을 나타낸다.
④ 저용융점 합금은 약 250℃ 이하의 용융점을 갖는 것이며 Pb, Bi, Sn, Cd, In 등의 합금이다.

| 해설 | **저융점 합금** : 일반적으로 주석의 용융점(232℃) 보다 낮은 융점의 금속을 말한다.

51 치수 기입 방법이 틀린 것은?

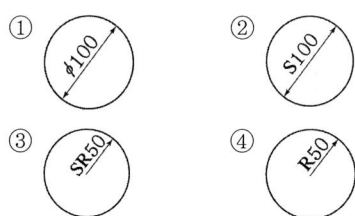

| 해설 | 구의 표시이므로 S100이 아니라 'S⌀100'으로 해야 된다.

52 다음과 같은 배관의 등각투상도(isomrric drawing)를 평면도로 나타낸 것으로 맞는 것은?

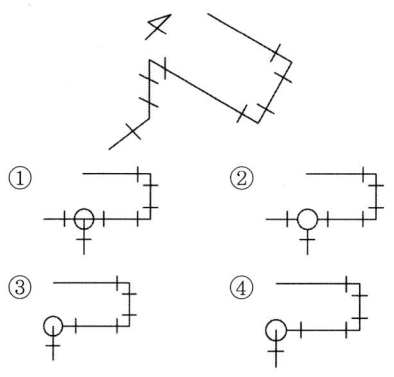

| 해설 | 단선 배관 라인 표시에서 아래로 향한 엘보의 표시는 원의 중심까지 실선이 그려지며, 아래에서 위로 올려지는 경우는 원의 끝에서 선이 이어진다.

53 표제란에 표시하는 내용이 아닌 것은?

① 재질   ② 척도
③ 각법   ④ 도명

| 해설 | **표제란** : 도면의 명찰에 해당되며, 도명, 도번, 제품명, 각법, 척도, 제도자, 사도자, 검토자 등이 기입되며, 부품표에는 품번, 제품명, 재질, 수량, 비고 등이 기록된다.

54 그림과 같은 용접기호의 설명으로 옳은 것은?

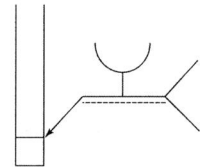

① U형 맞대기 용접, 화살표쪽 용접
② V형 맞대기 용접, 화살표쪽 용접
③ U형 맞대기 용접, 화살표 반대쪽 용접
④ V형 맞대기 용접, 화살표 반대쪽 용접

| 해설 | 실선 위의 기호는 U형 맞대기 용접을 의미하며, 실선에 이 기호가 있으므로 화살표 쪽에서 U형 맞대기 용접함을 의미한다.

55 전기아연도금 강판 및 강대의 KS기호 중 일반용 기호는?

① SECD   ② SECE
③ SEFC   ④ SECC

| 해설 | • 전기아연도금 강판 및 강대 : SECD
• SECE, SECC : 철근콘크리트용 재생봉강, 답이 이상함

| 정답 | 50. ① 51. ② 52. ④ 53. ① 54. ① 55. ④

56 보기 도면은 정면도와 우측면도만이 올바르게 도시되어 있다. 평면도로 가장 적합한 것은?

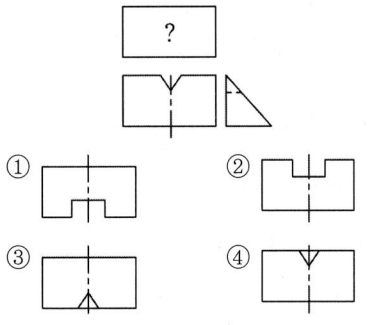

| 해설 | 측면도와 정면도의 윗부분을 비교하였을 때 ③이 맞다.

57 선의 종류와 용도에 대한 설명의 연결이 틀린 것은?

① 가는 실선 : 짧은 중심을 나타내는 선
② 가는 파선 : 보이지 않는 물체의 모양을 나타내는 선
③ 가는 1점 쇄선 : 기어의 피치원을 나타내는 선
④ 가는 2점 쇄선 : 중심이 이동한 중심궤적을 표시하는 선

| 해설 | 가는 2점 쇄선 : 가상선

58 그림의 입체도를 제3각법으로 올바르게 투상한 투상도는?

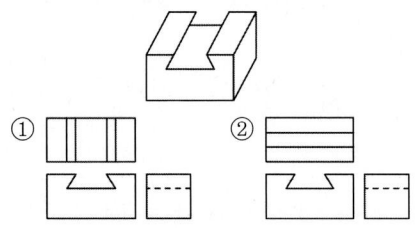
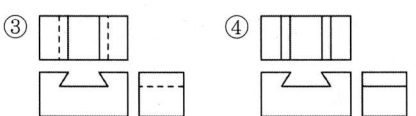

| 해설 | 더브테일 홈 안쪽은 보이지 않으므로 평면도에서 파선으로 표시해야 된다.

59 KS에서 규정하는 체결부품의 조립 간략 표시방법에서 구멍에 끼워 맞추기 위한 구멍, 볼트, 리벳의 기호 표시 중 공장에서 드릴 가공 및 끼워맞춤을 하는 것은?

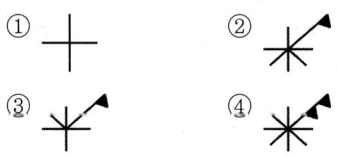

| 해설 | 드릴 끼워 맞춤 표시는 ①이다.

60 그림과 같은 단면도에서 "A"가 나타내는 것은?

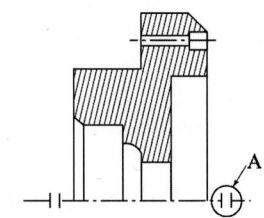

① 바닥 표시 기호
② 대칭 도시 기호
③ 반복 도형 생략 기호
④ 한쪽 단면도 표시 기호

| 해설 | 그림은 한쪽 단면도를 나타낸 것으로 중심선을 기준으로 양쪽이 동일한 형상임을 나타낸 것이다.

| 정답 | 56. ③ 57. ④ 58. ③ 59. ① 60. ②

2015년 제4회 용접기능사 필기

2015년 7월 19일 시행

01 용접에 있어 모든 열적요인 중 가장 영향을 많이 주는 요소는?

① 용접 입열 ② 용접 재료
③ 주위 온도 ④ 용접 복사열

| 해설 | 용접 입열: 용접부의 가열과 용융을 위해 주어지는 열량으로 사용 모재의 재질, 두께, 형상 등에 따라 적당한 입열이 필요하다.

02 사고의 원인 중 인적 사고 원인에서 선천적 원인은?

① 신체의 결함 ② 무지
③ 과실 ④ 미숙련

| 해설 | 후천적 원인 : ②, ③, ④

03 TIG용접에서 직류 정극성을 사용하였을 때 용접효율을 올릴 수 있는 재료는?

① 알루미늄 ② 마그네슘
③ 마그네슘 주물 ④ 스테인리스강

| 해설 | 직류 정극성(DCSP) : 모재를 기준으로 모재가 +일 때의 극성을 말하며, 강, 스테인리스강 등의 용접에 적용된다. ①, ②, ③ 재료는 직류 역극성(DCRP)로 용접한다.

04 재료의 인장 시험방법으로 알 수 없는 것은?

① 인장강도 ② 단면수축율
③ 피로강도 ④ 연신율

| 해설 | 인장시험으로 알 수 있는 성질 : ①, ②, ④ 외에 비례한도, 탄성한도, 항복강도

05 용접 변형 방지법의 종류에 속하지 않는 것은?

① 억제법 ② 역변형법
③ 도열법 ④ 취성 파괴범

| 해설 | • 용접 변형 방지법 : 용접 전 역변형을 주거나 구속, 도렬 등의 방법이 있다.
• 취성 파괴법 : 재료 시험법의 하나이다.

06 솔리드 와이어와 같이 단단한 와이어를 사용할 경우 적합한 용접 토치 형태로 옳은 것은?

① Y형 ② 커브형
③ 직선형 ④ 피스톨형

| 해설 | CO_2 용접에서 커브형 토치 : 단단한 와이어 송급에 적당하다.

| 정답 | 01. ① 02. ① 03. ④ 04. ③ 05. ④ 06. ②

07 안전 · 보건표지의 색채, 색도기준 및 용도에서 색채에 따른 용도를 올바르게 나타낸 것은?

① 빨간색 : 안내
② 파란색 : 지시
③ 녹색 : 경고
④ 노란색 : 금지

| 해설 | 안전 색채
· 적색 : 금지
· 녹색 : 안내
· 노란색 : 경고

08 용접금속의 구조상의 결함이 아닌 것은?

① 변형
② 기공
③ 언더컷
④ 균열

| 해설 | 용접 결함 분류
· 치수상 결함 : 변형, 치수오차
· 구조상 결함 : ②, ③, ④ 외에 오버랩, 균열, 용입 부족, 용착 부족
· 성질상 결함. 구조상 결함 : 강도, 부족, 내식성 부족

09 금속재료의 미세조직을 금속 현미경을 사용하여 광학적으로 관찰하고 분석하는 현미경시험의 진행 순서로 맞는 것은?

① 시료 채취 → 연마 → 세척 및 건조 → 부식 → 현미경 관찰
② 시료 채취 → 연마 → 부식 → 세척 및 건조 → 현미경 관찰
③ 시료 채취 → 세척 및 건조 → 연마 → 부식 → 현미경 관찰
④ 시료 채취 → 세척 및 건조 → 부식 → 연마 → 현미경 관찰

| 해설 | 조직시험 순서 : 시험할 시료 채취 후 연마 → 세척 → 건조 → 부식 → 현미경으로 관찰한다.

10 강판의 두께가 12mm, 폭 100mm인 평판을 V형 홈으로 맞대기 용접 이음할 때, 이음효율 n=0.8로 하면 인장력 P는? (단, 재료의 최저인장강도는 $40N/mm^2$이고, 안전율은 4로 한다.)

① 960N
② 9600N
③ 850N
④ 8600N

| 해설 |
$$\sigma = \frac{P}{A}$$
$P = \sigma A = 40 \times 12 \times 100 \times 0.8 = 38400$
$$S = \frac{\text{최대인장강도 } \sigma_u}{\text{사용응력 } \sigma_a}$$
$\therefore 4 = \frac{38400}{\sigma_a \text{의 하중}}, \sigma_a \text{하중} = \frac{38400}{4} = 9600$

11 다음 중 텅스텐과 몰리브덴 재료 등을 용접하기에 가장 적합한 용접은?

① 전자 빔 용접
② 일렉트로 슬래그 용접
③ 탄산가스 아크 용접
④ 서브머지드 아크 용접

| 해설 | 전자빔용접 : 10^{-4}mmHg의 고진공 속에서 음극에서 방출되는 전자를 고전압으로 가속시켜 피용접물과 충돌한 에너지에 의해 용접하는 방법으로 텅스텐 등 대기에서 반응하기 쉬운 금속이나 고융점 금속의 용접에 적합하다.

12 서브머지드 아크 용접시, 받침쇠를 사용하지 않을 경우 루트 간격을 몇 mm 이하로 하여야 하는가?

① 0.2
② 0.4
③ 0.6
④ 0.8

| 해설 | 서브머지드 아크 용접 홈 가공 : 받침쇠가 없는 경우 루트 간격은 0.8mm 이하로 하여야 된다.

| 정답 | 07. ② 08. ① 09. ① 10. ② 11. ① 12. ④

13 연납땜 중 내열성 땜납으로 주로 구리, 황동용에 사용되는 것은?

① 인동납 ② 황동납
③ 납-은납 ④ 은납

| 해설 | 납(Pb)-은납은 구리, 황동용 연납이다. ①, ②, ④는 경납

14 용접부 검사법 중 기계적 시험법이 아닌 것은?

① 굽힘 시험 ② 경도 시험
③ 인장 시험 ④ 부식 시험

| 해설 | 용접부 검사법: 기계적 시험, 야금학적 시험, 비파괴 시험 등이 있으며, 부식 시험은 화학 시험(야금학적 시험)법의 일종이다.

15 일렉트로 가스 아크 용접의 특징 설명 중 틀린 것은?

① 판두께에 관계없이 단층으로 상진 용접한다.
② 판두께가 얇을수록 경제적이다.
③ 용접속도는 자동으로 조절된다.
④ 정확한 조립이 요구되며, 이동용 냉각 동판에 급수 장치가 필요하다.

| 해설 | 일렉트로 가스 아크 용접 : 일렉트로 슬래그 용접과 같이 후판 수직 상진 용접법의 일종으로 얇은 판의 용접은 비경제적이며 작업하기도 어렵다.

16 텅스텐 전극봉 중에서 전자 방사능력이 현저하게 뛰어난 장점이 있으며 불순물이 부착되어도 전자 방사가 잘되는 전극은?

① 순텅스텐 전극
② 토륨 텅스텐 전극
③ 지르코늄 텅스텐 전극
④ 마그네슘 텅스텐 전극

| 해설 | **토륨텅스텐 전극**: 토륨(Th)을 1~2% 첨가한 용접봉으로 EWTh-1, 2로 표시하며 전자 방사능력이 뛰어나다. 순 텅스텐 전극은 Al이나 Mg 합금의 용접에 사용된다.

17 다음 중 표면 피복 용접을 올바르게 설명한 것은?

① 연강과 고장력강의 맞대기 용접을 말한다.
② 연강과 스테인리스강의 맞대기 용접을 말한다.
③ 금속 표면에 다른 종류의 금속을 용착시키는 것을 말한다.
④ 스테인리스 강관과 연강판재를 접합시 스테인리스 강판에 구멍을 뚫어 용접하는 것을 말한다.

| 해설 | ③은 육성용접이라고 하는 일종의 이종금속의 용접의 일종이며, 내식성, 내열성 등의 향상을 위하거나 마모된 부분을 육성하기 위한 용접법의 일종이다.

18 산업용 용접 로봇의 기능이 아닌 것은?

① 작업 기능
② 제어 기능
③ 계측인식 기능
④ 감정 기능

| 해설 | 아직까지 산업용 로봇에 감정 기능이 있는 것은 없다.

| 정답 | 13. ③ 14. ④ 15. ② 16. ② 17. ③ 18. ④

19 불활성 가스 금속 아크 용접(MIG)의 용착효율은 얼마 정도인가?

① 58% ② 78%
③ 88% ④ 98%

| 해설 | 서브머지드 아크 용접, 일렉트로 슬래그 용접 등은 거의 98%~100%이며, 피복 아크용접은 약 65%, FCAW는 75~85% 정도이다.

20 다음 중 일렉트로 슬래그 용접의 특징으로 틀린 것은?

① 박판용접에는 적용할 수 없다.
② 장비 설치가 복잡하며 냉각장치가 요구된다.
③ 용접시간이 길고 장비가 저렴하다.
④ 용접 진행 중 용접부를 직접 관찰할 수 없다.

| 해설 | 일렉트로 슬래그용접 : 용접시간이 짧고 장비가 고가이나 용접 준비 시간이 길다.

21 AW-300, 무부하 전압 80V, 아크 전압 20V인 교류 용접기를 사용할 때, 다음 중 역률과 효율을 올바르게 계산한 것은? (단, 내부 손실은 4kW라 한다.)

① 역률 : 80.0%, 효율 : 20.6%
② 역률 : 20.6%, 효율 : 80.0%
③ 역률 : 60.0&, 효율 : 41.7%
④ 역률 : 41.7%, 효율 : 60.0%

| 해설 | 역률 = $\frac{소비전력}{전원입력} \times 100$

$= \frac{20 \times 300 + 4000}{80 \times 300} \times 100 = 41.66$

효율 = $\frac{아크출력}{소비전력} \times 100$

$= \frac{20 \times 300}{20 \times 300 + 4000} \times 100 = 60.0$

22 가스 용접에서 후진법에 대한 설명으로 틀린 것은?

① 전진법에 비해 용접변형이 작고 용접속도가 빠르다.
② 전진법에 비해 두꺼운 판의 용접에 적합하다.
③ 전진법에 비해 열 이용율이 좋다.
④ 전진법에 비해 산화의 정도가 심하고 용착 금속 조직이 거칠다.

| 해설 | ④ : 전진법(좌진법)의 특징임

23 피복아크 용접에 관한 사항으로 아래 그림의 ( )에 들어가야 할 용어는?

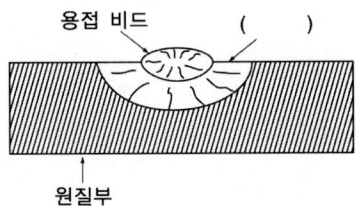

① 용락부 ② 용융지
③ 용입부 ④ 열영향부

| 해설 | 열영향부(HAZ) : 용착금속과 모재의 경계선 부근에서 용접에 의한 열의 영향을 많이 받는다.

24 용접봉에서 모재로 용융금속이 옮겨가는 이행 형식이 아닌 것은?

① 단락형 ② 글로블러형
③ 스프레이형 ④ 철심형

| 해설 | 용접봉 이행 형식 : 기본은 단락형, 글로블러(핀치효과)형, 스프레이(분무)형이 있으며, 용접봉 종류나 전류 크기 등에 따라 이들의 복합형식이 10여가지 이상 된다.

25 직류 아크용접에서 용접봉의 용융이 늦고, 모재의 용입이 깊어지는 극성은?

① 직류 정극성　② 직류 역극성
③ 용극성　　　④ 비용극성

| 해설 | 직류 역극성(DCRP) : 모재의 용입이 얕으며, 용접봉 용융이 빠르고 비드 폭이 넓다.

26 아세틸렌 가스의 성질로 틀린 것은?

① 순수한 아세틸렌 가스는 무색 무취이다.
② 금, 백금, 수은 등을 포함한 모든 원소와 화합시 산화물을 만든다.
③ 각종 액체에 잘 용해되며, 물에는 1배, 알코올에는 6배 용해된다.
④ 산소와 적당히 혼합하여 연소시키면 높은 열을 발생한다.

| 해설 | 금, 백금 등과는 화합하지 않는다.

27 아크 용접기에서 부하전류가 증가하여도 단자전압이 거의 일정하게 되는 특성은?

① 절연 특성　② 수하 특성
③ 정전압 특성　④ 보존 특성

| 해설 | 수하특성 : 전류가 증가하면 단자 전압이 낮아져 그 기계의 출력은 갖게 하는 특성

28 피복제 중에 산화티탄을 약 35% 정도 포함하였고 슬래그의 박리성이 좋아 비드의 표면이 고우며 작업성이 우수한 특징을 지닌 연강용 피복 아크 용접봉은?

① E4301　② E4311
③ E4313　④ E4316

| 해설 |
- E4301 : 일미나이트계, 일미나이트 광석이 30% 이상 함유
- E4311 : 고셀룰로스계, 셀룰로스를 30% 이상 함유
- E4316(E7016) : 석회석, 형석이 주성분이지만 사용 전에 300~350℃에서 1~2시간 건조하여 수소의 원천인 수분을 완전 제거한 용접봉

29 상률(Phase Rule)과 무관한 인자는?

① 자유도　② 원소 종류
③ 상의 수　④ 성분 수

| 해설 |

$$자유도\ F = n + 2 - P$$

여기서, n : 성분의 수
P : 상의 수

즉 자유도는 성분수, 온도(온도에 따라 고상, 액상, 기상으로 변함), 압력이다. 예를 들면 압력과 성분이 일정하다면 온도에 따라 고체, 액체, 기체로 변하게 되며, 성분과 온도가 일정하다면 압력에 따라서 용융점이 달라진다.

30 공석 조성율 0.80%C라고 하면, 0.2%C 강의 상온에서의 초석 페라이트와 펄라이트의 비는 약 몇 %인가?

① 초석 페라이트 75% : 펄라이트 25%
② 초석 페라이트 25% : 펄라이트 75%
③ 초석 페라이트 80% : 펄라이트 20%
④ 초석 페라이트 20% : 펄라이트 80%

| 해설 | 공석 조직은 펄라이트이며, 펄라이트는 페라이트와 시멘타이트의 층상 조직을 말한다. 이 공석의 탄소량이 0.8%이므로 0.2%C 강은 이 중의 1/4에 해당되므로 펄라이트가 1/4 함유되어 있다는 의미이다.

| 정답 | 25. ①　26. ②　27. ③　28. ③　29. ②　30. ①

31 다음 중 목재, 섬유류, 종이 등에 의한 화재의 급수에 해당하는 것은?

① A급 ② B급
③ C급 ④ D급

| 해설 | • B화재 : 기름 화재
• C화재 : 전기 화재
• D화재 : 금속 화재

32 용접부의 시험 중 용접성 시험에 해당하지 않는 시험법은?

① 노치 취성 시험
② 열특성 시험
③ 용접 연성 시험
④ 용접 균열 시험

| 해설 | **용접성시험** : 용접부에 대한 노치 취성 시험, 연성 시험, 용접 균열 등의 특성을 알기 위한 시험

33 다음 중 가스용접의 특징으로 옳은 것은?

① 아크 용접에 비해서 불꽃의 온도가 높다.
② 아크 용접에 비해 유해광선의 발생이 많다.
③ 전원 설비가 없는 곳에서는 쉽게 설치할 수 없다.
④ 폭발의 위험이 크고 금속이 탄화 및 산화될 가능성이 많다.

| 해설 | **가스용접** : 전기가 없는 곳에서 용접이 가능하며 아크 용접보다 유해 광선이 적으나 불꽃 온도가 낮고 폭발 위험이 크다.

34 산소-아세틸렌 용접에서 표준불꽃으로 연강판 두께 2mm를 60분간 용접하였더니 200L의 아세틸렌가스가 소비되었다면, 다음 중 가장 적당한 가변압식 팁의 번호는?

① 100번 ② 200번
③ 300번 ④ 400번

| 해설 | • **가변압식(프랑스식) 토치의 팁** : 1시간당 소비되는 아세틸렌의 양 L을 번호로 표시한다.
• **불변압식(독일식) 토치의 팁** : 용접 가능한 판 두께 mm를 번호로 표시한다.

35 연강용 가스 용접봉의 시험편처리 표시 기호 중 NSR의 의미는?

① 625±25℃로써 용착금속의 응력을 제거한 것
② 용착금속의 인장강도를 나타낸 것
③ 용착금속의 응력을 제거하지 않은 것
④ 연신율을 나타낸 것

| 해설 | SR : ①

36 피복 아크 용접에서 사용하는 아크 용접용 기구가 아닌 것은?

① 용접 케이블 ② 접지 클램프
③ 용접 홀더   ④ 팁 클리너

| 해설 | 팁 클리너는 가스 용접 팁을 청소(구멍이 막히거나 불량할 때) 사용하는 도구

37 피복아크 용접봉의 피복제의 주된 역할로 옳은 것은?

① 스패터의 발생을 많게 한다.
② 용착 금속에 필요한 합금원소를 제거한다.
③ 모재 표면에 산화물이 생기게 한다.
④ 용착 금속의 냉각속도를 느리게 하여 급랭을 방지한다.

| 해설 | **피복제의 역할** : 아크 안정, 합금제 첨가, 환원성 가스 발생으로 용접부 보호, 용융금속의 탈산 정련

38 용접의 특징에 대한 설명으로 옳은 것은?

① 복잡한 구조물 제작이 어렵다.
② 기밀, 수밀, 유밀성이 나쁘다.
③ 변형의 우려가 없어 시공이 용이하다.
④ 용접사의 기량에 따라 용접부의 품질이 좌우된다.

| 해설 | **용접의 특징**
- 장점 : 복잡한 구조물 제작이 쉽다. 기밀, 수밀, 유밀성이 좋다. 재료비, 공정수가 적다.
- 단점 : 품질검사가 어렵다. 모재 재질의 변질, 변형이 쉽다. 응력집중에 민감하다.

39 가스 절단에서 팁(Tip)의 백심 끝과 강판 사이의 간격으로 가장 적당한 것은?

① 0.1~0.3mm   ② 0.4~1mm
③ 1.5~2mm   ④ 4~5mm

| 해설 | 가스 절단시 온도가 가장 높고 중성불꽃을 유지하는데 적합한 위치는 백심 끝에서 1.5~2mm 부분이다.

40 스카핑 작업에서 냉간재의 스카핑 속도로 가장 적합한 것은?

① 1~3m/min   ② 5~7m/min
③ 10~15m/min ④ 20~25m/min

| 해설 | 냉간재의 스카핑 속도 : 5~7m/min 정도

41 열간 성형 리벳의 종류별 호칭길이(L)를 표시한 것 중 잘못 표시된 것은?

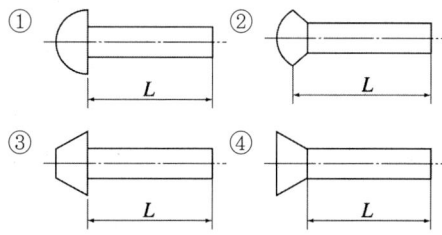

| 해설 | 접시 머리 리벳의 길이 표시는 전체 길이로 나타낸다.

42 다음 중 배관용 탄소 강관의 재질기호는?

① SPA   ② STK
③ SPP   ④ STS

| 해설 | SPP : 압력 배관용 탄소강관을 의미한다.

| 정답 | 37. ④ 38. ④ 39. ③ 40. ② 41. ④ 42. ③

43 다음 그림과 같은 KS 용접 보호기호의 설명으로 옳은 것은?

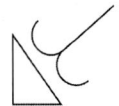

① 필릿 용접부 토우를 매끄럽게 함
② 필릿 용접 중앙부를 볼록하게 다듬질
③ 필릿 용접 끝단부에 영구적인 덮개 판을 사용
④ 필릿 용접 중앙부에 제거 가능한 덮개 판을 사용

| 해설 | 필릿 용접 기호 경사선 위에 갈고리 모양은 용접부 토우를 매끄럽게 하라는 의미이다.

44 그림과 같은 정ㄷ형강의 치수 기입 방법으로 옳은 것은?(단, L은 형강의 길이를 나타낸다.)

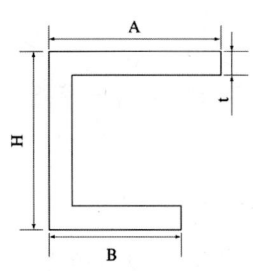

① ㄷ A × B × H × t - L
② ㄷ H × A × B × t - L
③ ㄷ B × A × H × t - L
④ ㄷ H × B × A × L - t

| 해설 | 형강의 치수 기입은 형강모양 기호 세로치수 × 가로치수 × 두께 - 길이로 표시한다.

45 도면에서 반드시 표제란에 기입해야 하는 항목으로 틀린 것은?

① 재질 ② 척도
③ 투상법 ④ 도명

| 해설 | • 부품란에 기재 사항 : 품번, 품명, 재질, 수량, 기타
• 표재란 기재 사항 : ②, ③, ④ 외에 도번, 작도 연월일, 제도자, 검토자 등

46 선의 종류와 명칭이 잘못된 것은?

① 가는 실선 - 해칭선
② 굵은 실선 - 숨은선
③ 가는 2점 쇄선 - 가상선
④ 가는 1점 쇄선 - 피치선

| 해설 | 굵은실선: 용도상으로 외형을 나타내는 선이므로 외형선이라 한다. 숨은선은 파선을 말하며 보이지 않는 부분을 나타내는 선이다.

47 그림과 같은 입체도에서 화살표 방향을 정면으로 할 때 평면도로 가장 적합한 것은?

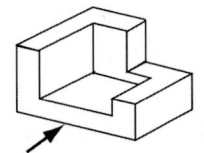

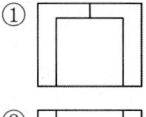 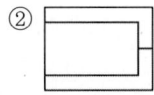
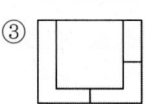 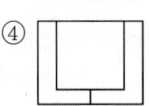

| 해설 | 입체도는 단이 졌지만 평면도는 양쪽 ㄱ자 모양이 같은 도면이 답이다.

| 정답 | 43. ① 44. ② 45. ① 46. ② 47. ①

48 도면의 밸브 표시방법에서 안전밸브에 해당하는 것은?

① ─▶┤─   ② ─▷◁─
③ ─▽☰▽─   ④ ─▽◠▽─

| 해설 | ① : 체크 밸브, ③ : 안전 밸브

49 제1각법과 제3각법에 대한 설명 중 틀린 것은?

① 제3각법은 평면도를 정면도의 위에 그린다.
② 제1각법은 저면도를 정면도의 아래에 그린다.
③ 제3각법의 원리는 눈 → 투상면 → 물체의 순서가 된다.
④ 제1각법에서 우측면도 정면도를 기준으로 본 위치와는 반대쪽인 좌측에 그려진다.

| 해설 | 제1각법의 저면도는 정면도의 위에, 평면도는 정면도 아래에 그린다.

50 일반적으로 치수선을 표시할 때, 치수선 양 끝에 치수가 끝나는 부분임을 나타내는 형상으로 사용하는 것이 아닌 것은?

① ──▶   ② ──╱
③ ──●   ④ ──△

| 해설 | 치수 선에 ④와 같은 것은 사용하지 않는다.

51 금속의 물리적 성질에서 자성에 관한 설명 중 틀린 것은?

① 연철(連綴)은 잔류자기는 작으나 보자력이 크다.
② 영구자석 재료는 쉽게 자기를 소실하지 않는 것이 좋다.
③ 금속을 자석에 접근시킬 때 금속에 자석의 극과 반대의 극이 생기는 금속을 상자성체라 한다.
④ 자기장의 강도가 증가하면 자화되는 강도도 증가하나 어느 정도 진행되면 포화점에 이르는 이 점을 퀴리점이라 한다.

| 해설 | 철강 중에 연철(鍊鐵)은 잔류자기와 보자력이 크다.

52 다음 중 탄소강의 표준 조직이 아닌 것은?

① 페라이트   ② 펄라이트
③ 시멘타이트   ④ 마텐자이트

| 해설 | 마텐사이트, 솔바이트, 투르스타이트, 베이나이트 등은 열처리에 의해 생성된 조직이다.

53 주요 성분이 Ni-Fe 합금인 불변강의 종류가 아닌 것은?

① 인바   ② 모넬메탈
③ 엘린바   ④ 플레티나이트

| 해설 | 모넬메탈 : Ni-20~25%Cu 합금, 강도와 내식성이 크다.

54 탄소강 중에 함유된 규소의 일반적인 영향 중 틀린 것은?

① 경도의 상승 ② 연산율의 감소
③ 용접성의 저하 ④ 충격값의 증가

55 다음 중 이온화 경향이 가장 큰 것은?

① Cr ② K
③ Sn ④ H

|해설| • 이온화 : 금속이 액체와 접촉할 경우 전자를 잃고 산화되어 양이온이 되려는 현상
• 이온화가 큰 순서 : K 〉 Cr 〉 Sn 〉 H

56 실온까지 온도를 내려 다른 형상으로 변형시켰다가 다시 온도를 상승시키면 어느 일정한 온도 이상에서 원래의 형상으로 변화하는 합금은?

① 제진합금 ② 방진합금
③ 비정결합금 ④ 형상기억합금

|해설| 형상기억합금: 신금속의 하나로 처음 가공되었을 때의 온도와 형상을 기억하고 있어 변형되었을 때 처음 온도로 상승시키면 원래의 상태로 되돌아가는 합금

57 금속에 대한 설명으로 틀린 것은?

① 리듐(Li)은 물보다 가볍다.
② 고체 상태에서 결정구조를 가진다.
③ 텅스텐(W)은 이리듐(Ir)보다 비중이 크다.
④ 일반적으로 용융점이 높은 금속은 비중도 큰 편이다.

|해설| 리듐의 비중은 0.53 정도로 물보다 가벼우며, 이리듐의 비중은 22.5로 텅스텐 19.1보다 크다.

58 고강도 Al 합금으로 조성이 Al-Cu-Mg-Mn인 합금은?

① 리우탈 ② Y-합금
③ 두랄루민 ④ 하이드로날륨

|해설| • 두랄루민 : 시효경화합금으로 비행기 몸체 등의 제조에 쓰인다.
• Y합금 : Al-Cu-Ni-Mg 합금

59 7 : 3 황동에 1% 내외의 Sn을 첨가하여 열교환기, 증발기 등에 사용되는 합금은?

① 코슨 황동
② 네이벌 황동
③ 애드미럴티 황동
④ 에버듀어 메탈

|해설| 네이벌 황동
6 : 4 황동에 아연 대신 1~2%의 Sn을 첨가한 동합금

60 구리에 5~20%Zn을 첨가한 황동으로, 강도는 낮으나 전연성이 좋고 색깔이 금색에 가까워, 모조금이나 판 및 선 등에 사용되는 것은?

① 톰백 ② 켈밋
③ 포금 ④ 문쯔메탈

|해설| • 켈밋 : 동에 납을 30~40% 첨가한 합금으로 베어링 재료에 쓰인다.
• 문쯔메탈 : 동 60%, 아연 40%인 6 : 4 황동을 말한다.

|정답| 54. ④ 55. ② 56. ④ 57. ③ 58. ③ 59. ③ 60. ①

2015년 제5회 용접기능사 필기

2015년 10월 10일 시행

01 다음 중 용접 작업 전 예열을 하는 목적으로 틀린 것은?

① 용접 작업성의 향상을 위하여
② 용접부의 수축 변형 및 잔류 응력을 경감시키기 위하여
③ 용접금속 및 열 영향부의 연성 또는 인성을 향상시키기 위하여
④ 고탄소강이나 합금강의 열 영향부 경도를 높게 하기 위하여

| 해설 | **예열의목적**: 용접부는 최초 차가운 상태에서 가열하여 용접하게 되므로 급열 급랭에 따라 균열 발생이 쉽고 용입 불량 등이 발생하며, 용융지의 가스 배출 시간이 적어 기공이 생길 우려가 있다. 따라서 고탄소강 등에 예열을 하여 냉각속도를 느리게 함으로서 열영향부의 경도 상승을 줄일 필요가 있다.

02 전기저항용접 중 플래시 용접 과정의 3단계를 순서대로 바르게 나타낸 것은?

① 업셋 → 플래시 → 예열
② 예열 → 업셋 → 플래시
③ 예열 → 플래시 → 업셋
④ 플래시 → 업셋 → 예열

| 해설 | **플래시 용접 과정**: 용접할 재료를 가까이 한 후 예열하고, 통전하면 양끝이 가열되어 불꽃(flash)가 생기며 용융할 때 업셋하여 접합한다.

03 다음 중 다층 용접시 적용하는 용착법이 아닌 것은?

① 빌드업법   ② 케스케이드법
③ 스킵법   ④ 전진블록법

| 해설 | **스킵법**: 비석법이라고도 하며 한쪽에서 일정 거리만큼 차례로 드문드문 용접한 후 다시 그 사이를 용접하는 방법으로 얇은 판의 변형 방지에 효과적이다.

04 피복아크 용접시 지켜야 할 유의사항으로 적합하지 않은 것은?

① 작업시 전류는 적정하게 조절하고 정리정돈을 잘하도록 한다.
② 작업을 시작하기 전에는 메인 스위치를 작동시킨 후에 용접기 스위치를 작동시킨다.
③ 작업이 끝나면 항상 메인 스위치를 먼저 끈 후에 용접기 스위치를 꺼야 한다.
④ 아크 발생시 항상 안전에 신경을 쓰도록 한다.

| 해설 | **용접기에 스위치 넣는 순서**: 메인 스위치 - 벽 스위치 - 용접기 스위치, 스위치를 끊을 때는 위의 반대로 한다.

| 정답 | 01. ④ 02. ③ 03. ③ 04. ③

05 전격의 방지대책으로 적합하지 않은 것은?

① 용접기 내부는 수시로 열어서 점검하거나 청소한다.
② 홀더나 용접봉은 절대로 맨손으로 취급하지 않는다.
③ 절연 홀더의 절연부분이 파손되면 즉시 보수하거나 교체한다.
④ 땀, 물 등에 의해 습기찬 작업복, 장갑, 구두 등은 착용하지 않는다.

| 해설 | ① 항은 감전(전격) 방지 사항으로는 좀 애매하지만 용접기 내부를 수시로 열 필요는 없음

06 연납과 경납을 구분하는 온도는?

① 550℃ ② 450℃
③ 350℃ ④ 250℃

| 해설 | 연납과 경납 구분 : 납의 용융점이 450℃를 기준으로 이하면 연납, 이상이면 경납이라 한다.

07 용접 진행 방향과 용착 방향이 서로 반대가 되는 방법으로 잔류 응력은 다소 적게 발생하나 작업의 능률이 떨어지는 용착법은?

① 전진법 ② 후진법
③ 대칭법 ④ 스킵법

| 해설 | 후진법 : 전진법에 비해 작업 능률은 떨어지나 후판 용접에 적당하다.

08 다음 중 테르밋 용접의 특징에 관한 설명으로 틀린 것은?

① 용접 작업이 단순하다.
② 용접기구가 간단하고, 작업장소의 이동이 쉽다.
③ 용접 시간이 길고, 용접 후 변형이 크다.
④ 전기가 필요 없다.

| 해설 | 테르밋 용접 : 테르밋제(알루미늄 분말 1에 산화철 분말 3~4 비율로 혼합하여 발열 촉진제로 Mg 등을 첨가하여 점화하면 약 2800℃까지 상승하며 화학 반응에 의해 용융금속이 얻어지며 이 용탕을 용접부에 부어 용접하는 방법으로 작업이 단순하고 간단하며, 용접 변형도 적다.

09 다음 중 용접 후 잔류응력 완화법에 해당하지 않는 것은?

① 기계적 응력완화법
② 저온응력완화법
③ 피닝법
④ 화염경화법

| 해설 | 화염 경화법 : 표면 경화법의 일종으로 응력 완화와는 전혀 무관하다.

10 용접 지그나 고정구의 선택 기준 설명 중 틀린 것은?

① 용접하고자 하는 물체의 크기를 튼튼하게 고정시킬 수 있는 크기와 강성이 있어야 한다.
② 용접 응력을 최소화할 수 있도록 변형이 자유스럽게 일어날 수 있는 구조이어야 한다.
③ 피용접물의 고정과 분해가 쉬워야 한다.
④ 용접간극을 적당히 받쳐주는 구조이어야 한다.

| 해설 | 용접지그, 고정구 선택 : 간단하면서도 변형이 일어나지 않게 하는 구조일 것

| 정답 | 05. ① 06. ② 07. ② 08. ③ 09. ④ 10. ②

11 초음파 탐상법의 종류에 속하지 않는 것은?

① 투과법 ② 펄스반사법
③ 공진법 ④ 극간법

| 해설 | 초음파 탐상법의 종류 : 투과법, 펄스 반사법(수직 탐상법, 사각 탐상법) 공진법

12 용접작업 중 지켜야 할 안전사항으로 틀린 것은?

① 보호 장구를 반드시 착용하고 작업한다.
② 훼손된 케이블은 사용 후에 보수한다.
③ 도장된 탱크 안에서의 용접은 충분히 환기시킨 후 작업한다.
④ 전격 방지기가 설치된 용접기를 사용한다.

| 해설 | 용접작업 안전사항 : 용접 중이라도 케이블이 훼손된 경우 전원을 차단하고 즉시 보수해야 된다.

13 자동화 용접장치의 구성요소가 아닌 것은?

① 고주파 발생장치 ② 칼럼
③ 트랙 ④ 갠트리

| 해설 | 고주파 발생 장치 용도 : 용접에서 고주파 발생 장치는 용접봉이나 전극을 모재에 직접 접촉하지 않고 아크 발생을 하거나 전극의 오염을 방지하기 위해 사용하며, 교류에서 아크 안정을 위해 사용되며, 2000~3000V에 300~1000kc의 약전류를 사용한다.

14 CO_2 가스 아크 용접에서 기공의 발생 원인으로 틀린 것은?

① 노즐에 스패터가 부착되어 있다.
② 노즐과 모재사이의 거리가 짧다.
③ 모재가 오염(기름, 녹, 페인트)되어 있다.
④ CO_2가스의 유량이 부족하다.

| 해설 | CO_2 용접에서 기공 발생의 원인 : ①, ③, ④ 외에 노즐과 모재 사이(와이어 돌출길이)가 너무 길 때, 가스 유량이 과다할 때 발생한다.

15 서브머지드 아크 용접의 특징으로 틀린 것은?

① 콘택트 팁에서 통전되므로 와이어 중에 저항열이 적게 발생되어 고전류 사용이 가능하다.
② 아크가 보이지 않으므로 용접부의 적부를 확인하기가 곤란하다.
③ 용접 길이가 짧을 때 능률적이며 수평 및 위보기 자세 용접에 주로 이용된다.
④ 일반적으로 비드 외관이 아름답다.

| 해설 | 서브머지드 아크 용접 : 거의 자동 용접이며 레일 위에 주행 대차를 이용하여 이동하므로 용접 길이가 길 경우에 능률적이다.

16 주철 용접시 주의사항으로 옳은 것은?

① 용접 전류는 약간 높게 하고 운봉하여 곡선비드를 배치하며 용입을 깊게한다.
② 가스 용접시 중성불꽃 또는 산화불꽃을 사용하고 용제는 사용하지 않는다.
③ 냉각되어 있을 때 피닝작업을 하여 변형을 줄이는 것이 좋다.
④ 용접봉의 지름은 가는 것을 사용하고, 비드의 배치는 짧게 하는 것이 좋다.

| 해설 | 주철 용접시 주의 사항 : 최소한의 낮은 전류를 사용하여 좁고 직선 비드를 용입 깊이가 얕게 쌓으며, 가열되었을 때 피닝하여 변형을 줄이고, 가스 용접의 경우 중성불꽃을 사용한다.

| 정답 | 11. ④ 12. ② 13. ① 14. ② 15. ③ 16. ④

17 다음 중 CO_2가스 아크 용접의 장점으로 틀린 것은?

① 용착 금속의 기계적 성질이 우수하다.
② 슬래그 혼입이 없고, 용접 후 처리가 간단하다.
③ 전류밀도가 높아 용입이 깊고, 용접속도가 빠르다.
④ 풍속 2m/s 이상의 바람에도 영향을 받지 않는다.

| 해설 | ②는 솔리드 와이어 사용의 경우 슬래그 혼입이 없을 수 있으나 플럭스 코드 와이어 사용의 경우는 슬래그 혼입이 가능하며, 풍속 2m/sec 이하에서 작업해야 된다.

18 용접 홈 이음 형태 중 U형은 루트 반지름을 가능한 크게 만드는데 그 이유로 가장 알맞은 것은?

① 큰 개선각도   ② 많은 용착량
③ 충분한 용입   ④ 큰 변형량

| 해설 | U형에서 루트 반지름은 U자의 아래를 말하므로 루트 반지름이 너무 적으면 용접봉이 충분히 들어가지 못하여 완전(충분한) 용입이 곤란해질 수 있기 때문이다.

19 비용극식, 비소모식 아크 용접에 속하는 것은?

① 피복아크 용접
② TIG 용접
③ 서브머지드 아크 용접
④ CO_2 용접

| 해설 | 아크 용접에서 용접봉(전극)의 소모 여부에 따라 소모식, 비소모식, 전극의 용융 여부에 따라 용극식, 비용극식이라 한다. 용극식은 소모식을 의미하며, 비용극식은 비소모식을 말한다.

20 TIG 용접에서 직류 역극성에 대한 설명이 아닌 것은?

① 용접기의 음극에 모재를 연결한다.
② 용접기의 양극에 토치를 연결한다.
③ 비드 폭이 좁고 용입이 깊다.
④ 산화 피막을 제거하는 청정작용이 있다.

| 해설 | TIG 용접에서 직류 역극성 : 모재가 -, 전극이 +인 극성으로 -쪽에서 열이 30% 발생하므로 용입이 얕고 전극은 +이므로 열이 70% 발생하므로 용접봉을 많이 녹일 수 있어 비드 폭이 넓고 용입이 얕은 비드가 형성된다.

21 재료의 접합방법은 기계적 접합과 야금적 접합으로 분류하는데 야금적 접합에 속하지 않는 것은?

① 리벳   ② 용접
③ 압접   ④ 납땜

| 해설 | 야금학적 접합은 용접을 의미하므로 리벳 작업은 기계적 접합에 속한다.

22 피복아크 용접기를 사용하여 아크 발생을 8분간 하고 2분간 쉬었다면 용접기 사용률은 몇 %인가?

① 25   ② 40
③ 65   ④ 80

| 해설 | 용접기의 정격 사용률 : 용접기의 정격 전류로 몇 분을 용접할 수 있느냐의 의미이며 10분을 기준으로 한다. 8분을 용접한 경우이므로 정격 사용률은 80%이다. 그러나 이 문제는 정확히 말하면 문제 출제가 잘못되었다. 정격 전류라는 단어가 전제되어야 된다.

| 정답 | 17. ④ 18. ③ 19. ② 20. ③ 21. ① 22. ④

23 다음 중 알루미늄을 가스 용접할 때 가장 적절한 용제는?

① 붕사
② 탄산나트륨
③ 염화나트륨
④ 중탄산나트륨

| 해설 | **알루미늄 가스 용접 용제**: 염화칼륨 45%, 염화나트륨 30%, 염화리튬 15%, 플루오르화칼륨 7%, 황산칼륨 3% 혼합액을 많이 사용한다.

24 아크 용접에서 아크쏠림 방지 대책으로 옳은 것은?

① 용접봉 끝을 아크쏠림 방향으로 기울인다.
② 접지점을 용접부에 가까이 한다.
③ 아크 길이를 길게 한다.
④ 직류용접 대신 교류용접을 사용한다.

| 해설 | **아크 쏠림 방지대책**: 용접봉 끝을 쏠림 반대 방향으로 기울이며, 가능한 아크 길이를 짧게, 접지점을 멀리, 용접부가 긴 경우는 접지선을 2개 연결한다. 용접부가 긴 경우 후퇴 용접법을 사용한다.

25 일반적인 용접의 장점으로 옳은 것은?

① 재질 변형이 생긴다.
② 작업 공정이 단축된다.
③ 잔류 응력이 발생한다.
④ 품질검사가 곤란하다.

| 해설 | 용접의 단점 : ①, ③, ④

26 용접작업을 하지 않을 때는 무부하 전압을 20~30V 이하로 유지하고 용접봉을 작업물에 접촉시키면 릴레이(relay) 작동에 의해 전압이 높아져 용접작업이 가능하게 하는 장치는?

① 아크 부스터
② 원격 제어장치
③ 전격 방지기
④ 용접봉 홀더

| 해설 | **전격 방지기**: 교류 아크 용접기의 무부하 전압은 85~95V이므로 감전의 위험이 있다. 따라서 전격 방지기는 용접기가 무부하시 작동하여 무부하 전압을 30V 이하로 유지하고 있다가 용접봉을 접촉하는 순간 매우 짧은 시간에 무부하 전압을 정상으로 올려 아크 발생이 될 수 있도록 해주는 장치이다.

27 다음 중 연강용 가스용접봉의 종류인 "GA43"에서 "43"이 의미하는 것은?

① 가스 용접봉
② 용착금속의 연신율 구분
③ 용착금속의 최소 인장강도 수준
④ 용착금속의 최대 인장강도 수준

| 해설 | **GA43** : 종류에 따라 GA, GB 등이 있으며, 43은 용착금속의 최소 인장 강도가 $43 kg_f/mm^2$임을 의미한다.

28 피복제 중에 산화티탄(TIO_2)을 약 35% 정도 포함한 용접봉으로서 아크는 안정되고 스패터는 적으나, 고온균열(hot crack)을 일으키기 쉬운 결정이 있는 용접봉은?

① E 4301
② E 4313
③ E 4311
④ E 4316

| 해설 | E4301 : 일미나이트계, E4311 : 고셀룰로오스계, E4316 : 저수소계

29 알루미늄과 마그네슘의 합금으로 바닷물과 알칼리에 대한 내식성이 강하고 용접성이 매우 우수하여 주로 선박용 부품, 화학 장치용 부품 등에 쓰이는 것은?

① 실루민
② 하이드로날륨
③ 알루미늄 청동
④ 애드미럴티 황동

| 해설 | • 실루민 : Al-Si 합금
• 애드미럴티 황동 : 7:3 황동에 주석을 1~2% 첨가한 합금

30 다음 금속 중 용융상태에서 응고할 때 팽창하는 것은?

① Sn
② Zn
③ Mo
④ Bi

| 해설 | 비스무트(Bi)를 제외하고 대부분의 금속은 응고할 때 수축한다.

31 다음 중 용접자세 기호로 틀린 것은?

① F
② V
③ H
④ OS

| 해설 | O : 위보기 자세, OS는 용접 자세 기호가 아니다.

32 전기저항용접의 발열량을 구하는 공식으로 옳은 것은? (단, H : 발열량[cal], I : 전류[A], R : 저항[Ω], t : 시간[sec]이다.)

① $H = 0.24IRt$
② $H = 0.24IR^2t$
③ $H = 0.24I^2Rt$
④ $H = 0.24IRt^2$

| 해설 | • 전류 자승에 비례하므로 전류가 매우 중요하다.
• 전기 저항열 $= 0.24I^2Rt$,

33 가스용접 모재의 두께가 3.2mm일 때 가장 적당한 용접봉의 지름을 계산식으로 구하면 몇 mm인가?

① 1.6
② 2.0
③ 2.6
④ 3.2

| 해설 | 가스 용접봉 지름 계산식
$$\varnothing = \frac{T}{2} + 1 = \frac{3.2}{2} + 1 = 2.6$$

34 가스용접에 사용되는 가연성 가스의 종류가 아닌 것은?

① 프로판 가스
② 수소 가스
③ 아세틸렌 가스
④ 산소

| 해설 | 가연성 가스 : 가스 자체가 연소하는 가스를 말하며 산소 자신은 연소하지 않지만 가연성 가스와 혼합하여 연소를 촉진하므로 조연성 가스라 한다.

35 환원가스 발생 작용을 하는 피복아크 용접봉의 피복제 성분은?

① 산화티탄
② 규산나트륨
③ 탄산칼륨
④ 당밀

| 해설 | 가스 발생제 : ④, 석회석, 녹말, 톱밥, 셀룰로오스 등

36 토치를 사용하여 용접부분의 뒷면을 따내거나 U형, H형으로 용접 홈을 가공하는 것으로 일명 가스 파내기라고 부르는 가공법은?

① 산소창 절단
② 선삭
③ 가스 가우징
④ 천공

| 해설 | • 천공 : 구멍을 뚫는 가공
• 선삭 : 선반을 사용하여 회전 가공하는 작업

| 정답 | 29. ② 30. ④ 31. ④ 32. ③ 33. ③ 34. ④ 35. ④ 36. ③

37 피복아크용접에서 직류 역극성(DCRP)용접의 특징으로 옳은 것은?

① 모재의 용입이 깊다.
② 비드 폭이 좁다.
③ 봉의 용융이 느리다.
④ 박판, 주철, 고탄소강의 용접 등에 쓰인다.

| 해설 | DCRP(직류 역극성) : DCSP에 비해 용입이 얇고 비드 폭이 넓으며, 봉의 녹음은 빠르다.

38 다음 중 아세틸렌가스의 관으로 사용할 경우 폭발성 화합물을 생성하게 되는 것은?

① 순구리관
② 스테인리스강관
③ 알루미늄합금관
④ 탄소강관

| 해설 | 아세틸렌 가스가 흐르는 곳에 사용하면 안 되는 원소 : 구리(62% 이상 합금 포함), Ag, Hg 등과 접촉하면 폭발성 화합물을 생성하여 폭발 위험이 있다.

39 가스 절단시 예열 불꽃이 약할 때 일어나는 현상으로 틀린 것은?

① 드래그가 증가한다.
② 절단면이 거칠어진다.
③ 역화를 일으키기 쉽다.
④ 절단속도가 느려지고, 절단이 중단되기 쉽다.

| 해설 | 예열 불꽃이 약할 경우 : 절단면이 거칠거나, 절단이 안될 수 있다.

40 직류아크 용접기와 비교하여 교류아크 용접기에 대한 설명으로 가장 올바른 것은?

① 무부하 전압이 높고 감전의 위험이 많다.
② 구조가 복잡하고 극성변화가 가능하다.
③ 자기쏠림 방지가 불가능하다.
④ 아크 안정성이 우수하다.

| 해설 | ②, ③, ④는 직류 용접기의 특성을 나타낸 것이다.

41 그림과 같은 KS 용접기호의 해석으로 올바른 것은?

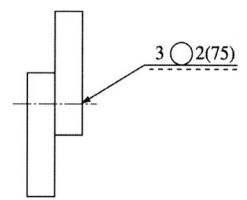

① 지름이 2mm이고 피치가 75mm인 플러그 용접이다.
② 폭이 2mm이고 피치가 75mm인 심 용접이다.
③ 용접 수는 2개이고, 피치가 75mm인 슬롯 용접이다.
④ 용접 수는 2개이고, 피치가 75mm인 스폿(점) 용접이다.

| 해설 | 실선 위에 용접기호가 있는 경우 화살표쪽 용접, ○은 점(스폿) 용접이며, ( )안의 치수는 피치를 뜻한다.

| 정답 | 37. ④ 38. ① 39. ② 40. ① 41. ④

42 그림과 같은 도시기호가 나타내는 것은?

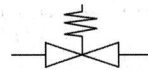

① 안전밸브　　② 전동밸브
③ 스톱밸브　　④ 슬루스 밸브

| 해설 | **스프링식 안전밸브** : 삼각형 2개 접촉부 사이에 스프링 형상을 한 밸브를 말한다.

43 도면의 척도 값 중 실제 형상을 확대하여 그리는 것은?

① 2 : 1　　② $1 : \sqrt{2}$
③ 1 : 1　　④ 1 : 2

| 해설 | **척도**: 실(현)척, 축척, 배척이 있다. 실척은 실제 크기대로(1 : 1) 그린 도면을 말하며, 축척은 1/2(1 : 2)식으로 나타낸 것으로 실제 크기보다 도면을 줄여 그린 것이다.

44 그림과 같은 입체도를 3각법으로 올바르게 도시한 것은?

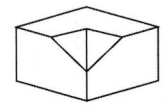

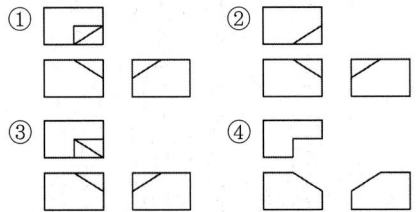

| 해설 | 입체도의 우측 앞쪽이 V홈으로 경사진 모양이므로 평면도에서 좌상 우하의 대각선으로 표시해야 된다.

45 도면에 물체를 표시하기 위한 투상에 관한 설명 중 잘못된 것은?

① 주 투상도는 대상물의 모양 및 기능을 가장 명확하게 표시하는 면을 그린다.
② 보다 명확한 설명을 위해 주 투상도를 보충하는 다른 투상도를 많이 나타낸다.
③ 특별한 이유가 없는 경우 대상물을 가로길이로 놓은 상태로 그린다.
④ 서로 관련되는 그림의 배치는 되도록 숨은 선을 쓰지 않도록 한다.

| 해설 | **도면표시**: 이해가 가능한 한 도면은 간단 명료하게 그리는 것이 원칙이다.

46 KS 기계재료 표시기호 SS 400은 무엇을 나타내는가?

① 경도　　　　② 연신율
③ 탄소 함유량　④ 최저 인장강도

| 해설 | **기계재료 재질표시**: SS 400은 SS 41과 같은 재질이다. 요즈음은 SI 단위를 사용하기 때문에 최저 인장강도 $41 kg_f/mm^2$를 SI 단위로 환산하여 41×9.8=401.8을 SS 400으로 나타낸 것이다.

47 그림과 같이 기계 도면 작성시 가공에 사용하는 공구 등의 모양을 나타낼 필요가 있을 때 사용하는 선으로 올바른 것은?

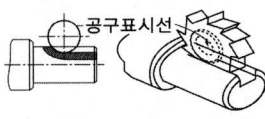

① 가는 실선　　② 가는 1점 쇄선
③ 가는 2점 쇄선　④ 가는 파선

| 해설 | **가상선**: 가는 2점 쇄선을 사용한다. 도시 물체의 앞면을 표시할 때, 인접 부분을 참고로 나타낼 때,

| 정답 | 42. ① 43. ① 44. ③ 45. ② 46. ④ 47. ③

가공 전 또는 후의 모양을 표시할 때, 반복을 나타낼 때, 도면 내에 90° 회전단면을 나타낼 때

48 기호를 기입한 위치에서 먼 면에 카운터 싱크가 있으며, 공장에서 드릴 가공 및 현장에서 끼워 맞춤을 나타내는 리벳의 기호 표시는?

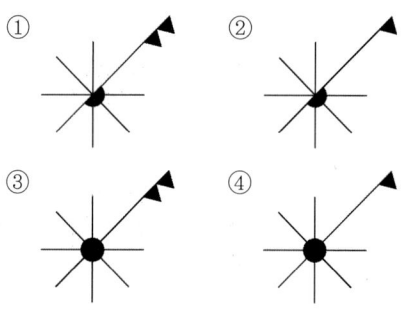

49 그림과 같은 입체도의 화살표 방향 투상도로 가장 적합한 것은?

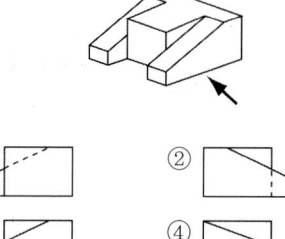

| 해설 | 입체도에서 좌측으로 경사져서 돌출된 모양은 경사선을 외형선으로 나타내야 된다.

50 치수 기입의 원칙에 관한 설명 중 틀린 것은?

① 치수는 필요에 따라 기준으로 하는 점, 선 또는 면을 기준으로 하여 기입한다.
② 대상물의 기능, 제작, 조립 등을 고려하여 필요하다고 생각되는 치수를 명료하게 도면에 지시한다.
③ 치수 입력에 대해서는 중복 기입을 피한다.
④ 모든 치수에는 단위를 기입해야 한다.

| 해설 | 기계 제도는 원칙적으로 치수를 mm로 나타내며 단위를 붙이지 않는다. 그러나 인치 등으로 나타낼 필요가 있을 때는 붙여야 된다.

51 60%Cu – 40%Zn 황동으로 복수기용 판, 볼트, 너트 등에 사용되는 합금은?

① 톰백(tombac)
② 길딩 메탈(gilding metal)
③ 문쯔 메탈(muntz metal)
④ 애드미럴티 메탈(admiralty metal)

| 해설 | • **톰백** : 구리에 아연을 5~20% 혼합한 것으로 황금색에 가까우며 금 대용으로 사용된다.
• **길딩 메탈** : 톰백의 일종으로 구리에 아연을 약 5% 첨가한 합금으로 순구리와 같이 연하고 압연가공이 쉬워 화폐, 메달 등에 쓰인다.

52 시편의 표점거리가 125mm, 늘어난 길이가 145mm이었다면 연신율은?

① 16% ② 20%
③ 26% ④ 30%

| 해설 | 연신율계산 = $\dfrac{\text{늘어난 길이} - \text{표점 거리}}{\text{표점 거리}} \times 100$

∴ $\dfrac{145 - 125}{125} \times 100 = 16\%$

53 주철의 유동성을 나쁘게 하는 원소는?

① Mn ② C
③ P   ④ S

| 해설 | • 황(S) : 적열 취성의 원인이 되는 원소
• 인(P) : 저온 취성의 원인이 되는 원소

54 주변 온도가 변화하더라도 재료가 가지고 있는 열팽창계수나 탄성계수 등의 특정한 성질이 변하지 않는 강은?

① 쾌삭강 ② 불변강
③ 강인강 ④ 스테인리스강

| 해설 | 불변강: 온도에 따라서 길이나 탄성이 변하지 않는 강을 불변강이라 하며 인바, 슈퍼 인바, 엘린바, 코엘린바, 플래티나이트 등이 있다.

55 열과 전기의 전도율이 가장 좋은 금속은?

① Cu ② Al
③ Ag ④ Au

| 해설 | 전기 전도율이 큰 순서: Ag, Cu, Au, Al, Mg

56 비파괴검사가 아닌 것은?

① 자기탐상시험 ② 침투탐상시험
③ 샤르피충격시험 ④ 초음파탐상시험

| 해설 | 충격 시험: 샤르피식과 아이죠드식이 있으며 기계적 동적 시험에 해당된다.

57 구상흑연주철에서 그 바탕조직이 펄라이트이면서 구상흑연의 주위를 유리된 페라이트가 감싸고 있는 조직의 명칭은?

① 오스테나이트(austenite) 조직
② 시멘타이트(cementite) 조직
③ 레데뷰라이트(ledeburite) 조직
④ 불스 아이(bull's eye) 조직

| 해설 | 구상흑연 주철의 조직: 황소(Bull's) 눈 같다 해서 붙여진 조직

58 섬유 강화 금속 복합재료의 기지 금속으로 가장 많이 사용되는 것으로 비중이 약 2.7인 것은?

① Na ② Fe
③ Al ④ Co

| 해설 | 알루미늄(Al)은 비중이 매우 가벼워 대표적인 경금속이며, 섬유 강화 금속 소재로 사용된다.

59 강에서 상온 메짐(취성)의 원인이 되는 원소는?

① P ② S
③ Mn ④ Cu

| 해설 | 황(S): 적열(고온) 메짐(취성)의 원인이 되는 원소

60 강자성체 금속에 해당되는 것은?

① Bi, Sn, Au
② Fe, Pt, Mn
③ Ni, Fe, Co
④ Co, Sn, Cu

| 해설 | 강자성체: 자화도가 강한 물질을 말하며, 철리코(Fe 철, Ni 니켈, Co 코발트)가 대표적이다.

| 정답 | 54. ② 55. ③ 56. ③ 57. ④ 58. ③ 59. ① 60. ③

2016년 제1회 용접기능사 필기

2016년 1월 24일 시행

01 지름이 10cm인 단면에 8000kgf의 힘이 작용할 때 발생하는 응력은 약 몇 kg_f/cm^2인가?

① 89　　② 102
③ 121　　④ 158

| 해설 | 응력 $= \dfrac{P}{\dfrac{\pi d^2}{4}} = \dfrac{8000}{\dfrac{3.14 \times 10^2}{4}} = 102$

02 화재의 분류 중 C급 화재에 속하는 것은?

① 전기 화재　　② 금속 화재
③ 가스 화재　　④ 일반 화재

| 해설 | 화재의 종류
　　A급 화재 : 일반 화재
　　B급 화재 : 유류 화재
　　C급 화재 : 전기 화재
　　D급 화재 : 금속 화재

03 다음 중 귀마개를 착용하고 작업하면 안되는 작업자는?

① 조선소의 용접 및 취부작업자
② 자동차 조립공장의 조립작업자
③ 강재 하역장의 크레인 신호자
④ 판금작업장의 타출 판금작업자

| 해설 | 크레인 신호자는 시력, 청력 등이 좋아야 되므로 귀를 막아서는 안 된다.

04 용접 열원을 외부로부터 공급받는 것이 아니라, 금속산화물과 알루미늄간의 분말에 점화제를 넣어 점화제의 화학반응에 의하여 생성되는 열을 이용한 금속 용접법은?

① 일렉트로 슬래그 용접
② 전자 빔 용접
③ 테르밋 용접
④ 저항 용접

| 해설 | 테르밋 용접
　　테르밋제(알루미늄 분말 : 산화철 분말=1:3~4)의 화학 반응에 의해 발생된 열을 이용하여 얻어진 용탕을 용접부에 부어 용접하는 용접법, 철도 레일 등의 용접에 이용된다.

05 용접 작업시 전격 방지대책으로 틀린 것은?

① 절연 홀더의 절연부분이 노출, 파손되면 보수하거나 교체한다.
② 홀더나 용접봉은 맨손으로 취급한다.
③ 용접기의 내부에 함부로 손을 대지 않는다.
④ 땀, 물 등에 의한 습기찬 작업복, 장갑, 구두 등을 착용하지 않는다.

| 정답 | 01. ② 02. ① 03. ③ 04. ③ 05. ②

06 서브머지드 아크 용접봉 와이어 표면에 구리를 도금한 이유는?

① 접촉 팁과의 전기 접촉을 원활히 한다.
② 용접 시간이 짧고 변형을 적게 한다.
③ 슬래그 이탈성을 좋게 한다.
④ 용융 금속의 이행을 촉진시킨다.

| 해설 | 와이어를 구리도금하는 이유 : 전기 전도도 향상과 와이어의 녹슴 방지

07 기계적 접합으로 볼 수 없는 것은?

① 볼트 이음 ② 리벳 이음
③ 접어 잇기 ④ 압접

| 해설 | 접합법에는 기계적인 방법과 야금학적인 방법이 있으며, 융접, 압접, 납접은 야금학적인 방법이며, 볼트 이음, 리벳 이음, 접어잇기(시임), 나사 이음 등은 기계적인 접합법이다.

08 플래시 용접(flash welding)법의 특징으로 틀린 것은?

① 가열 범위가 좁고 열영향부가 적으며 용접 속도가 빠르다.
② 용접면에 산화물의 개입이 적다.
③ 종류가 다른 재료의 용접이 가능하다.
④ 용접면의 끝맺음 가공이 정확하여야 한다.

| 해설 | 플래시용접 : 맞대기 전기 저항용접의 일종으로 접합면의 끝맺음 가공이 정확하지 않아도 되는 장점이 있다.

09 서브머지드 아크 용접부의 결함으로 가장 거리가 먼 것은?

① 기공   ② 균열
③ 언더컷   ④ 용착

| 해설 | 용착 : 아크 열에 의해 용접 와이어의 용융금속이 모재와 녹아서 접합되는 현상

10 다음이 설명하고 있는 현상은?

알루미늄 용접에서는 사용 전류에 한계가 있어 용접 전류가 어느 정도 이상이 되면 청정 작용이 일어나지 않아 산화가 심하게 생기며 아크 길이가 불안정하게 변동되어 비드 표면이 거칠게 주름이 생기는 현상

① 번 백(burn back)
② 퍼커링(pickering)
③ 버터링(buttering)
④ 멜트 백킹(melt backing)

| 해설 | 버언 백(burn back) : GMAW(반자동 아크) 용접 등에서 와이어가 콘택트팁에 달라 붙는 현상

11 CO_2 가스 아크 용접 결함에 있어서 다공성이란 무엇을 의미하는가?

① 질소, 수소, 일산화탄소 등에 의한 기공을 말한다.
② 와이어 선단부에 용적이 붙어 있는 것을 말한다.
③ 스패터가 발생하여 비드의 외관에 붙어 있는 것을 말한다.
④ 노즐과 모재간 거리가 지나치게 적어서 와이어 송급 불량을 의미한다.

| 해설 | 다공성: 기공이 다수 있다는 의미이며, 질소, 수소, 일산화탄소 등에 의해 생긴 기공을 의미한다.

| 정답 | 06. ① 07. ④ 08. ④ 09. ④ 10. ② 11. ①

12 아크 쏠림의 방지대책에 관한 설명으로 틀린 것은?

① 교류용접으로 하지 말고 직류용접으로 한다.
② 용접부가 긴 경우는 후퇴법으로 용접한다.
③ 아크 길이는 짧게 한다.
④ 접지부를 될 수 있는 대로 용접부에서 멀리 한다.

| 해설 | **아크 쏠림 방지대책** : ②, ③, ④ 외에 직류로 하지 말고 교류 용접기를 사용한다. 길이가 긴 경우 2곳에 접지를 한다.

13 박판의 스테인리스강의 좁은 홈의 용접에서 아크 교란 상태가 발생할 때 적합한 용접방법은?

① 고주파 펄스 티그 용접
② 고주파 펄스 미그 용접
③ 고주파 펄스 일렉트로 슬래그 용접
④ 고주파 펄스 이산화탄소 아크 용접

| 해설 | **고주파 펄스 TIG 용접** : 박판 스테인리스강 등의 용접에 적합하다.

14 현미경 시험을 하기 위해 사용되는 부식제 중 철강용에 해당되는 것은?

① 왕수
② 염화제2철용액
③ 피크린산
④ 플루오르화수소액

| 해설 | ①, ②, ③, 문제 출제에 오류가 있다고 생각됨, 염화제2철은 구리 등에 주로 쓰이나 철강 부식제로도 가능하다는 논리가 있음

15 용접 자동화의 장점을 설명한 것으로 틀린 것은?

① 생산성 증가 및 품질을 향상시킨다.
② 용접조건에 따른 공정을 늘일 수 있다.
③ 일정한 전류 값을 유지할 수 있다.
④ 용접와이어의 손실을 줄일 수 있다.

| 해설 | **자동화의 장점** : 생산성 증가, 품질 균일, 능률 향상, 공정 감소

16 용접부의 연성 결함을 조사하기 위하여 사용되는 시험법은?

① 브리넬 시험   ② 비커스 시험
③ 굽힘 시험   ④ 충격 시험

| 해설 |
• **굽힘 시험** : 연성의 유무를 검사할 수 있음
• **충격 시험** : 금속의 취성(메짐성), 인성의 정도를 파악할 수 있음
• **경도 시험** : 브리넬 경도시험, 비커스 경도시험, 로크웰 경도 시험 등이 있음

17 서브머지드 아크 용접에 관한 설명으로 틀린 것은?

① 아크발생을 쉽게 하기 위하여 스틸 울(steel wool)을 사용한다.
② 용융속도와 용착속도가 빠르다.
③ 홈의 개선각을 크게 하여 용접효율을 높인다.
④ 유해 광선이나 흄(fume) 등이 적게 발생한다.

| 해설 | **서브머지드 아크 용접** : 잠호 용접(아크가 안보인다 해서 붙여진 이름), 유니온 멜트 용접, 불가시 용접 등으로 불려지며, 대전류를 사용하기 때문에 개선홈각이나 루트간격을 적게 하지 않으면 용락현상이 생길 수 있다.

| 정답 | 12. ① 13. ① 14. ③ 15. ② 16. ③ 17. ③

18 가용접에 대한 설명으로 틀린 것은?

① 가용접 시에는 본용접보다도 지름이 큰 용접봉을 사용하는 것이 좋다.
② 가용접은 본용접과 비슷한 기량을 가진 용접사에 의해 실시되어야 한다.
③ 강도상 중요한 것과 용접의 시점 및 종점이 되는 끝 부분은 가용접을 피한다.
④ 가용접은 본 용접을 실시하기 전에 좌우의 홈 또는 이음부분을 고정하기 위한 짧은 용접이다.

| 해설 | 가용접 : 가접이라고도 하며, 본용접보다 지름이 적은 용접봉을 사용하는 것이 좋다.

19 용접 이음의 종류가 아닌 것은?

① 겹치기 이음 ② 모서리 이음
③ 라운드 이음 ④ T형 필릿 이음

| 해설 | 기본 용접이음 형상에 따른 분류 : ①, ②, ④ 외에 맞대기 이음이 있다.

20 플라스마 아크 용접의 특징으로 틀린 것은?

① 용접부의 기계적 성질이 좋으며 변형도 적다.
② 용입이 깊고 비드 폭이 좁으며 용접속도가 빠르다.
③ 단층으로 용접할 수 있으므로 능률적이다.
④ 설비비가 적게 들고 무부하 전압이 낮다.

| 해설 | 플라스마 아크 용접의 특징 : 설비비가 많이 들며 무부하 전압이 높다.

21 용접 자세를 나타내는 기호가 틀리게 짝지어진 것은?

① 위보기자세 : O
② 수직자세 : V
③ 아래보기자세 : U
④ 수평자세 : H

| 해설 | 용접자세와 기호
• 아래보기 자세 : F(Flat position)
• 수직 자세 : V(Vertical position)
• 수평 자세 : H(Horizontal position)
• 위보기 자세 : O(Overhead position)
• 전자세 : AP(All position)

22 이산화탄소 아크 용접의 보호가스 설비에서 저전류 영역의 가스유량은 약 몇 L/min 정도가 가장 적당한가?

① 1~5   ② 6~9
③ 10~15   ④ 20~25

| 해설 | • 저전류 영역(200A 이하)에서의 적정 유량 : 10~15L/min
• 고전류 영역(200A 이상) : 15(20)~25L/min

23 가스 용접의 특징으로 틀린 것은?

① 응용 범위가 넓으며 운반이 편리하다.
② 전원 설비가 없는 곳에서도 쉽게 설치할 수 있다.
③ 아크 용접에 비해서 유해 광선의 발생이 적다.
④ 열집중성이 좋아 효율적인 용접이 가능하여 신뢰성이 높다.

| 해설 | 가스 용접의 특징 : 아크 용접에 비해 열집중력이 나빠 용접 효율이 낮다.

| 정답 | 18. ① 19. ③ 20. ④ 21. ③ 22. ③ 23. ④

24 규격이 AW 300인 교류 아크 용접기의 정격 2차 전류 조정 범위는?

① 0~300A ② 20~220A
③ 60~330A ④ 120~430A

| 해설 | AW 300 : 교류 아크 용접기의 정격2차 전류가 300A이며, 전류 조정 범위는 정격 전류의 20~110%이므로 60~330A이다.

25 아세틸렌 가스의 성질 중 15℃ 1기압에서의 아세틸렌 1리터의 무게는 약 몇 g인가?

① 0.151 ② 1.176
③ 3.143 ④ 5.117

| 해설 | 아세틸렌 가스 15℃ 1기압에서의 1리터의 무게는 1.176g이다.

26 가스 용접에서 모재의 두께가 6mm일 때 사용되는 용접봉의 직경은 얼마인가?

① 1mm ② 4mm
③ 7mm ④ 9mm

| 해설 | 가스 용접봉의 지름= $\frac{t}{2}+1=\frac{6}{2}+1=4$

27 피복 아크 용접시 아크 열에 의하여 용접봉과 모재가 녹아서 용착금속이 만들어지는데 이 때 모재가 녹은 깊이를 무엇이라 하는가?

① 용융지 ② 용입
③ 슬래그 ④ 용적

| 해설 | • 용입 : 용접시 모재가 녹은 깊이
• 용융지 : 용접 열에 의해 모재가 녹아있는 용탕 부분
• 용적 : 아크 등에 의해 용접봉이 녹아 떨어지는 쇳물 방울

28 직류아크용접기로 두께가 15mm이고, 길이가 5m인 고장력 강판을 용접하는 도중에 아크가 용접봉 방향에서 한쪽으로 쏠리었다. 다음 중 이러한 현상을 방지하는 방법이 아닌 것은?

① 이음의 처음과 끝에 엔드탭을 이용한다.
② 용량이 더 큰 직류용접기로 교체한다.
③ 용접부가 긴 경우에는 후퇴 용접법으로 한다.
④ 용접봉 끝을 아크쏠림 반대 방향으로 기울인다.

| 해설 | 아크 쏠림 현상이며, 방지법은 문제 12와 같으며, ①, ③, ④이다. 아크 쏠림 현상은 직류 사용시 자력의 형성에 의해 아크(용적)가 한쪽으로 쏠리는 현상이며, 피복아크 용접의 경우 피복제의 편심에 의해서도 아크 쏠림이 생긴다. 따라서 자력에 의해 아크 쏠림이 일어나는 경우는 자기 쏠림(불림)이라고도 한다.

29 강재 표면의 홈이나 개재물, 탈탄층 등을 제거하기 위해 얇고, 타원형 모양으로 표면을 깎아내는 가공법은?

① 가스 가우징 ② 너깃
③ 스카핑 ④ 아크 에어 가우징

| 해설 | 가우징 : 모재에 홈을 파거나 절단 구멍뚫기 등을 하는 것을 말하며 탄소 전극으로 아크를 일으켜 모재를 용융시키고 공기로 불어내는 작업을 아크 에어 가우징이라 한다.

| 정답 | 24. ③ 25. ② 26. ② 27. ② 28. ② 29. ③

30 가스용기를 취급할 때의 주의사항으로 틀린 것은?

① 가스용기의 이동시는 밸브를 잠근다.
② 가스용기에 진동이나 충격을 가하지 않는다.
③ 가스용기의 저장은 환기가 잘되는 장소에 한다.
④ 가연성 가스용기는 눕혀서 보관한다.

| 해설 | 가스 용기 취급시 주의사항
가연성 가스(아세틸렌 등)는 눕혀 사용하면 아세톤 등이 흘러나오므로 반드시 세워서 사용해야 된다.

31 피복아크용접봉은 금속심선의 겉에 피복제를 발라서 말린 것으로 한쪽 끝은 홀더에 물려 전류를 통할 수 있도록 심선길이의 얼마만큼을 피복하지 않고 남겨두는가?

① 3mm   ② 10mm
③ 15mm   ④ 25mm

| 해설 | 피복 아크 용접봉의 용접홀더에 물리는 부분은 약 25mm 정도 피복을 하지 않는다.

32 다음 중 두꺼운 강판, 주철, 강괴 등의 절단에 이용되는 절단법은?

① 산소창 절단   ② 수중 절단
③ 분말 절단   ④ 포갬 절단

| 해설 |
• 산소창 절단 : 지름 약 10mm 길이 1~2m의 강관에 산소를 불어넣어 절단할 때 강관이 용융되어 산화작용을 돕는 절단법
• 분말 절단 : 탄소강이 아닌 주철이나 스테인리스강판 등의 절단시에 산화를 돕기 위해 용제 분말을 산소와 함께 분사시키면서 절단하는 절단법

33 피복 배합제의 성분 중 탈산제로 사용되지 않는 것은?

① 규소철   ② 망간철
③ 알루미늄 ④ 유황

| 해설 | 유황(S) : 탈산제로 전혀 사용하지 않음, 유황이 철에 함유되면 적열(고온) 취성의 원인이 되므로 최소한 0.05% 이하로 제한하고 있다.

34 고셀룰로오스계 용접봉은 셀룰로오스를 몇 % 정도 포함하고 있는가?

① 0~5   ② 6~15
③ 20~30   ④ 30~40

| 해설 | E4311 : 셀룰로스를 약 30% 함유한 가스 발생계 용접봉, 피복 아크 용접봉은 대부분 주성분이 20~30% 이상 함유된 성분의 명칭을 붙여 부르고 있다.

35 용접법의 분류 중 압접에 해당하는 것은?

① 테르밋 용접
② 전자 빔 용접
③ 유도가열 용접
④ 탄산가스 아크 용접

| 해설 | 압접 : 어떤 열에 의해 용접부위를 용융시킨 후 가압하는 접합법으로 전기저항 용접, 냉간 압접, 초음파 압접, 마찰 압접, 유도가열 압접 등이 있다. ①, ②, ④는 융접에 속한다.

36 피복 아크 용접에서 일반적으로 가장 많이 사용되는 차광유리의 차광도 번호는?

① 4~5   ② 7~8
③ 10~11   ④ 14~15

| 정답 | 30. ④ 31. ④ 32. ① 33. ④ 34. ③ 35. ③ 36. ③

| 해설 | 차광유리 번호
차광의 정도를 번호로 나타내며 사용전류(아크 불빛의 세기)에 따라 적정 번호의 유리를 사용하여 눈을 보호해야 된다.
사용 전류
- 45~75A : 8번 • 100~200A : 10번
- 150~250A : 11번• 200~300A : 12번
- 300~400A : 13번• 400A 이상 : 14번

37 가스절단에 이용되는 프로판 가스와 아세틸렌 가스를 비교하였을 때 프로판 가스의 특징으로 틀린 것은?

① 절단면이 미세하며 깨끗하다.
② 포갬 절단 속도가 아세틸렌보다 느리다.
③ 절단 상부 기슭이 녹은 것이 적다.
④ 슬래그의 제거가 쉽다.

| 해설 | 프로판 가스는 아세틸렌 가스보다 포갬 절단 속도가 빠르다.

38 교류아크용접기의 종류에 속하지 않는 것은?

① 가동코일형　　② 탭전환형
③ 정류기형　　　④ 가포화 리액터형

| 해설 | • **교류 아크 용접기의 종류** : 가동 철심형(가장 많이 사용됨), 가동 코일형, 탭전환형, 가포화 리액터형이 있다.
• **직류 아크 용접기의 종류** : 엔진 구동형, 전동 발전형, 정류기형 등이 있다.

39 Mg 및 Mg 합금의 성질에 대한 설명으로 옳은 것은?

① Mg의 열전도율은 Cu와 Al보다 높다.
② Mg의 전기전도율은 Cu와 Al보다 높다.
③ Mg합금보다 Al합금의 비강도가 우수하다.
④ Mg는 알칼리에 잘 견디나, 산이나 염수에는 침식된다.

| 해설 | Mg(마그네슘) : 비중이 1.74로 매우 가벼우며 융점 650℃이며, 전기 및 열전도율이 은, 구리, 금, 알루미늄, 마그네슘 순이다.

40 금속간 화합물의 특징을 설명한 것 중 옳은 것은?

① 어느 성분 금속보다 용융점이 낮다.
② 어느 성분 금속보다 경도가 낮다.
③ 일반 화합물에 비하여 결합력이 약하다.
④ Fe_3C는 금속간 화합물에 해당되지 않는다.

| 해설 | **금속간 화합물** : 성분 금속간에 친화력이 클 때 화학적으로 결합하여 성분 금속과는 다른 성질을 가지며 대체로 경취하다. 강의 경우 Fe_3C 시멘타이트 조직은 대표적인 금속간 화합물이다.

41 니켈-크롬 합금 중 사용한도가 1000℃까지 측정할 수 있는 합금은?

① 망가닌　　　② 우드메탈
③ 배빗메탈　　④ 크로멜-알루멜

| 해설 | 크로멜은 Ni에 Cr을, 알루멜은 Ni에 Al을 첨가한 합금으로, 이들 2개의 선을 열전대로 접합해서 1200℃ 이하의 온도측정에 쓰인다.

| 정답 | 37. ② 38. ③ 39. ④ 40. ③ 41. ④

42 주철에 대한 설명으로 틀린 것은?

① 인장강도에 비해 압축강도가 높다.
② 회주철은 편상 흑연이 있어 감쇠능이 좋다.
③ 주철 절삭시에는 절삭유를 사용하지 않는다.
④ 액상일 때 유동성이 나쁘며, 충격 저항이 크다.

| 해설 | 주철: 압축강도가 인장강도의 3배 이상이며, 액상에서는 유동성이 좋으며, 충격저항이 작아 취성이 크다.

43 철에 Al, Ni, Co를 첨가한 합금으로 잔류 자속밀도가 크고 보자력이 우수한 자성 재료는?

① 퍼멀로이 ② 센더스트
③ 알니코 자석 ④ 페라이트 자석

| 해설 | 알니코자석: 알루미늄(Al), 니켈(Ni), 코발트(Co)의 합금으로 철, 니켈, 코발트는 강자성체이다.

44 물과 얼음, 수증기가 평형을 이루는 3 중점상태에서의 자유도는?

① 0 ② 1
③ 2 ④ 3

| 해설 | 자유도 F = n(성분수) + 2 − P(상수) = 1 + 2 − 3 = 0

45 황동의 종류 중 순 Cu와 같이 연하고 코이닝하기 쉬우므로 동전이나 메달 등에 사용되는 합금은?

① 95%Cu−5%Zn 합금
② 70%Cu−30%Zn 합금
③ 60%Cu−40%Zn 합금
④ 50%Cu−50%Zn 합금

| 해설 | 톰백: 구리에 5~20%Zn 합금으로 Cu−5%Zn을 길딩메탈이라 하며 코인잉이 쉬워 동전, 메달 등의 제조에 쓰인다.

46 금속재료의 표면에 강이나 주철의 작은 입자(ϕ 0.5mm~1.0mm)를 고속으로 분사시켜 표면의 경도를 높이는 방법은?

① 침탄법 ② 질화법
③ 폴리싱 ④ 쇼트피닝

| 해설 | 쇼트 피닝: 1mm 이하의 작은 강구를 고속 임펠러 등을 통해 고속 분사시켜 재료 표면을 두드려주는 작업으로 녹이나 이물질 제거뿐만 아니라 소성변형에 의해 잔류응력을 제거해주는 효과(안마효과)가 있다.

47 탄소강은 200~300℃에서 연신율과 단면수축률이 상온보다 저하되어 단단하고 깨지기 쉬우며, 강의 표면이 산화되는 현상은?

① 적열메짐 ② 상온메짐
③ 청열메짐 ④ 저온메짐

| 해설 | 청열 취성(메짐): 탄소강이 200~300℃ 정도 가열될 경우 푸르스름하게 색이 변하며 이때 상온보다 경도가 크고 연성이 적어져 경취해지는 성질을 말함

| 정답 | 42. ④ 43. ③ 44. ① 45. ① 46. ④ 47. ③

48 강에 S, Pb 등의 특수 원소를 첨가하여 절삭할 때 칩을 잘게 하고 피삭성을 좋게 만든 강은 무엇인가?

① 불변강　　② 쾌삭강
③ 베어링강　　④ 스프링강

| 해설 | 쾌삭강 : 절삭성을 높인 강을 말하며, 열처리, 단조 등의 고온 가공이나 고온에서 사용하지 않는 부품의 절삭 능력을 높이기 위해 연질 금속(Pb, S, Zn 등)을 첨가하여 제조한 강

49 주위의 온도 변화에 따라 선팽창 계수나 탄성률 등의 특정한 성질이 변하지 않는 불변강이 아닌 것은?

① 인바　　② 엘린바
③ 코엘린바　　④ 스텔라이트

| 해설 | 불변강 : 온도에 따라 길이나 탄성이 변하지 않는 강으로 길이가 변하지 않는 강에는 인바, 슈퍼인바 등이 있으며, 탄성이 불변하는 것에는 엘린바, 코엘린바 등이 있다.

50 Al의 비중과 용융점(°C)은 약 얼마인가?

① 2.7, 660°C　　② 4.5, 390°C
③ 8.9, 220°C　　④ 10.5, 450°C

| 해설 | 알루미늄(Al) : 비중 2.7, 용융점 660°C

51 기계제도에서 물체의 보이지 않는 부분의 형상을 나타내는 선은?

① 외형선　　② 가상선
③ 절단선　　④ 숨은선

| 해설 | 선의 종류
- 형상(용도)에 따라 굵은 실선(외형선)
- 가는 실선(치수보조선, 치수선, 지시선, 해칭선)
- 파선(숨은선)
- 가는 일점쇄선(중심선, 피치선)
- 가는 2점쇄선(가상선)

52 그림과 같은 입체도의 화살표 방향을 정면도로 표현할 때 실제와 동일한 형상으로 표시되는 면을 모두 고른 것은?

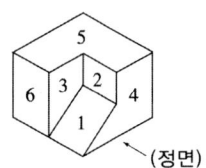

① 3과 4　　② 4와 6
③ 2와 6　　④ 1과 5

| 해설 | 정투상도는 물체와 보는 방향에서의 눈과 직각으로 투상되는 상이므로 ① 3과 4면만 보인다.

53 다음 중 한쪽 단면도를 올바르게 도시한 것은?

① 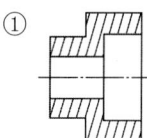　　②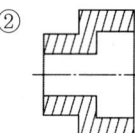

③ 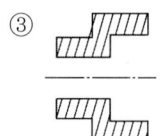　　④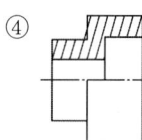

| 해설 | 한쪽 단면도 : 반단면도를 뜻하며, 대칭되는 물체를 1/4 절단했을 때의 형상을 나타낸 것으로 중심선에 대하여 상부엔 단면을 하부엔 외형을 나타낸 단면도이다.

| 정답 | 48. ② 49. ④ 50. ① 51. ④ 52. ① 53. ④

54 다음 재료 기호 중 용접구조용 압연 강재에 속하는 것은?

① SPPS 380 ② SPCC
③ SCW 450 ④ SM 400C

| 해설 | 재료기호
SPPS : 압력배관용 탄소강관

55 그림의 도면에서 X의 거리는?

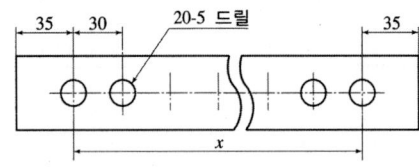

① 510mm ② 570mm
③ 600mm ④ 630mm

| 해설 | X의 거리 = 1칸의 간격 × (구멍 수 – 1)
= 30 × (20 – 1) = 570mm

56 다음 치수 중 참고 치수를 나타내는 것은?

① (50) ② □50
③ 50̄ ④ 50

| 해설 | • □ 50 : 가로 세로가 50인 정사각형
• 50 : 해당 부분은 비례척이 아님

57 주투상도를 나타내는 방법에 관한 설명으로 옳지 않은 것은?

① 조립도 등 주로 기능을 나타내는 도면에서는 대상물을 사용하는 상태로 표시한다.
② 주투상도를 보충하는 다른 투상도는 되도록 적게 표시한다.
③ 특별한 이유가 없을 경우 대상물을 세로 길이로 놓은 상태로 표시한다.
④ 부품도 등 가공하기 위한 도면에서는 가공에 있어서 도면을 가장 많이 이용하는 공정에서 대상물을 놓은 상태로 표시한다.

| 해설 | 주투상도
도면의 주가 되는 투상도 즉 정면도로 선정할 투상도이며, 그 물체의 특징적인 부분을 정투상도로 한다. 예를 들면 자동차의 정면은 앞쪽이지만 측면을 정면도로 잡아야 자동의 종류를 쉽게 파악할 수 있기 때문에 주투상도(정면도)는 측면이 된다.

58 그림에서 나타난 용접기호의 의미는?

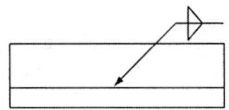

① 플래어 K형 용접
② 양쪽 필릿 용접
③ 플러그 용접
④ 프로젝션 용접

| 해설 | 삼각형 모양의 기호는 필릿 용접을 뜻하며, 기준선에 대해 상하로 되어 있으므로 양쪽 필릿 용접을 의미한다.

59 그림과 같은 배관 도면에서 도시기호 S는 어떤 유체를 나타내는 것인가?

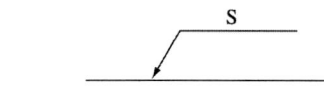

① 공기　　② 가스
③ 유류　　④ 증기

|해설| 배관 도시기호
　　S : 스팀(증기)　　O : 기름(유류)
　　A : 공기　　　　G : 가스

60 그림의 입체도에서 화살표 방향을 정면으로 하여 제3각법으로 그린 정투상도는?

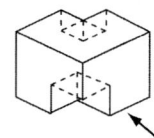

① ② ③ ④

| 정답 |　59. ④　60. ①

2016년 제2회 용접기능사 필기

2016년 4월 2일 시행

01 서브머지드 아크 용접에서 사용하는 용제 중 흡습성이 가장 적은 것은?

① 용융형   ② 혼성형
③ 고온 소결형   ④ 저온 소결형

| 해설 | 용융형 용제의 특성 : 비드 외관이 아름답고 흡습성이 없어 재건조가 불필요하며, 반복 사용성이 좋으며, 화학적 균일성이 양호하다.

02 고주파 교류 전원을 사용하여 TIG 용접을 할 때 장점으로 틀린 것은?

① 긴 아크유지가 용이하다.
② 전극봉의 수명이 길어진다.
③ 비접촉에 의해 용착 금속과 전극의 오염을 방지한다.
④ 동일한 전극봉 크기로 사용할 수 있는 전류 범위가 작다.

| 해설 | 고주파 교류 사용시 이점 : ①, ②, ③ 외에 동일한 전극봉 크기로 사용할 수 있는 전류 범위가 넓다.

03 맞대기 용접이음에서 판두께가 9mm, 용접선길이 120mm, 하중이 7560N 일 때, 인장응력은 몇 N/mm²인가?

① 5   ② 6
③ 7   ④ 8

| 해설 | $\sigma = \dfrac{P}{A} = \dfrac{7560}{9 \times 120} = 7$

04 용접 설계상 주의사항으로 틀린 것은?

① 용접에 적합한 설계를 할 것
② 구조상의 노치부가 생성되게 할 것
③ 결함이 생기기 쉬운 용접 방법은 피할 것
④ 용접이음이 한 곳으로 집중되지 않도록 할 것

| 해설 | 용접 설계시 용접 구조상의 노치부가 생기지 않게 해야 된다.

05 납땜에 사용되는 용제가 갖추어야 할 조건으로 틀린 것은?

① 청정한 금속면의 산화를 방지할 것
② 납땜 후 슬래그의 제거가 용이할 것
③ 모재나 땜납에 대한 부식 작용이 최소한 일 것
④ 전기 저항 납땜에 사용되는 것은 부도체 일 것

| 해설 | 전기 저항 납땜용 용제는 전도체이여야 통전되어 전기 저항이 생길 수 있다.

06 용접 이음부에 예열하는 목적을 설명한 것으로 틀린 것은?

① 수소의 방출을 용이하게 하여 저온균열을 방지한다.
② 모재의 열영향부와 용착금속의 연화를 방지하고, 경화를 증가시킨다.
③ 용접부의 기계적 성질을 향상시키고, 경화조직의 석출을 방지시킨다.

| 정답 | 01. ① 02. ④ 03. ③ 04. ② 05. ④ 06. ②

④ 온도분포가 완만하게 되어 열응력의 감소로 변형과 잔류응력의 발생을 적게 한다.

| 해설 | 예열의 목적은 냉각속도를 느리게 하여 연화시키거나 경화를 저지하여 균열을 방지하기 위함이다.

07 전자 빔 용접의 특징으로 틀린 것은?

① 정밀 용접이 가능하다.
② 용접부의 열영향부가 크고 설비비가 적게 든다.
③ 용입이 깊어 다층용접도 단층용접으로 완성할 수 있다.
④ 유해가스에 의한 오염이 적고 높은 순도의 용접이 가능하다.

| 해설 | 전자 빔 용접은 열영향부가 적으나 설비비는 많이 든다.

08 샤르피식의 시험기를 사용하는 시험 방법은?

① 경도시험   ② 인장시험
③ 피로시험   ④ 충격시험

| 해설 | 충격시험법에는 시편을 단순보 상태로 놓고 충격을 주는 샤르피식과 내다지보 상태로 놓고 충격을 주는 아이조드식이 있다.

09 다음 중 서브머지드 아크 용접의 다른 명칭이 아닌 것은?

① 잠호 용접
② 헬리 아크 용접
③ 유니언 멜트 용
④ 불가시 아크 용접

| 해설 | 헬리 아크 용접은 TIG 용접의 다른 명칭이다.

10 용접제품을 조립하다가 V홈 맞대기 이음 홈의 간격이 5mm 정도 멀어졌을 때 홈의 보수 및 용접방법으로 가장 적합한 것은?

① 그대로 용접한다.
② 뒷댐판을 대고 용접한다.
③ 덧살올림 용접 후 가공하여 규정 간격을 맞춘다.
④ 치수에 맞는 재료로 교환하여 루트 간격을 맞춘다.

| 해설 | • 맞대기용접 보수법 : 루트 간격 6mm 이하는 한쪽 또는 양쪽을 덧살 올림하여 깎아내고 규정 간격으로 수정 후 용접한다.
• ② : 6mm 정도의 뒷판을 대서 용접한다.

11 한 부분의 몇 층을 용접하다가 이것을 다음 부분의 층으로 연속시켜 전체 모양이 계단 형태를 이루는 용착법은?

① 스킵법   ② 덧살 올림법
③ 전진 블록법   ④ 캐스케이드법

| 해설 | 스킵법 : 다층 쌓기법은 아님. 드문 드문 용접하다가 다시 그 사이를 용접하는 용착법이다.

12 산소와 아세틸렌 용기의 취급상의 주의사항으로 옳은 것은?

① 직사광선이 잘 드는 곳에 보관한다.
② 아세틸렌병은 안전상 눕혀서 사용한다.
③ 산소병은 40℃ 이하 온도에서 보관한다.
④ 산소병 내에 다른 가스를 혼합해도 상관없다.

| 해설 | 가스 용기는 직사광선을 피해 그늘진 곳, 40℃ 이하의 곳에 보관하며, 아세틸렌 용기는 눕혀서 사용하면 아세톤이 유출될 수 있다.

| 정답 | 07. ② 08. ④ 09. ② 10. ③ 11. ④ 12. ③

13 피복 아크 용접의 필릿 용접에서 루트 간격이 4.5mm 이상일 때의 보수 요령은?

① 규정대로의 각장으로 용접한다.
② 두께 6mm 정도의 뒤판을 대서 용접한다.
③ 라이너를 넣든지 부족한 판을 300mm 이상 잘라내서 대체 하도록 한다.
④ 그대로 용접하여도 좋으나 넓혀진 만큼 각장을 증가 시킬 필요가 있다.

| 해설 | ① : 루트 간격 1.5mm 이하
④ : 1.5~4.5mm

14 다음 중 초음파 탐상법의 종류가 아닌 것은?

① 극간법　　② 공진법
③ 투과법　　④ 펄스 반사법

| 해설 | 극간법은 자분 탐상법의 자화방법이다.

15 CO_2가스 아크 편면용접에서 이면 비드의 형성은 물론 뒷면 가우징 및 뒷면 용접을 생략할 수 있고, 모재의 중량에 따른 뒤업기(turn over) 작업을 생략할 수 있도록 홈 용접부 이면에 부착하는 것은?

① 스캘롭　　② 엔드탭
③ 뒷댐재　　④ 포지셔너

| 해설 | 이면 비드의 가우징을 생략하기 위해 금속이나 세라믹제의 뒷댐재를 부착하고 용접한다.

16 탄산가스 아크 용접의 장점이 아닌 것은?

① 가시 아크이므로 시공이 편리하다.
② 적용되는 재질이 철계통으로 한정되어 있다.
③ 용착 금속의 기계적 성질 및 금속학적 성질이 우수하다.
④ 전류 밀도가 높아 용입이 깊고 용접 속도를 빠르게 할 수 있다.

| 해설 | ②항은 단점에 해당된다.

17 현상제(MgO, $BaCO_3$)를 사용하여 용접부의 표면 결함을 검사하는 방법은?

① 침투 탐상법　　② 자분 탐상법
③ 초음파 탐상법　　④ 방사선 투과법

| 해설 | 침투 탐상법은 전처리 - 침투액 분사 - 잔여액 제거 및 건조 - 현상 - 검사 순으로 한다.

18 미세한 알루미늄 분말과 산화철 분말을 혼합하여 과산화바륨과 알루미늄 등의 혼합분말로 된 점화제를 넣고 연소시켜 그 반응열로 용접하는 방법은?

① MIG 용접　　② 테르밋 용접
③ 전자 빔 용접　　④ 원자 수소 용접

| 해설 | 테르밋 용접 : 알루미늄 분말과 산화철 분말을 1 : 3~4 비율로 넣고 점화제를 넣어 점화하면 2800℃까지 올라가며 산화물과 용탕으로 분리된다.

19 용접결함에서 언더컷이 발생하는 조건이 아닌 것은?

① 전류가 너무 낮을 때
② 아크 길이가 너무 길 때
③ 부적당한 용접봉을 사용할 때
④ 용접속도가 적당하지 않을 때

| 해설 | 전류가 너무 낮으면 오버랩이 생길 수 있다.

| 정답 | 13. ③　14. ①　15. ③　16. ②　17. ①　18. ②　19. ①

20 플라스마 아크 용접장치에서 아크 플라스마의 냉각가스로 쓰이는 것은?

① 아르곤과 수소의 혼합가스
② 아르곤과 산소의 혼합가스
③ 아르곤과 메탄의 혼합가스
④ 아르곤과 프로판의 혼합가스

| 해설 | 플라스마 아크 용접에 쓰이는 작동가스나 보호가스 : 아르곤과 수소의 혼합가스가 사용된다.

21 피복아크용접 작업시 감전으로 인한 재해의 원인으로 틀린 것은?

① 1차 측과 2차 측 케이블의 피복 손상부에 접촉되었을 경우
② 피용접물에 붙어있는 용접봉을 떼려다 몸에 접촉되었을 경우
③ 용접기기의 보수 중에 입출력 단자가 절연된 곳에 접촉 되었을 경우
④ 용접 작업 중 홀더에 용접봉을 물릴 때나, 홀더가 신체에 접촉 되었을 경우

| 해설 | ③항은 절연된 곳이기 때문에 감전 위험도가 낮다.

22 보기에서 설명하는 서브머지드 아크 용접에 사용되는 용제는?

[보기]
- 화학적 균일성이 양호하다.
- 반복 사용성이 좋다.
- 비드 외관이 아름답다.
- 용접 전류에 따라 입자의 크기가 다른 용제를 사용해야 한다.

① 소결형 ② 혼성형
③ 혼합형 ④ 용융형

| 해설 | 용융형용제 : 광석을 용융 응고시켜 분쇄한 용제로, 합금 첨가가 곤란하다.

23 기체를 수천도의 높은 온도로 가열하면 그 속도의 가스원자가 원자핵과 전자로 분리되어 양(+)과 음(-) 이온상태로 된 것을 무엇이라 하는가?

① 전자빔   ② 레이저
③ 테르밋   ④ 플라스마

| 해설 | 이 플라스마를 이용하여 절단 또는 용접을 한다.

24 정격 2차 전류 300A, 정격 사용률 40%인 아크 용접기로 실제 200A 용접 전류를 사용하여 용접하는 경우 전체시간을 10분으로 하였을 때 다음 중 용접 시간과 휴식 시간을 올바르게 나타낸 것은?

① 10분 동안 계속 용접한다.
② 5분 용접 후 5분간 휴식한다.
③ 7분 용접 후 3분간 휴식한다.
④ 9분 용접 후 1분간 휴식한다.

| 해설 | 정격 사용율을 묻는 것이 아니고 허용 사용율을 묻는 문제이며 허용 사용율 계산에서 90%이므로 ④와 같이 한다. 그러나 실질적으로는 용접봉 갈아 끼우는 시간이나 슬래그 제거시간, 관찰 시간 등이 많기 때문에 70% 이상이면 연속 작업해도 아무런 문제가 없다.

$$허용 사용율 = \frac{300^2}{200^2} \times 40 = 90$$

25 용해 아세틸렌 취급시 주의 사항으로 틀린 것은?

① 저장 장소는 통풍이 잘 되어야 된다.
② 저장 장소에는 화기를 가까이 하지 말아야 한다.
③ 용기는 진동이나 충격을 가하지 말고 신중히 취급해야 한다.
④ 용기는 아세톤의 유출을 방지하기 위해 눕혀서 보관한다.

| 해설 | 용해 아세틸렌 용기 : 용기 내에 규조토, 숯, 펠트 등을 충진하고 아세톤을 흡수시킨 것으로, 아세톤의 유출을 방지하기 위해 세워서 보관해야 한다.

26 다음 중 아크 절단법이 아닌 것은?

① 스카핑
② 금속 아크 절단
③ 아크 에어 가우징
④ 플라즈마 제트

| 해설 | 스카핑은 가스 불꽃을 이용하여 표면의 돌기나 흠집을 제거하는 가공법의 일종이다.

27 피복아크 용접봉의 피복제 작용을 설명한 것 중 틀린 것은?

① 스패터를 많게 하고, 탈탄 정련작용을 한다.
② 용융금속의 용적을 미세화하고, 용착효율을 높인다.
③ 슬래그 제거를 쉽게 하며, 파형이 고운 비드를 만든다.
④ 공기로 인한 산화, 질화 등의 해를 방지하여 용착금속을 보호한다.

| 해설 | 피복제역할 : ②, ③, ④ 외에 스패터를 적게 하고 탈산 정련 작용을 하며, 슬래그를 형성하여 냉각 속도를 느리게 한다.

28 용접법의 분류 중에서 융접에 속하는 것은?

① 시임 용접
② 테르밋 용접
③ 초음파 용접
④ 플래시 용접

| 해설 | ①, ④는 압접에 속하는 전기 저항용접법이며, 초음파 용접은 초음파에 의한 진동열을 이용하여 용융시킨 후 가압하는 압접법이다.

29 산소 용기의 윗부분에 각인되어 있는 표시 중 최고 충전 압력의 표시는 무엇인가?

① TP
② FP
③ WP
④ LP

| 해설 | TP : 내압시험 압력, V : 내용적

30 2개의 모재에 압력을 가해 접촉시킨 다음 접촉에 압력을 주면서 상대운동을 시켜 접촉면에서 발생하는 열을 이용하는 용접법은?

① 가스압접
② 냉간압접
③ 마찰용접
④ 열간압접

| 해설 | • 마찰 용접 : 마찰 용접과 마찰 압접이 있다.
• 냉간압접 : 냉간 상태에서 충격 등을 주어 압착시키는 접합법

| 정답 | 25. ④ 26. ① 27. ① 28. ② 29. ② 30. ③

31 사용률이 60%인 교류 아크 용접기를 사용하여 정격전류로 6분 용접하였다면 휴식시간은 얼마인가?

① 2분 ② 3분
③ 4분 ④ 5분

| 해설 | 정격 사용율은 10분 기준으로 하며 60% 사용율에서 6분 용접하였다면 4분 휴식하면 된다.

32 모재의 절단부를 불활성가스로 보호하고 금속 전극에 대전류를 흐르게 하여 절단하는 방법으로 알루미늄과 같이 산화에 강한 금속에 이용되는 절단방법은?

① 산소 절단 ② TIG 절단
③ MIG 절단 ④ 플라스마 절단

| 해설 | MIG 절단 : 금속 불활성 가스 아크 절단법으로, 아르곤 가스로 보호하며 용융하는 금속 전극에 대전류를 통해 절단하는 방법

33 용접기의 특성 중에서 부하전류가 증가하면 단자 전압이 저하하는 특성은?

① 수하 특성 ② 상승 특성
③ 정전압 특성 ④ 자기제어 특성

| 해설 | • 수하특성 : 피복 아크 용접, TIG 용접 등 수동 용접에 적용하는 특성
• 정전압 특성 : 부하전류가 증가하여도 단자전압이 거의 일정하게 되는 특성

34 산소-아세틸렌 불꽃의 종류가 아닌 것은?

① 중성 불꽃 ② 탄화 불꽃
③ 산화 불꽃 ④ 질화 불꽃

| 해설 | 가스 용접에 질소를 사용하지 않기 때문에 불꽃의 종류에 질화 불꽃은 없다.

35 리벳이음과 비교하여 용접이음의 특징을 열거한 중 틀린 것은?

① 구조가 복잡하다.
② 이음 효율이 높다.
③ 공정의 수가 절감된다.
④ 유밀, 기밀, 수밀이 우수하다.

| 해설 | 용접법은 리벳이음에 비교하여 구조가 간단하며 무게를 줄일 수 있다.

36 아크에어 가우징 작업에 사용되는 압축공기의 압력으로 적당한 것은?

① $1 \sim 3 kgf/cm^2$ ② $5 \sim 7 kgf/cm^2$
③ $9 \sim 12 kgf/cm^2$ ④ $14 \sim 156 kgf/cm^2$

| 해설 | 아크에어 가우징 작업에 적합한 압력 : $5 \sim 7 kgf/cm^2$ 정도

37 탄소 전극봉 대신 절단 전용의 특수 피복을 입힌 전극봉을 사용하여 절단하는 방법은?

① 금속아크 절단
② 탄소아크 절단
③ 아크에어 가우징
④ 플라스마 제트 절단

| 해설 | • 금속 아크 절단 : 발열량이 많은 피복 용접봉을 사용하여 절단
• 아크 에어 가우징 : 중공의 피복 용접봉과 모재 사이에 아크를 발생시키고 중심에서 산소를 분출시키면서 절단하는 방법

| 정답 | 31. ③ 32. ③ 33. ① 34. ④ 35. ① 36. ② 37. ①

38 산소 아크 절단에 대한 설명으로 가장 적합한 것은?

① 전원은 직류 역극성이 사용된다.
② 가스절단에 비하여 절단속도가 느리다.
③ 가스절단에 비하여 절단면이 매끄럽다.
④ 철강 구조물 해체나 수중 해체 작업에 이용된다.

| 해설 | 산소 아크 절단 : 직류 정극성을 사용하며, 가스 절단에 비해 절단 속도가 매우 빠르나 절단면은 거칠다.

39 다이캐스팅 주물품, 단조품 등의 재료로 사용되며 융점이 약 660℃이고, 비중이 약 2.7인 원소는?

① Sn   ② Ag
③ Al   ④ Mn

| 해설 | 다이캐스팅 주조는 저용점 금속의 용탕을 금속 주형에 주입하여 주조품을 제조하는 주조방법이다.

40 다음 중 주철에 관한 설명으로 틀린 것은?

① 비중은 C와 Si 등이 많을수록 작아진다.
② 용융점은 C와 Si 등이 많을수록 낮아진다.
③ 주철을 600℃ 이상의 온도에서 가열 및 냉각을 반복하면 부피가 감소한다.
④ 투자율을 크게 하기 위해서는 화합 탄소를 적게 하고 유리 탄소를 균일하게 분포시킨다.

| 해설 | 주물을 고온에서 가열, 냉각을 반복하면 성장(부피가 증가)하게 되어 균열이 발생한다.

41 금속의 소성변형을 일으키는 원인 중 원자 밀도가 가장 큰 격자면에서 잘 일어나는 것은?

① 슬립   ② 쌍정
③ 전위   ④ 편석

| 해설 | 슬립 : 격자면 사이에서 미끄럼 변형

42 다음 중 Ni – Cu 합금이 아닌 것은?

① 어드밴스   ② 콘스탄탄
③ 모넬메탈   ④ 니칼로이

| 해설 | • ① : Ni 44%, Mn 1%, Cu 합금으로 전기 저항선으로 쓰인다.
• 니칼로이 : 50%Ni, 50%Fe의 합금으로 통신용 소형 변압기용으로 쓰이는 금속이다.

43 침탄법에 대한 설명으로 옳은 것은?

① 표면을 용융시켜 연화시키는 것이다.
② 망상 시멘타이트를 구상화시키는 방법이다.
③ 강재의 표면에 아연을 피복시키는 방법이다.
④ 연강재의 표면에 탄소를 침투시켜 경화시키는 것이다.

| 해설 | 침탄법에는 가스 침탄, 액체 침탄, 고체 침탄법이 있다.

| 정답 | 38. ④ 39. ③ 40. ③ 41. ① 42. ④ 43. ④

44 그림과 같은 결정격자의 금속 원소는?

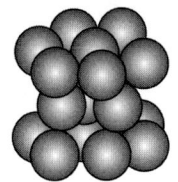 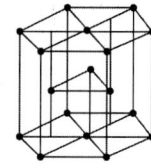

① Ni ② Mg
③ Al ④ Au

| 해설 | 그림은 조밀육방격자의 모양이며, Ni, Al, Au 등은 면심입방격자의 구조를 이루고 있다.

45 전해 인성 구리는 약 400℃ 이상의 온도에서 사용하지 않는 이유로 옳은 것은?

① 풀림취성을 발생시키기 때문이다.
② 수소취성을 발생시키기 때문이다.
③ 고온취성을 발생시키기 때문이다.
④ 상온취성을 발생시키기 때문이다.

| 해설 | **전해인성구리** : 99.9%Cu 이상, 0.02~0.05%의 산소를 함유한 구리, 산화구리가 400℃ 이상에서 수소와 작용하여 수소 메짐(취성)이 발생한다.

46 구상흑연주철은 주조성, 가공성 및 내마멸성이 우수하다. 이러한 구상흑연주철 제조시 구상화제로 첨가되는 원소로 옳은 것은?

① P, S ② O, N
③ Pb, Zn ④ Mg, Ca

| 해설 | **구상 흑연 주철** : 용탕에 Mg, Ca 등으로 접종처리하여 편상 흑연을 구상화시킨 주철, 구상 흑연 형상이 황소 눈 같다해서 불스 아이라고도 함

47 형상 기억 효과를 나타내는 합금이 일으키는 변태는?

① 펄라이트 변태
② 마텐자이트 변태
③ 오스테나이트 변태
④ 레데뷰라이트 변태

| 해설 | 소성 변형된 재료를 그 재료의 고유 임계점 이상으로 가열했을 때 재료나 변형 전의 형상으로 되돌아가는 현상을 형상 기억 효과라 한다.

48 Y합금의 일종으로 Ti과 Cu를 0.2% 정도씩 첨가한 것으로 피스톤에 사용되는 것은?

① 두랄루민 ② 코비탈륨
③ 로엑스합금 ④ 하이드로날륨

| 해설 | **코비탈륨** : Al+Cu+Ni 합금에서 티탄과 구리를 0.2% 첨가한 알루미늄 합금으로 내열성이 좋아 내연기관의 피스톤용 재료로 사용

49 시험편을 눌러 구부리는 시험방법으로 굽힘에 대한 저항력을 조사하는 시험방법은?

① 충격시험 ② 굽힘시험
③ 전단시험 ④ 인장시험

| 해설 | 재료의 연성 정도를 파악하는 시험으로 굽힘 시험이 있다.

50 Fe-C 평 형상태도에서 공정점의 C%는?

① 0.02% ② 0.8%
③ 4.3%   ④ 6.67%

| 해설 | 공정점 : Fe-C 상태도 상에서 1130℃, 4.3%C 부분에서 생기며, 액체에서 2개의 고체 조직이 동시에 정출되는 점이다. 이때의 조직은 레데뷰라이트(오스테나이트+시멘타이트 조직의 혼합물)이 형성된다.

51 다음 용접 기호 중 표면 육성을 의미하는 것은?

① 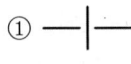   ②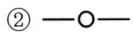
③ 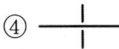   ④

| 해설 | ①에서 원호 모양이 하나이면 비드쌓기, 2개이면 육성 용접을 의미한다.

52 배관의 간략 도시방법에서 파이프의 영구 결합부(용접 또는 다른 공법에 의한다) 상태를 나타내는 것은?

① —|—   ② —○—
③ —●—   ④ —|—

| 해설 | ①, ④ : 배관이 접속하지 않은 상태를 표시함

53 제3각법의 투상도에서 도면의 배치 관계는?

① 평면도를 중심하여 정면도는 위에 우측면도는 우측에 배치된다.
② 정면도를 중심하여 평면도는 밑에 우측면도는 우측에 배치된다.
③ 정면도를 중심하여 평면도는 위에 우측면도는 우측에 배치된다.
④ 정면도를 중심하여 평면도는 위에 우측면도는 좌측에 배치된다.

| 해설 | 제3각법 : 정면도를 기준으로 보는 방향의 도면을 보는 방향에 배치한다. 우측면도는 정면도 우측에 배치한다. 1각법의 경우는 3각법과 반대이다.

54 그림과 같이 제3각법으로 정투상한 각뿔의 전개도 형상으로 적합한 것은?

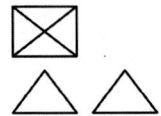

①    ②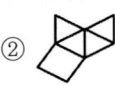
③    ④

| 정답 | 50. ③ 51. ① 52. ③ 53. ③ 54. ②

55 도면에 대한 호칭방법이 다음과 같이 나타날 때 이에 대한 설명으로 틀린 것은?

> K2 B ISO 5457-Alt-TP 112.5-R-TBL

① 도면은 KS B ISO 5457을 따른다.
② A1 용지 크기이다.
③ 재단하지 않은 용지이다.
④ 112.5g/m² 사양의 트레이싱지이다.

| 해설 | A0 용지가 제단하지 않은 것이며, A1은 A0를 2등분한 것이다.

56 그림과 같은 도면에서 나타난 "□40" 치수에서 "□"가 뜻하는 것은?

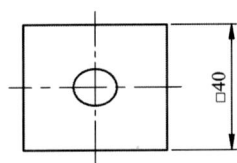

① 정사각형의 변
② 이론적으로 정확한 치수
③ 판의 두께
④ 참고치수

| 해설 | 정사각형의 가로 세로 길이가 40mm 임을 나타낸다.

57 그림과 같이 원통을 경사지게 절단한 제품을 제작할 때, 다음 중 어떤 전개법이 가장 적합한가?

① 사각형법 ② 평행선법
③ 삼각형법 ④ 방사선법

| 해설 | 전개시 경사진 원통은 평행선 전개법을 적용하는 것이 좋다.

58 다음 중 가는 실선으로 나타내는 경우가 아닌 것은?

① 시작점과 끝점을 나타내는 치수선
② 소재의 굽은 부분이나 가공 공정의 표시선
③ 상세도를 그리기 위한 틀의 선
④ 금속 구조 공학 등의 구조를 나타내는 선

| 해설 | 가는실선의용도 : 지시선, 해칭선, 치수선, 치수보조선

59 그림과 같은 도면에서 괄호 안의 치수는 무엇을 나타내는가?

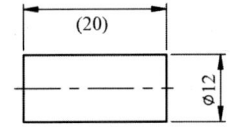

① 완성 치수
② 참고 치수
③ 다듬질 치수
④ 비례척이 아닌 치수

| 해설 | (20) 치수는 참고라는 치수이다.

60 다음 중 일반 구조용 탄소 강관의 KS 재료 기호는?

① SPP   ② SPS
③ SKH   ④ STK

| 해설 | SPP : 배관용 탄소강관, SKH : 고속도 공구강

| 정답 | 55. ③ 56. ① 57. ② 58. ④ 59. ② 60. ④

2016년 제4회 용접기능사 필기

2016년 7월 10일 시행

01 다음 중 용접시 수소의 영향으로 발생하는 결함과 가장 거리가 먼 것은?

① 기공
② 균열
③ 은점
④ 설퍼

| 해설 | 설퍼 : 황을 뜻하며, 아마 황에 의한 고온 균열의 일종인 설퍼크랙(균열)을 의미함

02 가스 중에서 최소의 밀도로 가장 가볍고 확산속도가 빠르며, 열전도가 가장 큰 가스는?

① 수소
② 메탄
③ 프로판
④ 부탄

| 해설 | 기체 중에서 가장 가벼운 가스 : 수소(H_2)

03 용착금속의 인장강도가 55N/m³, 안전율이 6이라면 이음의 허용응력은 약 몇 N/m²인가?

① 0.92
② 9.2
③ 92
④ 920

| 해설 | 안전율 = 인장강도 / 허용응력
허용응력 = 인장강도 / 안전율
         = 55N / 6
         = 9.2

04 팁 끝이 모재에 닿는 순간 순간적으로 팁 끝이 막혀 팁 속에서 폭발음이 나면서 불꽃이 꺼졌다가 다시 나타나는 현상은?

① 인화
② 역화
③ 역류
④ 선화

| 해설 | 인화 : 팁끝이 순간적으로 막혀 가스 불출 불량에 의해 토치의 가스 혼합실까지 불꽃이 도달하여 빨갛게 달구어지는 현상. 빨리 아세틸렌(프로판) 밸브를 차단한 후 산소 밸브를 차단한다.

05 다음 중 파괴 시험 검사법에 속하는 것은?

① 부식시험
② 침투시험
③ 음향시험
④ 와류시험

| 해설 | 부식시험 : 파괴시험의 일종으로 야금학적 시험법이다.

06 TIG 용접 토치의 분류 중 형태에 따른 종류가 아닌 것은?

① T형 토치
② Y형 토치
③ 직선형 토치
④ 플럭시블형 토치

| 해설 | TIG 용접 토치 : ①, ③, ④, Y형 토치는 없다.

| 정답 | 01. ④ 02. ① 03. ② 04. ② 05. ① 06. ②

07 용접에 의한 수축 변형에 영향을 미치는 인자로 가장 거리가 먼 것은?

① 가접
② 용접 입열
③ 판의 예열 온도
④ 판 두께에 따른 이음 형상

| 해설 | **용접부의 수축 변형** : 금속은 가열되거나 용융하면 팽창하였다가 냉각하면 수축이 일어나며 용접입열, 판의 예열 온도, 판 두께, 이음 형상에 따라 다르다.

08 전자동 MIG 용접과 반자동 용접을 비교했을 때 전자동 MIG 용접의 장점으로 틀린 것은?

① 용접 속도가 빠르다.
② 생산 단가를 최소화 할 수 있다.
③ 우수한 품질의 용접이 얻어진다.
④ 용착 효율이 낮아 능률이 매우 좋다.

| 해설 | **MIG 용접** : 금속보호가스 아크용접을 말하며, 용착효율이 98% 이상으로 좋아 능률이 매우 우수하다.

09 다음 중 탄산가스 아크 용접의 자기쏠림 현상을 방지하는 대책으로 틀린 것은?

① 엔드 탭을 부착한다.
② 가스 유량을 조절한다.
③ 어스의 위치를 변경한다.
④ 용접부의 틈을 적게 한다.

| 해설 | 탄산가스 아크 용접기는 직류 역극성이므로 자기 쏠림이 생길 수 있으나, 용접가스 유량과 자기 쏠림 현상 방지와는 무관하다.

10 다음 용접법 중 비소모식 아크 용접법은?

① 논 가스 아크 용접
② 피복 금속 아크 용접
③ 서브머지드 아크 용접
④ 불활성 가스 텅스텐 아크 용접

| 해설 | ④ : 텅스텐 전극과 모재 사이에 아크를 발생하여 모재를 용융시키고 그 용융지에 용접봉을 녹여 접합하는 방법으로 전극이 소모되지 않는다 해서 비소모식, 비용극식이라 한다.

11 용접부를 끝이 구면인 해머로 가볍게 때려 용착 금속부의 표면에 소성변형을 주어 인장응력을 완화시키는 잔류 응력 제거법은?

① 피닝법
② 노내 풀림법
③ 저온 응력 완화법
④ 기계적 응력 완화법

| 해설 | **피닝법** : 사람에게 안마를 해주는 것과 같이 금속 내부에 잔류하는 응력을 풀어주는 효과가 있다.

12 용접 변형의 교정법에서 점 수축법의 가열온도와 가열시간으로 가장 적당한 것은?

① 100~200℃, 20초
② 300~400℃, 20초
③ 500~600℃, 30초
④ 700~800℃, 30초

| 해설 | **점 수축법** : 박판이 변형된 경우 볼록한 부분에 군데 군데 적당히 가열한 후 수냉하는 것을 반복하여 변형을 교정하는 방법이다.

| 정답 | 07. ① 08. ④ 09. ② 10. ④ 11. ① 12. ③

13 수직판 또는 수평면 내에서 선회하는 회전 영역이 넓고 팔이 기울어져 상하로 움직일 수 있어 주로 스폿 용접, 중량물 취급 등에 많이 이용되는 로봇은?

① 다관절 로봇
② 극좌표 로봇
③ 원통 좌표 로봇
④ 직각 좌표계 로봇

| 해설 | 다관절로봇 : 관절이 많은 로봇으로 작업 동작이 3종류 이상이고 3개 이상의 회전운동 기구를 결합시켜 만든 로봇

14 서브머지드 아크 용접시 발생하는 기공의 원인이 아닌 것은?

① 직류 역극성 사용
② 용제의 건조 불량
③ 용제의 산포량 부족
④ 와이어 녹, 기름, 페인트

| 해설 | 기공 : 용접부의 기공 발생은 용제나 모재의 흡습, 건조 불량, 녹, 페인트 부착 등이며, 극성과는 무관하다.

15 다음 중 전자 빔 용접에 관한 설명으로 틀린 것은?

① 용입이 낮아 후판 용접에는 적용이 어렵다.
② 성분 변화에 의하여 용접부의 기계적 성질이나 내식성의 저하를 가져올 수 있다.
③ 가공재나 열처리에 대하여 소재의 성질을 저하시키지 않고 용접할 수 있다.
④ $10^{-4} \sim 10^{-6}$ mmHg 정도의 높은 진공실 속에서 음극으로부터 방출된 전자를 고전압으로 가속시켜 용접을 한다.

| 해설 | 전자 빔용접 : 고진공 속에서 고융점 용접이기 때문에 용입이 깊어 후판 용접에 적당하다.

16 안전 보건표지의 색채, 색도기준 및 용도에서 지시의 용도 색채는?

① 검은색
② 노란색
③ 빨간색
④ 파란색

| 해설 | 검은색 : 금지, 경고 표지의 관련 부호 및 그림

17 X선이나 γ선을 재료에 투과시켜 투과된 빛의 강도에 따라 사진 필름에 감광시켜 결함을 검사하는 비파괴 시험법은?

① 자분 탐상 검사
② 침투 탐상 검사
③ 초음파 탐상 검사
④ 방사선 투과 검사

| 해설 | • X선, γ선을 이용한 시험은 방사선 탐상법이다.
• 자분탐상검사 : 자성체를 자화시켜 표면 부근의 결함을 판별하는 검사

18 다음 중 용접봉의 용융속도를 나타낸 것은?

① 단위 시간 당 용접 입열의 양
② 단위 시간 당 소모되는 용접 전류
③ 단위 시간 당 형성되는 비드의 길이
④ 단위 시간 당 소비되는 용접봉의 길이

| 해설 | 용융속도 = 아크 전류 ×용접봉쪽 전압 강하 또는 단위시간당 소비되는 용접봉 무게

| 정답 | 13. ② 14. ① 15. ① 16. ④ 17. ④ 18. ④

19 물체와의 가벼운 충돌 또는 부딪침으로 인하여 생기는 손상으로 충격 부위가 부어 오르고 통증이 발생되며 일반적으로 피부 표면에 창상이 없는 상처를 뜻하는 것은?

① 출혈 ② 화상
③ 찰과상 ④ 타박상

| 해설 | 창상(절창) : 칼이나 유리 등에 베인 상처, 찰과상이란 무엇에 긁히거나 스쳐서 살갗이 벗겨진 상처

20 일명 비석법이라고도 하며, 용접 길이를 짧게 나누어 간격을 두면서 용접하는 용착법은?

① 전진법 ② 후진법
③ 대칭법 ④ 스킵법

| 해설 | 대칭법 : 길이가 길 때 중심을 기준으로 좌우로 용접하는 방법

21 금속 산화물이 알루미늄에 의하여 산소를 빼앗기는 반응에 의해 생성되는 열을 이용한 용접법은?

① 마찰 용접
② 테르밋 용접
③ 일렉트로 슬래그 용접
④ 서브머지드 아크 용접

| 해설 | • 테르밋 용접 : 알루미늄과 산화철 분말을 일정 비율로 혼합하여 마그네슘 등의 점화제를 넣고 점화하면 2800℃ 정도까지 상승하며 산화물과 용탕으로 형성되며 용탕을 용접부에 부어 용접하는 방법
• 불활성 가스 아크 용접 : Ar, He 등의 불활성 가스를 사용하는 용접법으로 MIG 용접과 텅스텐 전극을 사용하는 TIG 용접법으로 구분된다.

22 저항 용접의 장점이 아닌 것은?

① 대량 생산에 적합하다.
② 후열 처리가 필요하다.
③ 산화 및 변질 부분이 적다.
④ 용접봉, 용제가 불필요하다.

| 해설 | 저항용접의 장점 : ①, ③, ④, 후열 처리는 저항용접의 단점이다.

23 정격 2차 전류 200A, 정격 사용률 40%인 아크 용접기로 실제 아크 전압 30V, 아크 전류 130A로 용접을 수행한다고 가정할 때 허용 사용율은 약 얼마인가?

① 70% ② 75%
③ 80% ④ 95%

| 해설 | 허용 사용률(%)
$$= \frac{정격전류^2}{실제용접전류^2} \times 정격사용율$$
$$= \frac{200^2}{130^2} \times 40 = 95$$

24 아크 전류가 일정할 때 아크 전압이 높아지면 용접봉의 용융속도가 늦어지고 아크 전압이 낮아지면 용융속도가 빨라지는 특성을 무엇이라 하는가?

① 부저항 특성
② 절연회복 특성
③ 전압회복 특성
④ 아크 길이 자기 제어 특성

| 해설 | 부저항 특성 : 전류가 커지면 저항이 작아져서 전압도 낮아지는 특성

| 정답 | 19. ④ 20. ④ 21. ② 22. ② 23. ④ 24. ④

25 강재 표면의 흠이나 개재물, 탈탄층 등을 제거하기 위하여 될 수 있는 대로 얇게 그리고 타원형 모양으로 표면을 깎아내는 가공법은?

① 분말 절단   ② 가스 가우징
③ 스카핑   ④ 플라즈마 절단

| 해설 | 가스 가우징 : 가우징 토치를 사용하여 홈을 파는 작업법

26 다음 중 야금적 접합법에 해당되지 않는 것은?

① 융접(fusion welding)
② 접어 잇기(seam)
③ 압접(pressure welding)
④ 납땜(brazing and soldering)

| 해설 | 야금학적 접합법 : 용접법을 말하며, 융접, 압접, 납접을 포함한다.

27 다음 중 불꽃의 구성 요소가 아닌 것은?

① 불꽃심   ② 속불꽃
③ 겉불꽃   ④ 환원불꽃

| 해설 | 환원 불꽃 : 불꽃의 구성요소가 아니라 불꽃의 종류에 해당한다.

28 피복 아크 용접봉에서 피복제의 주된 역할이 아닌 것은?

① 용융금속의 용적을 미세화하여 용착효율을 높인다.
② 용착금속의 응고와 냉각속도를 빠르게 한다.
③ 스패터의 발생을 적게 하고 전기 절연작용을 한다.
④ 용착금속에 적당한 합금원소를 첨가한다.

| 해설 | 피복제의 역할 : ① ③, ④ 외에 용착금속의 응고와 냉각속도를 느리게 하여 경화를 방지한다.

29 교류 아크 용접기에서 안정한 아크를 얻기 위하여 상용주파의 아크 전류에 고전압의 고주파를 중첩시키는 방법으로 아크 발생과 용접작업을 쉽게 할 수 있도록 하는 부속장치는?

① 전격방지장치
② 고주파 발생장치
③ 원격 제어장치
④ 핫 스타트장치

| 해설 | 일반 교류 아크 용접기에는 거의 부착된 예가 없으며, 주로 TIG 용접장치에 부착되어 있다.

30 피복 아크 용접봉의 피복제 중에서 아크를 안정시켜 주는 성분은?

① 붕사   ② 페로 망간
③ 니켈   ④ 산화 티탄

| 해설 | 니켈 : 합금제, 페로 망간 : 탈산제, 붕사 : 슬래그 생성제,

31 산소 용기의 취급시 주의사항으로 틀린 것은?

① 기름이 묻은 손이나 장갑을 착용하고는 취급하지 않아야 한다.
② 통풍이 잘되는 야외에서 직사광선에 노출시켜야 한다.
③ 용기의 밸브가 얼었을 경우에는 따뜻한 물로 녹여야 한다.
④ 사용 전에는 비눗물 등을 이용하여 누설 여부를 확인한다.

| 정답 | 25. ③   26. ②   27. ④   28. ②   29. ②   30. ④   31. ②

| 해설 | 가스 용기는 열을 받으면 급격히 팽창하여 폭발할 위험이 있기 때문에 직사광선을 피해서 40℃ 이하의 장소에 보관해야 된다.

32 피복 아크 용접봉의 기호 중 고산화티탄계를 표시한 것은?

① E 4301
② E 4303
③ E 4311
④ E 4313

| 해설 | ① : 일미나이트계 ② : 라임티타니아계
③ : 고셀룰로스계

33 가스 절단에서 프로판 가스와 비교한 아세틸렌 가스의 장점에 해당되는 것은?

① 후판 절단의 경우 절단속도가 빠르다.
② 박판 절단의 경우 절단속도가 빠르다.
③ 중첩 절단을 할 때에는 절단속도가 빠르다.
④ 절단면이 거칠지 않다.

| 해설 | • 산소 - 아세틸렌 가스 절단보다 슬래그 제거가 쉽다.
• 산소 - 아세틸렌 가스 절단보다 중성불꽃의 조절이 어렵다.
• 산소 - 아세틸렌 가스 절단보다 절단 개시시간이 느리다.
• 산소 - 아세틸렌 가스 절단보다 슬래그 제거가 쉽고, 중성불꽃의 조절이 어려우며, 절단 개시시간이 느리다.

34 용접기의 구비조건이 아닌 것은?

① 구조 및 취급이 간단해야 한다.
② 사용 중에 온도 상승이 적어야 한다.
③ 전류 조정이 용이하고 일정한 전류가 흘러야 한다.
④ 용접 효율과 상관없이 사용 유지비가 적게 들어야 한다.

| 해설 | **용접기의 구비조건** : 용접 효율이 좋고 사용 유지비가 적게 들어야 한다.

35 다음 중 연강을 가스 용접할 때 사용하는 용제는?

① 붕사
② 염화나트륨
③ 사용하지 않는다.
④ 중탄산소다 + 탄산소다

| 해설 | 연강의 가스 용접의 경우 용제가 필요하지 않다.

36 프로판 가스의 특징으로 틀린 것은?

① 안전도가 높고 관리가 쉽다.
② 온도 변화에 따른 팽창률이 크다.
③ 액화하기 어렵고 폭발 한계가 넓다.
④ 상온에서는 기체 상태이고 무색, 투명하다.

| 해설 | **프로판 가스** : 액화하기 쉽고, 폭발 한계가 좁다. 2.4~9.5%, 아세틸렌은 2.5~80%로 매우 넓다.(폭발 위험이 크다)

37 피복 아크 용접봉에서 아크 길이와 아크 전압의 설명으로 틀린 것은?

① 아크 길이가 너무 길면 불안정하다.
② 양호한 용접을 하려면 짧은 아크를 사용한다.
③ 아크 전압은 아크 길이에 반비례한다.
④ 아크 길이가 적당할 때 정상적인 작은 입자의 스패터가 생긴다.

| 해설 | 아크 전압은 아크 길이에 비례한다.

| 정답 | 32. ④ 33. ② 34. ④ 35. ③ 36. ③ 37. ③

38 다음 중 용융금속의 이행 형태가 아닌 것은?

① 단락형　　② 스프레이형
③ 연속형　　④ 글로블러형

| 해설 | 용접 와이어나 용접봉 이행형식에 연속형은 없다.

39 강자성을 가지는 은백색의 금속으로 화학 반응용 촉매, 공구 소결재로 널리 사용되고 바이탈륨의 주성분 금속은?

① Ti　　② Co
③ Al　　④ Pt

| 해설 | Co : 코발트, 강자성체, 철, 니켈, 코발트는 강자성체이다.

40 재료에 어떤 일정한 하중을 가하고 어떤 온도에서 긴 시간 동안 유지하면 시간이 경과함에 따라 스트레인이 증가하는 것을 측정하는 시험 방법은?

① 피로 시험　　② 충격 시험
③ 비틀림 시험　　④ 크리프 시험

| 해설 | 크리프 시험 : 일정 온도에서 일정 하중을 시험편에 가해 파단에 이르기까지의 크리프 변형과 크리프 파단 시간을 측정하는 시험

41 금속의 결정구조에서 조밀육방격자(HCP)의 배위수는?

① 6　　② 8
③ 10　　④ 12

| 해설 | ② : 체심입방격자의 배위수, 면심입방격자의 배위수 : 12

42 주석청동의 용해 및 주조에서 1.5~1.7%의 아연을 첨가할 때의 효과로 옳은 것은?

① 수축률이 감소된다.
② 침탄이 촉진된다.
③ 취성이 향상된다.
④ 가스가 흡입된다.

| 해설 | 주석 청동 용해시 아연을 첨가하면 수축률이 낮아진다.

43 금속의 결정구조에 대한 설명으로 틀린 것은?

① 결정입자의 경계를 결정입계라 한다.
② 결정체를 이루고 있는 각 결정을 결정입자라 한다.
③ 체심입방격자는 단위격자 속에 있는 원자 수가 3개이다.
④ 물질을 구성하고 있는 원자가 입체적으로 규칙적인 배열을 이루고 있는 것을 결정이라 한다.

| 해설 | 체심입방격자의 단위원자 수 : 2개(8개의 격자점은 인접격자와 1/8 공유하므로 8×1/8+1(내부 원자 1개)=2

44 Al의 표면을 적당한 전해액 중에서 양극 산화처리하면 표면에 방식성이 우수한 산화 피막층이 만들어진다. 알루미늄의 방식 방법에 많이 이용되는 것은?

① 규산법　　② 수산법
③ 탄화법　　④ 질화법

| 해설 | 알루미늄 방식법 : 황산법, 수산법, 크롬산법 등

| 정답 | 38. ③　39. ②　40. ④　41. ④　42. ①　43. ③　44. ②

45 강의 표면 경화법이 아닌 것은?

① 풀림 ② 금속 용사법
③ 금속 침투법 ④ 하드 페이싱

| 해설 | 풀림은 연화, 안정화, 구상화 등을 목적으로 하는 열처리이다.

45 비금속 개재물이 강에 미치는 영향이 아닌 것은?

① 고온 메짐의 원인이 된다.
② 인성은 향상시키나 경도를 떨어뜨린다.
③ 열처리시 개재물로 인한 균열을 발생시킨다.
④ 단조나 압연 작업 중에 균열의 원인이 된다.

| 해설 | 비금속 개재물 : 인성을 해치며, 경도를 낮게 한다.

47 해드 필드강(hadfield steel)에 대한 설명으로 옳은 것은?

① Ferrite계 고 Ni강이다.
② Pearlite계 고 Co강이다.
③ Cementite계 고 Cr강이다.
④ Austenite계 Mn강이다.

| 해설 | 해드 필드강(고망간강) : 11~14%Mn을 함유한 강으로 1000~1100℃로 가열해서 수랭하여 오스테나이트 조직이 얻어지고 연성, 인성이 개선시킨 강

48 잠수함, 우주선 등 극한 상태에서 파이프의 이음쇠에 사용되는 기능성 합금은?

① 초전도 합금 ② 수소 저장 합금
③ 아모퍼스 합금 ④ 형상 기억 합금

| 해설 | 초전도 합금 : 전기 전도성이 매우 높은 강

49 탄소강에서 탄소의 함량이 높아지면 낮아지는 것은?

① 경도 ② 항복강도
③ 인장강도 ④ 단면 수축률

| 해설 | 철강에 탄소가 증가하면 경도, 강도가 증가하게 되므로 연신율이나 단면수축률은 낮아지게 된다.

50 3~5%Ni, 1%Si을 첨가한 Cu 합금으로 C 합금이라고도 하며, 강력하고 전도율이 좋아 용접봉이나 전극재료로 사용되는 것은?

① 톰백 ② 문쯔메탈
③ 길딩메탈 ④ 코슨합금

| 해설 | 톰백 : Cu에 아연을 5~20% 첨가한 합금으로 금과 비슷한 색을 내며 아름다워 모조 금이나 장식품으로 사용된다.

51 치수 기입법에서 지름, 반지름, 구의 지름 및 반지름, 모떼기, 두께 등을 표시할 때 사용하는 보조기호 표시가 잘못된 것은?

① 두께 : D6
② 반지름 : R3
③ 모떼기 : C3
④ 구의 반지름 : SØ6

| 해설 | 판두께 : t

| 정답 | 45. ① 46. ② 47. ③ 48. ④ 49. ④ 50. ④ 51. ①

52 인접부분을 참고로 표시하는데 사용하는 것은?

① 숨은 선 ② 가상선
③ 외형선 ④ 피치선

| 해설 | 가상선 : 가는 2점쇄선으로 표시

53 인기와 같은 KS 용접 기호의 해독으로 틀린 것은?

6〇5 (100)

① 화살표 반대쪽 점 용접
② 점 용접부의 지름 6mm
③ 용접부의 개수(용접 수) 5개
④ 점 용접한 간격은 100mm

| 해설 | 용접 기호 등이 수평선(기선)의 실선에 있으면 화살표 방향, 점선에 있으면 화살표 반대쪽에서 용접함을 뜻한다.

54 좌우, 상하 대칭인 그림과 같은 형상을 도면화하려고 할 때 이에 관한 설명으로 틀린 것은? (단, 물체에 뚫린 구멍의 크기는 같고 간격은 6mm로 일정하다.)

 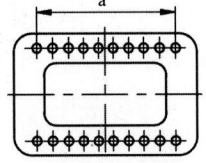

① 치수 a는 9×6(=54)으로 기입할 수 있다.
② 대칭기호를 사용하여 도형을 1/2로 나타낼 수 있다.
③ 구멍은 동일 형상일 경우 대표 형상을 제외한 나머지 구멍은 생략할 수 있다.
④ 구멍은 크기가 동일하더라도 각각의 치수를 모두 나타내야 한다.

| 해설 | 동일 형상이 등간격으로 있을 경우 일부를 생략할 수 있다.

55 그림과 같은 제3각법 정투상도에 가장 적합한 입체도는?

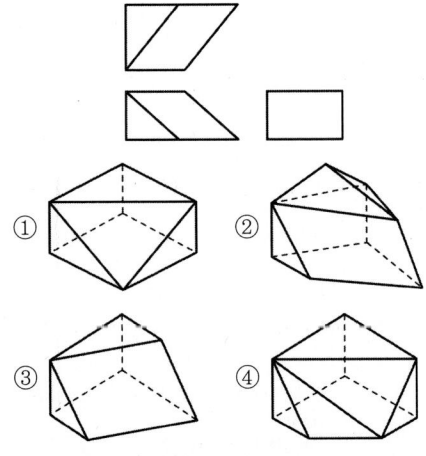

| 해설 | 평면도와 정면도로 봐서 우측 하단으로 삼각형 모양으로 경사진 모양이다.

56 3각 기둥, 4각 기둥 등과 같은 각 기둥 및 원기둥을 평행하게 펼치는 전개 방법의 종류는?

① 삼각형을 이용한 전개도법
② 평행선을 이용한 전개도법
③ 방사선을 이용한 전개도법
④ 사다리꼴을 이용한 전개도법

| 해설 | • **평행선 전개법** : 원기둥, 경사진 원기둥 전개
• **방사선 전개법** : 원뿔 등의 전개에 적합하다.

| 정답 | 52. ② 53. ① 54. ④ 55. ③ 56. ②

57 SF-340A는 탄소강 단강품이며, 340은 최저인장강도를 나타낸다. 이 때 최저 인장강도의 단위로 가장 옳은 것은?

① N/m² ② kgf/m²
③ N/mm² ④ kgf/mm²

| 해설 | 모두 강도의 단위로는 맞으나 SF 340A는 인장강도가 340N/mm²를 의미하므로 ③번이 답이 된다.

58 배관 도면에서 그림과 같은 기호의 의미로 가장 적합한 것은?

① 체크 밸브 ② 볼 밸브
③ 콕 일반 ④ 안전 밸브

| 해설 | 체크 밸브 역지 밸브라고도 한다.

59 한쪽 단면도에 대한 설명으로 올바른 것은?

① 대칭형의 물체를 중심선을 경계로 하여 외형도의 절반과 단면도의 절반을 조합하여 표시한 것이다.
② 부품도의 중앙 부위의 전후를 절단하여 단면을 90° 회전시켜 표시한 것이다.
③ 도형 전체가 단면으로 표시된 것이다.
④ 물체의 필요한 부분만 단면으로 표시한 것이다.

| 해설 | **한쪽 단면도(반단면도)** : 대칭 물체를 1/4로 절단하여 나타낸 도면으로 한쪽은 단면도로, 다른 한쪽은 외형으로 표시한 도면

60 판금 작업시 강판재료를 절단하기 위하여 가장 필요한 도면은?

① 조립도 ② 전개도
③ 배관도 ④ 공정도

| 해설 | • 판금 작업에는 주로 전개도가 필요하다.
• 조립도 : 물체를 조립한 모양을 나타낸 도면

| 정답 | 57. ③ 58. ① 59. ① 60. ②

PART

03
모의고사

모의고사 1회
모의고사 2회
모의고사 3회

용접기능사 필기 모의고사

제 01 회

01 용기의 상부에 V 33.7ℓ로 각인된 용기에 15MPa로 충전하였을 때 사용 가능한 용기 내의 산소량은?

① 약 505.5ℓ ② 약 5055ℓ
③ 약 13575ℓ ④ 약 12673ℓ

02 연소의 난이성에 대한 설명이 틀린 것은?

① 예열하면 착화 온도가 낮아져서 착화하기 쉽다.
② 발열량이 큰 것일수록 산화반응이 일어나기 쉽다.
③ 화학적 친화력이 큰 물질일수록 연소가 잘 된다.
④ 산소와의 접촉 면적이 좁을수록 온도가 떨어지지 않아 연소가 잘 된다.

03 연강재의 용접 이음부에 대한 충격하중이 작용할 때 안전율은?

① 3   ② 5
③ 8   ④ 12

04 다음은 피복 아크 용접작업에 대한 안전사항을 나타낸 것이다. 이 중 가장 적합하지 않은 것은?

① 용접기 내부에 함부로 손을 대지 않는다.
② 저압 전기는 어느 작업이든 안심할 수 있다.
③ 전선이나 코드의 접속부는 절연물로서 완전히 피복하여 둔다.
④ 퓨즈는 규정된 대로 알맞은 것을 끼운다.

05 다음 용접 결함 중에서 치수상 결함에 속하는 것은?

① 기공   ② 슬래그 섞임
③ 변형   ④ 용접균열

06 피복 아크용접시 복잡한 형상의 용접물을 원하는 각도로 회전시킬 수 있으며, 용접 능률 향상을 위해 사용하는 지그는?

① 용접 포지셔너 ② 가접 지그
③ 회전 지그   ④ 역변형 지그

07 산화불꽃으로 가스 용접하는 것이 가장 적합한 것은?

① 스테인리스 ② 모넬메탈
③ 스텔라이트 ④ 황동

08 전기저항 점 용접법에 대한 설명으로 틀린 것은?

① 인터랙 점 용접이란 용접점의 부분에 직접 2개의 전극을 물리지 않고 용접전류가 피용접물의 일부를 통하여 다른 곳으로 전달하는 방식이다.
② 단극식 점 용접이란 전극이 1쌍으로 1개의 점 용접부를 만드는 것이다.
③ 직렬식 점 용접이란 1개의 전류 회로에 2개 이상의 용접점을 만드는 방법으로 전류 손실이 많아 전류를 증가시켜야 한다.
④ 맥동 점 용접은 사이클 단위를 몇 번이고 전류를 연속하여 통전하며 용접 속도 향상 및 용접 변형 방지에 좋다.

09 피복 아크 용접 중에 발생하는 결함 중 스패터의 발생 원인으로 가장 적합하지 않은 것은?

① 운봉 속도가 느릴 때
② 아크 길이가 너무 길 때
③ 수분이 많은 용접봉을 사용했을 때
④ 전류가 높을 때

10 불활성 가스 텅스텐 아크 용접의 상품 명칭에 해당 되지 않는 것은?

① 필러 아크 ② 아르곤 아크
③ 헬리 웰드 ④ 헬리 아크

11 가스 용접에서 전진법과 비교한 후진법의 특성을 설명한 것으로 틀린 것은?

① 열 이용률이 바쁘다.
② 용접속도가 빠르다.
③ 용접 변형이 작다.
④ 산화정도가 약하다.

12 오스테나이트계 스테인리스강의 용접시 유의해야 할 사항으로 맞는 것은?

① 예열을 한다.
② 아크길이를 길게 유지한다.
③ 용접봉은 모재 재질과 다르고, 굵은 것을 사용한다.
④ 낮은 전류값으로 용접하여 용접입열을 억제한다.

13 피복 아크 용접 중 오버랩이 발생한 경우 그 보수방법으로 가장 적당한 것은?

① 결함부분을 절단하여 재 용접한다.
② 일부분을 깎아내고 재 용접한다.
③ 가는 용접봉을 사용하여 재 용접한다.
④ 정지구멍을 뚫고 재 용접한다.

14 MIG 용접시 사용하는 차광유리의 차광도 번호로 가장 알맞은 것은?

① 2~3   ② 5~6
③ 12~13 ④ 18~20

15 가스용접에서 매니폴드를 설치할 경우 고려할 사항으로 틀린 것은?

① 필요한 가스용기의 수
② 가스용기를 교환하는 주기
③ 순간 최소 사용량
④ 사용량에 적합한 압력 조정기 및 안전기

16 교류 아크 용접기 중 가변 저항기로 용접 전류를 원격 조정할 수 있는 것은?

① 탭 전환형　　② 가동 철심형
③ 가동 코일형　④ 가포화 리액터형

17 피복아크 용접봉의 특징 중 틀린 것은?

① E4301 : 용접성이 우수하여 일반 구조물의 중요 강도 부재용접에 사용된다.
② E4311 : 가스실드식 용접봉으로 박판용접에 사용된다.
③ E4313 : 용입이 깊어서 고장력강 및 중량물 용접에 사용된다.
④ E4316 : 연성과 인성이 좋아서 고압용기, 후판 중구조물 용접에 사용된다.

18 용접봉에 습기가 많이 함유되어 있는 경우 어떤 결함이 많이 발생할 수 있는가?

① 선상조직　　② 기공
③ 용입 불량　④ 슬래그 섞임

19 불활성 가스 텅스텐 아크 용접을 설명한 것 중 틀린 것은?

① 직류 역극성에서는 청정작용이 있다.
② 알루미늄과 마그네슘의 용접에 적합하다.
③ 텅스텐을 소모하지 않아 비용극식이라고 한다.
④ 불가시 아크 용접법이라고도 한다.

20 크레이터 처리 미숙으로 일어나는 결함이 아닌 것은?

① 냉각 중에 균열이 생기기 쉽다.
② 파손이나 부식의 원인이 된다.
③ 불순물과 편석이 남게 된다.
④ 용접봉의 단락 원인이 된다.

21 기계 구조물용 금속재료 중 저합금강에 요구되는 조건으로 적합하지 않은 것은?

① 항복강도　　② 가공성
③ 인장강도　　④ 마모성

22 피복 아크용접에서 피복제의 역할로서 옳지 않은 것은?

① 용착금속의 급랭 방지
② 스패터의 다량 생성 작용
③ 전기 절연작용
④ 용접금속의 탈산 정련작용

23 피복 아크 용접 작업에서 아크길이 및 아크전압에 관한 설명으로 틀린 것은?

① 품질 좋은 용접을 하려면 원칙적으로 짧은 아크를 사용해야 한다.
② 아크 길이가 너무 길면 아크가 불안정하고, 용융금속이 산화 및 질화되기 어렵다.
③ 아크 길이는 보통 용접봉 심선의 지름 정도이나 일반적인 아크의 길이는 3mm 정도이다.
④ 아크 전압은 아크 길이에 비례한다.

24 용접용어에 대한 정의를 설명한 것으로 틀린 것은?

① 모재 : 용접 또는 절단되는 금속
② 다공성 : 용착금속 중 기공의 밀집한 정도
③ 용락 : 모재가 녹은 깊이
④ 용가재 : 용착부를 만들기 위하여 녹여서 첨가하는 금속

25 아크 용접기의 구비조건으로 틀린 것은?

① 구조 및 취급이 간단해야 한다.
② 아크발생 및 유지가 용이하고 아크가 안정되어야 한다.
③ 용접 중 온도상승이 커야 한다.
④ 역률 및 효율이 좋아야 한다.

26 열간가공과 비교하여 냉간가공의 특징을 설명한 것으로 틀린 것은?

① 제품의 표면이 미려하다.
② 제품의 치수 정도가 좋다.
③ 가공경화에 의한 강도가 낮아진다.
④ 가공공수가 적어 가공비가 적게 든다.

27 다음 용접부 시험 검사법 중 파괴 검사(시험)방법은?

① 형광 침투 검사　② 방사선 투과 검사
③ 맴돌이 검사　　④ 현미경 조직 검사

28 가스 용접시 모재의 두께가 3.2mm 일 때 가장 적당한 용접봉의 지름(mm)은?

① 1.2　　　　　② 2.6
③ 3.5　　　　　④ 4.0

29 가연성 가스가 가져야 할 성질 중 맞지 않는 것은?

① 불꽃의 온도가 높을 것
② 용융금속과 화학반응을 일으키지 않을 것
③ 연소속도가 느릴 것
④ 발열량이 클 것

30 연강용 피복금속 아크용접봉에서 피복제 중에 산화티탄을 약 35%정도 포함한 용접봉으로 일반 경구조물 용접에 많이 사용되는 것은 무엇인가?

① 저수소계　　　② 일미나이트계
③ 고산화티탄계　④ 고셀룰로스계

31 이산화탄산가스(CO_2) 아크용접시 CO_2+Ar+O_2를 보호가스로 사용할 때의 좋은 효과로 볼 수 없는 것은?

① 슬래그 생성량이 많아져 비드 표면을 균일하게 덮어 급난을 방지하며, 비드 외관이 개선된다.
② 용융지의 온도가 상승하며, 용입량도 다소 증대된다.
③ 비금속 개재물의 응집으로 용착강이 청결해진다.
④ 스패터가 많아지며, 용착강의 환원반응을 활발하게 한다.

32 용접부나 모재의 인성과 취성의 안정성을 조사하기 위하여 사용되는 시험법으로 맞는 것은?

① 인장 시험　　　② 압축 시험
③ 굽힘 시험　　　④ 충격 시험

33 용접 열원에서 기계적 에너지를 사용하는 용접법은?

① 레이저빔 용접
② 서브머지드 아크 용접
③ 전자빔 용접
④ 초음파 용접

34 연강판을 가스용접할 때 가스 용접봉 선택 시 고려해야 할 사항으로 틀린 것은?

① 용융온도가 모재와 동일하지 않을 것
② 기계적 성질에 나쁜 영향을 주지 않을 것
③ 모재와 같은 재질일 것
④ 불순물을 포함하고 있지 않은 용접봉일 것

35 가스 용접에 쓰이는 연료가스의 일반적 성질 중 틀린 것은?

① 연소속도가 늦어야 한다.
② 발열량이 커야 한다.
③ 불꽃의 온도가 높아야 한다.
④ 용융금속과 화학반응을 일으키지 말아야 한다.

36 다음 중 전기 저항 점 용접법의 종류가 아닌 것은?

① 맥동 점 용접   ② 인터랙 점 용접
③ 직력식 점 용접   ④ 병렬식 점 용접

37 침탄법의 종류가 아닌 것은?

① 고체 침탄법   ② 화염 침탄법
③ 가스 침탄법   ④ 액체 침탄법

38 가스 용접에서 전진법과 비교한 후진법의 특징 설명으로 옳은 것은?

① 용접속도가 느리다.
② 홈 각도가 크다.
③ 용접 가능 판두께가 두껍다.
④ 용접변형이 크다.

39 KS 규격에서 연강용 피복 아크 용접봉의 표준치수가 아닌 것은?

① ∅2.6mm   ② ∅3.2mm
③ ∅4.0mm   ④ ∅5.2mm

40 다음 중 고장력강에 해당되지 않은 것은?

① 망간(실리콘)강   ② 몰리브덴 함유강
③ 인 함유강   ④ 주강

41 불활성가스 텅스텐 아크용접(TIG용접)에서 고주파 교류(ACHF)의 특성을 잘못 설명한 것은?

① 동일한 전극봉에서 직류 정극성(DCSP)에 비해 고주파 교류(ACHF)가 사용 전류 범위가 크다.
② 긴 아크 유지가 용이하다.
③ 전극의 수명이 짧다.
④ 고주파 전원을 사용하므로 모재에 접촉시키지 않아도 아크가 발생한다.

42 주철의 조직 중에서 규소량이 적으며 냉각 속도가 빠를 때 많이 나타나는 조직은?

① 페라이트 ② 레데부라이트
③ 시멘타이트 ④ 마텐자이트

43 Cu와 그 합금이 다른 금속에 비하여 우수한 점이 아닌 것은?

① 철강에 비해 내식성이 좋다.
② 연하고 전연성이 좋아 가공하기 쉽다.
③ 철강보다 비중이 낮아 가볍다.
④ 전기 및 열전도율이 높다.

44 베어링에 사용되는 대표적인 구리합금으로 70% Cu-30% Pb 합금은?

① 켈밋 ② 배빗메탈
③ 다우메탈 ④ 톰백

45 주철 조직 중의 흑연 형상은 다양하다. 다음 중 흑연의 형상이 아닌 것은?

① 공정상 흑연 ② 편상 흑연
③ 침상 흑연 ④ 괴상 흑연

46 피복 아크용접시 아크가 발생될 때 아크에 다량 포함되어 있어 인체에 가장 큰 피해를 줄 수 있는 광선은?

① 감마선 ② 자외선
③ 방사선 ④ X-선

47 펄라이트(pearlite) 바탕이고 흑연이 미세하게 분포되어 있어 인장강도 $343 \sim 441 N/mm^2$에 달하며 담금질을 할 수 있고 내마멸성이 요구되는 공작기계의 안내면과 강도를 요하는 기관의 실린더에 쓰이는 주철은?

① 미하나이트 주철(meehanite cast iron)
② 구상흑연 주철(nodular graphite cast iron)
③ 칠드주철(chilled cast iron)
④ 흑심가단주철(black-heart malleable cast iron)

48 주로 전자기 재료로 사용되는 Ni-Fe 합금이 아닌 것은?

① 인바 ② 슈퍼인바
③ 콘스탄탄 ④ 플라티나이트

49 순철에 대한 설명 중 맞는 것은?

① 순철은 동소체가 없다.
② 전기 재료 변압기 철심에 많이 사용된다.
③ 기계 구조용으로 많이 사용된다.
④ 순철에는 전해철, 탄화철, 쾌삭강 등이 있다.

50 $686N/mm^2$ 이상의 인장강도를 가진 용착금속에서는 다층 용접하면 용접한 층이 다음 층에 의하여 뜨임이 된다. 이때 어떤 변화가 생기기 쉬운가?

① 뜨임 취화 ② 뜨임 연화
③ 뜨임 조밀화 ④ 뜨임 연성

51 치수 보조기호 중 지름을 표시하는 기호는?

① D
② Ø
③ R
④ SR

52 그림과 같이 철판에 구멍이 뚫려있는 도면의 설명으로 올바른 것은?

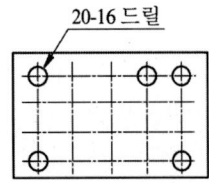

① 구멍지름 16mm, 수량 20개
② 구멍지름 20mm, 수량 16개
③ 구멍지름 16mm, 수량 5개
④ 구멍지름 20mm, 수량 5개

53 다음 그림과 같은 용접 도시 기호를 올바르게 해석한 것은?

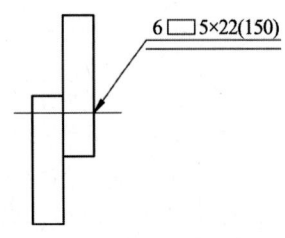

① 슬롯 용접의 용접 수 22
② 슬롯의 너비 6mm, 용접길이 22mm
③ 슬롯 용접 루트간격 6mm, 폭 150mm
④ 슬롯의 너비 5mm, 피치 22mm

54 도면의 척도 값 중 실제 형상을 축소하여 그리는 것은?

① 1 : 2
② $\sqrt{2}$: 1
③ 1 : 1
④ 100 : 1

55 보기와 같이 도시된 용접부 형상을 표시한 KS 용접기호의 명칭으로 올바른 것은?

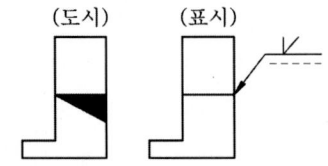

① 일면 개선형 맞대기 용접
② V형 맞대기 용접
③ 플랜지형 맞대기 용접
④ J형 이음 맞대기 용접

56 다음 그림에서 화살표 방향을 정면도로 선정할 경우 평면도로 가장 올바른 것은?

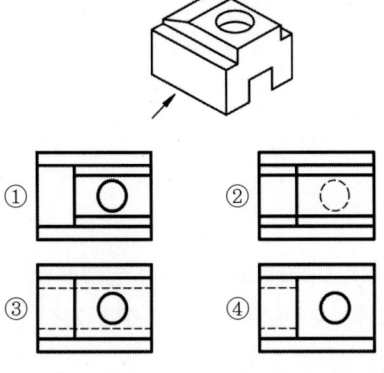

57 다음 중 용접구조용 압연강재의 KS 재료기호는?

① SS 400   ② SSW 41
③ SBC1   ④ SM 400A

58 3개의 좌표축의 투상이 서로 120°가 되는 축 측 투상으로 평면, 측면, 정면을 하나의 투상면 위에 동시에 볼 수 있도록 그려진 투상법은?

① 경사 투상법   ② 국부 투상법
③ 정 투상법   ④ 등각 투상법

59 리벳 이음 단면의 표시법으로 가장 올바르게 투상된 것은?

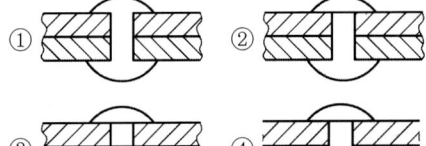

60 그림의 입체도에서 화살표 방향을 정면으로 한 3각법으로 정투상한 도면으로 가장 적합한 것은?

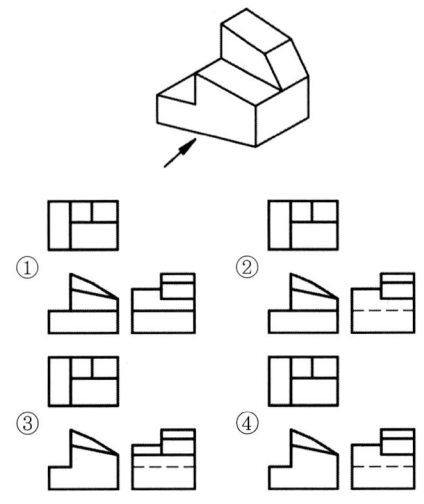

제 02 회 용접기능사 필기 모의고사

01 연강용 피복금속 아크용접봉의 피복제 중에 약 35%정도 산화티탄을 포함한 용접봉으로 일반 경구조물 용접에 많이 쓰이는 것은 무엇인가?

① 고셀룰로스계   ② 일미나이트계
③ 고산화티탄계   ④ 저수소계

02 다음 중 알루미늄 합금이 아닌 것은?

① 켈밋(kelmet)
② 실루민(silumin)
③ 두랄루민(duralumin)
④ 라우탈(lautal)

03 하중의 작용 방향에 따른 필릿 용접 중 용접선이 응력의 방향과 대략 직각인 필릿 용접은?

① 전면 필릿 용접   ② 경사 필릿 용접
③ 측면 필릿 용접   ④ 뒷면 필릿 용접

04 연납용 용제로만 구성되어 있는 것은?

① 붕산염, 염화암모늄, 붕사
② 붕사, 붕산, 염화아연
③ 불화물, 알칼리, 염산
④ 염화아연, 염산, 염화암모늄

05 그림과 같은 제3각법 정투상도에 가장 적합한 입체도는?

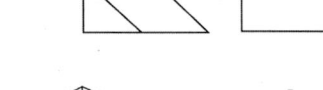

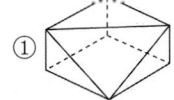 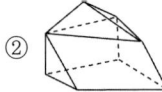

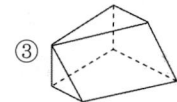 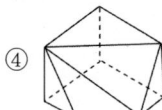

06 TIG(불활성 가스 텅스텐 아크) 용접의 상품 명칭에 해당 되지 않는 것은?

① 헬리 아크   ② 아르곤 아크
③ 헬리웰드   ④ 필러아크

07 점 용접 조건의 3대 요소가 아닌 것은?

① 통전시간   ② 전류의 세기
③ 가압력   ④ 고유저항

08 주철 용탕에 Fe-Si 또는 Ca-Si 등의 접종제로 접종처리하여 흑연을 미세화하고 바탕조직을 펄라이트 조직화하여 강도와 인성을 높인 주철은?

① 흑심가단 주철　② 칠드 주철
③ 미하나이트 주철　④ 백 주철

09 다음 중 가스 절단작업에서 절단속도에 영향을 주는 요인과 가장 관계가 먼 것은?

① 산소의 순도　② 산소의 압력
③ 아세틸렌 압력　④ 모재의 온도

10 그림과 같이 지지 장치를 의미하는 배관 도시 기호에서 지지 장치의 형식은?

① 고정식　② 슬라이드식
③ 가이드식　④ 일반식

11 가스용접에서 가변압식 팁의 능력을 표시하는 것은?

① 중성불꽃으로 용접시 매분당 산소의 소비량을 리터로 표시 한 것
② 표준불꽃으로 용접시 매시간당 산소의 소비량을 리터로 표시한 것
③ 중성불꽃으로 용접시 매분당 아세틸렌 가스의 소비량을 리터로 표시한 것
④ 표준불꽃으로 용접시 매시간당 아세틸렌 가스의 소비량을 리터로 표시한 것

12 용접 방법을 설명한 것 중 틀리게 설명한 것은?

① 스터드 용접 : 볼트나 환봉 등을 직접 강판이나 형강에 용접하는 방법으로 융접법에 해당된다.
② 서브머지드 아크 용접 : 일명 잠호용접이라고도 부르며 상품명으로는 유니언 멜트 용접이 있다.
③ 불활성 가스 아크 용접 : TIG 와 MIG 가 있으며, 보호가스로는 Ar, He 가스를 사용한다.
④ 이산화탄소 아크 용접 : 이산화탄소 가스를 이용한 용극식 용접 방법이며, 불가시 아크이다.

13 가스(산소) 절단시 예열불꽃이 너무 강한 경우 나타나는 현상으로 틀린 것은?

① 드래그가 증가한다.
② 슬래그 중의 철 성분의 박리가 어렵게 된다.
③ 절단면이 거칠게 된다.
④ 절단 모서리가 둥글게 된다.

14 피복아크 용접기를 사용할 때 지켜야 할 사항으로 틀린 것은?

① 1차측 탭은 2차측 무부하 전압을 높이거나 용접전류를 올리는데 사용한다.
② 탭 전환은 반드시 아크를 중지시킨 후에 시행한다.
③ 정격 전류 이상으로 사용하면 과열되어 소손이 생긴다.
④ 2차측 단자의 한쪽과 용접기 케이스는 반드시 접지를 확실히 해야 한다.

15 켈밋에 대한 설명으로 적당하지 않은 것은?

① 구리와 납의 합금이다.
② 축에 대한 적응성이 우수하다.
③ 화이트메탈보다 내 하중성이 크다.
④ 저속, 저하중용 베어링에 많이 사용한다.

16 비중은 4.5 정도, 용융점이 1670℃ 정도로 높으며, 가볍고 강하며 열에 잘 견디고 내식성이 강한 특징을 가지고 있으며, 스테인리스강보다도 우수한 내식성 때문에 600℃ 까지 고온 산화가 거의 없는 비철금속은?

① 티타늄(Ti)   ② 아연(Zn)
③ 크롬(Cr)   ④ 마그네슘(Mg)

17 이산화탄소(CO_2) 아크 용접 결함 중 기공의 방지대책에 관한 설명으로 틀린 것은?

① 노즐에 부착되어 있는 스패터를 제거 한 후 용접한다.
② 산소의 압력을 높인다.
③ 순도가 높은 CO_2가스를 사용한다.
④ 오염, 녹, 페인트 등을 제거한다.

18 기계제도에서 사용하는 선의 용도에 따라 사용하는 선의 종류가 틀린 것은?

① 외형선 : 가는 실선
② 숨은선 : 가는 파선 또는 굵은 파선
③ 중심선 : 가는 1점 쇄선
④ 피치선 : 가는 1점 쇄선

19 용접구조물의 제작도면에 사용하는 보조기호 중 RT는 비파괴 시험 중 무엇을 뜻하는가?

① 자기분말 탐상시험
② 방사선 투과시험
③ 침투 탐상시험
④ 초음파 탐상시험

20 피복 아크 용접봉으로 강판의 판두께에 따라 맞대기 용접에 적용하는 개선 홈 형식 중 가장 적합하지 않은 것은?

① I(평)형 : 판두께 6.0mm 정도 까지 적용
② V형 : 판두께 6.0 ~ 20mm 정도 적용
③ l/형 : 판두께 50mm 까지 적용
④ X형 : 판두께 10 ~ 40mm 정도 적용

21 다음 중 가스 가우징에 대한 설명으로 가장 올바른 것은?

① 비교적 얇은 판을 작업 능률을 높이기 위하여 여러 장을 겹쳐놓고 한 번에 절단하는 가공법
② 침몰선의 해체나 교량의 개조, 항만의 방파제 공사 등에 사용하는 가공법
③ 용접 부분의 뒷면을 따내든지, H형 등의 용접 홈을 가공하기 위한 가공법
④ 강재 표면의 홈이나 개재물, 탈탄층 등을 제거하기 위해 표면을 얇게 깎아 내는 가공법

22 내용적 40.7리터의 산소병에 120kgf/cm² 의 압력이 게이지에 표시되었다면 산소병에 들어있는 산소량은 몇 리터인가?

① 3400　　② 4884
③ 5055　　④ 6105

23 도면의 양식에서 반드시 마련해야 할 사항이 아닌 것은?

① 표제란　　② 중심마크
③ 윤곽선　　④ 비교눈금

24 슬래그, 강괴, 강편, 기타 표면의 균열이나 주름, 주조 결함, 탈탄층 등의 표면결함을 얇게 불꽃가공에 의해서 제거하는 가스 가공법은?

① 가스 가우징
② 플라스마 제트 가공
③ 아크 에어 가우징
④ 스카핑

25 서브머지드 아크 용접에 사용되는 용접용 용제 중 용융형 용제에 대한 설명으로 옳은 것은?

① 화학적 균일성이 양호하다.
② 미용융 용제는 다시 사용이 불가능하다.
③ 흡수성이 거의 없으므로 재건조가 불필요하다.
④ 용융시 분해되거나 산화되는 원소를 첨가할 수 있다.

26 용착법을 용접 방향, 용접 순서, 다층 용접으로 대별할 경우 다음 중 다층 용접법에 의한 분류법에 속하지 않는 것은?

① 덧살 올림법　　② 케스케이드법
③ 전진 블록법　　④ 후진법

27 다음 중 플라즈마 아크 용접에 적합한 모재로 짝지어진 것이 아닌 것은?

① 텅스텐 – 백금
② 티탄 – 니켈 합금
③ 티탄 – 구리
④ 스테인리스강 – 탄소강

28 그림 중 ○의 번호에서 '6.3'선이 나타내는 선의 종류로 옳은 것은?

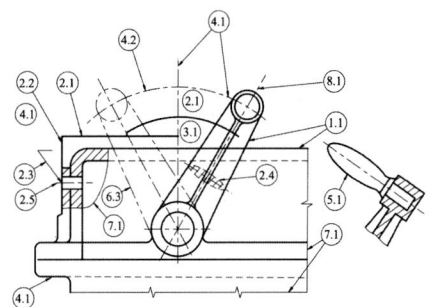

① 절단선　　② 가상선
③ 중심선　　④ 숨은선

29 다음 중 CO_2가스 아크 용접에 사용되는 CO_2에 관한 설명으로 틀린 것은?

① 대기 중에서 기체로 존재하며, 공기보다 가볍다.
② 아르곤 가스와 혼합하여 사용할 경우 용융 금속의 이행이 스프레이 이행으로 변한다.
③ 공기 중에 농도가 높아지면 눈, 코, 입에 자극을 느끼게 된다.
④ 충진된 액체 상태의 가스가 용기로부터 기화되어 빠른 속도로 배출시 팽창에 의해 온도가 낮아진다.

30 청색의 겉불꽃에 둘러싸인 무광의 불꽃이므로 육안으로는 불꽃조절이 어렵고, 납땜이나 수중 절단의 예열불꽃으로 사용되는 것은?

① 산소 – 아세틸렌 불꽃
② 산소 – 수소 불꽃
③ 도시가스 불꽃
④ 천연가스 불꽃

31 다음 중 아세틸렌 가스의 성질에 대한 설명으로 틀린 것은?

① 순수한 아세틸렌 가스는 무색, 무취의 기체이다.
② 비중은 0.906으로 공기보다 가볍다.
③ 산소와 적당히 혼합하여 연소시키면 높은 열을 낸다.
④ 물에는 4배, 아세톤에는 6배가 용해된다.

32 구리에 3~4% Ni, 약 1%의 Si가 함유된 합금으로 인장강도와 도전율이 높아 통신선, 전화선으로 사용되는 Cu-Ni-Si계 합금은?

① 콜슨(corson) 합금
② 켈밋(kelmit) 합금
③ 포금(gunmetal)
④ CTG 합금

33 다음 중 피복 아크 용접봉의 피복제가 연소한 후 생성된 물질이 용접부를 보호하는 형식에 따라 분류한 것에 해당 되지 않는 것은?

① 가스 발생식
② 스프레이 형식
③ 슬래그 생성식
④ 반가스 발생식

34 다음 중 불활성 가스 텅스텐 아크(TIG) 용접에 있어 직류 정극성에 관한 설명으로 틀린 것은?

① 모재에는 양(+)극을, 홀더(토치)에는 음(-)극을 연결한다.
② 극성의 기호를 DCSP로 나타낸다.
③ 산화피막을 제거하는 청정 작용이 있다.
④ 용입이 깊고, 비드 폭은 좁다.

35 다음 중 주로 입계부식에 의해서 손상을 입는 금속재료는 무엇인가?

① 다이스강
② 18-8 스테인리스강
③ 청동
④ 황동

36 다음 중 용접부 기계적 시험방법에 있어 충격시험의 방식에 해당 하는 것은?

① 브리넬식 ② 로크웰식
③ 샤르피식 ④ 비커스식

37 다음 중 가스 용접용 용제(flux)에 대한 설명으로 옳은 것은?

① 용제의 융점은 모재의 융점보다 높은 것이 좋다.
② 용제는 용접 중에 생기는 금속의 산화물 또는 비금속 개재물을 용해한다.
③ 용착금속의 표면에 떠올라 용착금속의 성질을 불량하게 한다.
④ 용제는 용융 온도가 높은 슬래그를 생성한다.

38 다음 중 용접 구조물의 본용접 작업에 대하여 설명한 것 중 맞지 않는 것은?

① 용접 작업 종단에 수축공을 방지하기 위하여 아크를 빨리 끊어 크레이터를 남게 한다.
② 용접 시단부의 기공 발생 방지 대책으로 핫 스타트(hot start)장치를 설치한다.
③ 구조물의 끝 부분이나 모서리, 구석부분과 같이 응력이 집중되는 곳에서 용접봉을 갈아 끼우는 것을 피하여야 한다.
④ 위빙 폭은 심선 지름의 2~3배 정도가 적당하다.

39 기계제도에서 일반적으로 치수선을 표시할 때 치수선 양 끝에 치수가 끝나는 부분임을 나타내는 형상으로 사용하는 것이 아닌 것은?

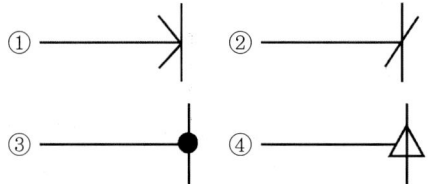

40 다음 중 레이저 용접이 적용되는 분야 및 응용 범위에 속하지 않는 것은?

① 우주 통신, 로켓의 추적, 광학, 계측기 등에 응용
② 가는 선이나 작은 물체의 용접 및 박판의 용접에 적용
③ 다이아몬드의 구멍 뚫기, 절단 등에 응용
④ 용접 비드 표면의 기공 및 각종 불순물의 제거

41 그림과 같은 입체도 에서 화살표 방향 투상도로 적합한 것은?

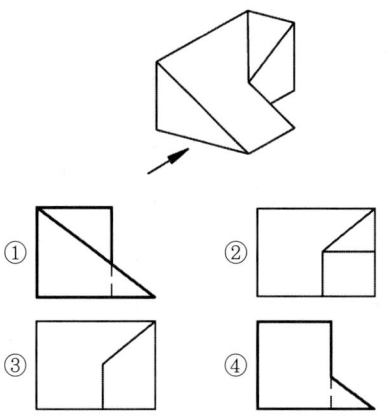

42 서브머지드 아크 용접에서 용융형 용제의 특징에 대한 설명으로 옳은 것은?

① 용접 전류에 따라 입도의 크기는 같은 용제를 사용해야 한다.
② 비드 외관이 거칠다.
③ 흡습성이 크다.
④ 용제의 화학적 균일성이 양호하다.

43 다음 중 CO_2 가스 아크 용접 결함에 있어 기공 발생의 원인으로 볼 수 없는 것은?

① 노즐과 모재간의 거리가 너무 길다.
② 용접 부위가 지저분하다.
③ CO_2 가스 유량이 부족하다.
④ 팁이 마모되어 있다.

44 피복 아크용접시 복잡한 형상의 용접물을 자유 회전시킬 수 있으며, 용접 능률 향상을 위해 사용하는 회전대는?

① 회전 지그   ② 역변형 지그
③ 가접 지그   ④ 용접 포지셔너

45 다음의 금속조직 중에서 고급주철의 바탕 조직으로 맞는 것은?

① 페라이트   ② 펄라이트
③ 오스테나이트   ④ 레데뷰라이트

46 아크용접에서 피복제 중 아크 안정제에 해당되지 않는 것은?

① 규산칼륨(K_2SiO_3)
② 산화티탄(TiO_2)
③ 석회석($CaCO_3$)
④ 탄산바륨($BaCO_3$)

47 가스 절단에서 표준 드래그는 보통 판 두께의 얼마 정도인가?

① $\frac{1}{4}$ ② $\frac{1}{5}$
③ $\frac{1}{10}$ ④ $\frac{1}{100}$

48 직류아크용접에서 맨(bare) 용접봉을 사용했을 때 용접 중에 아크가 한쪽으로 쏠리는 현상을 무엇이라 하는가?

① 언더컷   ② 자기불림
③ 기공   ④ 오버랩

49 산소-아세틸렌 가스 용접기로 두께가 4.0mm 인 연강판을 V형 맞대기 이음을 하려면 이에 적합한 연강용 가스 용접봉의 지름(mm)을 계산식에 의해 구하면 얼마인가?

① 2.6   ② 3.2
③ 3.6   ④ 4.0

50 용접기 설치 및 보수할 때 지켜야 할 사항으로 옳은 것은?

① 용접 케이블 등의 파손된 부분은 즉시 절연 테이프로 감아야 한다.
② 조정핸들, 미끄럼 부분 등에는 주유해서는 안 된다.
③ 셀렌 정류기형 직류아크 용접기에서는 습기나 먼지 등이 많은 곳에 설치해도 괜찮다.
④ 냉각용 선풍기, 바퀴 등에도 주유해서는 안 된다.

51 밸브 표시 기호에 대한 밸브 명칭이 틀린 것은?

① ▷◁ : 슬루스 밸브
② ▷◁ : 3방향 밸브
③ ▶◀ : 버터플라이 밸브
④ ▷◁ : 볼 밸브

52 불활성가스텅스텐 아크 용접법의 극성에 대한 설명으로 틀린 것은?

① 직류 역극성에서는 전극소모가 많으므로 지름이 큰 전극을 사용한다.
② 직류 정극성에서는 청정작용이 있어 알루미늄이나 마그네슘 용접에 알곤 가스를 사용한다.
③ 직류 정극성에서는 모재의 용입이 깊고 비드 폭이 좁다.
④ 직류 역극성에서는 모재의 용입이 얕고 비드 폭이 넓다.

53 철강의 열처리에서 열처리 방식에 따른 종류가 아닌 것은?

① 표면경화 열처리 ② 항온 열처리
③ 내부경화 열처리 ④ 계단 열처리

54 탄소강에 Cr, W, V, Co 등을 첨가하여 500~600°C의 고온에서도 경도가 저하되지 않고 내마멸성을 크게 한 강은?

① 스텔라이트   ② 고속도강
③ 초경합금   ④ 합금 공구강

55 다음의 용접결함 중 구조상 결함이 아닌 것은?

① 언더 컷과 오버랩
② 피로강도 부족
③ 슬래그 섞임
④ 용입불량과 융합불량

56 도면에 SS330으로 표시된 기계재료의 의미로 가장 적합한 설명은?

① 압력배관용 탄소강재로, 탄소 함유량은 0.33%
② 합금 공구강으로, 최저인장강도는 330 N/mm^2
③ 열간압연 스테인리스 강관으로, 탄소 함유량은 0.33%
④ 일반구조용 압연강재로, 최저인장강도는 330N/mm^2

57 다음 설명 중 전기 용접기의 구비조건에 해당되는 사항으로 옳은 것은?

① 소비전력이 큰 역률이 좋은 용접기를 구비한다.
② 용접 중 단락되었을 경우 대전류가 흘러야 된다.
③ 무부하 전압을 최소로 하여 전격의 위험을 줄인다.
④ 사용 중 용접기 온도 상승이 커야 한다.

58 다음 용접법 중 전기 저항용접이 아닌 것은?

① 프로젝션 용접　② 심 용접
③ 스폿 용접　　　④ 전자 빔 용접

59 청동의 용해 주조시에 탈산제로 사용하는 P의 첨가량이 많아 합금 중에 0.05%~0.5% 정도 남게 하면 용탕의 유동성이 좋아지고 합금의 경도, 강도가 증가하여 내마모성, 탄성이 개선되는 청동은?

① 인청동
② 베빗 메탈(babbit metal)
③ 암즈 청동
④ 켈밋(Kelmet)

60 다음 용접부 보조 기호 중 전둘레 현장 용접을 표시하는 기호로 옳은 것은?

① 　②

③ 　④

제 03 회 용접기능사 필기 모의고사

01 가스용접이나 절단에 사용되는 가연성 가스의 구비조건 중 틀린 것은?

① 불꽃의 온도가 높을 것
② 발열량이 클 것
③ 연소속도가 느릴 것
④ 용융금속과 화학반응이 일어나지 않을 것

02 용접용 2차측 케이블의 유연성을 확보하기 위하여 주로 사용하는 캡타이어 전선에 대한 설명으로 옳은 것은?

① 가는 구리선을 여러 개로 꼬아 얇은 종이로 싸고 그 위에 니켈피복을 한 것
② 가는 알루미늄선을 여러 개로 꼬아 튼튼한 종이로 싸고 그 위에 고무 피복을 한 것
③ 가는 구리선을 여러 개로 꼬아 튼튼한 종이로 싸고 그 위에 고무 피복을 한 것
④ 가는 알루미늄선을 여러개로 꼬아 얇은 종이로 싸고 그 위에 고무피복을 한 것

03 펄라이트 바탕에 흑연이 미세하고 고르게 분포되어 있으며, 내마멸성이 요구되는 피스톤 링 등 자동차 부품에 많이 쓰이는 주철은?

① 미하나이트 주철   ② 구상 흑연주철
③ 고합금 주철   ④ 가단주철

04 연강용 가스용접봉의 특성에서 응력을 제거한 것을 나타내는 기호는?

① GA   ② GB
③ SR   ④ NSR

05 18-8 스테인리스강에서 18-8이 의미하는 것은 무엇인가?

① 몰리브덴이 18%, 크롬이 8% 함유 되어 있다.
② 크롬이 18%, 몰리브덴이 8% 함유 되어 있다.
③ 크롬이 18%, 니켈이 8% 함유 되어 있다.
④ 니켈이 18%, 크롬이 8% 함유 되어 있다.

06 주로 전자기 재료로 사용되는 Ni-Fe 합금에 해당하지 않는 것은?

① 슈퍼인바   ② 엘린바
③ 스텔라이트   ④ 퍼멀로이

07 이음 홈 형상 중에서 동일한 판두께에 대하여 가장 변형이 적게 설계된 것은?

① I형   ② V형
③ U형   ④ X형

08 산소용기의 취급상 주의할 점이 아닌 것은?
① 운반 중에 충격을 주지 말 것
② 그늘진 곳을 피하여 직사광선이 드는 곳에 둘 것
③ 산소 누설시험에는 비눗물을 사용할 것
④ 밸브의 개폐는 천천히 할 것

09 구멍의 표시방법에서 리벳 구멍 치수 기입이 '13-20드릴'로 표시되었을 때 올바른 해독은?
① 리벳의 피치는 20mm
② 드릴 구멍의 총수는 13개
③ 드릴 구멍의 피치는 20mm
④ 드릴 구멍의 피치 길이의 합은 23×24mm

10 고장력강용 피복아크 용접봉의 특징 설명으로 틀린 것은?
① 인장강도가 50kgf/mm² 이상이다.
② 재료 취급 및 가공이 어렵다.
③ 동일한 강도에서 판두께를 얇게 할 수 있다.
④ 소요 강재의 중량을 경감시킨다.

11 아크용접에서 피복제의 역할로서 옳지 않은 것은?
① 용착금속의 급랭 방지
② 용착금속의 탈산정련작용
③ 전기 절연 작용
④ 스패터의 다량 생성 작용

12 KS 재료기호 SM10C에서 10C는 무엇을 뜻하는가?
① 제작 방법   ② 종별 번호
③ 탄소함유량   ④ 최저인장강도

13 산소-아세틸렌 가스용접의 단점이 아닌 것은?
① 열효율이 낮다.
② 폭발할 위험이 있다.
③ 가열시간이 오래 걸린다.
④ 가스불꽃의 조절이 어렵다.

14 MIG 용접의 기본적인 특징이 아닌 것은?
① 피복 아크 용접에 비해 용착효율이 높다.
② CO_2 용접에 비해 스패터 발생이 적다.
③ 아크가 안정되므로 박판 용접에 적합하다.
④ TIG 용접에 비해 전류밀도가 높다.

15 탄소강에서 망간의 영향을 설명한 것으로 틀린 것은?
① 강의 점성을 감소시킨다.
② 주조성을 좋게 하며 S의 해를 감소시킨다.
③ 강의 담금질 효과를 증대시켜 경화능이 커진다.
④ 고온에서 결정립 성장을 억제 시킨다.

16 열적 핀치 효과와 자기적 핀치 효과를 이용하는 용접은?

① 초음파 용접
② 고주파 용접
③ 레이저 용접
④ 플라즈마 아크 용접

17 산소-아세틸렌 가스 용접에서 주철에 사용하는 용제가 아닌 것은?

① 붕사　　　　② 탄산나트륨
③ 중탄산나트륨　④ 염화나트륨

18 보기 도면의 드릴가공에 대한 설명으로 올바른 것은?

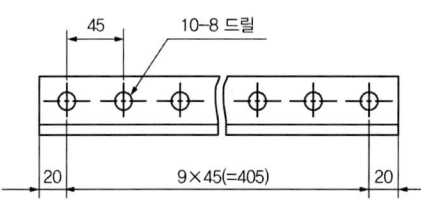

① 형강 양단에서 20mm 띄운 후 405mm의 사이에 45mm 피치로 지름 8mm 의 구멍을 10개 가공
② 형강 양단에서 20mm 띄어서 45mm의 피치로 지름 8mm, 깊이 10mm, 구멍을 9개 가공
③ 형강 양단에서 20mm 띄어서 9mm의 피치로 지름 8mm, 깊이 10mm의 45개 가공
④ 형강 양단에서 20mm 띄어서 좌단은 다시 45mm 띄어서 9mm의 피치로 405mm의 사이에 지름 8mm, 깊이 10mm의 구멍을 45개 가공

19 아크 용접기는 용접 작업에 적당하도록 어떠한 원리로 제작되어 있는가?

① 고전압 작은 전류가 흐른다.
② 저전압, 대전류가 흐른다.
③ 고전압, 대전류가 흐른다.
④ 저전압, 작은 전류가 흐른다.

20 일렉트로 가스 아크 용접에 주로 사용되는 가스는?

① Ar가스　　② He가스
③ H_2가스　　④ CO_2가스

21 철강 표면에 Al을 침투시키는 금속 침투법은?

① 세라라이징　② 칼로라이징
③ 실리코나이징　④ 크로마이징

22 용접부의 검사법 중 기계적 시험이 아닌 것은?

① 인장시험　　② 부식시험
③ 굽힘시험　　④ 피로시험

23 가스용접봉 표시 GA46에서 46의 의미는?

① 용접봉의 재질
② 용접봉의 규격
③ 용접봉의 종류
④ 용착금속의 최소 인장강도

24 공작물을 1 : 5의 척도로 그리려고 하는데 실제길이는 50mm이다. 도면에 공작물의 길이를 얼마의 크기로 그려야 하는가?
① 10mm   ② 25mm
③ 50mm   ④ 100mm

25 일반 피복금속아크 용접에서 용접봉의 용융 속도와 관계가 있는 것은?
① 용접 속도   ② 아크 길이
③ 아크 전류   ④ 용접봉의 길이

26 다음 보기와 같은 용착법은?

```
    1 4 2 5 3
    → → → → →
```

① 대칭법   ② 전진법
③ 후진법   ④ 비석법

27 조직에 따른 구상흑연 주철의 분류가 아닌 것은?
① 페라이트형   ② 펄라이트형
③ 오스테나이트형   ④ 시멘타이트형

28 가스 절단기 및 토치의 취급상 주의사항으로 틀린 것은?
① 가스가 분출되는 상태로 토치를 방치하지 않는다.
② 토치의 작동이 불량할 때는 분해하여 기름을 발라야 한다.
③ 점화가 불량할 때에는 고장을 수리 점검한 후 사용한다.
④ 조정용 나사를 너무 세게 조이지 않는다.

29 피복금속 아크 용접봉의 전류밀도는 통상적으로 1mm² 단면적에 약 몇 A의 전류가 적당한가?
① 10~13   ② 15~20
③ 20~25   ④ 25~30

30 도면의 표제란에 척도로 표시된 NS는 무엇을 뜻하는가?
① 축척   ② 비례척이 아님
③ 배척   ④ 모든 척도가 1:1 임

31 위빙 비드에 대한 설명에 해당되지 않는 것은?
① 박판용접 및 홈용접의 이면비드 형성시 사용한다.
② 위빙 운봉폭은 심선지름의 2~3배로 한다.
③ 크레이터 발생과 언더컷 발생이 생길 염려가 있다.
④ 용접봉은 용접진행방향으로 70~80°, 좌우에 대하여 90°가 되게 한다.

32 서브머지드 아크용접에서 용제의 구비조건에 대한 설명으로 틀린 것은?
① 적당한 입도를 갖고 아크 보호성이 우수할 것
② 적당한 합금성분으로 탈황, 탈산 등의 정련작용을 할 것
③ 아크 발생을 안정시켜 안정된 용접을 할 수 있을 것
④ 용접 후 슬래그의 박리가 어려울 것

33 면심입방격자(FCC)에 속하는 금속이 아닌 것은?
① Cr ② Cu
③ Pb ④ Ni

34 용접기의 전원 스위치를 넣기 전 점검사항 중 가장 관계가 먼 것은?
① 용접기의 케이스에 접지선이 연결되어 있는지 점검한다.
② 회전부나 마찰부에 윤활유가 알맞게 주유되어 있는지 점검한다.
③ 케이블이 손상된 곳은 은박 테이프로 감아 보호를 하여 사용한다.
④ 홀더의 파손여부를 점검하고, 작업장 주위의 작업위험 요소가 없는지 확인한다.

35 금속 표면에 스텔라이트나 경합금 등의 금속을 용착시켜 표면 경화층을 만드는 법은?
① 하드 페이싱 ② 고주파 경화법
③ 숏 피닝 ④ 화염 경화법

36 파이프의 접속 표시를 나타낸 것이다. 관이 접속하지 않을 때의 상태는 어느 것인가?

① 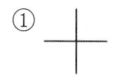 ②
③ ④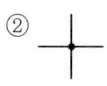

37 사람의 몸에 얼마 이상의 전류가 흐르면 순간적으로 사망할 위험이 있는가?
① 10 mA ② 20 mA
③ 30 mA ④ 50 mA

38 반자동 CO_2 가스 아크 편면 용접시 뒷댐 재료로 가장 많이 사용 되는 것은?
① 세라믹 제품 ② CO_2 가스
③ 테프론 테이프 ④ 알루미늄 판재

39 용융점이 낮고 주조성 및 기계적 성질도 우수하므로 대부분 다이캐스팅용이나 금형 주물용으로 사용되는 합금은?
① 납합금 ② 아연합금
③ 주석합금 ④ 금합금

40 용접부의 시험법 중 비파괴 시험법에 해당하는 것은?
① 경도시험 ② 누설시험
③ 부식시험 ④ 피로시험

41 피복 금속 아크 용접봉의 내균열성이 좋은 정도는?
① 피복제의 염기성이 높을수록 양호하다.
② 피복제의 산성이 높을수록 양호하다.
③ 피복제의 산성이 낮을수록 양호하다.
④ 피복제의 염기성이 낮을수록 양호하다.

42 용접을 크게 분류할 때 용접에 해당 되지 않는 것은?

① 테르밋 용접
② 일렉트로 슬래그 용접
③ 전자 빔 용접
④ 초음파 용접

43 굵은 실선 또는 가는 실선을 사용하는 선에 해당하지 않는 것은?

① 외형선　　② 파단선
③ 절단선　　④ 치수선

44 볼트나 환봉 등을 피스톨형의 홀더에 끼우고 모재와 환봉사이에 순간적으로 아크를 발생시켜 용접하는 방법은?

① 전자 빔 용접　　② 스터드 용접
③ 폭발 용접　　　④ 원자수소 용접

45 내열성 알루미늄 합금으로 실린더 헤드, 피스톤 등에 사용되는 것은?

① 알민　　　　② Y합금
③ 하이드로날륨　④ 알드레이

46 불활성 가스 텅스텐 아크 용접에서 불활성 가스로 사용 되는 것은?

① 프로판　　② 수소
③ 아르곤　　④ 아세틸렌

47 용접부의 균열 중 모재의 재질결함으로써 강괴일 때 기포가 압연되어 생기는 것으로 설퍼 밴드와 같은 층상으로 편재해 있어 강재내부에 노치를 형성하는 균열은?

① 라미네이션 균열
② 루트 균열
③ 응력 제거 풀림 균열
④ 크레이터 균열

48 보기와 같은 KS 용접기호의 설명으로 틀린 것은?

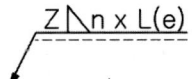

① z : 용접부 목 길이
② n : 용접부의 개수
③ L : 용접부의 길이
④ e : 용입 바닥까지의 최소 거리

49 산소용기의 내용적이 33.7L인 용기에 120kgf/cm^{2}이 충전되어 있을 때, 대기압 환산용적은 몇 L 인가?

① 2803　　② 4044
③ 40440　 ④ 3560

50 가스용접 작업에서 후진법이 전진법보다 더 좋은 점이 아닌 것은?

① 열 이용률이 좋다.
② 용접속도가 빠르다.
③ 얇은 판의 용접에 적당하다.
④ 슬래그 상태

51 이산화탄소 가스 아크 용접의 결함에서 아크가 불안정 할 때의 원인으로 틀린 것은?

① 팁이 마모되어 있다.
② 와이어 송급이 불안정하다.
③ 팁과 모재간 거리가 길다.
④ 이음 형상이 나쁘다.

52 용접선 양측을 일정 속도로 이동하는 가스 불꽃에 의해 용접선 나비의 60~150mm에 걸쳐서 150~200℃ 정도로 가열 후 수냉 시키는 잔류응력 제거법은?

① 노내 풀림법
② 국부 풀림법
③ 저온 응력 완화법
④ 기계적응력 완화법

53 Mg-Al-Zn 합금으로 내연기관의 피스톤 등에 사용되는 것은?

① 실루민   ② 두랄루민
③ Y-합금   ④ 엘렉트론

54 피복 아크 용접봉에서 피복제의 역할 중 틀린 것은?

① 중성 또는 환원성 분위기로 용착금속을 보호한다.
② 용착금속의 급랭을 방지한다.
③ 모재 표면의 산화물을 제거한다.
④ 용착금속의 탈산 정련 작용을 방지한다.

55 용접기의 규격 AW 500의 설명 중 맞는 것은?

① AW은 직류 아크 용접기라는 뜻이다.
② 500은 정격 2차 전류의 값이다.
③ AW은 용접기의 사용율을 말한다.
④ 500은 용접기의 무부하 전압 값이다.

56 다음 밸브 기호는 어떤 밸브를 나타낸 것인가?

① 풋 밸브   ② 볼 밸브
③ 체크 밸브   ④ 버터플라이 밸브

57 응급처치의 3대 요소가 아닌 것은?

① 상처보호   ② 쇼크방지
③ 기도유지   ④ 응급후송

58 스터드 용접에서 페롤의 역할이 아닌 것은?

① 용융금속의 탈산방지
② 용융금속의 유출방지
③ 용착부의 오염방지
④ 용접사의 눈을 아크로부터 보호

59 구리(Cu)의 성질을 설명한 것으로 틀린 것은?

① 전기 및 열의 전도성이 우수하다.
② 비중이 철(Fe)보다 작고 아름다운 광택을 갖고 있다.
③ 전연성이 좋아 가공이 용이하다.
④ 화학적 저항력이 커서 부식되지 않는다.

60 도면을 용도에 따른 분류와 내용에 따른 분류로 구분할 때 다음 중 내용에 따라 분류한 도면인 것은?

① 제작도　　② 주문도
③ 견적도　　④ 부품도

모의고사 정답 및 해설

제 01 회

01	02	03	04	05	06	07	08	09	10
②	④	④	②	③	①	④	④	①	①
11	12	13	14	15	16	17	18	19	20
①	④	②	③	③	④	③	②	④	④
21	22	23	24	25	26	27	28	29	30
④	②	②	③	③	③	④	②	③	③
31	32	33	34	35	36	37	38	39	40
④	④	④	①	①	④	②	③	④	④
41	42	43	44	45	46	47	48	49	50
③	③	③	①	①	②	①	③	②	①
51	52	53	54	55	56	57	58	59	60
②	①	②	①	①	③	④	④	④	③

01
$$V = 내용적(L) \times 충전압력(P)$$
∴ 33.7 × 150 = 5055(1MPa = 10.197kgf/cm²)

02 산소와 접촉 면적이 넓을수록 온도가 떨어지지 않아 연소가 잘된다.

03 강의 안전율

정하중	반복하중	교번하중	충격하중
3	5	8	12

04 전기 관련 작업은 저압이든 고압이든 안전 조치 후 작업해야 된다.

05 치수상 결함 : 변형, 치수불량, 형상불량

06 역변형 지그 : 용접 전에 용접 반대 방향으로 변형을 주는 작업을 역변형이라 하며, 필요에 따라 지그를 사용한다.

07 모넬메탈, 스테인리스강 : 약한 탄화불꽃

08 맥동 점용접 : 용접 모재 두께 차이가 큰 경우 사이클 몇 번이고 전류를 단속하여 전극의 과열을 방지하며 용접하는 점용접법이다.

09 스패터 : 아크 길이가 길 때, 봉에 수분이 많을 때, 전류가 높을 때 등이며 용접 속도가 느릴 경우는 빠른 경우보다 스패터는 적게 발생한다.

10 TIG용접 : GTAW라고도 하며, 비용극식, 비소모성 불활성 가스 아크 용접이라고 한다.
상품명은 헬륨아크 용접, 헬리 아크 용접, 아르곤 아크 용접이라고도 한다.

11 후진법은 열 이용율이 좋다.

12 오스테나이트계 스테인리스강의 용접시 유의사항은 예열을 하지 말며, 용접봉의 재질은 가능한 한 같거나 유사한 것을 사용하며 가급적 가는 봉을 사용하여 아크 길이를 짧게 유지하여 용접하는 것이 좋다.

13 언더컷 : 정지구멍을 뚫고 가는 용접봉을 사용하여 재 용접한다.

14 미그용접은 12~13번 차광유리를 사용한다.

15 순간 최소 사용량은 의미가 없고, 순간 최대 사용량은 관계가 있다.

16 가포화 리액터형 : 전기 저항을 가변 코일 등에 의해 조절할 수 있는 용접기로 전자 장치에 의해 원격 조정도 가능하다.

17 E4316 : 연성과 인성이 좋아서 고압용기, 후판 중구조물 용접에 사용된다.

18 기공을 줄이기 위해서는 용접봉 건조로를 이용하여 건조된 용접봉을 사용하면 기공을 줄일 수 있다.

19 불가시 아크 용접은 서브머지드 아크 용접을 뜻한다.

20 용접봉의 단락원인과 크레이터 처리는 상관관계가 없다.

21 기계 구조물에는 ①, ②, ③ 외에 내마모성(잘 마모가 안되는 성질)이 필요하다.

22 피복제는 스패터가 가급적 생성되지 않게 하는 것이 필요하다.

23 아크길이가 너무 길면 용융금속이 산화, 질화가 일어나기 쉽다.

24 ※ 용접부 용어
용입 : 용접재료가 녹은 깊이
용락 : 용접재료가 녹아서 쇳물이 떨어져 흘러내리거나 구멍이 나는 것이다.

25 아크 용접기는 용접 중 온도상승이 적어야 한다. 온도 상승이 커지면 용접기가 소손 될 수 있다.

26 냉간가공은 가공경화에 의해 강도가 증가한다.

27 현미경 조직 검사 : 조직 시험편을 만들어야 하므로 파괴 시험에 해당된다.

28 $\phi = \dfrac{T}{2} + 1 = \dfrac{3.2}{2} + 1 = 2.6$

29 가연성 가스는 연소속도가 빠른 것이 좋다.

30 E4313 : 고산화티탄계, 스프레이 이행형으로 비드가 고와 마무리 화장용으로, 용입이 낮아 박판 용접에 쓰인다.

31 혼합가스 사용은 용착금속의 질을 좋게 하며, 스패터가 적어진다.

32 충격시험 : 시험편에 충격 하중을 가해 재료의 인성 정도를 파악하는 시험, 샤르피식과 아이조드식이 있다.

33 초음파는 진동에너지를 사용하므로 기계적 에너지를 사용하는 용접법으로 볼 수 있다.

34 가스용접봉은 모재와 같은 재질이며, 용융온도도 같아야 함

35 가연성 가스는 연소속도가 빠른 것이 좋다.

36 병렬식 점 용접법은 없다.

37 화염 경화법은 있으나 화염 침탄법은 없다. 화염 경화법도 표면 경화법의 일종이나 강재 표면에 탄소를 확산 침투시켜 담금질하는 방법은 아니다.

38 후진법은 전진법에 비해 용접 속도가 빠르고 변형이 적으며, 홈 각도도 작게 한다.

39 **피복 아크 용접봉 심선 지름** : 1.6, 2.0, 2.6, 3.2, 4.0, 4.5, 5.0, 5.5, 6.0 등이 있다.

40 **고장력강** : 망간이나 합금 원소를 첨가한 저합금강으로 인장강도가 490N/mm2 이상인 강을 말한다. 주강은 탄소강을 용융하여 주입한 강이다.

41 고주파 전원에 의해 아크를 발생하므로 전극이 모재에 접촉하지 않아도 되므로 전국의 수명이 길어진다.

42 흑연화를 촉진하는 규소가 적고 냉각 속도가 빠르면 시멘타이트 조직이 나타난다.

43 구리(비중 8.9)는 철강(비중 7.89)에 비해 비중이 높다.

44 켈밋은 납(Pb) 23~42%의 구리-납(Cu-Pb)계의 베어링용 동합금으로 검은 부분은 Pb이고, 흰 부분은 구리(Cu)이며 하중에 잘 견딘다.

45 주철 조직 중의 흑연의 형상은 편상, 괴상, 침상, 구상 등이 있으며, 공정상 흑연은 없다.

46 아크 용접에는 자외선이 가장 많이 발산하며 눈의 장애 등을 줄 수 있으므로 주의해야 된다.

47 **미하나이트 주철** : Fe-Si, Ca-Si로 접종 처리하여 흑연을 미세화 하여 강도를 높인 주철로, 고강도, 내마멸, 내열, 내식성이 높은 주철로 내연기관 실린더, 피스톤 링 등에 사용한다.

48 니켈-철계 합금
① 인바 : Fe-Ni36%, 선팽창계수가 적다, 줄자, 표준자, 시계의 추에 이용.
② 엘린바 : Fe-Ni36%-Cr12%, 탄성율이 불변, 시계의 스프링, 정밀계측기부품.
③ 플래티나이트 : Fe-Ni44~48%, 선팽창계수가 유리, 백금과 비슷하다.

49 순철은 α 철, γ 철, δ 철의 동소체가 있으며 너무 연하여 구계 구조용으로 사용할 수 없으며, 전기 전도도가 좋아 변압기 철심 등에 사용된다.

51 R : 반지름, SR : 구의 반지름, t : 두께

53 슬롯의 너비는 6mm, 용접부의 개수는 5, 용접길이는 22mm, 용접부 사이 간격은 150mm

54 실척(현척) : ③, 배척 : ②, ④

55 **일면 개선형** : 한쪽만 개선이 되어 있는 맞대기 이음

56 입체되의 하단 ⊓의 모양은 평면도에서는 보이지 않으므로 전체를 파선으로 처리해야 된다.

57 SS 400 : 최저 인장강도가 400N/mm²인 일반구조용 압연강재

58 등각 투상도 : 물체 정면, 평면, 측면을 하나의 투상도에서 볼 수 있도록 나타낸 것으로 물체를 3개의 각도(120도)로 나누어 나타낸다.

59 소재와 둥근머리 리벳 머리와의 경계선은 실선으로 나타낸다.

60 입체도를 우측에서 보았을 때 좌측 부분이 낮게 단이 져 있으므로 답은 ③이 된다.

모의고사 정답 및 해설

제 02 회

01	02	03	04	05	06	07	08	09	10
③	①	①	④	③	④	④	③	③	①
11	12	13	14	15	16	17	18	19	20
④	④	①	①	④	①	②	①	②	③
21	22	23	24	25	26	27	28	29	30
③	②	④	④	③	④	①	②	①	②
31	32	33	34	35	36	37	38	39	40
④	①	②	③	②	③	②	①	④	④
41	42	43	44	45	46	47	48	49	50
①	④	④	④	②	④	②	②	②	①
51	52	53	54	55	56	57	58	59	60
①	②	③	②	②	④	③	④	①	③

01 ① : 셀룰로스를 약 30% 이상 함유, 배관 용접 등에 사용

02 켈밋은 구리에 40%Pb를 함유시킨 베어링 합금이다.

03 측면 필릿 용접 : 하중의 방향과 용접선 방향이 평행인 필릿 용접

04 연납용 용제의 종류
염산, 인산, 염화암모늄, 염화아연 등

05 평면도와 정면도로 봐서 우측 하단으로 삼각형 모양으로 경사진 모양이다.

06 TIG용접 : GTAW라고도 하며, 비용극식, 비소모성 불활성 가스 아크 용접이라고 한다.
상품명은 헬륨아크 용접, 헬리 아크 용접, 아르곤 아크 용접이라고도 한다.

07 전기 저항 용접의 3대 요소 : 용접 (통전) 전류, 통전 시간, 가압력이다.

08 미하나이트 주철 : Fe-Si, Ca-Si로 접종 처리하여 흑연을 미세화 하여 강도를 높인 주철로 고강도, 내마멸, 내열, 내식성이 높은 주철로 내연기관 실린더, 피스톤 링 등에 사용한다.

09 가스 절단에서 아세틸렌 압력은 절단속도에는 큰 영향을 미치지 않는다.

10 그림에서 하단 ×부분은 용접을 의미, 용접으로 고정한 장치

11 불변압식(독일식, A형) 1번 : 1mm, 2번은 2mm 두께의 강판을 용접할 수 있다.

12 ④ 이산화탄소 아크용접은 가시(눈으로 볼 수 있는 아크)이다.

13 가스 절단시 예열불꽃이 강하면 절단면이 거칠어지고, 예열불꽃이 약하면 드래그의 길이가 증가하고, 절단속도가 늦어진다.

14 1차측 탭은 2측 무부하 전압을 높이거나 용접전류 올리는 것과는 관계없다.

15 켈밋 : Cu + Pb 30~40% 고속 고하중용 베어링 재료. 베어링에 사용되는 대표적인 구리합금

16 티탄과 티탄합금상
  ㉠ 비중 4.5, 용융점 1670℃
  ㉡ 강한 탈산제인 동시에 흑연화 촉진제로 사용된다.
  ㉢ 티탄 용접시 실드 장치가 필요하다.
  ㉣ 내열, 내식성이 좋다.
  ㉤ 600℃까지 고온산화가 거의 없다.

17 이산화탄소 용접에서는 산소를 사용하지 않으며, CO_2 가스의 압력이 너무 높이면 기공이 발생할 가능성이 높아진다.

18 외형선 : 굵은 실선

19 RT : 방사선(탐상)비파괴검사, 모든 용접재질에 적용할 수 있고, 내부 결함의 검출이 용이하며, 검사의 신뢰성이 높다.

20 맞대기 홈의 형상
  V형, V형(베벨형, 일면개선형) : 판두께 6~19mm
  U형 : 판두께 16~50mm
  H형 : 판두께 50mm 이상

21 가스 가우징 : 홈의 깊이와 폭의 비는 1 : 1~1 : 3 정도이다.

22 압축가스 용기의 가스량 계산
  산소의 양 = 내용적 × 기압 = 40.7 × 120 = 4884

23 도면에는 윤곽선, 표제란, 중심마크를 반드시 표기해야 한다.

24 ① : 가스 가우징 토치를 사용하여 홈을 파는 작업

25 서브머지드 아크용접 용제의 종류
  ㉠ 용융형 : 흡습성이 적다. 소결형에 비해 좋은 비드를 얻을 수 있다.
  ㉡ 소결형 : 흡습성이 가장 높다. 비드 외관이 용융형에 비해 나쁘다.
  ㉢ 혼성형 : 용융형 + 소결형

26 용착법의 구분
  ㉠ 단층 용착법 : 전진법, 후진법, 대칭법, 스킵법.
  ㉡ 다층 용착법 : 빌드업법(덧살올림법), 케스케이드법, 전진블록법.

27 플라즈마 아크 용접에 적합한 모재로는 스테인리스강, 탄소강, 티탄, 니켈합금, 구리 등이 있다.

28 가상선(이점쇄선)의 용도
  ① 가공 전 또는 후의 모양을 표시
  ② 도시된 단면의 앞쪽에 있는 부분을 표시

29 이산화탄소는 비중이 1.53으로 공기(1)보다 무겁다.

30 수소
ⓐ 비중은 0.0899g 가장 가볍고, 확산 속도가 빠르다.
ⓑ 육안으로 불꽃을 확인하기 곤란하다.

31 아세틸렌 가스는 물과 같은 양, 석유에는 2배, 벤젠에는 4배, 알코올에는 6배, 아세톤에는 25배 용해된다.

32 콜슨 합금(코로손합금) : Cu + Ni + Si 인장강도와 도전율이 높아 통신선, 전화선, 전선용으로 사용

33 용착금속의 보호 방식
ⓐ 반가스 발생식 : 슬래그 생성식 + 가스발생식 혼합
ⓑ 슬래그 생성식 : 슬래그로 산화, 질화 방지, 탈

34 TIG용접에서 청정작용은 직류역극성, 아르곤가스를 사용할 때 나타난다. 특히, 알루미늄 용접시 많이 발생하지만 알루미늄의 경우는 고주파 교류를 사용한다.

35 18%Cr - 8%Ni강은 내식성이 가장 우수하며, 가공성이 좋고, 용접성우수, 열처리 불필요, 염산, 황산에 취약, 결정입계부식 발생하기 쉽다.

36 충격시험 : 인성과 취성(메짐)을 알아보기 위하여 하는 시험으로, 샤르피형, 아이조드형 시험이 있다.

37 용제의 역할
ⓐ 산화물의 용융온도를 낮게 하고, 재료와의 친화력을 증가시킨다.
ⓑ 용융금속의 산화·질화를 감소하게 한다.
ⓒ 청정작용으로 용착을 돕는다.

38 크레이터 부분을 채우지 않고 남게 하면 균열 발생의 우려가 있다.

39 ④번은 사용되지 않는다.

40 레이저 용접은 미세한 용접이 가능하며 정밀 전자 부품의 용접에 활용되고 있다.

41 입체도에서 좌측의 경사진 부분이 완전히 보이므로 실선으로 경사지게 표시된 그림이 답이다.

42 용융형 용제는 흡습성이 거의 없으며 비드 외관이 아름답고, 용접 전류에 따라 입자의 크기가 다른 용제를 사용해야 한다.

43 팁의 마모되었을 경우에는 아크가 불안정하다.

44 가접 지그 : 가접에 편리하도록 만든 지그

45 고급주철은 인장강도, 충격저항, 마모저항, 내열성이 크다. 고급주철은 인장강도가 25kg/mm^2 이상의 것을 말하고, 펄라이트주철 (미하나이트주철)이라고도 한다.

46
- 아크 안정제 : 산화티탄, 규산나트륨, 석회석, 규산칼륨 등
- 가스 발생제 : 녹말, 톱밥, 석회석, 탄산바륨, 셀룰로오스 등
- 슬래그 생성제 : 산화철, 일미나이트, 산화티탄, 이산화망간, 석회석, 규사, 장석, 형석 등
- 탈산제 : 규소철, 망간철, 티탄철, 망간, 알루미늄 등

47 드래그 길이는 주로 절단 속도, 산소 소비량 등에 의해 변화하며 절단면 말단부가 남지 않을 정도의 드래그를 표준 드래그 길이라 하는데 보통 판 두께의 20% 정도이다.

48 아크(자기) 쏠림은 용접 전류에 의해 아크 주위에 발생하는 자장이 용접에 대해 비대칭으로 나타나는 현상을 말하며 자기 불림이라고도 한다.

49
$$용접봉지름 = \frac{모재두께}{2} + 1$$
$$\therefore \frac{4}{2} + 1 = 3$$

50 습기나 먼지 등이 많은 곳을 피하며 가동 부분, 냉각팬을 점검하고 주유해야 한다.

51 ① : 앵글 밸브

52 직류 역극성에 청정작용이 나타난다.

53 내부경화 열처리는 없다.

54 고속도강(SKH) : 고속절삭 가능, 600℃ 경도 유지, HSS(하이스)라고도 함

55 피로강도 부족은 성질상의 결함이다.

56 SS330 : 일반구조용 압연강재 최저인장강도 $330N/mm^2$를 의미한다.

57 아크 발생이 잘되는 범위 내에서 무부하 전압이 낮아야 한다.(교류 70~80V, 직류 40~60V)

58 전자 빔 용접은 아크 용접에 속한다.

59 인청동 : 인이 0.5% 이하로 첨가된 청동으로 용탕의 유동성이 좋아 에밀레종의 섬세한 부분을 만들 수 있었다고 한다.

60 ① : 현장 용접, ② : 온(전) 둘레 용접

모의고사 제 03 회 정답 및 해설

01	02	03	04	05	06	07	08	09	10
③	③	①	③	③	③	④	②	②	②
11	12	13	14	15	16	17	18	19	20
④	③	④	③	①	④	④	①	②	④
21	22	23	24	25	26	27	28	29	30
②	②	④	③	③	④	③	②	①	②
31	32	33	34	35	36	37	38	39	40
①	④	①	③	①	①	④	①	②	②
41	42	43	44	45	46	47	48	49	50
①	④	③	②	②	③	①	②	②	③
51	52	53	54	55	56	57	58	59	60
④	③	④	④	②	①	④	①	②	④

01 가연성 가스는 불꽃 온도가 높고, 발열량이 많으며, 연소 속도가 빠른 것이 좋다.

02 2차측 케이블은 유연성이 있어야 하므로 0.2~0.5mm의 구리선을 수백선, 수천선을 꼬아서 만든 캡타이어 전선을 사용해야 한다.

03 미하나이트 주철 : Fe-Si, Ca-Si로 접종 처리하여 흑연을 미세화 하여 강도를 높인 주철로, 고강도, 내마멸, 내열, 내식성이 높은 주철로 내연기관 실린더, 피스톤 링 등에 사용한다.

04
- SR : 용접 후 625 ± 25°C에서 풀림처리 함
- NSR : 용접 후 응력제거하지 않음의 의미임

05
① 페라이트계 : 12~17% Cr 정도 함유, 열처리경화 가능. 자성체이다.
② 마텐사이트계 : 13% Cr, 18% Cr 강. 용접성이 취약하여 용접 후 열처리를 해야 한다. 자성체이다.
③ 오스테나이트계 : 18% Cr-8% Ni 내식성이 가장 우수하며, 가공성이 좋고, 용접성 우수, 열처리 불필요. 염산, 황산에 취약, 결정입계 부식 발생하기 쉽다. 비자성체이다.

06
① 인바 : Fe-Ni36%, 선팽창계수가 적다. 줄자, 표준자, 시계의 추에 이용
② 엘린바 : Fe-Ni36%-Cr12%, 탄성율이 불변, 시계의 스프링, 정밀계측기부품
③ 플래티나이트 : Fe-Ni44~48%, 선팽창계수가 유리, 백금과 비슷하다. 전구나 진공관의 도입선에 이용

07 ④ 초인바(초불변강) : 인바보다 선팽창계수가 더 적다.
   ⑤ 코엘린바 : 스프링, 태엽, 기상 관측용 재료에 사용

07 X형 홈은 양쪽에서 용접을 할 수 있으므로 변형이 가장 적다.

08 ① 산소병은 40℃ 이하로 유지한다.
   ② 충격을 주지 않으며, 밸브 동결 시 온수나 증기를 사용하여 녹인다.
   ③ 누설 검사는 비눗물을 이용한다.
   ④ 화기가 있는 곳이나 직사광선의 장소를 피한다.

09 13 : 구멍의 갯수, 20 : 드릴의 지름

10 ① 고장력강은 인장강도 50kg/mm² 이상의 강도를 갖는 것을 말한다.
   ② 용접봉은 저수소계를 사용하며 300~350℃로 1~2시간 정도 건조하여 사용해야 된다.
   ③ 아크길이는 짧게 유지, 위빙폭을 작게, 앤드탭 사용

11 피복제의 역할
   ① 아크를 안정시키며, 산화, 질화를 방지한다.
   ② 전기절연 작용, 용착금속의 탈산 정련작용
   ③ 용착효율 향상
   ④ 용착금속에 합금원소 첨가

12 10C는 탄소함유량을 의미한다.

13 ① 폭발 화재 위험이 크고, 탄화 및 산화 우려가 있다.
   ② 열 영향부가 넓어서 가열시간이 오래 걸리고, 용접 후 변형이 심하다.
   ③ 불꽃 온도가 낮아서 용접속도 늦고, 기계적 강도가 낮고, 신뢰성이 적다.

14 ① 주로 전자동 또는 반자동이며 전극은 모재와 동일한 금속을 사용한다.
   ② 전극이 용접봉이어서 녹으므로 용극식, 소모식 이라고 한다.
   ③ MIG 용접은 주로 직류 역극성이며 정전압특성, 상승특성을 가지고 있다.

15 망간(Mn) : 강도, 경도, 인성 증가, 유동성 향상, 탈산제로 쓰이며, MnS가 되어 황의 해를 감소시킨다.

16 플라즈마 아크용접 : 열적핀치효과와 자기적 핀치효과가 있으며, 10000~30000℃의 고온 플라즈마를 분출시켜 작업하는 방법

17 염화나트륨은 알루미늄 용접 용제이다.

18 도면에서 '10-8'은 8mm의 구멍을 45mm 간격으로 10개 가공하라는 의미이다.

19 아크 용접기는 저전압, 대전류가 흐른다.

20 일렉트로 가스 아크 용접에는 CO_2 가스(이산화탄산가스)가 사용된다.

21 ① 세라라이징 : Zn을 침투, 내식성이 좋은 표면층을 형성
   ② 칼로라이징 : Al을 침투, 내열, 내산화성, 방청, 내해수성, 내식성이 좋음
   ③ 크로마이징 : Cr을 침투, 고크롬강이 되어서 스테인리스강의 성질을 갖춤
   ④ 실리코나이징 : Si를 침투, 방식성을 향상
   ⑤ 브로나이징 : B 침투

22 부식시험은 화학적 시험이고, 굽힘, 경도, 인장시험은 기계적 시험에 속한다.

23 GA46에서 숫자의 의미는 용착금속의 최저 인장강도를 나타낸다.

24 공작물의 척도가 1 : 5이고 실제길이가 50mm이면 50에 $\frac{1}{5}$인 10mm로 그리고 치수기입은 50으로 한다.

25 ① 용융속도는 단위시간당 소비되는 용접봉의 길이, 무게로 나타내며, 아크 전압, 용접봉의 지름과는 관계가 없으며, 용접 전류와 비례관계가 있다.
② 용융속도 = 아크전류 × 용접봉 쪽 전압강하

26 ① 전진법 : 용접이음이 짧은 경우나, 잔류응력이 적을 때 사용

② 후퇴법 : 두꺼운 판 용접
5 → 4 → 3 → 2 → 1

③ 대칭법 : 얇은 판, 비틀림 발생 우려시 사용
4   2   1   3

27 구상 흑연 주철의 조직 : 페라이트형, 펄라이트형, 시멘타이트형이 있다.

28 토치에 기름을 바를 경우에는 화재 및 폭발의 위험이 있다.

29 피복 아크 용접봉의 전류 밀도 : 10~13A/mm²

30 치수와 비례하지 않을 경우에는 NS 또는 치수 밑에 줄을 긋거나, 비례가 아님 이라고 문자를 기입한다.

31 박판용접 및 홈용접의 이면비드 형성시에는 직선비드를 사용하는 경우가 많다.

32 ① 적당한 합금성분으로 탈황, 탈산 등의 정련작용을 할 것
② 아크 발생을 안정시켜 안정된 용접을 할 수 있을 것
③ 적당한 입도를 갖고 아크 보호성이 우수할 것

33 ① 전연성이 크고, 가공성 우수, 전기전도도 우수
② 종류 : γ-Fe, Au, Ag, Cu, Ni, Al, Pb, Pt 등

34 은박 테이프는 전기가 통하므로 케이블이 손상된 곳은 은박테이프로 감아 보호하면 안된다.

35 하드 페이싱 : 금속의 표면에 스텔라이트나 경합금 용착시키는 표면 경화법이다.

36 배관의 단선 표시에서 선의 교차 부분에 점이 없으면 접속을 하지 않은 것을 의미한다.

37 1mA : 감전을 조금 느낄 정도, 5mA : 상당히 아픔, 20mA : 근육의 수축, 피해자가 회로에서 떨어지기 힘듦, 50mA : 상당히 위험(심장마비 발생 가능성 높다.)

38 뒷댐 재료는 세라믹 제품을 많이 사용하며, 백판이라고도 부른다.

39 아연과 아연합금
① 비중 7.13, 용융점 419℃
② 대기 중에 습기가 이산화탄소 작용을 받아 표면에 염기성 탄산염의 얇은 막이 생기므로 내부를 보호한다.

40 비파괴 시험 종류 : RT(방사선 투과시험), UT(초음파 탐상시험), PT(침투 탐상시험), MT(자분 탐상시험), ET(와류 탐상 시험), LT(누설 시험), VT(육안 시험)

41 피복제의 염기성이 높을수록 내균열성이 좋다.

42 초음파용접만 압접에 속한다.

43 절단선은 1점 가는 쇄선을 사용한다.

44 스터드 용접 : 심기 용접, 볼트, 환봉 핀 등과 같은 금속 스터드와 모재 사이에 발생한 아크열로 모재 표면을 가열한 후, 스터드 압력을 작용하여 용융 압착하는 아크 용접법

45 Y합금 : Al-Cu-Ni-Mg 합금, 실린더 헤드, 피스톤 등에 사용

46 불활성 가스는 다른 가스와 반응하지 않는 가스로 아르곤, 헬륨, 네온, 크립톤, 크세논 등이 있다.

47 라미네이션균열 : 용접부의 균열 중 모재의 재질결함으로써 강괴일 때 기포가 압연되어 생기는 것으로 설퍼 밴드와 같은 층상으로 편재해 있어 강재 내부에 노치를 형성하는 균열 모재의 재질 결함

48 Z : 용접 목두께, n : 용접 수, L : 용접 길이, e : 용접피치

49 대기압 환산용적 = 내용적 × 충전기압 = 33.7 × 120 = 4044

50 후진법은 전진법에 비하여 비드 모양만 나쁘고 다른 것은 후진법이 다 좋다.

51 이산화탄소 가스 아크 용접은 아크 불안정의 원인으로 이음형상이 나쁜 것은 상관관계가 없다.

52 저온응력 완화법 : 가스 불꽃을 이용하여 폭 150mm, 온도 150~200℃ 정도 가열 후 수냉

53 일렉트론(엘렉트론) : Mg-Al-Zn 합금, 내연기관의 피스톤에 사용

54 ① 아크 안정, 산화, 질화 방지
② 전기절연작용, 용착금속의 탈산정련작용
③ 용착금속에 합금원소 첨가
④ 급랭으로 인한 취성방지

55 AW 500 : 500은 정격 2차 전류 값이다.

56 ⋈ : 버터플라이 밸브, ⋈ : 볼 밸브

57 응급처치 구명 4단계
• 지혈 → 기도확보, 심박동 유지 → 쇼크방지, 처치 → 상처보호, 투약
• 응급후송은 응급 처치 후에 실시한다.

58 페롤의 역할
① 용융금속의 유출 및 산화 방지
② 용접부 오염 방지

59 구리의 성질
① 비중 8.96, 용융점 1083℃, 변태점이 없다.
② 전기 및 열의 전도성이 우수하다.
③ 전성, 연성이 우수하고, 가공이 용이하다.
④ 황산, 염산에 용해, 습기, 탄산가스, 해수에 녹이 발생한다.

60 • 도면을 내용에 따라 분류 : 조립도, 기초도, 배치도, 배근도, 장치도, 스케치도
• 용도에 따라 분류 : 계획도, 제작도, 주문도, 승인도, 견적도, 설명도

K- 용접기능사 필기

초 판 인쇄 | 2021년 1월 5일
초 판 발행 | 2021년 1월 15일
개정 1판 발행 | 2022년 1월 10일
개정 2판 발행 | 2023년 1월 5일

지은이 | 정균호
발행인 | 조규백
발행처 | 도서출판 구민사
　　　　　(07293) 서울특별시 영등포구 문래북로 116 604호(문래동 3가, 트리플렉스)
전　화 | (02) 701-7421(~2)
팩　스 | (02) 3273-9642
홈페이지 | www.kuhminsa.co.kr

신고번호 | 제2012-000055호(1980년 2월 4일)
I S B N | 979-11-6875-105-7　　　[13550]

값 18,000원

※ 낙장 및 파본은 구입하신 서점에서 바꿔드립니다.
※ 본서를 허락없이 부분 또는 전부를 무단복제, 게재행위는 저작권법에 저촉됩니다.